教育部高等学校电子信息类专业教学指导委员会规划教材
高等学校电子信息类专业系列教材

Satellite Communications

卫星通信

雒明世　冯建利　编著
Luo Mingshi　Feng Jianli

清华大学出版社
北京

内 容 简 介

本书对卫星通信的主要技术以及最新发展成果进行了系统、全面的阐述。全书共分7章，内容包括绪论、卫星通信中的调制与解调技术、卫星通信中的编码与信号处理技术、卫星通信中的多址方式、卫星通信网、卫星通信链路计算及设计、卫星移动通信系统。各章附有本章小结和习题，习题丰富且具有启发性，有助于读者对相关内容的进一步理解。

本书内容深入浅出，条理清晰，实用性强，可作为高等学校通信工程、电子信息、计算机类等专业本科生的专业课教材，也可供相关专业的研究生和工程技术人员参考使用。

图书在版编目(CIP)数据

卫星通信/雒明世，冯建利编著. —北京：清华大学出版社，2020.1 (2024.9重印)
高等学校电子信息类专业系列教材
ISBN 978-7-302-53667-3

Ⅰ. ①卫… Ⅱ. ①雒… ②冯… Ⅲ. ①卫星通信－高等学校－教材 Ⅳ. ①TN927

中国版本图书馆CIP数据核字(2019)第187457号

责任编辑：王　芳
封面设计：李召霞
责任校对：李建庄
责任印制：沈　露

出版发行：清华大学出版社
　　网　　址：https://www.tup.com.cn，https://www.wqxuetang.com
　　地　　址：北京清华大学学研大厦A座　　**邮　　编**：100084
　　社 总 机：010-83470000　　**邮　　购**：010-62786544
　　投稿与读者服务：010-62776969，c-service@tup.tsinghua.edu.cn
　　质量反馈：010-62772015，zhiliang@tup.tsinghua.edu.cn
　　课件下载：https://www.tup.com.cn，010-83470236
印 装 者：涿州汇美亿浓印刷有限公司
经　　销：全国新华书店
开　　本：185mm×260mm　　**印　张**：17.5　　**字　　数**：427千字
版　　次：2020年1月第1版　　**印　　次**：2024年9月第7次印刷
定　　价：59.00元

产品编号：081940-01

前言
PREFACE

卫星通信是在地面微波通信和空间技术的基础上，综合运用各种通信领域的理论和技术形成的新的通信方式，它所形成的理论和技术又可用于其他通信领域。卫星通信具有许多其他通信方式无法替代的突出优点，尤其在解决通信不发达地区、人口稀少地区及边远地区的通信问题等方面具有不可替代的作用。经过几十年的发展，卫星通信已经成为最强有力的现代通信手段之一，并在国际通信、国内通信、国防通信、移动通信和广播电视等领域都得到了广泛的应用。

近年来卫星通信技术不断革新，例如中低轨道的卫星移动通信系统、宽带卫星通信系统等都受到了广泛的关注。我国的卫星通信技术与美国等发达国家相比还存在一定的差距，如何培养我国的卫星通信专业技术人才是如今我国高校教育中面临的一项挑战。本书依据教育部有关专业教学指导委员会制定的本科指导性专业规范和《电子信息类专业教学质量国家标准》，按照通信工程专业人才培养方案和教学大纲对人才培养的要求进行编写。编写目的是使学生通过本书的学习获得卫星通信技术的基本理论知识和基本技能，培养学生在卫星通信领域分析问题和解决问题的能力，从而使学生有较好的素质适应卫星通信技术快速发展的趋势，同时有益于学生毕业后从事卫星通信领域的有关技术工作。

全书共7章。第1章绪论，全面介绍卫星通信的基本概念和特点、卫星通信系统的组成和工作原理、卫星运行轨道和工作频段、卫星通信的发展状态。第2章和第3章系统阐述了卫星通信中的调制与解调技术、编码与信号处理技术。第4章讲述频分多址、时分多址、码分多址、SDMA/SS/TDMA方式、随机多址访问方式、可控多址访问方式等各种多址连接方式。第5章讲述卫星通信网的网络结构、与地面网的连接，重点介绍VSAT卫星通信网的组成和工作原理、VSAT数据网和电话网、VSAT网的总体方案设计以及典型卫星通信网络系统。第6章讲述卫星通信链路设计中各环节的具体计算以及卫星通信系统总体设计的一般程序。第7章主要介绍INMARSAT系统，静止轨道、中轨道和低轨道中的各种卫星移动通信系统以及GPS(全球定位系统)。

本书的编写力求充分体现应用型本科教育的特点，内容由浅入深、循序渐进，基本概念和基本原理正确清晰，可以帮助学生掌握卫星通信技术的主要内容，注重培养学生分析问题和解决问题的能力。

本书各章节的内容相对独立，但又有联系，本书建议授课学时为32～40。授课教师可针对不同需求，选择适当的内容安排教学。

本书由西安石油大学雒明世、冯建利共同编著。在编写过程中参考了参考文献中所列的相关书籍和资料，在此向这些书籍和资料的编写者表示衷心的感谢。西安石油大学通信工程系王静怡、张延等老师和杨红星、李帆等同学对本书的内容进行了校正，本书的编写和出版也得到了清华大学出版社的大力支持，在此一并表示衷心的感谢。

由于时间仓促及学识有限，书中难免有不足之处，请读者和老师不吝指正。

编　者

2019年10月

目录

CONTENTS

第1章 绪论

CHAPTER 1

1.1 卫星通信的基本概念和特点

1.1.1 卫星通信的基本概念

卫星通信是指利用人造地球卫星作为中继站转发无线电信号，在两个或多个地球站之间进行的通信过程或方式。这里，地球站是指设在地球表面（包括地面、海洋和大气中）上的无线电通信站，而用于实现通信目的的这种人造地球卫星叫作通信卫星，如图1-1所示。图1-1中A、B、C、D、E分别表示进行通信的各地球站，例如地球站A通过定向天线向通信卫星发射无线电信号，先被通信卫星天线接收，再经转发器放大和变换后，由卫星天线转发到地球站B，当地球站B接收到信号后，就完成了从A站到B站的信息传递过程。

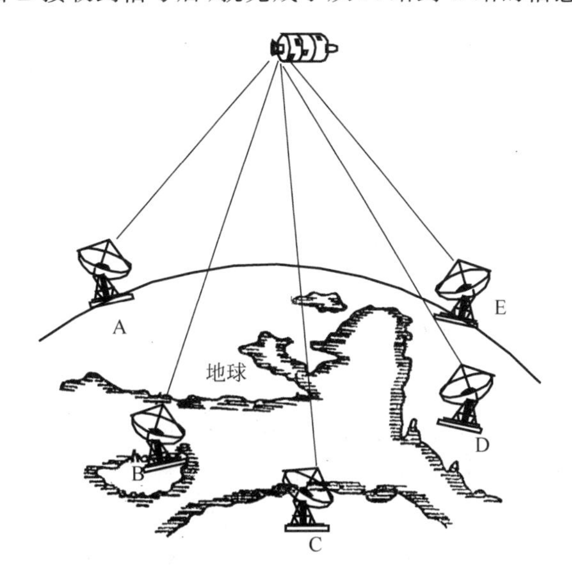

图1-1 卫星通信示意图

可以看出，在通信卫星天线波束覆盖的地球表面区域内，各地球站通过卫星中继站转发信号来进行通信。因此，卫星通信实际上就是利用通信卫星作为中继站而进行的一种特殊的微波中继通信，其无线电波频率使用微波波段（300MHz～300GHz，即波长1m～1mm）。

卫星通信是宇宙无线电通信的形式之一，国际电信联盟（International Telecommunication Union，ITU）规定，宇宙站是指设在地球大气层以外的宇宙飞行体（如人造卫星、宇宙飞船等）或其他天体（如月球或别的行星）上的通信站。把以宇宙飞行体为对象的无线电通信统称为宇宙通信，它有三种基本形式，如图 1-2 所示。

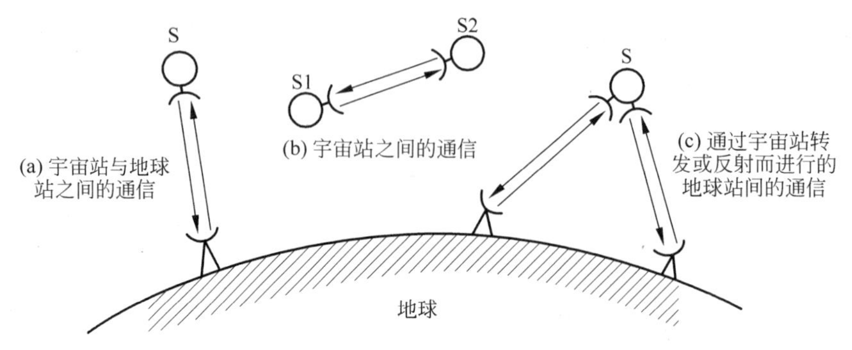

图 1-2　宇宙无线电通信的三种基本形式

图 1-2(c)所示的通信方式通常称为卫星通信。当卫星是静止卫星时，称为静止通信卫星。利用卫星来传输电视信号时，常称为宇宙转播或卫星转播。

从地球站发射信号到通信卫星所经过的通信路径称为上行链路，而通信卫星将信号再转发到其他地球站的通信路径就称为下行链路。当卫星运行轨道较高时，相距较远的两个地球站可同时“看”到卫星，这样就可采用立即转发方式，只用一颗卫星就能实现立即转发通信，这种系统称为立即转发式卫星通信系统，其通信链路由发端地球站、上行链路、通信卫星转发器、下行链路和收端地球站所组成，如图 1-3 所示。

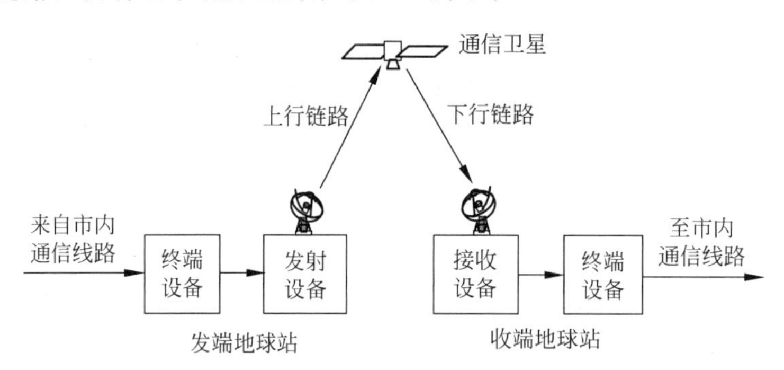

图 1-3　单颗卫星通信链路的组成

当卫星运行轨道较低时，相距较远的两个地球站不能同时“看”到一颗通信卫星，若采用立即转发方式，就必须利用多颗卫星转发才能进行远距离实时通信，其通信链路会增加同轨道通信卫星的星间链路（Inter Satellite Links，ISL）或不同轨道通信卫星的星际链路（Inter-Orbit Links，IOL），这种系统就是通常所说的低轨道卫星移动通信系统。否则，就只能采用延迟转发方式进行通信，这种系统则称为延迟式卫星通信系统。

地球同步卫星也叫静止卫星，该卫星的运行轨道是赤道平面内的圆形轨道，距离地面 35786.6km，卫星的运行方向与地球的自转方向相同，绕地球旋转一周的时间与地球自转周期相同，即为 23 小时 56 分 4.09 秒，卫星与地球同步旋转，卫星所处的轨道称为地球同步轨道，从地面看上去，卫星相对地面是静止的。利用同步卫星作为通信卫星，这样的系统称为同步卫星通信系统或静止卫星通信系统。

静止卫星通信系统是目前使用最广泛的通信系统。图 1-4 是静止卫星与地球相对位置的示意图。从卫星向地球引两条切线，切线夹角为 17.34°。两切点间弧线距离为 18100km，可见在这颗卫星电波波束覆盖区内的地球站都能通过该卫星来实现通信。若以 120°的等间隔在静止卫星轨道上配置 3 颗卫星，则地球表面除了两极区未被卫星波束覆盖外，其他区域都在覆盖范围之内，而且其中部分区域为两颗静止卫星波束的重叠地区，因此借助于在重叠区内地球站的中继（称之为双跳），可以实现在不同卫星覆盖区内地球站之间的通信。由此可见，只要 3 颗等间隔配置的静止卫星就可以实现全球通信（费用低，实时性好），这一特点是任何其他通信方式所不具备的。

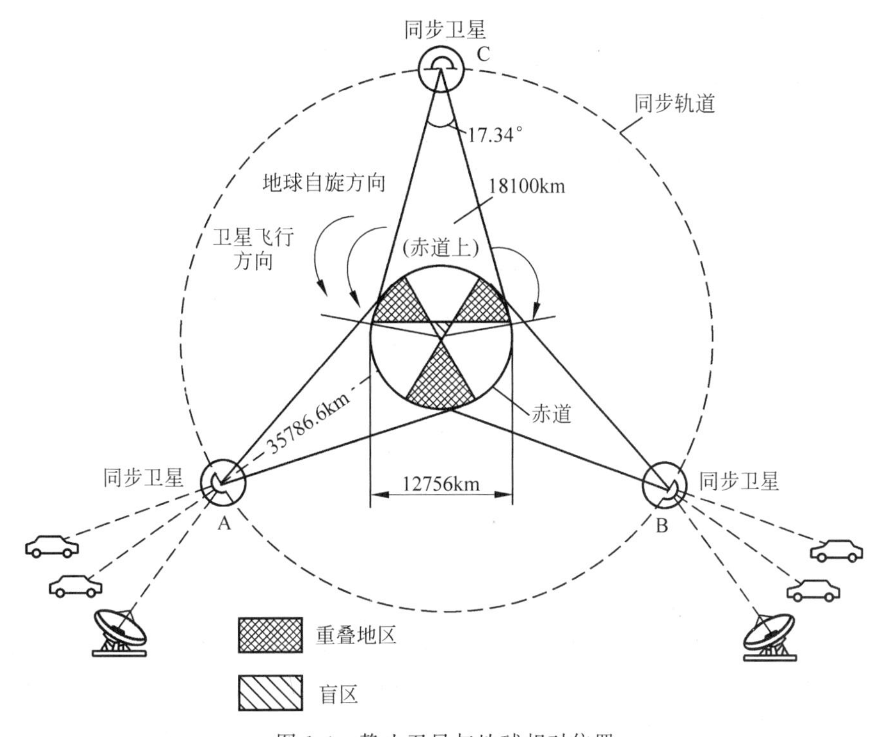

图 1-4　静止卫星与地球相对位置

目前国际卫星通信和绝大多数国家的国内卫星通信大都采用静止卫星通信系统。例如，国际卫星通信组织负责建立的国际卫星通信系统（INTELSAT，简称 IS），就是利用静止卫星来实现全球通信的。静止卫星所处的位置分别在太平洋、印度洋和大西洋上空，它们构成的全球通信网承担着 80％的国际通信业务和全部国际电视转播，如图 1-5 所示。我国的“东方红”通信卫星也是静止通信卫星。

1.1.2　卫星通信的特点

卫星通信与其他通信方式相比，具有以下特点。

（1）通信距离远，且费用与通信距离（两地球站之间的距离）无关。由图 1-4 可见，利用静止卫星进行通信，其最大通信距离可达 18100km 左右，实现卫星视区可达全球面积的 42.4％。原则上只需 3 颗卫星适当配置，就可建立除地球两极以外的全球不间断通信。而

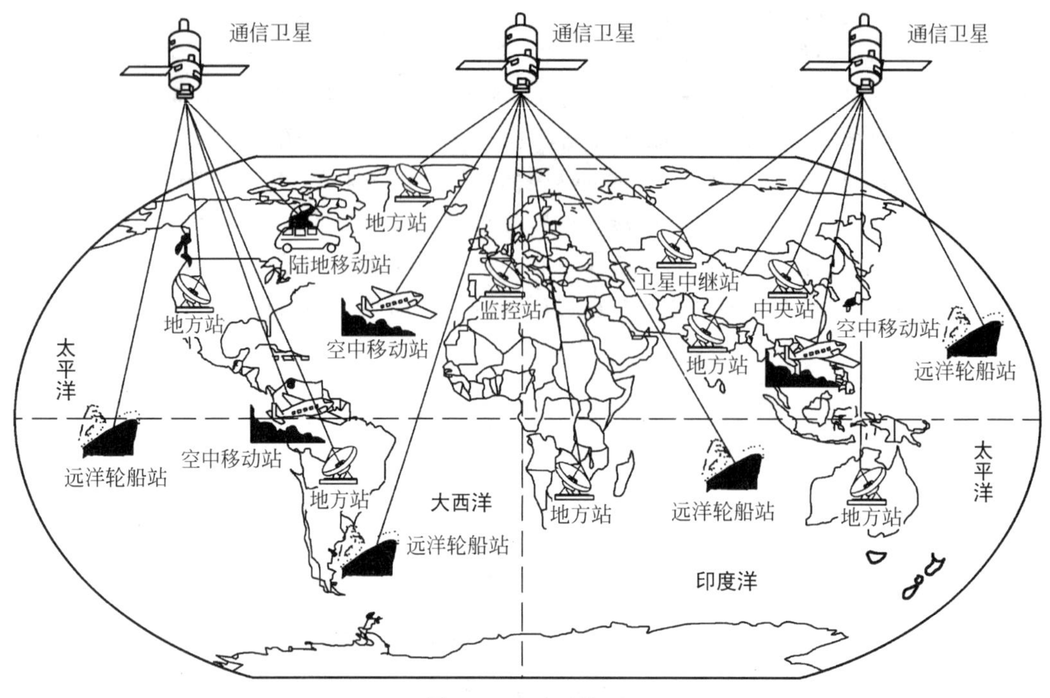

图 1-5 全球通信网

建站费用与维护费用并不因地球站之间的距离远近及地理条件恶劣程度而有所变化。显然，这是地面微波中继通信、光纤通信以及短波通信等其他手段无法比拟的。若按每话路/每千米的费用比较，卫星系统是最便宜的，微波、电缆、光纤等的建设和维护费用都随距离而增加，而卫星通信不需要线路投资。

（2）覆盖面积大，以广播方式工作，可进行多址通信。许多其他类型的通信手段只能实现点对点通信。而卫星通信由于是大面积覆盖，因此只要在卫星天线的覆盖区内都可以建地球站，共用一颗卫星在这些地球站之间进行多址通信和信道的按需分配。不易受陆地灾害影响、建设速度快。通常，微波接力、散射、地下电缆等，都是“干线”或“点对点”通信。以微波接力为例，北京到武汉之间的通信线路，南京是不能利用的，除非增加北京到南京，或武汉到南京的微波接力线路。而卫星通信系统类似于一个多发射台的广播系统，每个有发射机的地球站，都是一个广播发射台，在卫星天线波束的覆盖区域内，无论什么地方，都可以收到所有的广播，而我们可以通过接收机选出所需要的某一个或某几个发射台的信号。既然地球站有发射机，也装有接收机，只要架设起来，相互间都可以同时通信。这种能同时实现多方向、多地点通信的能力，称为“多址连接”。这是卫星通信系统突出的优点，它为通信网络的组成，提高了效率和灵活性。

（3）通信频带宽、传输容量大。无论哪种通信方式，要提高通信质量的一种重要手段是增大通信频带，卫星通信工作在微波频段，而且一颗卫星上可设置多个转发器，故通信容量大。卫星通信通常都使用300MHz以上的微波频段，因而可用频带宽。目前卫星带宽已经达到3000MHz以上，一颗卫星的通信容量可达到数千路以至上万路电话，并可传输多达数百路的彩色电视以及数据和其他信息。

（4）机动灵活，易于处理突发事件。卫星通信不仅能作为大型固定地球站之间的远距离干线通信，而且可以在车载、船载、机载等移动地球站之间进行通信，甚至还可以为个人终端提供通信服务。同样，卫星能够为人口稀少的偏远地区或者遭受战争、自然灾害的地区提供通信链路，在这些情况下使用其他通信方式则是非常困难的。

(5) 通信线路稳定可靠，信号传输质量高。由于卫星通信的无线电波主要在大气层以外的宇宙空间中传播，传播特性比较稳定。地面站到卫星的距离大约 40000km，而大气层的厚度一般为 16km，相对 40000km 只是很小一部分，受大气、雨、雾等影响相对很小，所以信号传输质量高，信道稳定可靠。不像某些地面通信方式，易受地形影响及城市中密集电波的干扰。正是由于卫星通信有上述一些突出的优点，它已经成为主要的现代化通信手段之一。

当然，如果利用静止卫星通信也还存在以下几方面的局限性。

(1) 通信卫星使用寿命较短。通信卫星由成千上万个零部件组成，只要其中某个零部件发生故障，就有可能造成整个卫星的失败。若要进行修复，成本很高，几乎是不可能的。控制通信卫星的轨道位置和姿态需要消耗推进剂，一旦消耗完，卫星就失去控制，任其漂移，沦为“太空垃圾”。

(2) 存在日凌中断和星蚀现象。当卫星处在太阳和地球之间，并在一条直线上时，卫星天线受到太阳的辐射干扰，地球站天线因对准太阳，强大的太阳噪声进入地球站，从而造成通信中断，这种现象称为日凌中断。对于静止同步卫星，这是难以避免的，在每年春分和秋分各发生一回，每回约 6 天，每天中午持续最长时间约 10min。可采用主、备卫星转换办法来保证不间断通信。月亮也会有类似现象，但其噪声比太阳弱得多，不会导致通信中断，如图 1-6 所示。

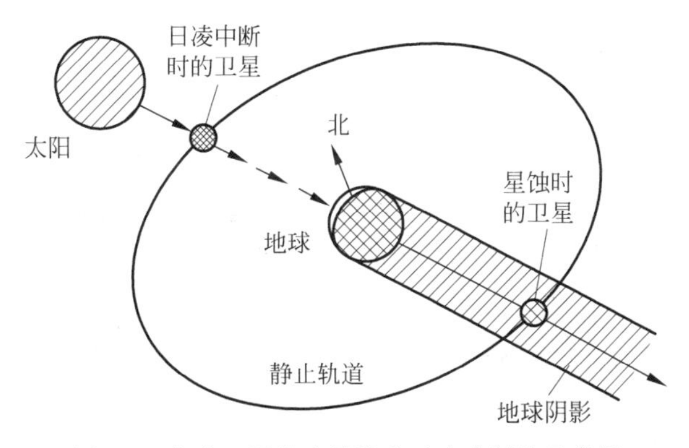

图 1-6　静止卫星发生星蚀和日凌中断的示意图

(3) 电波的传播时延较大和存在回波干扰。利用静止卫星进行通信时，信号由发端地球站经卫星转发到收端地球站，单程传输时间为 0.27s。当进行双向通信时，就是 0.54s。如果通话的话，会给人带来不自然的感觉。与此同时，如果不采取回波抵消器等特殊措施还会产生回波干扰。使发话者在 0.54s 后，又听到了反馈回来的自己讲话的回音，造成干扰。

(4) 卫星通信系统技术复杂。对于静止卫星的制造、发射和测控需要先进的空间技术和电子技术。目前世界上只有少数几个国家能自行研制和发射静止同步卫星。

(5) 静止卫星通信在地球高纬度地区通信效果不好，并且两极地区为通信盲区。

(6) 具有广播特性，保密措施要加强。保密系统要从防窃听和信息加密两方面考虑。

由于静止卫星通信存在上述一些缺点和问题。所以近年来一些国家又开始研究其他方式的卫星通信如多颗低轨道卫星移动组网,以实现真正意义上的全球通信,其中包括个人通信网。

1.1.3 卫星通信系统组成

一个卫星通信系统通常由通信卫星、通信地球站分系统、跟踪遥测及指令分系统和监控管理分系统四部分组成,如图 1-7 所示。其中有的直接用来进行通信,有的用来保障通信的进行。

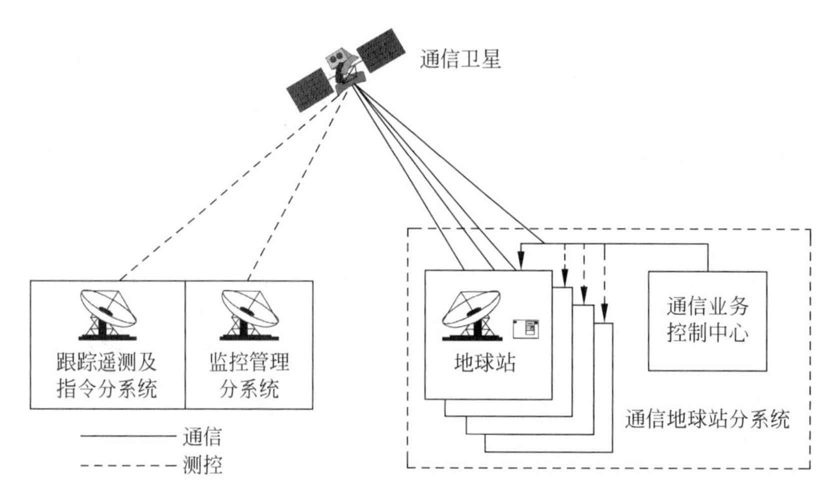

图 1-7 卫星通信系统的基本组成

1. 通信卫星

通信卫星内的主体是通信装置,另外还有卫星体的遥测指令、控制系统和能源装置等。通信卫星主要是起无线电中继站的作用。它是靠星上通信装置中的转发器和天线来完成的。一个卫星的通信装置可以包括一个或多个转发器。每个转发器能接收和转发多个地球站的信号。显然,当每个转发器所能提供的功率和带宽一定时,转发器越多,卫星的通信容量就越大。

2. 通信地球站分系统

包括地球站群和通信业务控制中心,其中有天线和馈电设备,发射机、接收机、信道终端、跟踪与伺服系统等。地球站群一般包括中央站(或中心站)和若干个普通地球站。中央站除具有普通地球站的通信功能外,还负责通信系统中的业务调度与管理,对普通地球站进行监测控制以及业务转接等。

地球站具有收、发信功能,用户通过它们接入卫星线路进行通信。地球站有大有小,业务形式也多种多样。一般地球站的天线口径越大,发射和接收能力越强,功能也越强。

3. 跟踪遥测及指令分系统

跟踪遥测及指令分系统也称为测控站,它的任务是对卫星跟踪测量,控制其准确进入静止轨道上的指定位置;卫星正常运行后,定期对卫星进行轨道修正和位置姿态保持,必要时控制卫星返回地面。

4. 监控管理分系统

监控管理分系统也称为监控中心,它的任务是对定点的卫星在业务开通前、后进行通信性能的监测和控制，例如对卫星转发器功率、卫星天线增益以及各地球站发射的功率、射频频率和带宽等基本通信参数进行监控，以保证通信卫星正常运行和工作。

1.2 卫星通信地球站

1.2.1 地球站的种类

地球站是卫星通信系统的重要组成部分。它可以按不同的方法来分类。

(1) 按安装方法及设备规模可分为：固定站、移动站(船载站、车载站、机载站等)和可搬动站(在短时间内可拆卸转移)。在固定站中，根据规模大小可分为大型站、中型站和小型站。

(2) 按天线反射面口径大小可分为：20m、15m、10m、7m、5m、3m 和 1m 等类型的地球站。

(3) 按传输信号特征可分为：模拟站和数字站。

(4) 按用途可分为：民用、军用、广播、航空、航海、气象以及实验站等。

(5) 按业务性质可分为：一是遥控、遥测跟踪站，用来遥测通信卫星的工作参数，控制卫星的位置和姿态；二是通信参数测量站，用来监视转发器及地球站通信系统的工作参数；三是通信业务站，用来进行电话、电报、数据、电视及传真等通信业务。

此外，地球站还可按工作频段、通信卫星类型、多址方式等不同进行分类。

目前国际上通常根据地球站天线口径尺寸及地球站性能因数 G/T 值大小将地球站分为 A、B、C、D、E、F、G、Z 等各种类型。A、B、C 三种称为标准站，用于国际通信。E 和 F 又分为 E-1、E-2、E-3 和 F-1、F-2、F-3 等类型，主要用于国内几个企业之间的话音、传真、电子邮件及电视会议等通信业务。其中 E-2、E-3 和 F-2、F-3 又称为中型站，是为大城市和大企业之间提供通信业务的。E-1、F-1 称为小型站，它们的业务容量较小。各类地球站的天线尺寸、性能指标及业务类型见表 1-1。

表 1-1 各类地球站的天线尺寸、性能指标及业务类型

类型	地球站标准	天线尺寸/m	G/T 最小值/(dB/K)	业 务	频段/GHz
大型站(国家)	A	15～18(原 30～32)	35.0(原 40.7)	电话、数据、TV、IDR、IBS	6/4
	C	12～14(原 15～18)	37.0(原 39)	电话、数据、TV、IDR、IBS	14/11 或 12
	B	11～13	31.7	电话、数据、TV、IDR、IBS	6/4
中型站(卫星通信港)	F-3	9～10	29.0	电话、数据、TV、IDR、IBS	6/4
	E-3	8～10	34.0	电话、数据、TV、IDR、IBS	14/11 或 12
	F-2	7～8	27.0	电话、数据、TV、IDR、IBS	6/4
	E-2	5.0～7.0	29.0	电话、数据、TV、IDR、IBS	14/11 或 12
小型站(商用)	F-1	4.5～5	22.7	IBS、TV	6/4
	E-1	3.5	25.0	IBS、TV	14/11 或 12
	D-1	4.5～5.5	22.7	VISTA	6/4
VSAT	G	0.6～2.4	5.5	INTERNET	6/4；14/11 或 12
TVRO		1.2～11	16	TV	6/4；14/11 或 12
国内	Z	0.6～12	5.5～16	国内	6/4；14/11 或 12

A 型站的天线口径原规定为 30～32m，G/T 值为 40.7dB/K，后来因为卫星星体上的辐射功率增加，现已把天线口径降为 15～18m，G/T 值也降到 35.0dB/K。C 型站口径原为 15～18m，G/T 值原为 39dB/K，现降为 12～14m 和 37.0dB/K。

1.2.2 地球站的组成

根据大小和用途的不同，地球站的组成也有所不同。典型的标准地球站一般包括天馈设备、发射机、接收机、信道终端设备、天线跟踪设备以及电源设备，如图 1-8 所示。

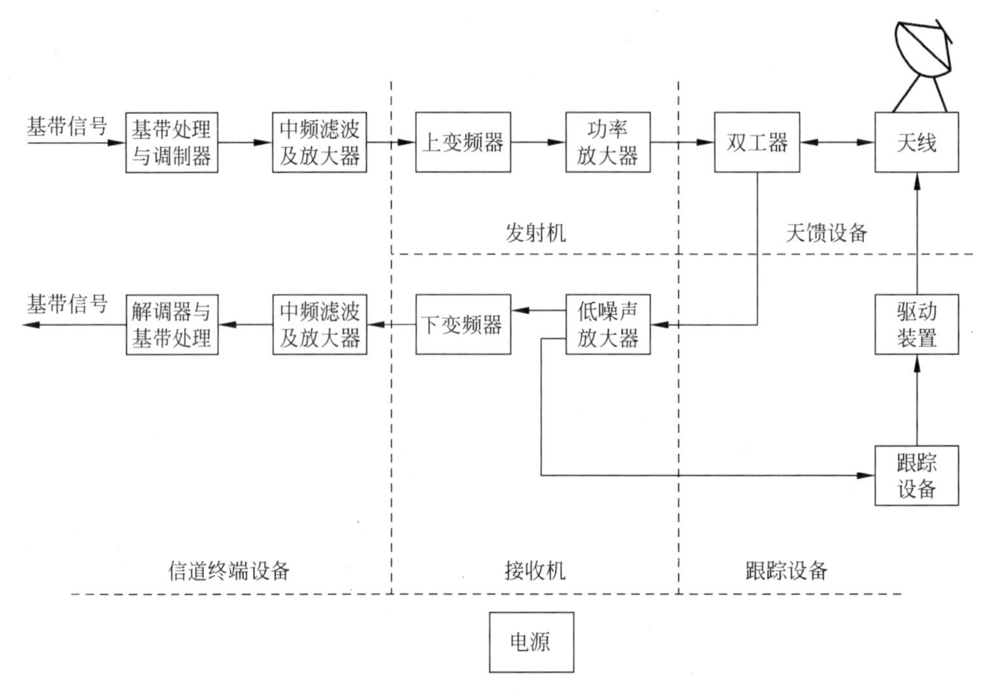

图 1-8 卫星通信地球站的组成方框图

1. 天馈设备

天馈设备的主要作用是将发射机送来的射频信号经天线向卫星方向辐射，同时它又接收卫星转发的信号送往接收机。由于地球站天线系统的建设费用很大，约占整个地球站的 1/3，因此一般都是收、发信机共用一副天线。为了使收、发信号隔离，保证接收和发射都能同时正常工作，其中还需接入一台双工器，作为发送波和接收波的分路器，它主要由收、发电(磁)波空间正交及收、发两组不同频率的滤波器组成。

电磁波在空间传播时，可以采用线极化波，也可以采用圆极化波。目前绝大多数工作于 C、Ku 频段的通信卫星均采用线极化波，通过双极化可获得二次频率复用。若考虑采用线极化波难以做到稳定的极化匹配(即线极化对准)，则可采用圆极化波，为此还需在天线系统中接入一个极化变换器。

地球站原则上可以采用抛物面天线、喇叭天线和喇叭抛物面天线等多种形式。一般大、中型天线用卡塞格伦天线，小口径天线用偏馈(焦)抛物面天线。卡塞格伦天线亦即双反射镜式抛物面天线，如图 1-9 所示，它是根据卡塞格伦天文望远镜的原理研制的，其主要优点是可以把大功率发射机或低噪声接收机直接与馈源喇叭相连，降低因馈电波导过长而引起的损耗噪声。同时，从馈源喇叭辐射出来经副反射镜边缘漏出去的电波是射向天空的，而不是像抛物面天线那样射向地面，因此降低了大地反射噪声。另外，为进一步提高天线性能，一般还要对主、副反射镜面形状做进一步修正，即通过反射面的微小变形，使电波在主反射镜口面上的照度分布均匀，如图 1-9(b)所示，这种经过镜面修正的天线称为成形波束卡塞格伦天线。目前改进的卡塞格伦天线效率可达 80%。

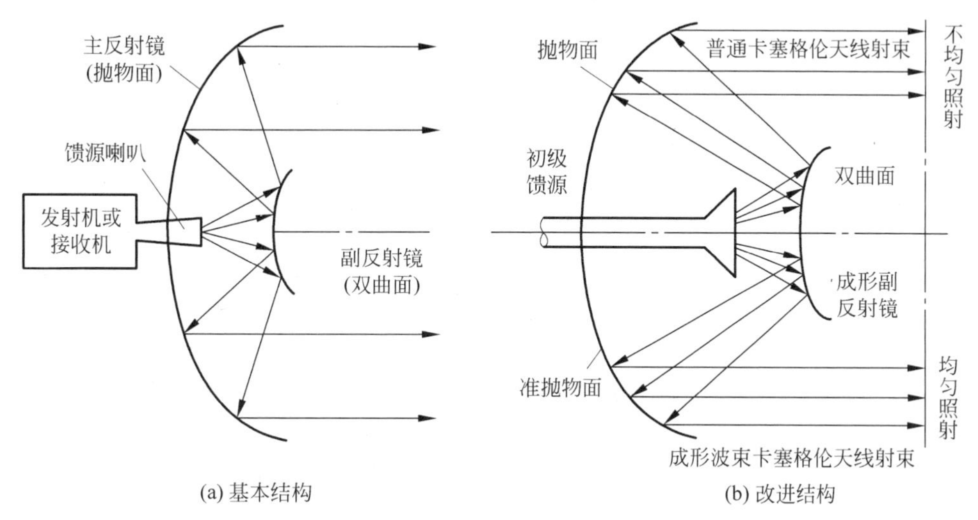

图 1-9 卡塞格伦天线结构图

2. 发射机

发射机主要由上变频器和功率放大器组成，其主要作用是将已调制的中频信号，经上变频器变换为射频信号，并放大到一定的电平，经馈线送至天线向卫星发射。

目前，大、中型地球站一般采用行波管和调速管，小型地球站一般采用固态砷化镓场效应管。

对于上变频器这一频率变换设备，主要有一次变频和二次变频两种方式。一次变频，即从中频(如 70MHz)直接变到微波射频(如 6GHz)，其突出的优点是设备简单，组合频率干扰少，但因中频带宽有限，不利于宽带系统的实现，故这种变频方式只适合小容量的小型地球站或其他某些特定的地球站。二次变频，即从中频(如 70MHz)先变到较高的中频(如 950～1450MHz)，然后再由此高中频变到微波射频(如 6GHz)。它的优点是调整方便，易于实现带宽要求，其缺点则是电路较为复杂。由于微电子技术的进步，二次变频已较容易实现，故而在各类地球站中广泛使用。

3. 接收机

接收机主要由下变频器和低噪声放大器组成，其主要作用是从噪声中接收来自卫星的有用信号，经下变频器变换为中频信号，送至解调器。

接收的信号极其微弱，一般只有 10^{-17}～10^{-18} W 的数量级。为了减少噪声和干扰的影响，接收机输入端必须使用灵敏度很高、噪声温度很低的低噪声放大器。与此同时，为了减小由于馈线损耗带来的噪声的影响，一般都将低噪声放大器配置在天线上。

下变频器可以采用一次变频，也可以采用二次变频。当采用一次变频时，一般取中频为 70MHz 或 140MHz；采用二次变频时，第一中频(例如 1125MHz)一般都高于第二中频，第二中频采用 70MHz。

4. 信道终端设备

信道终端设备主要由基带处理与调制解调器、中频滤波及放大器组成。它的主要作用是将用户终端送来的信息加以处理，成为基带信号，对中频进行调制，同时对接收的中频已调信号进行解调以及进行与发射端相反的处理，输出基带信号送往用户终端。

5. 天线跟踪设备

天线跟踪设备主要用来校正地球站天线的方位和仰角，以便使天线对准卫星，通常有手动跟踪、程序跟踪和自动跟踪三种，根据使用场合和要求确定使用哪一种。

手动跟踪就是根据预知的卫星轨道位置数据随时间变化的规律，通过人工按时调整天线的指向，使接收卫星信号最强。而程序跟踪是根据卫星预报的数据和从天线角度检测器收集的天线位置值，通过计算机处理，计算出角度误差值，然后输入伺服回路，驱动天线，消除误差角。自动跟踪则是根据卫星所发的信标信号，检测出误差信号，驱动跟踪系统，使天线自动地对准卫星。

由于影响卫星位置的因素太多，无法长期预测卫星轨道，因此手工跟踪和程序跟踪都不能对卫星连续地精确跟踪，故目前大、中型地球站都采用自动跟踪为主、手动跟踪和程序跟踪为辅的跟踪方式。

6. 电源设备

地球站电源设备要供应站内全部设备所需的电能，因此电源设备的性能优劣会影响卫星通信的质量及设备的可靠性。为了满足地球站的供电需要，一般设有两种电源设备，即交流不间断电源设备和应急电源设备。

1.2.3 卫星通信的基本工作原理

为了便于了解卫星通信的基本工作原理，这里以多路电话信号的传输为例加以说明。如图 1-10 所示，经市内通信链路送来的电话信号，在地球站 A 的终端设备内进行多路复用(Frequency Division Multiplexing，FDM 或 Time Division Multiplexing，TDM)，成为多路电话的基带信号，在调制器(数字的或模拟的)中对中频载波进行调制，然后经上变频器变换为微波频率 f_1 的射频信号，再经功率放大器、双工器和天线发向卫星。这一信号经过大气层和宇宙空间，信号强度将受到很大的衰减，并引入一定的噪声，最后到达卫星。在卫星转发器中，首先将微波频率 f_1 的上行信号经低噪声接收机进行放大，并变换为下行频率 $f_2(f_2 \neq f_1)$的信号，再经功率放大，由天线发向收端地球站。

由卫星转发器发向地球站的微波频率 f_2 的信号，同样要经过宇宙空间和大气层，也要受到很大的衰减，最后到达收端地球站 B。收端地球站 B 收到的信号经双工器和接收机，首先将微波频率 f_2 的信号变换为中频信号并进行放大，然后经解调器进行解调，恢复为基带信号，最后利用多路分用设备进行分路，并经市内通信链路送到用户终端，这样就完成了单向的通信过程。

由 B 站向 A 站传送多路电话信号时，与上述过程类似。不同的是，B 站的上行频率用另一频率 f_3，而 $f_3 \neq f_1$，下行频率用 $f_4(f_4 \neq f_2)$，以免上、下行信号相互干扰。

应该指出的是，地球站不应设在无线电发射台、变电站、电气化铁道及具有电焊设备、X 光设备等的电气干扰源附近。较大型的地球站一般设在城市郊区，各用户终端先经市内通

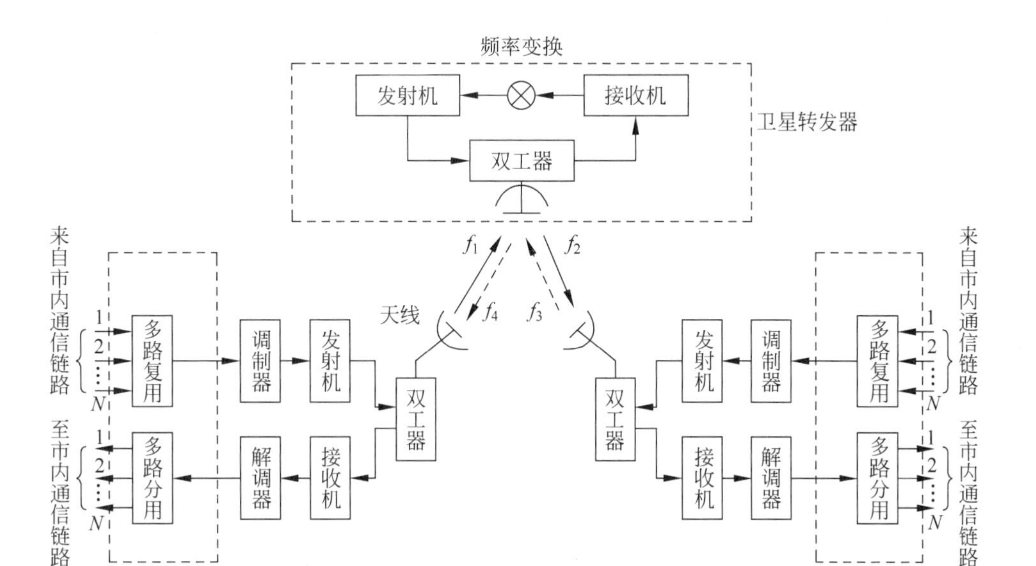

图 1-10 多路电话信号的传输

信链路，再经微波中继链路或同轴电缆与地球站相连接。对于小型地球站，则可不需要微波中继链路而直接与市内通信链路连接。特别是小用户站(例如 VSAT)，可直接设在用户终端处。至于地球站规模的大小，则取决于通信系统的用途和要求。

1.3 通信卫星

1.3.1 卫星与轨道

1. 卫星运动的基本定律

卫星围绕地球运行，其运动轨迹叫作卫星轨道。通信卫星视使用目的和发射条件的不同，可能有不同高度和不同形状的轨道，但它们有一个共同点，就是它们的轨道位置都在通过地球中心的一个平面内。卫星运动所在的平面叫作轨道面。卫星轨道可以是圆形或椭圆形。

德国科学家开普勒(1571—1630)根据观测太阳系内行星运动所得到的数据，推导出了行星运动定律，即开普勒三大定律。1667 年英国科学家牛顿(1642—1727)在此定律基础上，提出了万有引力定律。卫星与地球当然也服从万有引力定律，由于卫星的质量与地球相比很小，因此它对地球的影响可以忽略，若同时忽略宇宙间其他星体(如太阳、月亮等)的影响，就可以把卫星围绕地球的运动看作是受地球中心引力作用的质点运动，根据万有引力定律就可以推导出卫星运动也是服从开普勒三大定律的。

第一定律(轨道定律)：卫星以地心为一个焦点做椭圆运动。

在极坐标中，卫星运动方程可写成

$$r=\frac{p}{1+e\cos\theta} \tag{1-1}$$

其中，r 为卫星到地心的距离；θ 为中心角；$e=\sqrt{1-(b/a)^2}$ 为偏心率；$p=a(1-e^2)$为二次

曲线的参数。这里 a、b 分别为椭圆的半长轴和半短轴，e、P 的值均由卫星入轨时的初始状态所决定。当 $0<e<1$ 时，为椭圆形轨道，如图 1-11(a)所示；仅当 $e=0$ 时，为圆形轨道，如图 1-11(b)所示。

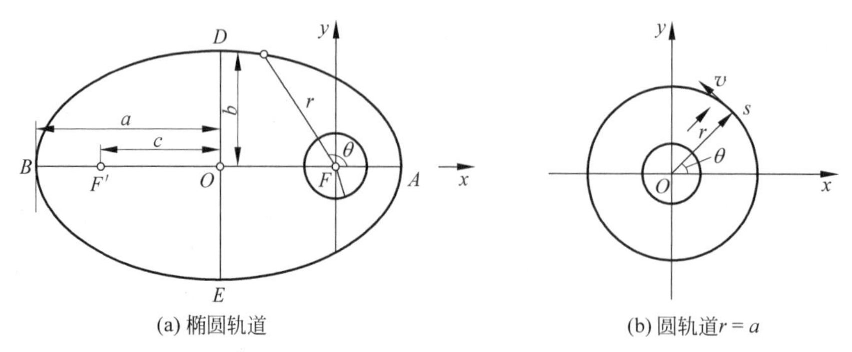

(a) 椭圆轨道　　(b) 圆轨道 $r=a$

图 1-11　地球卫星轨道

第二定律(面积定律)：卫星与地心的连线在相同时间内扫过的面积相等。由第二定律可以导出卫星在轨道上任意位置的瞬时速度为

$$v(r)=\sqrt{\mu\left(\frac{2}{r}-\frac{1}{a}\right)}\quad(\mathrm{km/s})\tag{1-2}$$

其中，μ 为开普勒常数($3.986013\times10^5\mathrm{km^3/s^2}$)。

第三定律(轨道周期定律)：卫星运转周期的平方与轨道半长轴的 3 次方成正比。

由第三定律可知，卫星围绕地球运行一圈的周期 T 为

$$T=2\pi\sqrt{\frac{a^3}{\mu}}\tag{1-3}$$

在椭圆轨道上，卫星离地球最远的点称为远地点，离地球最近的点称为近地点。卫星和地心的连线在地面上的交点称为星下点，星下点轨迹则是卫星与地心的连线切割地面形成的轨迹。

卫星从地球的南半球向北半球飞行的时候经过地球赤道平面的点称为升节点。假定地球不动，则太阳绕地球运行，当太阳从地球的南半球向北半球运行时，穿过地球赤道平面的那个点称为春分点。采用地心赤道坐标系，坐标原点为地心，坐标轴 x 在赤道平面内，指向春分点；z 轴垂直于赤道面，与地球自转角速度方向一致；y 轴与 x 轴、z 轴垂直，构成右手系，如图 1-12 所示。

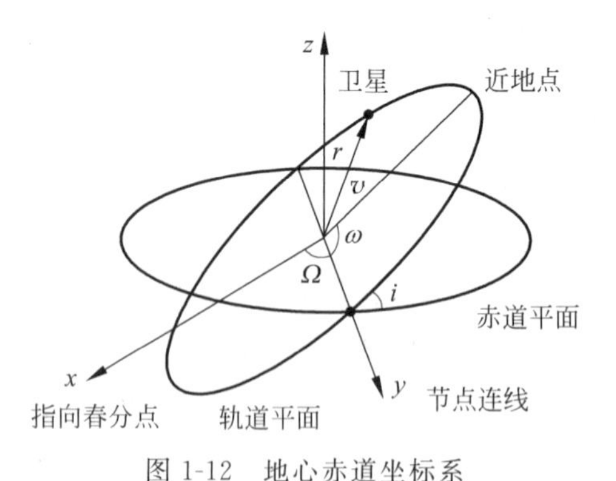

图 1-12　地心赤道坐标系

一般地，卫星位置的确定需要以下 6 个参数。

(1) 轨道平面的倾角 i，即卫星轨道平面与赤道平面的夹角。

(2) 轨道的半长轴 a。

(3) 轨道的偏心率 e。

(4) 升节点位置 Ω,指从春分点到地心的连线与从升节点到地心的连线之间的夹角。

(5) 近地点幅角 ω,指从升节点到地心的连线与从卫星近地点到地心的连线之间的夹角。从升节点顺轨道运行方向度量,$0°\leqslant\omega\leqslant 90°$。

(6) 卫星初始时刻的位置 $\omega+\nu$,是卫星在初始时刻到地心的连线与升节点到地心的连线之间的张角。其中 ν 是初始时刻卫星在轨道内的幅角,从升节点位置开始计算。

卫星在沿着椭圆轨道绕地球运行于某一圈时,定义该圈运行通过升节点的时刻为度量零点,则星下点轨迹方程如下

$$\varphi_s=\arcsin(\sin i\cdot\sin\theta) \tag{1-4}$$

$$\lambda_s=\lambda_0+\arctan(\cos i\cdot\tan\theta)-\omega_e t\pm\begin{cases}-180° & (-180°\leqslant\theta<-90°)\\ 0° & (-90°\leqslant\theta<90°)\\ 180° & (90°\leqslant\theta<180°)\end{cases} \tag{1-5}$$

其中,φ_s、λ_s 分别为星下点的地心纬度和经度(单位是度);λ_0 是升节点的地心经度;t 是飞行时间(单位是秒);θ 是 t 时刻卫星与升节点之间的角距(从升节点开始度量,顺行方向取正,逆行方向取负);ω_e 是地球自转速度(单位是度/秒);"$\pm$"号分别表示顺行轨道和逆行轨道。

2. 卫星轨道的分类

卫星轨道以不同的标准可以有不同的分类,下面是几种常见的分类方式。

1) 按与赤道平面的夹角分类

卫星轨道按其与赤道平面的夹角(即卫星轨道的倾角 i)分为:赤道轨道($i=0°$)、倾斜轨道(顺行倾斜轨道 $0°<i<90°$,逆行倾斜轨道 $90°<i<180°$)和极地轨道($i=90°$),如图 1-13 所示。

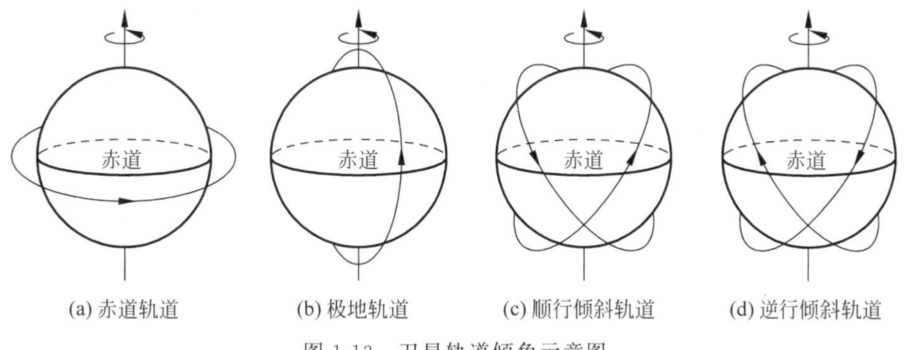

图 1-13 卫星轨道倾角示意图

比如,静止通信卫星采用赤道轨道,铱系统采用极地轨道,ICO 卫星采用顺行倾斜轨道。若采用顺行倾斜轨道将卫星送入轨道,运载火箭需要朝东方发射,即利用地球自西向东自转的一部分速度,从而节省运载火箭的能量;若采用逆行倾斜轨道将卫星送入轨道,运载火箭需要朝西方发射。

当卫星轨道角度大于 90°时,地球的非球形重力场使卫星的轨道平面由西向东转动。适当调整卫星的高度、倾角和形状,可以使卫星轨道的转动角速度恰好等于地球绕太阳公转的平均角速度,这种轨道称为太阳同步轨道。太阳同步轨道卫星可以在相同的当地时间和光照条件下,多次拍摄同一地区的云层和地面目标,气象卫星和资源卫星多采用这种轨道。

2）按偏心率分类

卫星轨道按偏心率（e）可以分为：圆轨道（$e=0$ 或接近于零）、椭圆轨道（$0<e<1$），包括大椭圆轨道（$0.2<e<1$）、抛物线轨道（$e=1$）和双曲线轨道（$e>1$）。

全球卫星通信系统多采用圆轨道，可以均匀覆盖南北半球。对于区域卫星通信系统，若覆盖区域相对于赤道不对称或覆盖区域纬度较高，则宜采用椭圆轨道。沿抛物线和双曲线轨道运行，卫星将飞离地球的引力场，行星探测器的行星际航行即采用这两种轨道。

3）按卫星离地面的高度分类

卫星轨道按卫星离地面的高度（h）分为：低轨道（Low Earth Orbit，LEO），高度为700～1500km；中轨道（Medium Earth Orbit，MEO），高度约为10000km；高椭圆轨道（High Earth Orbit，HEO），最近点为1000～21000km，最远点为39500～50600km；地球同步轨道（Geostationary Earth Orbit，GEO），高度约为35786km。

如图1-14所示，在空间上有两个辐射带，是由美国科学家范伦（Van Allen）于1958年发现的，称之为范伦带（Van Allen belt，内带1500～6000km或8000km，外带15000～20000km），它们由地球磁场吸引和俘获的太阳风的高能带电离子所组成，形成的恶劣的电辐射环境对卫星电子设备损害极大，所以在这两个范伦带内不宜运行卫星，否则卫星只能存在几个月。这就得出了相应的低、中、高轨道卫星，中轨道卫星运行在两个范伦带之间，虽然卫星遭受的辐射强度约为地球同步卫星遭受的辐射强度的二倍，但可用电防护措施进行防护，并可使用防辐射的电子器件。

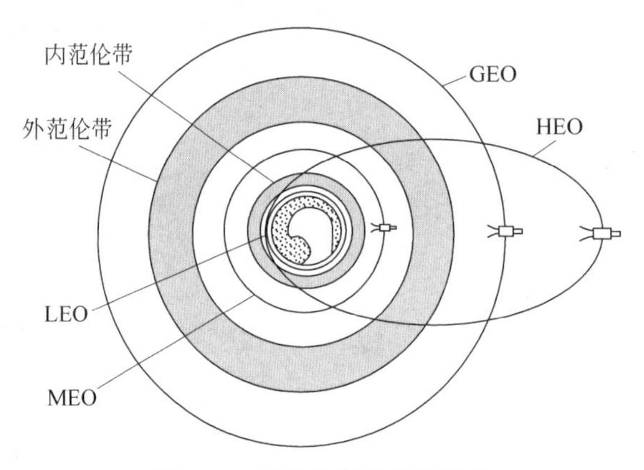

图1-14　卫星轨道高度的划分

3. 卫星轨道的摄动

在理想条件下，卫星轨道是开普勒轨道。但由于一些次要因素的影响，卫星的实际轨道不断发生不同程度地偏离开普勒轨道的情况，产生一定的漂移，这种现象称为摄动。引起卫星轨道摄动的原因有如下几个方面。

1）太阳、月亮引力的影响

对于低轨道卫星，地球引力占绝对优势，太阳、月亮引力的影响可以忽略不计；对于高轨道卫星，地球引力虽然仍是主要的，但太阳、月亮的引力也有一定影响。例如，对于静止卫星，太阳和月亮对卫星的引力分别为地球引力的1/37和1/6800。这些引力将使卫星轨道位置的矢径每天发生微小的摆动，并使轨道倾角发生累积性的变化，其平均速率均为0.85°/年。如不进行校正，则在26.6年内，倾角将从0°变到14.67°，然后经同样时间又减少到0°。从地球上看,这种摄动使静止卫星的位置主要在南北方向上缓慢地漂移。

2）地球引力场不均匀的影响

由于地球并非理想的球体,而是一个略呈扁平、赤道部分有些膨胀的椭球体,且表面起伏不平,因此地球同等高度处的引力不是常数,即使在静止轨道上,地球引力仍然有微小的波动。显然,地球引力的不均匀性,将使卫星的瞬时速度偏离理论值,从而使卫星在轨道平面内产生摄动。对静止卫星而言,瞬时速度的起伏,将使它的位置在东西方向上漂移。

3）太阳辐射压力的影响

对于一般卫星而言,太阳辐射压力的影响可以不予考虑。但对于表面积较大(如带有大面积的太阳能电池帆板的卫星)且定点精度要求高的静止卫星而言,就必须考虑太阳辐射压力引起的静止卫星在东西方向上的位置漂移。摄动对静止卫星定点位置的保持非常不利,为此,必须采用相应的控制措施来予以克服。另外,静止卫星的摄动对地球站的天线也提出了可以自动跟踪通信卫星的要求。

4）地球大气阻力的影响

高轨道卫星处于大气层外的宇宙空间,大气阻力可以不予考虑。但对于低轨道卫星而言,大气阻力有一定的影响,使卫星的机械能受到损耗,从而使轨道日渐缩小。例如椭圆形轨道的卫星,由于受大气阻力的影响,其近地点高度和远地点高度都将逐渐减少。

4. 卫星的位置保持与姿态控制

为了克服摄动的影响,需要对卫星轨道进行控制,包括位置保持和姿态控制。

1）位置保持

所谓位置保持,就是使卫星在运行轨道平面上的位置保持不变。位置控制主要靠星体上的轴向喷嘴和横向喷嘴来完成,如图1-15所示,它们分别由两枚很小的气体火箭组成。轴向喷嘴控制纬度方向的漂移,当卫星漂移出地球赤道平面时,星体上的遥测装置给地面一个信号,地面则通过遥控装置去控制卫星上的轴向喷嘴的点火系统,使轴向喷嘴工作,给卫星施加一个反作用力,使卫星回到赤道平面上来。当卫星在经度方向发生漂移,即环绕速度发生变化时,地球站给它一个控制信号,使横向喷嘴点火,以达到规定的速度。目前,静止卫星必须采取位置保持技术,其定点精度约为±0.1°,换算成位置精度约为±40km。

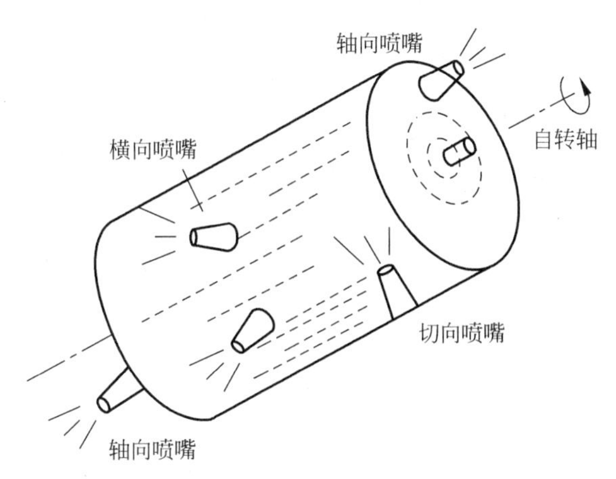

图1-15 位置控制示意图

2）姿态控制

所谓姿态控制，就是控制卫星保持一定的姿态，以便使卫星的天线波束始终指向地球表面的服务区，同时，对采用太阳能电池帆板的卫星，还应使帆板始终朝向太阳。进行卫星的姿态控制的一般步骤是：先用各种传感器测定卫星姿态；然后将测定结果与所需值进行比较，计算出修正量；最后操作相应的发动机单元，引入修正量进行姿态修正。测量卫星姿态的传感器主要有利用日光的太阳传感器、利用红外线的地球传感器、利用其他星球（特别是北极星）的恒星传感器、利用地球磁性的地球传感器、利用信标信号的电波极化面传感器和利用惯性的陀螺仪等。

卫星的姿态控制有自旋稳定、重力梯度稳定、磁力稳定和三轴稳定等方法，最常见的是自旋稳定和三轴稳定。

（1）自旋稳定：根据陀螺旋转原理，将卫星做成轴对称的形状，并使卫星以对称轴（自旋轴）为中心不断旋转，利用旋转时产生的惯性转矩使卫星姿态保持稳定。但是，天线和卫星一起旋转时，天线的波束将绕卫星的对称轴做环形扫描，功率浪费很大。显然，这是一种被动的单自旋稳定方式，为此必须采用双自旋稳定方式，即在卫星上安装消旋天线，以保证天线波束的指向始终不变。消旋天线可以是机械的，也可以是电子的。机械消旋是使安装在卫星自旋轴上部的天线与卫星自旋速度相等而方向相反；电子消旋是利用电子线路控制天线的波束，使其进行扫描，其扫描速度与卫星自旋速度相等，而方向相反。

特别是在机械消旋中，由于存在外界力矩的影响，会使卫星的自旋速度减慢，或引起自旋轴进动和章动（小振动）等，从而使卫星的姿态不稳定。为此，可以利用星体上的切向喷嘴推进器来增加自旋速度，安装磁性线圈来保持自旋轴的方向，安装章动抑制器来抑制自旋轴的章动。卫星自旋的典型速度为 100 圈/分，采用双自旋稳定法的卫星很多，如 IS 系列卫星中有不少都使用。

（2）三轴稳定：三轴稳定法是指卫星本身并不旋转，而是通过控制穿过卫星质心的 3 个固定轴来控制卫星姿态的方法。这 3 个轴选在卫星轨道平面的垂线、轨道的法线和切线 3 个方向上，分别称为俯仰轴、偏航轴和滚动轴，如图 1-16 所示。

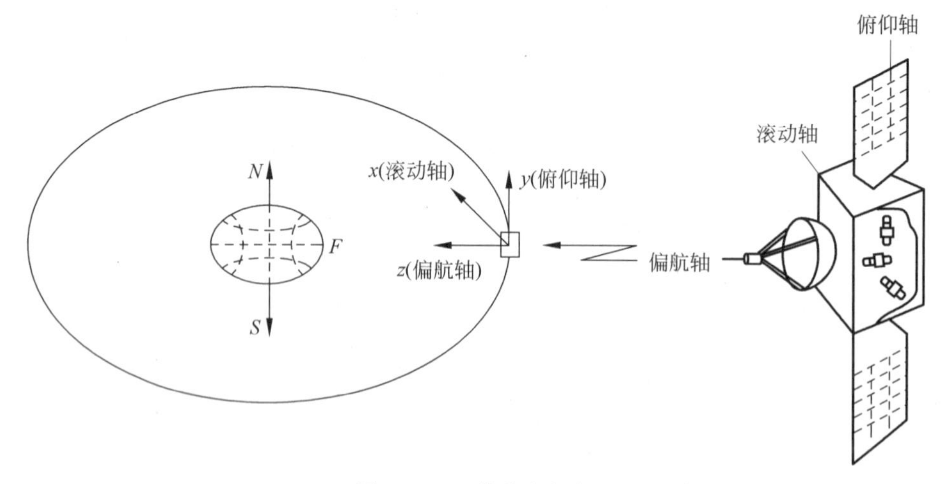

图 1-16　三轴稳定方式

需稳定的三轴可以采用喷气、惯性汽轮或电机等来直接控制，其中用得较多的是采用惯性汽轮。当卫星姿态正确时，各飞轮按规定的速度旋转，以惯性转矩使卫星姿态稳定。当卫星姿态发生改变时，改变飞轮的转速，从而产生反作用力来使卫星姿态恢复正常。这种设计能提高卫星运动的稳定度和精度，且姿态误差容限在3个轴方向不超过±0.1°。

（3）重力梯度稳定：重力梯度稳定法是根据转动惯量最小的轴有与重力梯度最大的方向相一致的趋势的原理，利用卫星上不同两点的作用力不平衡，确保卫星姿态稳定。目前，小型应用卫星采用此法较多。

（4）磁力稳定：磁力稳定法是利用固定在卫星上的磁铁和地球磁场的相互作用来控制卫星姿态的方法。这种方法容易受到地磁变动的影响，而且控制转矩较小，所以它仅作为其他方式的辅助手段。

1.3.2 卫星覆盖与星座设计

1. 单颗卫星覆盖范围的确定

对于单颗卫星而言，它在空间轨道上的某一位置对地面的覆盖，称为单颗卫星的覆盖区域；卫星沿空间轨道运行对地面的覆盖情况，就称为卫星的地面覆盖带。图1-17所示为全球波束覆盖区的几何关系示意图。

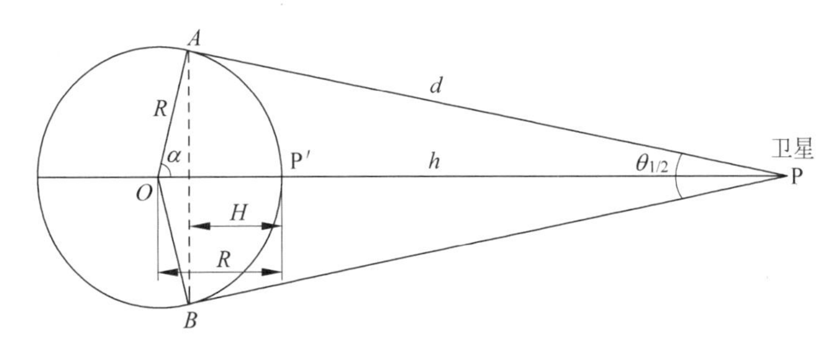

图1-17 全球波束覆盖区的几何关系示意图

一般来说，星下点P′处于星上天线全球波束的立轴上。由图1-17不难得出以下结论：

（1）卫星的全球波束宽度为

$$\theta_{1/2}=2\arcsin\frac{R}{R+h} \tag{1-6}$$

其中，$\theta_{1/2}$为波束的半功率宽度，即卫星对地球的最大视角；R为地球半径；h为卫星离地面的高度。对于静止卫星来说，$\theta_{1/2}\approx 17.34°$。

（2）覆盖区边缘所对的最大地心角为

$$\angle AOB=2\arccos\frac{R}{R+h} \tag{1-7}$$

对于静止卫星，$\alpha=81.3°$。

（3）卫星到覆盖区边缘的距离为

$$d=(R+h)\sqrt{1-\left(\frac{R}{R+h}\right)^{2}} \tag{1-8}$$

对于静止卫星，$d=41700\text{km}$。

(4) 覆盖区的绝对面积 S 与相对面积 S/S_0 分别为

$$S = 2\pi RH = 2\pi R(R - R\cos\alpha) = 2\pi R^2\left(1 - \frac{R}{R+h}\right) \tag{1-9}$$

$$\frac{S}{S_0} = \frac{1}{2}\left(1 - \frac{R}{R+h}\right) \tag{1-10}$$

对于静止卫星来说，$S/S_0 = 42.4\%$，此时在上述覆盖区的边缘，地球站天线对准卫星的仰角接近0°，这在卫星通信中是不允许的，因为仰角过低时，由于地形、地物及地面噪声的影响，不能进行有效通信。为此，INTELSAT 规定地球站天线的工作仰角不得小于5°。仰角大于等于5°的地面区域叫作静止卫星的可通信区，它比上述覆盖区的面积约减小4.4%，只达到全球的38%。

2. 方位角、仰角和站星距的计算

在地球站的调测、开通和使用过程中，都要知道地球站天线工作时的方位角 ϕ_a 和仰角 ϕ_e。此外，为了计算自由空间的传输损耗，还必须知道地球站与卫星的距离，即站星距。图1-18为静止卫星P与地球站A的几何关系，其中地球站A的经度和纬度分别为 ϕ_1 和 θ_1，静止卫星P的星下点P′的经度和纬度分别为 ϕ_2 和0，经度差为 $\phi = \phi_2 - \phi_1$，纬度差为 $\theta_1 - 0 = \theta_1$，则可以推导出如下关系。

(1) 仰角为

$$\phi_e = \arctan\left[\frac{\cos\theta_1\cos\phi - 0.151}{\sqrt{1-(\cos\theta_1\cos\phi)^2}}\right] \tag{1-11}$$

(2) 方位角为

$$\phi_a = \arctan\left[\frac{\tan\phi}{\sin\theta_1}\right] \tag{1-12}$$

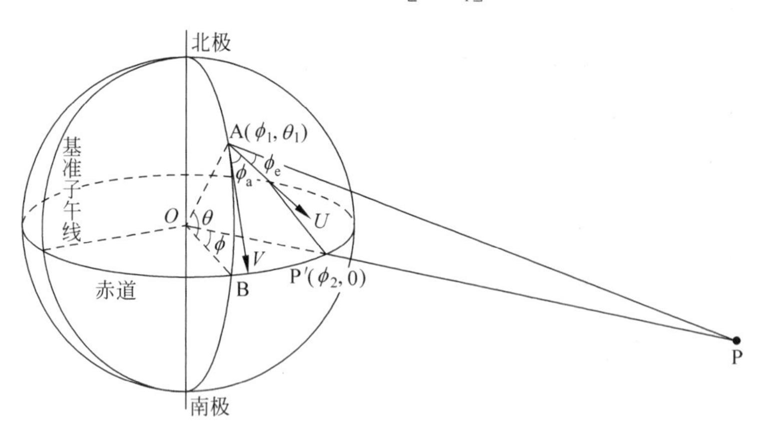

图1-18 静止卫星观察参数图解

必须指出，利用式(1-12)求出的方位角是以正南方向为基准的。按规定，地球站天线的方位角都是以正北方向为基准的，故其实际的方位角可用下述方法求出。

当地球站位于北半球时，方位角 $= \begin{cases} 180° - \phi_a & \text{（卫星位于地球站东侧）} \\ 180° + \phi_a & \text{（卫星位于地球站西侧）} \end{cases}$

当地球站位于南半球时，方位角$=\begin{cases}\phi_a & （卫星位于地球站东侧）\\ 360^\circ-\phi_a & （卫星位于地球站西侧）\end{cases}$

(3) 站星距为

$$d=42238\sqrt{1.023-0.302\cos\theta_1\cos\phi}\quad(\text{km})\tag{1-13}$$

例 1-1 “亚太一号”卫星的星下点 P′的经度为 $\phi_2=138.00^\circ$E(东经)，北京地球站的经度和纬度分别为 $\phi_1=116.45^\circ$E 和 $\theta_1=39.92^\circ$，求北京地球站的仰角、方位角和站星距。

解：由已知条件得知：$\theta_1=39.92^\circ$，经度差

$$\phi=\phi_2-\phi_1=138.00^\circ-116.45^\circ=21.55^\circ$$

代入式(1-11)得仰角

$$\phi_e=\arctan\left[\frac{\cos(39.92)^\circ\cos(21.55)^\circ-0.151}{\sqrt{1-[\cos(39.92)^\circ\cos(21.55)^\circ]^2}}\right]=38.74^\circ$$

又求得方位角

$$\phi_a=\arctan\left[\frac{\tan21.55^\circ}{\sin39.92^\circ}\right]=31.61^\circ$$

由于卫星位于地球站东侧，故实际方位角为

$$180^\circ-\phi_a=180^\circ-31.61^\circ=148.39^\circ$$

站星距

$$d=42238\sqrt{1.023-0.302\cos(39.92^\circ)\cos(21.55^\circ)}=37955(\text{km})$$

3. 星座设计

1) 星座的覆盖方式

卫星星座是指由多颗卫星按照一定的规律组成的卫星群。与单颗卫星相比，卫星星座具有高得多的覆盖性能。由多颗卫星组成的卫星环沿空间轨道运行对地面的覆盖情况，则称为卫星环的覆盖带。

目前星座主要有两种，一种是星状星座，如图 1-19(a)所示，铱系统即采用此种星座形式；另一种为网状星座，即 Walker 星座，图 1-19(b)所示，“全球星”(Globalstar)系统采用此种形式。两种星座各有千秋。至于卫星覆盖地区以及覆盖的持续时间，则主要取决于星座内的卫星数量、高度和轨道倾斜度。

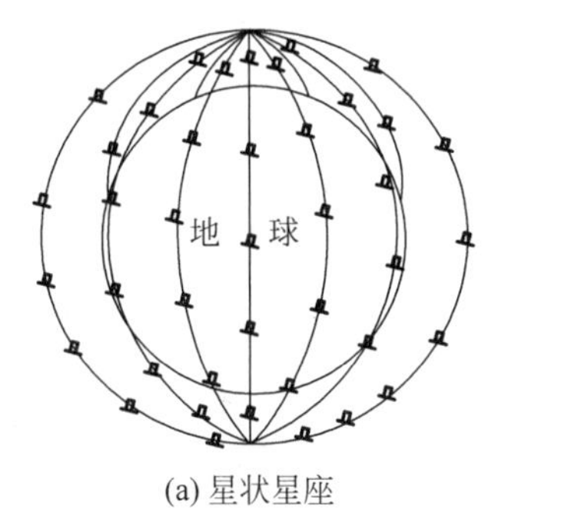

(a) 星状星座

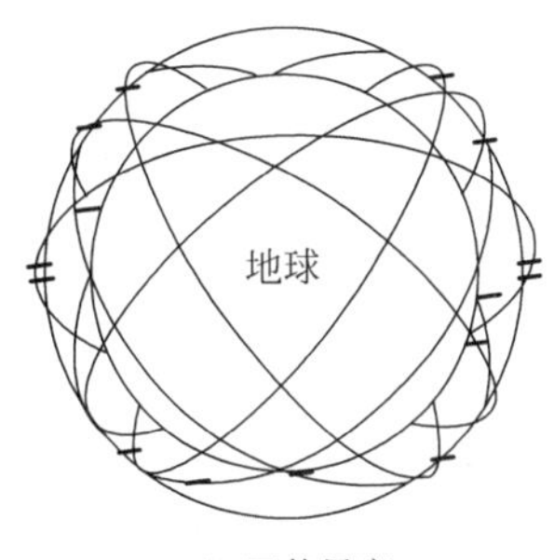

(b) 网状星座

图 1-19 星座示意图

卫星星座的覆盖要求，由星座所要完成的任务所决定，根据不同的任务确定不同的覆盖方式。一般来说，星座的覆盖方式有 4 种：第 1 种是持续性全球覆盖(Continuous Global Coverage)，指对全球的不间断连续覆盖；第 2 种是持续性地带覆盖(Continuous Zonal Coverage)，指对特定的纬度范围之间的地带进行不间断的连续覆盖；第 3 种是持续性区域覆盖(Continuous Regional Coverage)，指对某些区域(如一个国家的版图)进行连续的覆盖；第 4 种是部分覆盖(Partial or Revisit Coverage)，是指覆盖区域为局部区域，而覆盖的时间是间断的。这 4 种覆盖方式如图 1-20 所示。

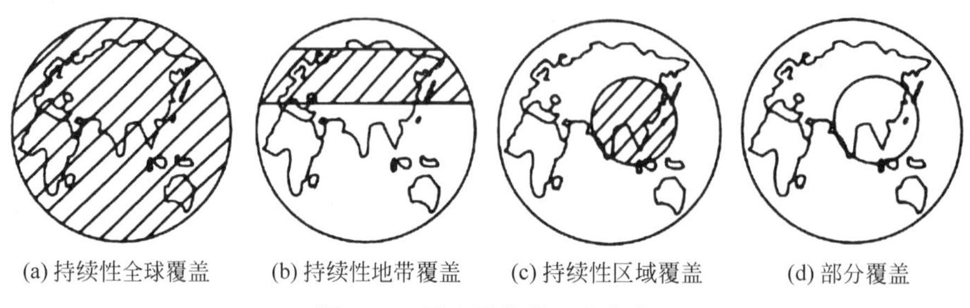

图 1-20　星座覆盖的四种方式

设计最佳星座，就是通过选取最佳的轨道倾角和升节点的位置，在高度尽可能低的轨道上，采用数量尽可能少的卫星，使最小仰角尽可能大，并对指定区域进行全天候的持续性覆盖。其中，使用数量尽可能少的卫星意味着卫星系统的费用最省；轨道高度尽可能低意味着自由路径损耗较小；最小仰角(指在覆盖区内地球站看到卫星的最坏情况时的仰角)尽可能大是为了使通信路径的各种衰减较小，并为多址方式提供更为广阔的选择余地；指定区域说明是区域性覆盖；全天候的持续性覆盖是指 24 小时不间断的连续覆盖。

关于覆盖有两种定义方法：一种是在卫星处在某一确定的位置时，根据地面上的最小仰角定义覆盖的大小，通过标定具有最小仰角的地面点的轨迹确定覆盖的具体范围；另一种方法是从卫星天线的角度来定义，由于卫星天线通常具有较强的方向性，地面上处于卫星天线波束半功率角范围内的区域为覆盖区域。在卫星星座的设计中，一般使用覆盖的第一种定义方法。

2）星座的类型

按照是否对星座中卫星的相互位置关系进行控制，卫星星座可分为相位(Phasing)星座和随机(Random)星座两种。

相位星座由时间上具有相对固定位置的卫星组成。因此要求对卫星进行轨道控制。此结构的优点是可以用较少的卫星达到要求的性能；缺点是由于需要燃料和推进器，因此卫星较大，另外系统还需要一个卫星轨道控制网络。

随机星座由轨道高度和倾角均不同的卫星组成。其优点是没有轨道控制，卫星发射入轨后不用采取任何措施，节约了发射后在卫星有效期内轨道纠正和轨道控制的成本，但需要较多的卫星来达到相同的性能。

为达到给定的覆盖要求，采用相位星座比采用随机星座使用的卫星较少，但需要轨道控制。在决定星座结构时要在数量较少但相对昂贵的卫星(能控制轨道位置)和成本较低但数量较多的卫星之间做选择。

3）星座的表示及主要参数

描述卫星星座的参数主要有：轨道面数、每个轨道面内的卫星数、轨道平面的倾角、轨

道面的升节点位置 Ω、初始相位角、半长轴、偏心率和近地点幅角 ω 等参数。

若采用圆轨道，则星座参数减少为轨道面数、每个轨道面内的卫星数、轨道平面的倾角、升节点经度、初始相位角和轨道高度等，即去掉了偏心率和近地点幅角这两个参数。

对于采用倾斜圆轨道的卫星星座，通常采用 Walker 代码($T/P/F$)来表示其星座结构，因此也叫 Walker 星座。其中，T 为系统中的总卫星数，P 为轨道面数，F 为相邻轨道面邻近卫星之间的相位因子(Phasing Factor)。F 表示的意义为：如果定义轨道相位角为 $360°/T$，那么，当第一个轨道面上第一颗卫星处在升节点时，下一个轨道面上的第一颗卫星超过升节点 F 个轨道相位角，以此类推。这样，对于采用倾斜圆轨道的卫星星座来说，除了轨道高度和倾角外，用 $T/P/F$ 就能基本说明其星座配置方案。

根据 Walker 的研究，任何卫星星座要连续覆盖整个地球(含两极)，至少需要 5 颗卫星(单星覆盖)；如果任何时候都要求能同时看到 2 颗卫星，则至少需要 7 颗卫星。

4) 星座中参数的优化

卫星星座的优化设计主要从以下几个方面来考虑：系统需要的总卫星数、卫星的复杂度和成本、卫星寿命、要求的最低通信仰角、分集覆盖范围、手机功率、范伦带辐射的影响、卫星发射的灵活性、传播时延和系统可靠性等。下面主要介绍几个参数的优化考虑。

(1) 轨道高度。轨道高度越高，单颗卫星对地面的覆盖区域越大，为达到设计要求所需的卫星数就越少。单轨道高度越高，自由空间传播损耗越大，这就要求增加星上转发器和地球站的功率，或者降低信息速率。对于一种给定的发射工具，高轨道意味着发射轻的卫星；较低的轨道意味着可用较小的转发器和地球站功率或较高的信息速率，并且卫星的发射成本较低。但卫星越低，一颗卫星的覆盖范围就越小，为达到设计要求所需的卫星数就较多。卫星数量增加，不仅增加了系统的冗余度，而且成本和复杂性均增加了许多。轨道高度应尽量避开范伦辐射带，否则，要求对卫星进行抗辐射加固。另外，为便于网络操作和轨道控制，最好选择轨道周期与恒星日(23 小时 56 分 4.09 秒)呈整数倍关系。

(2) 轨道偏心率与倾角。对于全球卫星通信系统，一般采用圆轨道，因为它能均匀覆盖南北半球。但对于区域卫星通信系统，若要求覆盖的区域对于赤道是不对称的，则不一定采用圆轨道；若要求覆盖的区域纬度较高，采用高倾斜椭圆轨道可能更好些。考虑到椭圆轨道存在近地点幅角的摄动，因此，目前大部分卫星移动通信系统采用圆轨道，部分采用轨道倾角为 63.4°的椭圆轨道。轨道倾角可以从 0°(赤道轨道)到 90°(极地轨道)，通过调整轨道的倾角来对指定地区进行最佳覆盖。赤道地区可采用赤道轨道，中纬度地区可采用倾斜轨道，而极地可采用极地轨道或倾斜轨道($i>70°$)。一个给定的区域的覆盖范围也可以用赤道、极地和倾斜轨道的结合来得到。

(3) 轨道面数与每面卫星数的选择。这两个参数主要与轨道高度有关，同时与经济方面的考虑也有很大关系。如果一个轨道面的所有卫星可以同时发射，那么将这些卫星发射入轨可以用最少的燃料。由于不同轨道面上的卫星一般不能同时发射，因此采用较少的轨道面意味着只需较少的发射次数，即花费的发射成本较低。较少的轨道面意味着每个面上有较多的卫星。

(4) 多星/单星覆盖要求。根据不同的多星/单星覆盖要求，设计的轨道配置方案也是不同的。对于一般的通信，采用单星覆盖就能达到性能要求；对于高可靠的通信，一般要求能至少有两星的多星覆盖；而对于要求精确定位的系统，则要求至少能同时看到 4 颗卫星。

1.3.3 通信卫星的组成

通信卫星由空间平台和有效载荷两部分组成，其作用是为各地球站转发无线电信号，以实现它们之间的多址通信。

1. 空间平台

空间平台又称卫星公用舱，是用来维持通信转发器和通信天线在空中正常工作的保障系统，主要包括结构、温控、电源、控制、跟踪、遥测和指令(TT&C)等分系统，对静止轨道卫星还包括远地点发动机等。

1) 结构分系统

结构分系统是卫星的主体，使卫星具有一定的外形和容积，并能承受星上各种载荷和防护空间环境的影响。结构分系统一般由轻合金材料组成，外层涂有保护层。常用的卫星结构有自旋稳定式的轴对称(陀螺)形状和三轴稳定式的立方体(箱体)形状。

2) 温控分系统

由于卫星的一面直接受太阳辐射，而另一面却对着寒冷的太空，因此处于严酷的温度条件之中。温控分系统的作用就是控制卫星各部分的温度，保证星上各种仪器设备正常工作。通常采用消极温度控制和积极温度控制两种方式。用涂层、绝热和吸热等办法来传热的方法，即为消极温度控制，其传热方式主要是传导和辐射；用自动控制器来对卫星所受的热进行传热平衡的方法，即为积极温度控制，例如用双金属弹簧引力的变化来开、关隔栅，以及利用热敏元件来开、关加热器和散热器，以便控制卫星内部的温度变化，使舱内仪器的温度保持在−20℃～+40℃。

3) 控制分系统

控制分系统由各种可控的调整装置，如各种喷气推进器、各种驱动装置、各种转换开关等组成。在地面遥控指令站的指令控制下，完成远地点发动机点火控制，对卫星的姿态、轨道位置、各分系统的工作状态和主备份设备的切换等进行控制和调整。它是一个执行机构，即执行遥测和指令分系统的指令的机构。

4) 跟踪、遥测和指令分系统

跟踪、遥测和指令分系统简称为TT&C系统。其中，跟踪部分用来为地球站跟踪卫星发送信标，而遥测、指令分系统的主要任务是把卫星上的设备工作情况(如电流、电压、温度、控制用的气体压力以及来自传感器的信号等)原原本本地告诉地面上的卫星测控站，同时忠实地接收并执行地面测控站发来的指令信号。比如，卫星的位置控制和姿态控制就是通过这一遥测指令分系统来实现的。

5) 电源分系统

为了对卫星保持足够的不间断供电，电源分系统通常由太阳能电池、化学能电池及电压调整和电池充电装置组成，如图1-21所示。目前，太阳能电池一般采用由N-P型单晶硅半导体做成的电池阵，也可以采用砷化镓半导体来构成太阳能电池板，以获得更高的光-电转换效率；而化学能电池常采用镍镉(Ni-Cd)蓄电池，它与太阳能电池并接。非星蚀时，使用太阳能电池，且必须保持太阳能电池的表面朝向太阳，同时蓄电池被充电；星蚀时，蓄电池供电，保证卫星继续工作。图1-21中二极管 VD_1 用来阻止蓄电池放电电流流向太阳能电池，VD_2 则为蓄电池提供放电通路。通常，要求电源系统体积小、重量轻、效率高、寿命长。

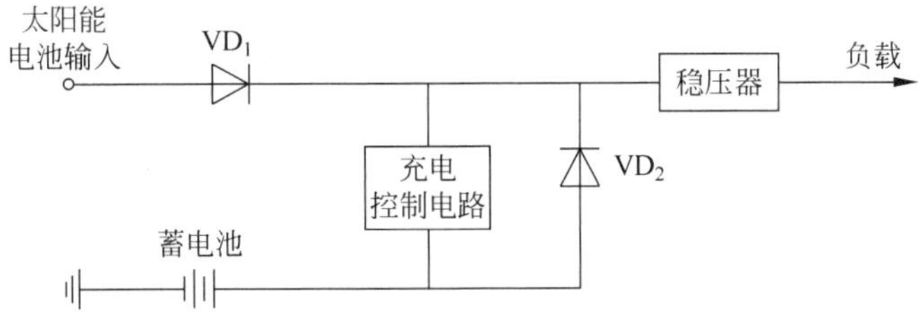

图 1-21　电源系统组成框图

6）远地点发动机

对于静止轨道卫星，通常是用运载火箭将卫星射入“转移轨道”（近地点 200km，远地点 36000km，倾角接近发射场纬度），而卫星上的远地点发动机的作用就是把卫星推入圆形轨道，消除原轨道平面的倾斜。所以，转移轨道的远地点应位于赤道平面内的对地同步高度处。发射场距赤道越远，所需的修正功率就越大。

2. 有效载荷

通信卫星的有效载荷包括天线分系统和通信转发器。

1）天线分系统

天线分系统包括通信天线和遥测指令天线，其作用是定向发射与接收无线电信号。通常要求其天线体积小、重量轻、可靠性高、寿命长、增益高，星间链路天线波束永远指向地球，若卫星本身是旋转的，则需要采用消旋天线。

通信天线一般采用定向的微波天线，按其波束覆盖区域的大小，可分为全球波束天线、区域波束天线和点波束天线。在静止卫星上，全球波束天线常用喇叭形，其波瓣宽度约为 17°～18°，恰好覆盖卫星对地球的整个视区，天线增益约为 15～18dBi。点波束天线一般采用抛物面天线，其波束宽度只有几度或者更小，集中指向某一小区域，故增益较高。例如 IS-Ⅳ卫星上的天线约为 4.5°，增益约为 27～30dBi。当需要天线波束覆盖区域的形状与某地域图形相吻合时，就要采用区域波束天线，也称赋形波束天线。目前，赋形波束天线比较多的是利用多个馈电喇叭，从不同方向经反射器产生多波束的合成来实现；对于一些较为简单的赋形天线，也有采用单馈电喇叭、修改反射面形状来实现的。

遥测、遥控和信标采用的是高频或甚高频天线，这些天线一般是全向天线，以便可靠地接收来自地面控制站的指令和向地面发射遥测数据。常用的天线形式有鞭状、螺旋状、绕杆状和套筒偶极子天线等。

2）通信转发器

卫星上的通信系统又叫转发器或中继器，它是通信卫星的核心部分，实际上是一部高灵敏度的宽带收、发信机，其性能直接影响卫星通信系统的工作质量。

通信转发器的噪声主要有热噪声和非线性噪声，其中热噪声主要来自设备的内部噪声和从天线来的外部噪声，非线性噪声主要是由转发器电路或器件特性的非线性引起的。通常一颗通信卫星有若干个转发器，每个转发器覆盖一定的频段。要求转发器工作稳定可靠，能以最小的附加噪声和失真以及尽可能高的放大量来转发无线信号。

卫星转发器通常分为透明转发器和处理转发器两大类。

（1）透明转发器。透明转发器也叫非再生转发器或弯管转发器，是指接收地面站发来的信号后，在卫星上不做任何处理，只是进行低噪声放大、变频和功率放大，并发向各地球站，即单纯完成转发任务。也就是说，它对工作频带内的任何信号都是“透明”的通路。按其在卫星上变频的次数，透明转发器可分为单变频转发器和双变频转发器，如图 1-22 所示。

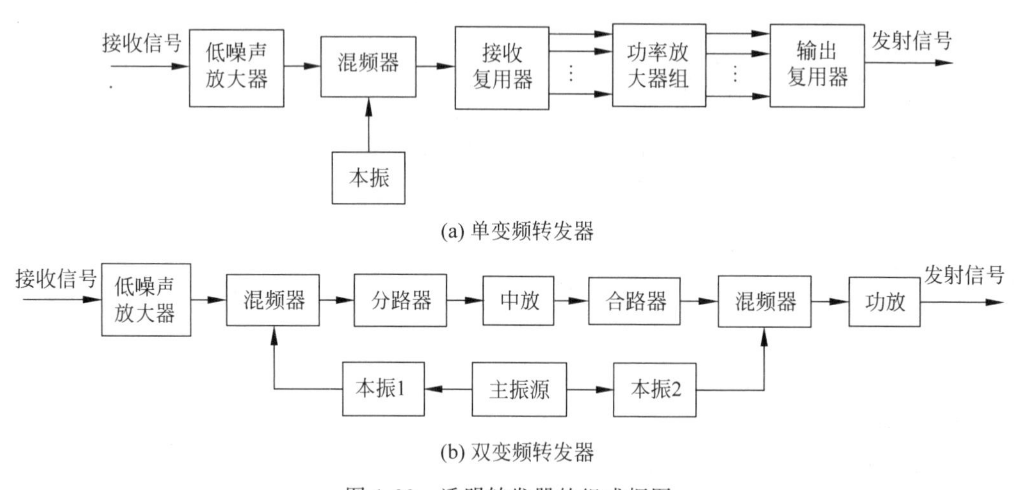

图 1-22 透明转发器的组成框图

单变频转发器是一种微波转发器，射频带宽可达 500MHz 以上，每个转发器的带宽为 36MHz 或 72MHz。它允许多载波工作，适应多址连接，因而适应于载波数量多、通信容量大的通信系统。例如 IS-Ⅲ、IS-Ⅳ、IS-Ⅴ和 CHINASAT-Ⅰ等通信卫星都采用这种转发器。

双变频转发器是先把接收信号变频为中频，经限幅后，再变为下行发射频率，最后经功放由天线发向地球。其特点是转发增益高（80～100dB），电路工作稳定。例如 IS-Ⅰ、“天网”卫星、我国第一期的卫星通信系统以及现代许多宽带通信卫星（MILSTAR、ACTS、iPSTAR、COMETS）都采用这种转发器。

（2）处理转发器。处理转发器除了能转发信号外，主要还具有信号处理的功能，如图 1-23 所示。这种转发器与双变频转发器类似，不同的是在两级变频器之间增加了解调、信号处理和调制三个单元。对于接收到的信号，先经过微波放大和下变频后，变为中频信号，再进行解调和数据处理后得到基带数字信号，然后再经调制，上变频到下行频率上，经功放后通过天线发向地球站。

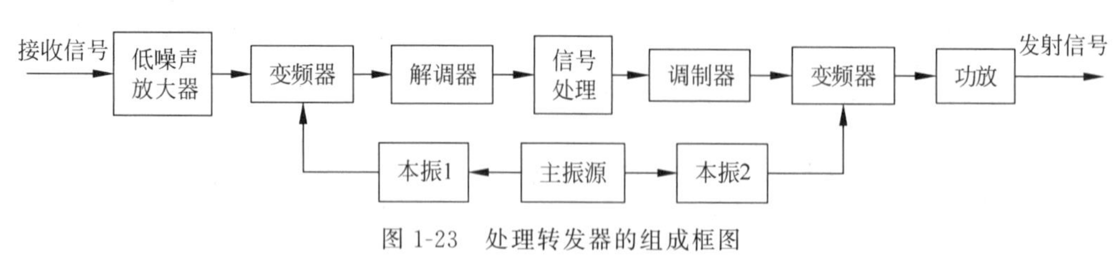

图 1-23 处理转发器的组成框图

星上信号处理主要包括三种类型：第一种是对数字信号进行解调再生，以消除噪声积累；第二种是在不同的卫星天线波束之间进行信号交换与处理；第三种是进行其他更高级的信号变换、交换和处理，如上行频分多址方式（Frequency Division Multiple Address，FDMA）变为下行时分多址方式（Time Division Multiple Address，TDMA）、解扩、解调抗干扰处理等。

综上所述，通信卫星的组成一般可用图 1-24 所示的框图表示。

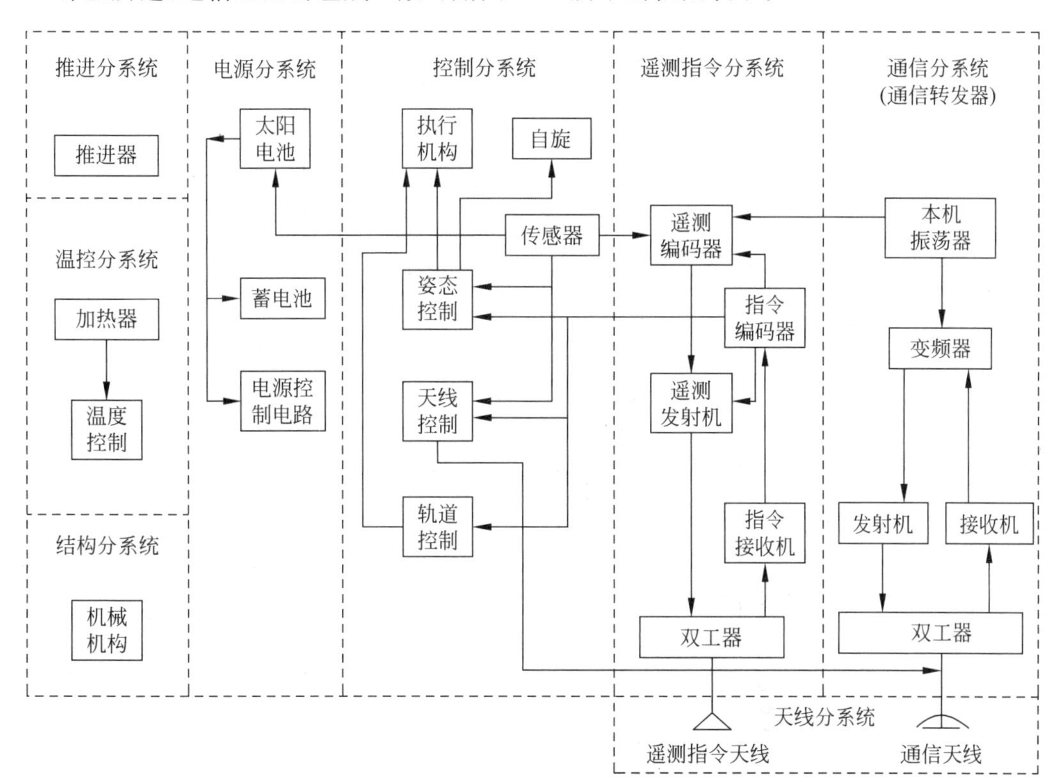

图 1-24　通信卫星的一般组成框图

1.3.4　通信卫星举例

目前，世界上已发射的通信卫星已达数千颗，其中仅静止卫星已达 200 多颗。为便于了解通信卫星的主要特性，下面简单介绍 IS 系列通信卫星的主要参数，以及新一代 IS-Ⅹ卫星的主要特点。

1. IS 系列卫星的主要参数

国际卫星通信组织是世界上最大的商业卫星通信业务提供商，该组织于 1964 年 8 月 20 日在美国成立，总部在华盛顿，成立时拥有 11 个成员国。2001 年 7 月 18 日它由一个条约组织转变为一个私营公司，新成立的国际通信卫星有限公司(简称 Intelsat 公司)拥有 200 多个股东，2006 年 7 月收购了 PanAmSat 公司。目前，Intelsat 公司已有成员国 140 多个，在全球近 200 个国家和地区拥有 800 多家用户。

Intelsat 公司提供的服务主要有国际电话服务、国际电视服务、国内通信服务、国际通信卫星组织商业服务和国际互联网服务等。支撑这些服务的话音、图像和数据的传输由位于地球同步轨道上的 IS 系列卫星负责。

IS 系列卫星自 1965 年发射 IS-Ⅰ以来，已先后推出了 10 代卫星。IS 每一代卫星都有自己的特点，并且都在前一代基础之上做了改进，相应的卫星主要技术参数也在不断提高。表 1-2 给出了 IS-Ⅰ～IS-Ⅵ卫星的主要结构参数，表 1-3 给出了 IS-Ⅵ～IS-Ⅹ各代卫星通信子系统的主要技术参数。

表 1-2 IS-Ⅰ～IS-Ⅵ卫星主要的结构参数

型号	IS-Ⅰ	IS-Ⅱ	IS-Ⅲ	IS-Ⅳ	IS-ⅣA	IS-Ⅴ	IS-ⅤA	IS-Ⅵ
首发时间	1965	1966	1968	1971	1975	1980	1984	1989
制造商	Hughes		TRW	Hughes		Ford Aerospace		Hughes
姿态控制方式	自旋	自旋	双自旋	双自旋	双自旋	三轴	三轴	双自旋
尺寸/m×m（或 m×m×m）	0.72×0.59	1.42×0.67	1.41×1.04	2.38×5.28	2.38×6.93	1.66×2.01×1.77	1.6×2.1×2.8	1.42×0.67
运载火箭	Thor Delta			Atlas-Centaur		Atlas-Centaur and Ariane		STS and Ariane
在轨重量/kg	38.5	86	152	700	790	1037	1100	1870
末期功率/W	33	75	125	400	500	1200	1270	2200
设计寿命/年	1.5	3	5	7	7	7	7	10
容量/路数	240	240	1200	4000	6000	12000	15000	36000
带宽/MHz	50	125	450	432	720	2137	2480	3732

表 1-3 IS-Ⅵ～IS-Ⅹ卫星通信子系统的主要技术参数

型号		IS-Ⅵ	IS-Ⅶ	IS-ⅦA	IS-Ⅷ	IS-ⅧA	IS-Ⅸ		IS-Ⅹ
制作商		Hughes	SS/Loral	SS/LORAL	Lockheed Martin	Lockheed Martin	SS/Loral		ASTRIUM
卫星编号		601～605	701/702 704/705/709	706/707	801/802	805	902～905,907	901/906	10～02
首发时间		1989	1993	1995	1997	1998	2001	2001	2004
转发器数	C频段	38	26	26	38	28	44	42	45
	Ku频段	10	10	14	6	3	14	14	16
最大容量	C频段(36MHz)	64	42	42	64	36	76	72	70
	Ku频段	24	30	28	12	6	23	23	36
C频段波束覆盖		2半球,4区域,全球波束A和B	2半球,4区域全球波束A和B,点波束A和B	2半球,4区域全球波束A和B,点波束A和B	2半球,4区域,全球波束A和B	半球A,半球B	2半球,4或5区域,全球波束A和B	2半球,4区域,全球波束A和B	3半球,2区域,全球波束A和B
Ku频段波束覆盖		西点波束,东点波束,波束3	点波束1,点波束2,增强型点波束2/2A	点波束1/1X,点波2/2X,增强型点波束2/2A	点波束1,点波束2	点波束1	点波束1,点波束2	点波束1,点波束2	点波束1,点波束2,点波束3/3X
C频段工作频段/MHz		上行5850～6425 下行3625～4200	上行5925～6425 下行3700～4200	上行5925～6425 下行3700～4200	上行5850～6425 下行3625～4200	上行5890～6650 下行3400～4200	上行5850～6425 下行3625～4200		上行5850～6425 下行3625～4200
Ku频段工作频段/GHz		上行14.0～14.5 下行10.95～11.2 和11.45～11.7	上行14.0～14.5 下行10.95～11.2 或11.7～11.95 或12.5～12.75 或11.45～11.7	上行14.0～14.5 下行10.95～11.2 或11.7～11.95 或12.5～12.75 或11.45～11.7	上行14.0～14.5 下行10.95～11.2 或11.7～11.95 或12.5～12.75 或11.45～11.7	上行14.0～14.5 下行12.5～12.75	上行14.0～14.5 下行10.95～11.2 和11.45～11.7		上行13.75～14.5 下行10.95～11.2 和11.45～11.7 和12.5～12.75
频率再用程度		6重	4重	4重	6重	2重	6重	6重	5重

由表 1-2 和表 1-3 可知，IS-Ⅸ和 IS-Ⅹ是目前国际上最先进的通信卫星。

IS-Ⅸ卫星是 IS-Ⅶ系列的改进版本，用于为全球提供更好的覆盖和更强的信号，满足对数字业务、小型地球站和 Intelsat 公司特殊通信业务的需求。该系列各颗卫星各有特点，其中 IS-Ⅸ01 采用 FS-1300 的改进型 FS-1300HL 作为平台，为欧洲和美国提供话音和图像业务，该卫星含有覆盖大西洋地区的 C 频段点波束和覆盖欧洲的 Ku 频段点波束；IS-Ⅸ02 为非洲、亚洲和澳大利亚提供覆盖，IS-Ⅸ06 为欧洲、亚洲和澳大利亚提供因特网、话音和电视广播服务；IS-Ⅸ07 用于提高对美国、非洲、欧洲的 C 频段覆盖和对欧洲、非洲的高功率 Ku 频段点波束覆盖，它将取代 IS-Ⅵ05 卫星，能提供比 IS-Ⅵ05 高两倍的 Ku 频段功率，这使它可以支持宽带应用，包括高速因特网接入。IS-Ⅸ07 卫星还包含强大的 C 频段转发器，使其总体容量比 IS-Ⅵ05 卫星大 19%。

IS-Ⅹ卫星是 IS 卫星系列里体积最大的和通信能力最强的卫星，能提供近 8kW 的功率，用于为全美和欧洲西部提供固定电话、数据、广播和新闻业务。其中 IS-Ⅹ01 包含有 36 个 C 频段和 20 个 Ku 频段的转发器，但因不能按期交货而被取消。IS-Ⅹ02 的有效载荷包括 45 个 C 频段和 16 个 Ku 频段的转发器。

总之，IS 系列卫星的每代卫星相对于前一代都有一定的改进，或者增加转发器的数量和带宽，或者提供更高的功率，或者采用更先进的天线技术，使其适应通信发展的需求。亚太地区也是 Intelsat 公司的主要市场之一，Intelsat 公司设计并发射了多颗覆盖亚太地区的卫星。

2. IS-Ⅹ卫星的主要特点

IS-Ⅹ是截至 2007 年 3 月国际通信卫星公司订购的体积最大、功率最强的卫星，目前只发射了一颗 IS-Ⅹ02 卫星，于 2004 年 8 月开始为用户提供卫星固定业务，包括数字广播、电视、话音、宽带因特网接入和企业内部联网，以及政府或军方的特殊业务等。IS-Ⅹ02 卫星将替代 IS-Ⅶ07 卫星，与 IS-Ⅶ07 相比具有如下特点。

(1) 功率更强。IS-Ⅹ02 卫星 C 频段的 EIRP 比 IS-Ⅶ07 卫星高 4～6dBW，而且其 150W 的行波管放大器的功率是当时市场上最大的。

(2) 容量更大。IS-Ⅹ02 通过携带的 70 台 C 频段和 36 台 Ku 频段的 36MHz 等效转发器，使其 C 频段容量比 IS-Ⅶ07 卫星增加 67%，Ku 频段上增加 29%。

(3) 覆盖增宽。IS-Ⅹ02 卫星为欧洲、非洲及中东地区提供优先覆盖，同时，由于该卫星采用可移动的 Ku 频段点波束，因此还可覆盖亚洲和美洲。

(4) 技术先进。IS-Ⅹ02 卫星的 3 个可控 Ku 频段点波束中有 2 个可以移动，能实现对服务区域的灵活覆盖；能在 C 和 Ku 频段之间进行交叉互连；即使在下行信号衰减的情况下，星上的自动电平控制(Automatic Level Control，ALC)也能使卫星维持稳定的 EIRP。

表 1-4 和表 1-5 分别给出了 IS-Ⅹ02 卫星的主要性能指标和主要技术指标。

表 1-4 IS-Ⅹ02 卫星的主要性能指标

项　目	参　数	项　目	参　数
卫星平台型号	欧洲星-E3000	有效载荷功率/kW	8
体积/m^3	7.5×2.9×2.4	设计寿命/年	13
太阳能电池翼展开时的跨度/m	45	轨道类型	359°E 地球静止轨道
发射品质/kg	5600	等效转发器数量/台	70(C 频段)、36(Ku 频段)
功耗(寿命结束时)/kW	11	行波管放大器功率/W	150

表 1-5 IS-Ⅹ02 卫星的主要技术指标

频　　段	C 频段	Ku 频段
覆盖性能	半球/区域/全球	区域
EIRP/dBW	全球波束：32.0～35.0 半球波束：37.0～42.0 区域波束：37.0～46.9	46.7～55.3
接收系统 G/T/(dB/K)	全球波束：−10.7～−7.7 半球波束：−6.5～−2.0 区域波束：−4.6～5.2	点波束 1：0.0～6.5 点波束 2：0.0～6.4 点波束 3/3X：−1.3～7.7
极化方式	圆极化	线极化
上行链路频率/GHz	5.85～6.425	13.75～14.5
下行链路频率/GHz	3.625～4.2	10.95～12.75
饱和通量密度范围/(dBW/m^2)	−89.0～−67.0	−87.0～−69.0

1.4 卫星通信工作频段的选择及电波传播的特点

1.4.1 工作频段的选择

1. 工作频段的选择原则

卫星通信工作频段的选择是一个十分重要的问题，因为它将影响到系统的传输容量、地球站与转发器的发射功率、天线尺寸与设备的复杂程度以及成本的高低等。

为了满足卫星通信的要求，工作频段的选择原则，归纳起来有以下几个方面：

(1) 工作频段的电波应能穿透电离层；

(2) 电波传输损耗及其他损耗要小；

(3) 天线系统接收的外界噪声要小；

(4) 设备重量要轻，耗电要省；

(5) 可用频带要宽，以满足通信容量的需要；

(6) 与其他地面无线系统(如微波中继通信系统、雷达系统等)之间的相互干扰要尽量小；

(7) 能充分利用现有技术设备，并便于与现有通信设备配合使用。

综合上述各项原则，卫星通信的工作频段应选在微波频段(300MHz～300GHz)。这是因为微波频段有很宽的频谱，频率高，可以获得较大的通信容量，天线的增益高，天线尺寸小，现有的微波通信设备可以改造利用；另外就是微波不会被电离层所反射，能直接穿透电离层到达卫星。

2. 可供选用的频段

为便于了解卫星通信与无线通信的关系，表 1-6 给出了目前无线电波的各种频率范围及其对应波长范围的划分和应用。

表 1-6　无线电波的频率(波段)划分与应用

频率范围	波长范围	符号	通称		用途
			频段	波段	
3Hz～30kHz	10^8～10^4m	VLF	甚低频	长波	音频、电话、数据终端、长距离导航、时标
30～300kHz	10^4～10^3m	LF	低频	长波	导航、信标、电力线通信
300kHz～3MHz	10^3～10^2m	MF	中频	中波	调幅广播、移动陆地通信、业余无线电
3～30MHz	10^2～10m	HF	高频	短波	移动无线电话、短波广播、定点军事用途、业余无线电
30～300MHz	10～1m	VHF	甚高频	米波	电视、调频广播、空中管制、车辆通信、导航
300MHz～3GHz	100～10cm	UHF	特高频	分米波	电视、空间遥测、雷达导航、点对点通信、移动通信
3～30GHz	10～1cm	SHF	超高频	厘米波	微波接力、卫星和空间通信、雷达
30～300GHz	10～1mm	EHF	极高频	毫米波	雷达、微波接力、射电天文学
10^5～10^7GHz	3×10^{-4}～3×10^{-6}mm		紫外、可见光、红外		光通信

由表 1-6 可知,卫星通信所用的微波波段又可按波长细分为分米波段、厘米波段和毫米波段。在无线电工程中,对超高频的微波波段还习惯按照表 1-7 所示的频段(波段)来称呼,每个频段都有一个专门的英文代号。

表 1-7　超高频微波频段的英文代号名称(参考)

英文代号频率	频率范围/GHz	英文代号	频率范围/GHz	英文代号	频率范围/GHz
L	1～2	K	18～26	E	60～90
S	2～4	Ka	26～40	W	75～110
C	4～8	Q	33～50	D	110～170
X	8～12	U	40～60	G	140～220
Ku	12～18	V	50～75	Y	220～325

目前大多数卫星通信系统选择在下列频段工作:

(1) UHF 频段:400/200MHz;

(2) L 频段:1.6/1.5GHz;

(3) C 频段:6.0/4.0GHz;

(4) X 频段:8.0/7.0GHz;

(5) Ku 频段:14.0/12.0GHz、14.0/11.0GHz;

(6) Ka 频段:30/20GHz。

这里需要说明的是:目前大多数的国际国内卫星通信使用 6/4GHz 频段,其上行频率为 5.925～6.425GHz,下行频率为 3.7～4.2GHz。许多国家的政府和军用卫星通信使用

8/7GHz，其上行频率为7.9～8.4GHz，下行频率为7.25～7.75GHz。目前已开发和使用的卫星通信频段为14/11GHz，其上行频率为14～14.5GHz，下行频率为11.2～12.2GHz或10.95～11.2GHz或11.45～11.7GHz，这些开发的频段主要用于民用的卫星通信和广播卫星业务。卫星通信的频段还在向更高频段扩展，如30/20GHz的频段已开始使用，其上行频率为27.5～31GHz，下行频率为17.2～21.2GHz，该频段所用带宽可达3.5GHz。

当然，上面指出的卫星通信工作频段也不是绝对的，随着通信业务的急剧增长，这些频段已显得不够用了。因此，人们正在探索应用更高的频段，直至光波频段的可用性。空间通信是超越国界的，关于卫星通信频率的分配和协调，在国际电信联盟主持召开的世界无线电行政大会(WARC，1979年)和世界无线电通信大会(WRC-95)的文件中已有详细的规定。

1.4.2 电波传播的特点

1. 自由空间的传播损耗

卫星通信链路的传输损耗包括自由空间传播损耗、大气吸收损耗、天线指向误差损耗、极化损耗和降雨损耗等。其中主要是自由空间传播损耗，这是因为卫星通信中电波主要是在大气层以外的自由空间传播，所以研究传播损耗时，应首先研究自由空间的损耗，这部分损耗在整个传输损耗中占绝大部分。至于其他因素引起的损耗，可以考虑在自由空间损耗的基础上加以修正。

当电波在自由空间传播时，设在波束中心轴向相距为d的地方，用增益为G_R的天线接收，则接收信号功率可表示为

$$C=\frac{P_T G_T A_R \eta}{4\pi d^2}=P_T G_T G_R\left(\frac{\lambda}{4\pi d}\right)^2 \tag{1-14}$$

其中，P_T是天线发射功率；G_T是发射天线增益；A_R表示接收天线开口面积，η是天线效率；λ是波长；$A_R=\frac{\pi D^2}{4}$，D为天线直径。

式(1-14)中的因子$\left(\frac{4\pi d}{\lambda}\right)^2$即为自由空间传播损耗$L_P$(dB)，即

$$L_P=\left(\frac{4\pi d}{\lambda}\right)^2 \tag{1-15}$$

通常用分贝(dB)表示为

$$[L_P]=92.44+20\lg d+20\lg f \tag{1-16(a)}$$

或

$$[L_P]=32.44+20\lg d+20\lg f \tag{1-16(b)}$$

这里，d的单位为km，式(1-16(a))中f的单位为GHz，式(1-16(b))中f的单位为MHz。

式(1-15)表明电波在自由空间以球面形式传播，电磁场能量扩散，接收机只能接收到其中一小部分所形成的一种损耗。地球站至静止卫星的距离因地球站直视卫星的仰角不同而不同，约在35900～42000km(仰角90°)之间。计算时一般取$d=40000$km。

通常把卫星和地球站发射天线在波束中心轴向上辐射的功率称为发送设备的有效全向辐射功率(Effective Isotropic Radiated Power，EIRP)，即天线发射功率P_T与天线增益G_T的乘积(单位为W)，它是表征地球站或转发器的发射能力的一项重要的技术指标，即

$$\mathrm{EIRP}=P_{\mathrm{T}}G_{\mathrm{T}}(\mathrm{W}) \tag{1-17(a)}$$

或

$$[\mathrm{EIRP}]=[P_{\mathrm{T}}\cdot G_{\mathrm{T}}]=[P_{\mathrm{T}}]+[G_{\mathrm{T}}](\mathrm{dBW}) \tag{1-17(b)}$$

此外，把地球站接收天线增益 G_R 与接收系统的等效噪声温度 Te 之比 G_R/Te，称为地球站性能因数(或品质因数)，它是表征地球站对微弱信号接收能力的一项重要技术指标。

2. 大气吸收损耗

当电波在地球站与卫星之间传播，要穿过地球周围的大气层(包括对流层、平流层和电离层等)时，会受到电离层中自由电子和离子的吸收，还会受到对流层中的氧、水气和雨、雪、雾的吸收和散射，产生一定的衰减。这种衰减的大小与工作频率、天线仰角以及气候条件有密切关系。人们通过测量，得到了晴天天气条件下大气衰减与频率的关系，如图 1-25 所示。由图 1-25 可知，在 0.1GHz 以下时，自由电子和离子的吸收起主要作用，且频率越低，衰减越大。当频率高于 0.3GHz 以后，其影响便很小了，以至可以忽略不计。水蒸气分子在 22GHz 左右发生谐振吸收而形成一个吸收衰减峰。而氧分子则在 60GHz 附近发生谐振吸收，并形成一个更大的吸收衰减峰。与此同时，大气吸收衰减还与天线仰角有关。地球站天线仰角越大，无线电波通过大气层的路径越短，则吸收产生的衰减越小。并且当频率低于 10GHz 后，仰角大于 5°时，其影响基本上可以忽略。

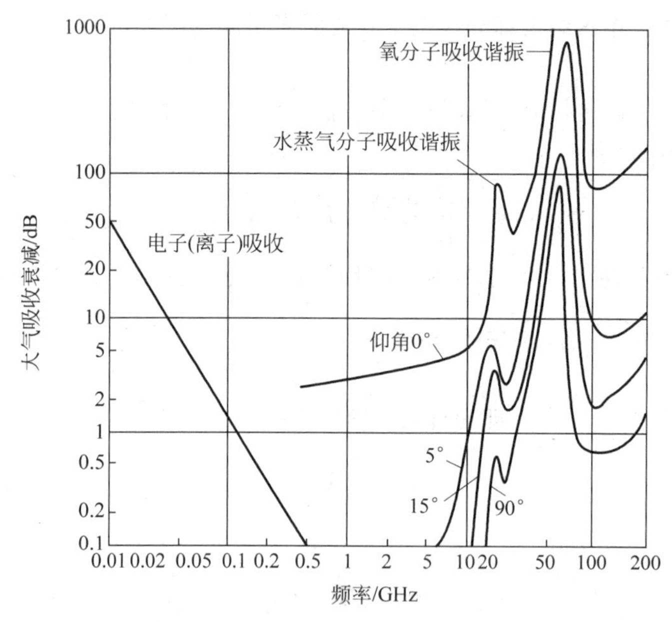

图 1-25 大气中自由电子、离子、氧和水蒸气分子对电波的吸收衰减

由图 1-25 还可以看出，在 0.3～10GHz 频段，大气吸收衰减最小，称为“无线电窗口”。另外，在 30GHz 附近也有一个衰减的低谷，称为“半透明无线电窗口”。选择工作频段时，应选在这些“窗口”附近。

另外，从外界噪声影响来看，当工作频率选在 0.1GHz 以下时，宇宙(银河系)噪声会迅速增加。宇宙噪声的大小与天线的指向有密切关系，当在银河系中心的指向上时，达到最大值(通常称为热空)，而在其他指向上时则较低(通常称为冷空)。如图 1-26 所示，直线 A 和 B 分别表示指向热空和冷空时的宇宙噪声与频率的关系，因此最低频率不能低于 0.1GHz，通常都希望选在 1GHz 以上，这时宇宙噪声和人为干扰对通信的影响都很小。大气噪声在

10GHz 以上频段都是比较大的，因此，从降低接收系统噪声的角度来考虑，工作频段最好选在 1～10GHz 之间。

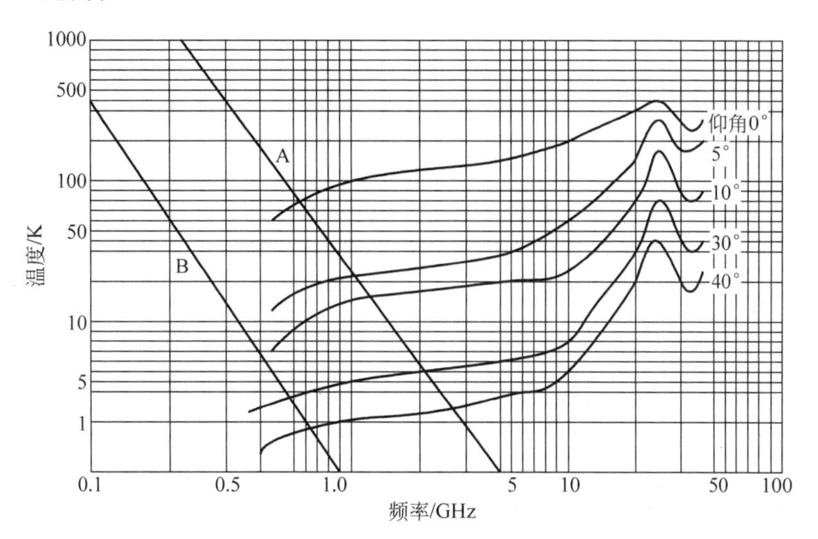

图 1-26 宇宙及大气噪声与频率的关系

综上考虑，卫星通信的工作频段一般选在 1～10GHz 范围内较为适宜，最理想的频段是 4～6GHz 附近。该频段带宽较宽，便于利用成熟的地面微波中继通信技术，天线尺寸相对来讲也较小。

在进行卫星通信系统设计时，大气中雨、雾、云的影响也是应该考虑的。图 1-27(a)给出了雨、雾、云对电波的吸收衰减。由图 1-27(a)可见，当工作频率大于 30GHz 时，即使是小雨，造成的衰减也不能忽视；在 10GHz 以下时，则必须考虑中雨以上的影响；对于暴雨，其衰减更为严重。云和雾的影响如图 1-27(a)中的虚线所示。

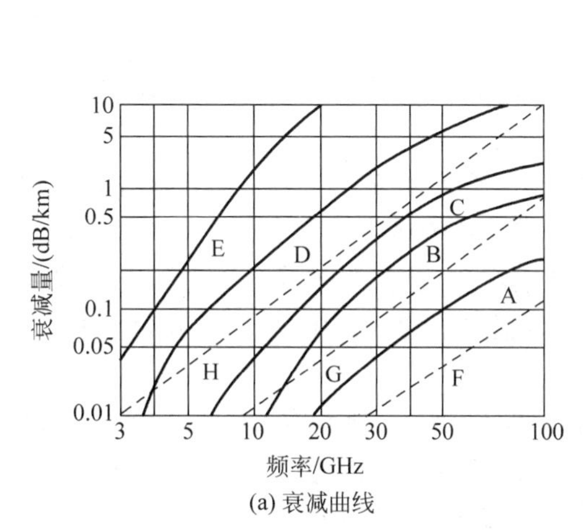

(a) 衰减曲线

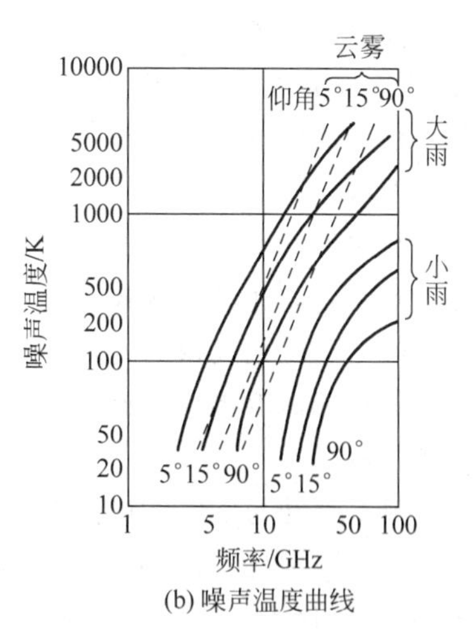

(b) 噪声温度曲线

图 1-27 雨、雾、云引起的损耗及对噪声温度的影响

A—0.25mm/h(细雨)；B—1mm/h(小雨)；C—4mm/h(中雨)；D—16mm/h(大雨)；E—100mm/h(暴雨)；F—0.032g/m³(可见度约 100m)；G—0.32g/m³(可见度约 120m)；H—2.3g/m³(可见度约 30m)。

降雨引起衰减的同时，还会产生噪声。图 1-27(b)给出了雨、雾、云对天线噪声温度的影响。此外,降雨的影响还会造成去极化效应,即发射时两个相互正交的分量在传播中产生了交叉极化干扰,而不再是严格的正交。为了保证可靠通信,在进行链路设计时,通常先以晴天为基础进行计算,然后留有一定的余量,以保证在降雨、下雪等情况下仍然能满足传输质量要求,这个余量叫降雨余量。

晴朗天气大气损耗值可以表 1-8 所列值为参考,此外,对于暴雨的影响,通常要求地球站的发射功率有一个增量。

表 1-8 晴朗天气大气损耗值

工作频率/GHz	仰角/(°)	可用损耗值/dB
4	天顶角至 20	0.1
4	10	0.2
4	5	0.4
12	10	0.6
18	45	0.6
30	45	1.1

此外,值得注意的是:电波穿过电离层的衰减量随入射角的变化而变化,垂直入射时,其衰减量在$[50/f]^2$dB 以下(f 单位为 MHz);由于电离层的折射而引起的方向变化在 $0.6[100/f]^2$(单位为度)以下;电波还受地球磁场的影响,线性极化电磁波的极化平面会发生旋转效应(即法拉第效应),其旋转周数在 $5[200/f]^2$ 以下(f 单位为 MHz),也就是说,1GHz 的旋转角度在 72°以下,4GHz 时在 4.5°以下,因此要根据不同的情况,对极化面的变化进行补偿,利用圆极化波可以避免法拉第效应造成的损失。

通常,地球站天线指向误差产生的损耗一般为 0.5dB,极化损耗一般可取 0.25dB。发射天线馈线损耗和从接收天线到接收机输入端的传输损耗通常分别包含在发射端 EIRP 中和地球站接收灵敏度中。

3. 卫星移动通信电波传播的衰落现象

卫星移动通信的电波传播情况与固定卫星通信的不同之处,就是卫星移动通信存在严重的衰落现象。

电波在移动环境中传播时,会遇到各种物体,经反射、散射、绕射,到达接收天线时,已成为通过各个路径到达的合成波,即多径传播模式。各传播路径分量的幅度和相位各不相同,因此合成信号起伏很大,称为多径衰落。电波途经建筑物、树林等时受到阻挡而被衰减,这种阴影遮蔽对陆地卫星移动通信系统的电波传播影响很大。图 1-28 所示为卫星移动通信电波传播的情况。

陆地卫星移动通信电波传播的特点如图 1-28(a)所示,地面终端的天线除接收直接到达的直射波外,还接收由邻近地面反射来的电波,以及由邻近山峰或其他地形、地物散射来的杂散波,电场变化按赖斯(Rice)分布,这样构成了快衰落,衰落深度可以很大,其程度还与终端天线形式有关。如终端天线为全向天线,则不论从哪个方向来的电波,都同样被接收,其衰落程度就会大一些。而如果是方向性强的定向天线,则会将波束指向瞄准卫星,其他方向来的电波接收得少一些,其衰落深度也小一些。

同样,当终端移动时,会因周围环境对卫星的直射波呈现遮挡效应,这时会有更强烈的

(a) 陆地

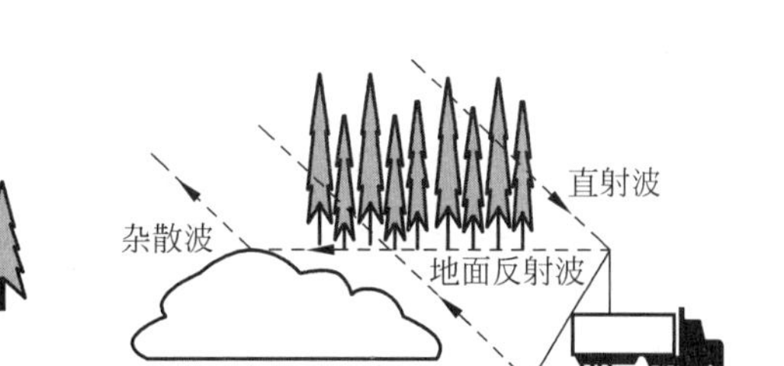

(b) 慢衰落

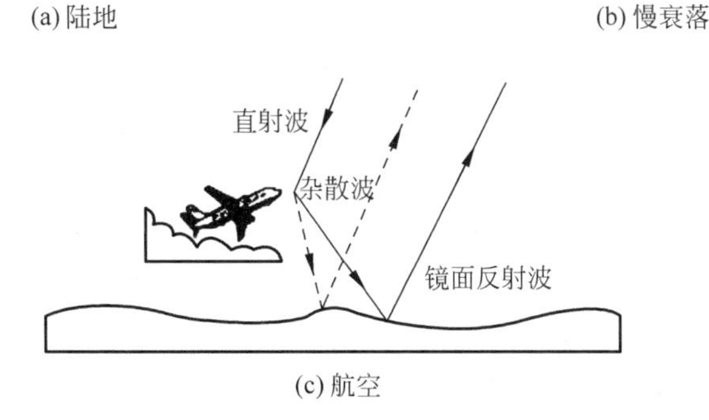

(c) 航空

图 1-28 卫星移动通信电波传播

慢衰落,甚至出现盲区,如图 1-28(b)所示。

海事卫星移动通信多径传播的特点是除直射波外,还有来自近处的正常反射波(镜面反射),以及来自前方较广范围的非正常反射波(杂散波),浪高在 1m 以上时,非正常反射波明显,电场变化按赖斯分布。

航空卫星移动通信多径传播的特点如图 1-28(c)所示。除直射波外,还有来自海面较广范围的非正常反射波(杂散波),有多普勒频移,电场变化按赖斯分布。

还有,由于飞机的速度和高度比其他移动站大得多,因此,由表面反射引起的多径衰落不同于其他卫星移动通信系统。陆地和海事系统直射波和反射波之间的传播延迟较小,会引起接收信号幅度和相位的瞬时变化。而在航空移动系统中,海面漫反射波相对于直接分量有较大的传播延迟。事实上,漫反射分量之间也有轻微的延迟,但对航空卫星通信典型数据率而言可以忽略。

当反射波与直射波之间的传播延迟时差与数据符号时宽可比拟时,会引起严重的符号间干扰,即频率选择性衰落。传播延迟时差与仰角和高度有关。因为只有仰角低于 30°时,漫反射分量作用才会明显,所以延迟时差一般小于 40μs,对这样的时延,为避免频率选择性衰落,符号速度应小于 2400Baud(波特)。此外,机身作为一个金属体,其反射和衍射效应也是很重要的因素,不能忽略。

4. 多普勒频移

当卫星与用户终端之间、卫星与基站之间、卫星与卫星之间存在相对运动时,接收端收到的发射端载频发生频移,即多普勒效应引起的附加载频,称之为多普勒频移。多普勒频移对采用的相关解调的数字通信危害较大。

椭圆轨道多普勒频移无法用公式表达,现给出圆轨道的多普勒频移表达式

$$f_{\mathrm{D}}=f_{\mathrm{C}}\frac{v_{\mathrm{D}}}{c}\cos\theta \tag{1-18}$$

其中：v_D 为卫星与用户的相对运动速度；f_C 为载频频率；c 为光速；θ 为卫星与用户的连线和速度 v_D 方向的夹角。

在卫星通信中，由于卫星运动的径向速度在发生变化，因此 f_D 也在变化，那么到达接收机的载波频率也随之变化，所以地球站接收机必须采用锁相技术才能稳定地接收卫星发来的信息。

此外，对于 TDMA 系统，卫星与地面链路之间的同步也会受到多普勒频移的影响。这是因为卫星摄动造成卫星轨道位置漂移，电波传播时延、信号的帧长和时钟频率都会发生变化，由地面链路送到地球站发向卫星的信号的帧周期与地球站接收卫星信号的帧周期就会出现差异。因此地球站可以设置适当容量的缓冲存储器来补偿这种帧周期的差值，通常称之为校正多普勒频移缓冲存储器。

对于卫星移动通信而言，它可能利用静止轨道卫星，也可能利用非静止轨道卫星。对于前者，产生多普勒频移主要是因为用户端的运动，后者主要取决于卫星相对于地面目标的快速运动。表 1-9 列出了 GEO、MEO 和 LEO 卫星系统工作在 C 频段时的最大多普勒频移的典型值，以及在星间切换时多普勒频移的突变值。

表 1-9　不同轨道系统的多普勒频移

轨道类型	GEO	MEO	LEO
多普勒频移/kHz	±1	±100	±200
切换时多普勒跳频/kHz	无	200	400

非静止轨道卫星通信系统的最大多普勒频移远大于地面移动通信情况，系统必须考虑对其进行补偿，处理方法有：

(1) 终端-卫星闭环频率控制；

(2) 星上多普勒频移校正；

(3) 链路接收端的预校正；

(4) 链路发送端的预校正。

方法(1)能进行精确的频移控制，但需要复杂的设备。方法(2)不需要终端参与，设备较简单，但在一个覆盖区内存在接收频差。高椭圆轨道系统多普勒频移较小，一般只需增大信道间的保护带宽即可。

虽然多普勒频移在 LEO 通信系统中是有害成分，但在定位系统中却是有用的信息源。若已知卫星的精确位置，则根据多普勒频移可以进行地面定位。

1.5　卫星通信的发展动态

1.5.1　国际卫星通信的发展动态

1. 国际卫星通信发展简史

自 1957 年苏联发射第一颗人造地球卫星以来，人造卫星已被广泛应用于通信、广播、电视等领域。1965 年，第一颗商用国际通信卫星被送入大西洋上空同步轨道，开始了利用静止卫星的商业通信。自 1964 年 8 月 19 日美国率先发射成功第一颗静止同步卫星“辛康”

(SYNCOM)3 号之后，在以后近二十年的时间里，C 频段、低功率和中功率通信卫星飞速发展，可以传送数千路电话和数十路电视节目。20 世纪 90 年代，数字技术进入了广播电视领域，卫星广播电视得到了飞速的发展，特别是数字视频压缩技术使卫星广播电视实现了多频道化，并能多工利用。随着世界经济的发展，各国之间互相渗透，人们之间的交流大大增加，而另一方面则是世界上还有许多人烟稀少的山区、草原、沙漠和岛屿也需要发展和沟通信息，这就使近十年来信息传递领域中卫星移动通信的需求量大大增加。下面将简单回顾卫星通信的发展过程，并展望其发展前景。

1) 20 世纪 40 年代提出构想及探索

1945 年 10 月，英国科学家阿瑟·克拉克发表文章，提出利用同步卫星进行全球无线电通信的科学设想。最初是利用月球反射进行探索试验，证明可以通信。但由于这种方法有回波信号太弱、时延长、提供通信时间短、带宽窄、失真大等缺点，因此没有发展前途。

2) 20 世纪 50 年代进入试验阶段

1957 年 10 月，第一颗人造地球卫星上天后，卫星通信的试验很快转入利用人造地球卫星试验的阶段，主要测试项目是有源、无源卫星试验和各种不同轨道的卫星试验。

(1) 无源卫星通信试验：在这期间，美国曾先后利用月球、无源气球卫星、铜针无源偶极子带等作为中继站，进行了电话、电视传输试验，但由于种种原因，接收到的信号质量不高，实用价值不大。

(2) 有源卫星通信试验主要有：

① 低轨道延迟式试验通信卫星(其最大高度 5000km，运行周期 2～4h)。1958 年 12 月，美国用阿特拉斯火箭将一颗重 150 磅的“斯柯尔”(SCORE)卫星送入椭圆轨道(近地点 200km，远地点 1700km)，星上发射机输出功率 8W，射频 150MHz。为使远距离的甲乙两站通信，卫星飞到甲站上空时先把甲站发出的信息(电话、电报)录音，待卫星飞到乙站上空时，再将录音信息转发。此外也试验了实时通信，卫星成功地工作了 12 天，因蓄电池耗尽而停止工作。1960 年 10 月美国国防部发射了“信使”通信卫星，进行了与上述类似的试验。

② 中、高度轨道试验通信卫星。1962 年 6 月，美国航空宇航局用德尔它火箭将“电星”卫星送入 1060～4500km 的椭圆轨道；1963 年又发射一颗卫星(重 170 磅，输出功率 3W，6/4GHz)，用于美、英、法、德、日等国之间做电话、电视、传真数据传输试验；1962 年 12 月和 1964 年 1 月，美国宇航局又先后发射了“中继”号卫星(重 172 磅，输出功率 10W，1.7/4.2GHz)，进入 1270～8300km 的椭圆轨道，在美国、欧洲、南美洲之间进行了多次通信试验(高度 5000～20000km，周期 4～12h)。

③ 同步轨道试验通信卫星(高度 5000～20000km，周期 4～12h)。1963 年 7 月和 1964 年 8 月，美国宇航局先后发射三颗“辛康”卫星。第一颗未能进入预定轨道；第二颗则送入周期为 24h 的倾斜轨道，进行了通信试验；而最后一颗被射入近似圆形的静止同步轨道，成为世界上第一颗试验性静止通信卫星，利用它成功地进行了电话、电视和传真的传输试验，并于 1964 年秋用它向美国转播了在日本东京举行的奥林匹克运动会实况。至此，卫星通信的早期试验阶段基本结束。

3) 20 世纪 60 年代中期，卫星通信进入实用阶段

1965 年 4 月，西方国家财团组成的“国际卫星通信组织”将第一代“国际通信卫星”(INTELSAT-Ⅰ，简记 IS-Ⅰ，原名“晨鸟”)射入 35°W(西经)的大西洋上空的静止同步轨道，

正式承担欧美大陆之间商业通信和国际通信业务。两周后，苏联也成功地发射了第一颗非同步通信卫星“闪电-1”进入倾角为65°、远地点为40000km、近地点为500km的准同步轨道(运行周期为12h)，为其北方、西伯利亚、中亚地区提供电视、广播、传真和一些电话业务，这标志着卫星通信开始了国际通信业务。

4) 20世纪70年代初期，卫星通信进入国内通信

1972年，加拿大首次发射了国内通信卫星“ANIK”，率先开展了国内卫星通信业务，获得了明显的规模经济效益。地球站开始采用21m、18m、10m等较小口径天线，用几百瓦级行波管发射级、常温参量放大器接收机等使地球站向小型化迈进，成本也大为下降。此间还出现了海事卫星通信系统，通过大型岸上地球站转接，为海运船只提供通信服务。

5) 20世纪80年代，卫星通信进入突破性发展阶段

甚小口径终端(Very Small Aperture Terminal，VSAT)卫星通信系统问世，卫星通信进入突破性的发展阶段。VSAT是集通信、电子计算机技术为一体的固态化、智能化的小型无人值守地球站。一般C频段VSAT站的天线口径约为3m，Ku频段为1.8m、1.2m或更小。可以把这种小站建在楼顶上或就近的地方直接为用户服务。VSAT技术的发展为大量专业卫星通信网的发展创造了条件，开拓了卫星通信应用发展的新局面。

6) 20世纪90年代，个人通信新纪元

中、低轨道卫星移动通信的出现和发展开辟了全球个人通信的新纪元，大大加速了社会信息化的进程。

2. 国际卫星通信现状

卫星通信主要包括卫星固定通信、卫星移动通信和卫星直接广播等领域，下面对这三个领域分别进行介绍。

1) 国际卫星固定通信现状

至2005年底，全球约有30家经营卫星固定通信业务的公司，共拥有200多颗在轨静止卫星。其中SES全球公司拥有37颗、国际通信卫星公司拥有28颗、泛美卫星公司拥有24颗、欧洲通信卫星公司拥有22颗，四家公司拥有的卫星数，占全球卫星数的50%以上。

以上卫星中具有代表性的先进卫星有阿尼克-F2(Anik-F2)和iPSTAR等卫星。阿尼克-F2卫星是加拿大电信卫星公司(Telesat)于2004年7月发射的世界上第一颗面向大众消费者的商用宽带卫星，它具有94台转发器，其中C频段24台、Ku频段32台、Ka频段38台，Ka频段有38个点波束，小部分转发器有星上处理功能，整星功率16kW，卫星重5950kg。iPSTAR卫星是泰国Shin公司于2005年8月发射的迄今为止世界上通信容量最大的商用宽带卫星，它的Ku频段用户链路有84个点波束、3个赋形通信波束、7个赋形广播波束，Ka频段馈线链路有18个点波束，共有114台转发器，通信总容量45Gb/s，相当于1000个以上常规36MHz带宽转发器的容量，整星功率15kW，卫星重6300kg。

此外，IS-Ⅹ是截至2007年3月国际通信卫星公司订购的体积最大、功率最强的卫星，它发射的一颗IS-Ⅹ02卫星，能提供近8kW的功率，有效载荷包括45个C频段和16个Ku频段的转发器，于2004年8月开始为用户提供卫星固定业务，包括数字广播、电视、话音、宽带因特网接入和企业内部联网，以及政府或军方的特殊业务等。

以上众多的卫星分布于各自的轨道位置，以多种频段(C、Ku和Ka)、极化(圆极化和线极化)和波束(全球、半球、区域、点波束)分别覆盖地球赤道南北各个服务区。服务区内用户

根据各种业务(音频、视频、数据、多媒体)需要,组成各种通信网络,使用各种体制和标准的地球站通过以上卫星进行通信。

为适应市场发展需要,直接面向广大用户服务,卫星固定通信业务正在实现如下重大变革:从以传输网为主向以接入网为主转移;从以话音业务为主向以多媒体业务为主转移;从以中等数据速率(IDR)技术为主向以数字视频广播(DVB)技术为主转移;从以面对电信为主向以直接面对用户为主转移。

2)国际卫星移动通信现状

静止轨道卫星移动通信中,有国际卫星移动(Inmarsat)系统、卫星移动-2(MSAT-2)系统、亚洲蜂窝卫星(Asia Cellular Satellite System,ACeS)系统、瑟拉亚卫星(Thuraya)系统等。上述系统中波束覆盖包含中国的有国际卫星移动系统和亚洲蜂窝卫星系统。

国际卫星移动系统是由国际卫星移动公司经营的全球卫星移动通信系统。自1982年开始经营以来,该系统卫星已发展到第4代。第4代卫星有两颗,第一颗Inmarsat-4F1于2005年3月发射成功,卫星总重5959kg。该卫星采用了一副能产生多波束的9m直径的L频段大天线和一台具有信道选择和波束成形功能的透明弯管式数字信号处理器(Digital Signal Processor,DSP),共有200个窄点波束、19个宽点波束和1个全球波束,其点波束提供的用户终端的卫星等效全向辐射功率强度高达67dBW,它的应用将使用户终端进一步小型化,实现手持式用户终端电话通信,并使通信数据速率进一步提高,实现432KB/s高清晰视频直播移动通信。Inmarsat-4卫星支持所有Inmarsat业务和宽带全球区域网(Broadband Global Area Network,BGAN)新业务,后者包含因特网、内部网、视频点播、视频会议等接入业务。

亚洲蜂窝卫星(ACeS)系统是由印度尼西亚等国家建立起来的区域性个人卫星移动通信系统。该卫星于2000年2月发射成功,卫星重4500kg,功率为14kW,服务区覆盖整个亚洲。星上装有两副12m直径的L频段收发大天线,共有140个点波束,覆盖我国约45个点波束,其等效全向辐射功率强度高达73dBW。该星可支持20000条话音信道及200万用户。地面用户终端有固定式、移动式、便携式和手持式,可向用户提供双模的话音、传真、低速数据以及区域性漫游等项业务。

低轨道卫星移动通信中,有铱系统(Iridium)、全球星系统(Globalstar)和轨道通信系统(Orbcomm)等。

铱系统是由66颗低轨卫星组成的全球卫星移动通信系统,1998年11月开始商业运营,2000年3月破产,2001年新的铱卫星公司成立,并重新提供通信服务。该系统全球覆盖包含两极地区,星上转发器采用先进的处理和交换技术,多点波束天线,且有星际链路,是最先进的低轨卫星通信系统;其星际链路和馈线链路为Ka频段,用户链路为L频段,它提供电话、传真、数据和寻呼等业务。用户终端有单模、双模和三模手机,车载机及固定终端。

轨道通信系统是由36~48颗低轨卫星组成的全球卫星移动通信系统,1997年开始商业运营。卫星采用处理转发器、单波束天线,终端为单模手机和寻呼机。

全球星系统是由48颗低轨卫星组成的全球卫星移动通信系统,1999年开始商业运营。卫星采用透明转发器、多波束天线,用户链路和馈线链路同为VHF频段,向用户提供寻呼、传真、短数据和定位等业务。用户终端有手机、车载、机载、船载等移动终端,以及半固定和固定终端。

虽然近几年来卫星移动通信的业务市场不景气，现有的全球覆盖低轨卫星移动通信系统发展缓慢，但是，全球覆盖、静止轨道的国际卫星移动系统由于市场定位正确等原因，自1982年开始经营以来一直是稳步地向前发展，其卫星已发展到第4代。

3）国际卫星直接广播现状

卫星直接广播分为电视直接广播（简称电视直播）和声音直接广播（简称声音直播）。

卫星电视直播业务是卫星通信业发展的主流。自1996年以来，卫星数字标清电视迅猛发展，截至2003年，全球付费卫视直播家庭用户已突破6000万个，通过卫星广播的电视频道总数达到11700个。近年来，卫视频道每年持续增长1000个，到2013年估计卫视频道可能达到27000个。

卫星电视直播可用卫星广播业务（Broadcast Satellite Service，BSS）频段的广播卫星或卫星固定业务（Fixed Satellite Service，FSS）频段的通信卫星，前者一般称为直接广播（Direct Broadcasting Satellite，DBS）业务，后者称为直接到户（Direct to Home，DTH）业务。这两种卫星都是静止轨道卫星，公众用户都可使用电视接收终端直接收看这两种卫星广播的电视节目。

在美国，现卫星电视直播业务主要工作于两种频段：一种为C频段中功率卫星转发器，另一种为Ku频段高功率卫星转发器。此外，2005年已发射的Spaceway-1卫星上使用了Ka频段转发器。C频段卫星系统现有20多颗卫星提供约250多套电视频道节目和70多个音频节目。地面可用约2m口径接收天线从上述卫星中直接接收电视信号。美国DirecTV和DishNetwork两大公司为美国BSS业务Ku频段数字卫星电视直播业务的主要经营商。两者现有在轨卫星近20颗，向全国和各州提供约1500套数字电视和音频节目。用户可用0.45m口径接收天线直接从卫星接收到符合要求的电视信号。截至2006年6月底，这两家公司的用户总数已达到2797.3万户。

欧洲地区的卫星电视直播业务空间段运营商主要为SES全球公司和欧洲通信卫星公司。SES全球公司在欧洲的ASTRA卫星系列和欧洲通信卫星公司的HotBird等卫星系列都担负着欧洲地区卫星电视直播和宽带通信等任务。这两个卫星系列很注重以多星共位方式来扩展频谱资源利用，其中共位数最大的是ASTRA系列在19.2°E轨位用7颗卫星共位，HotBird系列在13°E轨位用5颗卫星共位。ASTRA系列19.2°E轨位7星集成后的综合效果使其拥有频谱资源达2GHz宽度的FSS和BSS业务的Ku频段及500MHz宽度的Ka频段，使其120台Ku频段转发器同时工作，任一转发器既有同星备份又有异星备份，用户从一个轨位可接收到120台转发器提供的600套节目中的任一套节目。截至2006年6月底，欧洲最大的卫星电视直播公司之一英国天空广播公司（BSkyB）的卫星电视用户数已达817.6万户。

日本BSS业务频段的直播卫星（BSAT）由日本卫星广播系统公司经营，现有4颗卫星在同一轨位运行。另有一颗由日本空间通信公司（SCC）和JSAT公司运营的FSS频段卫星也向本国提供卫星电视直播业务。为了便于用户接收，该星与BSAT卫星同轨位、同极化工作。

国外在卫星固定电视基础上还发展了移动电视。卫星移动电视的实质就是卫视直播加上可跟踪直播卫星的移动终端，关键是解决移动跟踪天线及其成本问题。卫星移动电视的主要目标是汽车市场，也包括船舶、飞机等。

卫星声音直播主要利用卫星直接向个体用户和交通工具用户传送音频、视频广播节目。现有L频段的非洲星、亚洲星，S频段的Sirius-1、Sirius-2、Sirius-3、XM-1、XM-2、XM-3(替代XM-1)、MBSAT等卫星在轨运营，提供服务。

这些卫星的特点是下行波束EIRP甚大，可直接向便携式个体接收机传送高质量的声音、数据和图像等多媒体信息。

3. 国际卫星通信发展总趋势

1) 未来卫星固定通信发展的趋势

为实现国际卫星固定通信的重大变革，并适应高清电视传输和因特网接入的需求，卫星宽带通信业务已成为卫星固定通信业务的主要发展方向。使用宽带网的用户只需安装一个终端，便既可收看高清电视，也可接入宽带因特网上网操作。当前，国际卫星宽带通信业务的发展主要表现在两方面：一方面是在传统的VSAT技术基础上开发新产品，并利用现有的C频段和Ku频段卫星资源，快速地建立起宽带通信系统，以满足用户急需，并在与快速发展的地面宽带通信业务的竞争中争取生存空间；另一方面是发展频率更高的Ka等频段新型卫星宽带通信系统，以适应新业务的需求，并力争与发展中的地面宽带通信系统相适应，起到应有的补充和延伸作用。

2) 未来卫星移动通信发展的总趋势

未来卫星移动通信发展的总趋势是：从便携式用户终端向手持式用户终端扩展；从单一的话音业务向多种业务发展；从窄带业务向宽带业务发展；从单独组网向多网互连发展。这里的多网互连即借助地面通信网的优势，实现与地面通信网的互连互通和在多制式网络中的相互漫游，最后与地面通信网络组成无缝隙的覆盖全球的个人通信系统。

3) 未来卫星直播通信发展的总趋势

未来卫星直播通信发展的总趋势是：DBS业务与DTH业务融合，信源编码和信道传输调制采用新技术和新体制，以改善系统的传输性能，提高卫星转发器带宽和功率利用率。在标清数字电视基础上，发展高清数字电视直播业务；建立太空电影院，直播数字电影，促进电影业发展。为扩大容量，更好地为高清电视服务，已经由使用频率较低的S、C频段和频率较高的Ku频段发展到使用频率更高的Ka频段。利用大波束播放全国性节目或其他节目，利用点波束播放地方节目。采用多颗卫星异频段和同频段于同一轨位工作，以扩大空间段容量和提高为用户服务的可能性。同一用户站接收天线，在不改变指向的情况下接收来自多个轨位上卫星的电视节目。用户终端由单向接收式发展为双向交互式，以提供用户点播等服务。卫星电视直播和声音直播移动接收方式的发展，标志着卫星直播业务已从固定接收方式扩大为移动接收方式，从而使其用户由主要为企、事业单位和家庭扩大为还包括个人和各种移动载体(汽车、船舶等交通工具)。

1.5.2 国内卫星通信的发展动态

1. 我国卫星通信发展简史

1970年，在我国第一颗人造地球卫星(DFH-1)发射成功不久，国家就开始规划和部署卫星通信工程。1972年，邮电部租用国际第四代卫星(IS-Ⅳ)，引进国外设备，在北京和上海建立了4座大型地球站，首次开展了商业性的国际卫星通信业务。我国第一颗试验性卫星通信工程于1975年开始实施，不久即逐步建成了北京、南京、乌鲁木齐、昆明、拉萨等地球站。曾先后利用法国、德国提供的交响乐卫星和国际 IS-Ⅴ卫星成功地进行了各种通信业务的传输试验，证明我国自行研制的地球站的主要技术性能已达到了国际标准。

1984 年 4 月 8 日，我国成功地发射了第一颗试验通信卫星(STW-1)，它定点于东经 1250°E 赤道上空，共有两个转发器，输出功率为 8W，EIRP 为 23.4dBW，工作在 C 频段(6/4GHz)。通过这颗卫星，开通了北京至乌鲁木齐、昆明、拉萨三个方向的数字电话，中央人民广播电台和中央电视台对新疆、西藏、云南等边远地区传输了广播和电视节目，从而揭开了我国卫星通信发展史上崭新的一页。

1988 年 3 月 7 日和 12 月 22 日，我国又相继成功发射了两颗经过改进的实用通信卫星，分别定点于东经 87.50°E、110.50°E 赤道上空，它们的定点精度、通信容量和工作寿命都比前一颗有明显的提高。转发器增至 4 个，每个转发器的输出功率提高到 10W，EIRP 提高到 36dBW。

1990 年 2 月 4 日，我国成功地发射了第五颗卫星，定点于东经 980°E 赤道上空，同年春又将亚洲一号卫星(24 个转发器)送入了预定轨道。今后还将发射具有更多转发器的卫星，以使我国卫星通信的水平进入一个新的阶段。

1997 年 5 月 12 日，中国成功发射了第三代通信卫星"东方红三号(DFH-3)"卫星，主要用于电视传输、电话、电报、传真、广播和数据传输等业务。

2. 我国卫星通信发展现状

在卫星固定通信业务方面，截至 2005 年底，全国建有国际、国内通信广播地球站 80 多座，连接世界 180 多个国家和地区的国际卫星通信话路达 2.7 万多条。中国已建成国内卫星公众通信网、国内卫星通信话路达 7 万多条，初步解决了边远地区的通信问题，已建立了 100 多个卫星通信公用网和专用网。各类甚小口径终端站达 5 万多个，其中包括金融、气象、交通、石油、水利、民航、电力、卫生和新闻等部门的专用通信网 80 多个，经营甚小口径终端通信业务的公用网约 30 个。

卫星移动通信网作为地面移动通信网的一种延伸和补充，主要被用来满足位于地面移动区域以外用户的移动业务，以及农村和边远地区的基本通信需求，在特殊情况下可作为一种有效的应急通信手段。中国作为国际海事卫星组织成员国，已建成覆盖全球的海事卫星通信网络，跨入了国际卫星移动通信应用领域的先进行列。负责传送中央、地方电视节目和教育电视节目共计 47 套，以及中央 32 路对内、对外广播节目和近 40 套地方广播节目。卫星广播电视业务的开展与应用提高了全国广播电视，特别是广大农村地区广播电视的有效覆盖范围和覆盖质量，卫星通信广播技术在"村村通广播电视"和"村村通电话"工程中发挥了不可替代的作用。

在卫星电视广播业务方面，中国已建成覆盖全球的卫星电视广播系统和覆盖全国的卫星电视教育系统，全国共有卫星广播电视上行站 34 座，卫星电视广播接收站超过 20 万座。中国从 1985 年开始利用卫星传送广播电视节目，目前已形成了占用 33 个通信卫星转发器的卫星传输覆盖网，卫星远程教育宽带网和卫星远程医疗网初具规模。2007 年 12 月 25 日，由中国卫星通信集团公司和中国航天科技集团公司共同发起并投资组建的中国直播卫星有限公司在京隆重揭牌。该公司拥有"中卫 1 号""鑫诺 1 号""鑫诺 3 号""中星 6B"等地球同步轨道卫星，同时正在建设的"中星 9 号""鑫诺 4 号"和"鑫诺 6 号"卫星也按计划有序展开，初步形成了规模化的发展格局。2008 年 6 月 9 日，"中星 9 号"直播卫星发射升空，该卫星可满足广播电视客户的多层次的需求，在2008北京奥运会期间成功地为广大观众传输数量丰富、清晰可靠的广播电视节目。

作为我国新一代大功率通信和广播卫星基础的东方红四号卫星公用平台已经基本实现，平台的输出总功率为8～10kW，并具有扩展至10kW以上的能力，能为有效载荷提供6～8kW的功率设计寿命15年。该平台可承载的有效载荷重量为600～800kg，整星最大发射重量可达5200kg，可采用长征三号乙、阿里安和质子号等运载火箭发射。与东方红三号卫星平台(可装载的有效载荷重量约为200kg，整星功率为1800W，可装载24路中等功率的转发器)相比，能力有明显提高。

此外，2008年4月25日，中国首颗跟踪和数据中继卫星(简称中继卫星)“天链一号01星”成功发射升空。“天链一号01星”由中国空间技术研究院为主研制，采用成熟的“东方红三号”通用平台，并突破多项关键技术，其发射成功填补了中国中继卫星领域的空白。专家称，随着中国航天事业的发展，中继卫星将得到更广泛的应用。

3. 我国卫星通信发展趋势

1) 卫星固定通信

卫星固定通信的发展趋势如下：

(1) 管好、用好现有卫星通信系统，积极发展新业务、新市场、新系统。维持和适度发展C、Ku频段(视需要增加Ka频段)静止卫星资源，做好现有各行业卫星通信系统服务和管理工作，积极开发新业务、新技术、新市场，提高产品质量，降低产品成本，扩大应用领域。大力发展农村卫星通信和边远地区卫星通信，为我国农村通信建设和中西部大开发提供优质服务。大力发展卫星通信国际专线业务。

(2) 自主建设并运营以VSAT设备为主体的覆盖全国的卫星公用通信网。采用C、Ku和Ka频段透明转发器，服务区域覆盖全国，是多种设备、多种体制及多种业务的综合；以VSAT设备为主体，以宽带业务为主业，与地面通信网(主要为各基础运营商通信公网)互连互通，与部分卫星专用通信网(国内和国际)互连互通；主要服务对象直接面向企事业单位、集体和个体用户。

(3) 大力发展国产卫星和地面设备(主要为地球站)，逐步提高国产设备在国内市场的占有率。

(4) 自主建设并运营星上处理的新一代区域性卫星宽带通信系统。卫星服务区覆盖整个亚太地区，为我国和亚太地区用户服务，卫星具有Ka频段、多点波束天线和处理转发器等新技术。2010年前适时发射国产星上处理卫星，初步建成新一代宽带卫星通信系统。

2) 卫星移动通信

卫星移动通信发展趋势如下：

(1) 管好、用好现有卫星移动通信系统，大力开发新业务、新市场。管好、用好现有的海事卫星系统、全球星等系统。增设全球星系统兰州关口站，扩大我国服务区范围；视需要和可能，在我国再次开通铱星业务；完成亚洲蜂窝卫星系统进入、开通和发展用户工作。大力开发新业务、新市场，不断扩大应用领域。

(2) 自主建设并运营手持式用户终端为主的区域性卫星移动通信系统。卫星服务区覆盖整个亚太地区，为我国和亚太地区用户服务。卫星采用L和S频段的多点波束天线和处理转发器等新技术，以手持式用户终端为主要服务对象，以话音和数据通信为主业务，使用国产卫星、地面系统和用户终端。2010 年前适时发射首颗试验卫星，初步建成区域性卫星移动通信系统。

(3) 积极参与国际性组织的全球覆盖卫星通信系统规划、设计、建设和经营活动。

3) 卫星直接广播

卫星直接广播发展趋势如下：

(1) 利用现有的“亚洲之星”，开通和发展 L 频段声音直播业务。利用已建上行站，向公众直播国际广播电台和中央人民广播电台的声音广播节目；培育市场，发展用户；做好用户终端设备国产化工作。

(2) 利用现有通信卫星，继续发展 Ku 频段 DTH 电视直播业务。完善现有卫星直播试验平台；巩固和扩大“村村通”广播影视覆盖效果；建立并完善 HDTV 卫星传输影院试验系统；扩大业务范围，提高服务质量。

(3) 自主建设并运营我国的 L 频段国内卫星数字声音直播系统。2008 年前发射国产 L 频段声音直播卫星，初步建立国内卫星数字声音直播系统；2015 年前发射 1～2 颗改进型 L 频段声音直播卫星；发展“以我为主”的用户终端。

(4) 自主建设并运营我国的 Ku-BSS 频段国内广播电视卫星数字直播系统。制作各种专业频道节目，收集综合业务信息；2005 年发射首颗广播电视直播试验卫星，同步建成地面系统，开始试运营；首颗试验星发射后，近几年内发射在轨备份星；发展以我为主的用户终端，2010 年国产用户终端设备将成为主导产品；做好直播卫星广播业务全面推广应用工作，争取 2010 年拥有 3000 万用户。

4) 全球无缝覆盖天地一体化综合信息网

卫星通信具有覆盖面大、无缝隙覆盖、对地形和距离不敏感等特点，这些特点使它成为全球无缝覆盖综合信息网不可缺少的组成部分；地面通信网只有与卫星通信网联合起来，才能有效地形成全球无缝隙覆盖的海、陆、空立体服务区。

全球无缝覆盖天地一体化综合信息网的主要特征是：全球海、陆、空无缝覆盖的服务区域；卫星固定通信、卫星移动通信和卫星直接广播三种通信方式融合；地面电信网、计算机网和有线电视网三网融合；各种卫星通信网与各种地面通信网互连互通；多体制、多功能、多业务、多用途与多系统集成；手持式、移动式与固定式等多种用户终端并举；任何时间、任何地点、任何人可与任何对象(人或计算机)互通任何信息(语言、图像、文字和数据)。

我国区域与全球其他区域建设和改造同步；卫星通信与地面通信建设和改造同步；预计到 2020 年，全网将初具规模并发挥效益。

5) 天基综合信息网

天基综合信息网在一定意义上可看做卫星通信网的扩展和延伸。从信息传输路径和用户角度看，两者的主要区别在于，天基综合信息网把卫星通信网中地球上的用户终端延伸到天上，用于信息获取、储存、发送、接收和处理的各种应用卫星和需要通信的载人飞船等各种航天器，它本身还包含卫星通信系统和属于卫星通信范畴的跟踪和数据中继卫星系统。

在天基综合信息网的建设上，2005 年前完成可行性方案论证，开展关键技术研究，制定标准化规范；2010 年前突破网络体系的关键技术，发射 2 颗跟踪和数据中继卫星，初步建立空间数据传输系统，为某些应用卫星提供试验性服务；2015 年前发射改进型跟踪和数据中继卫星，提高空间数据传输系统的性能；2020 年初步建成天基综合信息网，为各种应用卫星和载人飞船等航天器提供长期稳定运行的天地一体化信息应用网络体系。

可以预计，21世纪的卫星通信将获得重大发展，尤其是世界上的新技术，如光开关、光信息处理、智能化星上网控、超导、新的发射工具和新的轨道技术的实现，将使卫星通信发生革命性的变化，卫星通信将对我国的国民经济发展和信息产业化产生巨大的促进作用。

本章小结

卫星通信是指利用人造地球卫星作为中继站转发无线电信号，在两个或多个地球站之间进行的通信过程或方式。卫星通信属于宇宙无线电通信的一种形式，工作在微波频段。卫星通信链路由发端地球站、上行链路、通信卫星转发器、下行链路和收端地球站组成。卫星通信的特点是：通信距离远，且费用与通信距离（两地球站之间的距离）无关；覆盖面积大，以广播方式工作，可进行多址通信；通信频带宽、传输容量大；机动灵活，易于处理突发事件；通信线路稳定可靠，信号传输质量高。

卫星通信系统由通信地球站分系统、通信卫星、跟踪遥测及指令分系统和监控管理分系统四大部分组成。典型的标准地球站一般包括天馈设备、发射机、接收机、信道终端设备、天线跟踪设备以及电源设备。通信卫星由空间平台和有效载荷两部分组成，其作用是为各地球站转发无线电信号，以实现它们之间的多址通信。空间平台主要包括结构分系统、温控分系统、控制分系统、跟踪、遥测和指令分系统、电源分系统等。有效载荷包括天线分系统和通信转发器。天线分系统包括通信天线和遥测指令天线，其作用是定向发射与接收无线电信号。通信转发器是通信卫星的核心部分，其性能直接影响到卫星通信系统的工作质量。

卫星通信有两个窗口频段：一个在0.3～10GHz频段，叫作“无线电窗口”；另一个在30GHz附近，叫作“半透明无线电窗口”。卫星通信系统常用的工作频段为：UHF频段（400/200 MHz）；L频段（1.6/1.5GHz）；C频段（6.0/4.0GHz）；X频段（8.0/7.0GHz）；Ku频段（14.0/12.0GHz和14.0/11.0GHz）；Ka频段（30/20GHz）。

习题

1. 与其他通信方式相比，卫星通信具有哪些主要特点？
2. 什么是星蚀和日凌中断现象？
3. 卫星通信系统由哪些部分组成？各部分的作用是什么？
4. 地球站由哪些部分组成？各部分的作用是什么？
5. 简述卫星通信的基本工作原理。
6. 什么叫升节点和春分点？确定卫星位置的参数有哪些？
7. 通信卫星有哪些运行轨道？为什么说卫星不宜于在范伦带内运行？
8. 引起卫星摄动的主要因素有哪些？
9. 为什么要进行卫星位置保持？卫星姿态控制方法有哪些？
10. 试计算地球站与卫星间的电波传播路径时延（传播距离 d 按 4×10^4km计算）等于多少？
11. 试参考有关资料，计算某一城市（例如西安）对90°E静止卫星的距离、方位角和仰角。

12. 两颗静止卫星分别在经度75°E和75°W处,它们能相互见到对方吗?为什么?

13. 什么叫星座?卫星星座的主要参数有哪些?从哪些方面来考虑卫星星座的优化设计?

14. 通信卫星由哪几部分组成?卫星转发器的作用是什么?

15. 卫星通信工作频段的选择原则是什么?为什么要选在微波频段?

16. 卫星通信有哪几个窗口频段?为什么说一般选在1~10GHz范围内较为适宜?

17. 试解释自由空间损耗的概念,并说明大气对电波传播有何影响。

18. 对地静止卫星采用L、C、Ku和Ka频段,距离地面站的距离为38500km。试求以下频率的路径损耗:

(1) 1.6/1.5GHz;

(2) 6.2/4.0GHz;

(3) 14.2/12GHz;

(4) 30/20GHz。

19. 在卫星移动通信中,引起电波衰落的原因是什么?

20. 何谓多普勒频移?它对固定卫星通信和卫星移动通信各有何影响?

21. 简述国际卫星通信的发展趋势,以及我国卫星通信技术的发展趋势。

第2章 卫星通信中的调制与解调技术

CHAPTER 2

通信系统中，信息传递方式一般分为基带传输和频带传输两种。基带传输是指在系统中直接传输基带信号的方式；频带传输是指通过调制的方式将基带信号变为频带信号在系统中进行传输的方式，这么做的目的是为了使信号特性和信道特性更加匹配，即使信号更加适合于在信道中进行传输。本章从调制、解调技术的基本概念出发，重点介绍了微波与卫星通信系统中常用的调制与解调方式。

2.1 概述

调制前后，信号在时域内表现为由基带信号转变为频带信号，在频域内就是将基带信号频谱从低频搬移到某个载波频带内，即由一个低通形式的信号变为一个带通形式的信号。和调制相逆的过程即为解调，就是将信号由频带信号恢复为基带信号的过程。

调制的目的和作用：第一，在无线通信系统中，为了获得较高的辐射效率，天线高度与发射信号波长成正比，通常应满足 $h \geqslant \lambda/4$，其中 h 为天线高度，λ 为信号波长。而基带信号通常包含较低频率的分量，若直接发射，将导致天线高度过高而难以实现。例如，直接发射一个频率为 3kHz 的基带信号，则需要天线高度大约 25km，这显然是不合情理的。但是若通过调制后将基带信号频谱搬移到高频处，则可以大大提高发射效率；第二，通过调制可以将多个基带信号分别搬移到不同的载频处，以提高信道的多路复用，提高频带利用率；第三，扩展信号带宽，提高系统抗干扰能力。

调制的方式有很多。根据实现调制时所采用的载波类型可以将调制分为以正弦波为载波的连续波调制以及以脉冲波为载波的脉冲调制；根据被调制的信号类型也可以将调制分为模拟调制以及数字调制。因此，形成了连续波模拟调制、连续波数字调制、模拟脉冲调制和数字脉冲调制，如表 2-1 所示。

微波信道既可以传输模拟信号，也可以传输数字信号。因此，在卫星通信系统中，既可以采用模拟调制，也可以采用数字调制。目前模拟卫星通信系统主要采用频率调制(Frequency Modulation，FM)，主要原因为 FM 技术成熟，且传输质量好，能得到较高的信噪比。在这种系统中，一般可采用预加重技术、门限扩展技术和语音压扩技术来增加系统的传输带宽，提高系统的传输容量。因此，在卫星通信系统的模拟调制方式中，将重点介绍 FM 技术。

表 2-1 常见调制方式及用途

<table>
<tr><th colspan="4">调制方式</th><th>用途举例</th></tr>
<tr><td rowspan="10">连续波调制</td><td rowspan="6">模拟调制</td><td rowspan="4">线性调制</td><td>常规双边带调幅 AM</td><td>广播</td></tr>
<tr><td>单边带调制 SSB</td><td>载波通信、短波无线电话通信</td></tr>
<tr><td>双边带调制 DSB</td><td>立体声广播</td></tr>
<tr><td>残留边带调制 VSB</td><td>电视广播、传真</td></tr>
<tr><td rowspan="2">非线性调制</td><td>频率调制 FM</td><td>微波中继、卫星通信</td></tr>
<tr><td>相位调制 PM</td><td>中间调制方式</td></tr>
<tr><td rowspan="4">数字调制</td><td colspan="2">振幅键控 ASK</td><td>数据传输</td></tr>
<tr><td colspan="2">频移键控 FSK</td><td>数据传输</td></tr>
<tr><td colspan="2">相位键控 PSK、DPSK</td><td>数据传输</td></tr>
<tr><td colspan="2">其他高效数字调制</td><td>数字微波、空间通信</td></tr>
<tr><td rowspan="7">脉冲调制</td><td rowspan="3">模拟脉冲调制</td><td colspan="2">脉幅调制 PAM</td><td>中间调制方式、遥测</td></tr>
<tr><td colspan="2">脉宽调制 PDM</td><td>中间调制方式</td></tr>
<tr><td colspan="2">脉位调制 PPM</td><td>遥测、光纤传输</td></tr>
<tr><td rowspan="4">数字脉冲调制</td><td colspan="2">脉码调制 PCM</td><td>市话中继线、卫星、空间通信</td></tr>
<tr><td colspan="2">增量调制 DM(ΔM)</td><td>军用、民用数字电话</td></tr>
<tr><td colspan="2">差分脉冲编码调制 DPCM</td><td>电视电话、图像编码</td></tr>
<tr><td colspan="2">其他语音编码方式</td><td>中速数字电话</td></tr>
</table>

相比较而言，由于数字信号的抗干扰性能力较强，因此数字信号的传输质量通常要优于模拟信号的传输质量。数字调制中，大多以正弦波作为载波，由于正弦波由振幅、频率、相位三个参量构成，因此可以利用基带信号分别去控制载波的这三个参量发生变化，从而形成三种最基本的数字调制方式，即振幅键控（Amplitude Shift Keying，ASK）、频移键控（Frequency Shift Keying，FSK）和相移键控（Phase Shift Keying，PSK）。

在卫星通信系统中，选择数字调制方式的普遍原则为：

（1）不主张采用 ASK 技术（抗干扰性差，误码率高）；

（2）选择尽可能少地占用射频频带，而又能高效利用有限频带资源，抗衰落和干扰性能强的调制技术；

（3）采用的调制信号的旁瓣应较小，以减少相邻通道之间的干扰。

卫星通信系统中，由于电波大部分情况下在大气层以外传播，因此信道的自由空间部分无起伏衰落现象，信道的主要干扰可以看作是加性高斯白噪声，因此信道比较稳定，可看作干扰基本不随时间变化的恒参信道。在微波与卫星通信系统中，为了使已调信号具有等包络、带宽窄、频带利用率高和抗干扰性能强等特点，使用最多的数字调制方式是 PSK、FSK 以及以它们为基础形成的其他调制方式。如四相相移键控（Quadrature Phase Shift Keying，QPSK）、偏置四相相移键控（offset QPSK）和最小频移键控（Minimum Shift Keying，MSK）。有些系统也会使用多电平正交幅度调制（Multiple Quadrature Amplitude Modulation，MQAM）。此外，还有一些能提高信道利用率的其他调制方式。下面分别进行介绍。

2.2 模拟调制

卫星通信系统中采用的模拟调制以频率调制为主，本节重点讨论 FM 信号的产生、解调及抗噪性能。

2.2.1 调频信号的产生

调频信号即频率调制信号，一般表达式为

$$s_{\mathrm{m}}(t)=A\cos(\omega_{\mathrm{c}}t+\varphi(t)) \tag{2-1}$$

其中，A 为载波的振幅；$[\omega_{\mathrm{c}}t+\varphi(t)]$为信号的瞬时相位，记为 $\theta(t)$；$\varphi(t)$为瞬时相位偏移；$\mathrm{d}[\omega_{\mathrm{c}}t+\varphi(t)]/\mathrm{d}t$ 为信号的瞬时角频率，记为 $\omega(t)$；$\mathrm{d}[\varphi(t)]/\mathrm{d}t$ 为信号的瞬时频率偏移。

调频信号载波的瞬时频率偏移随调制信号线性变化，即

$$\frac{\mathrm{d}[\varphi(t)]}{\mathrm{d}t}=K_{\mathrm{f}}m(t) \tag{2-2}$$

其中，K_{f} 为调制灵敏度(rad/(s·V))；$m(t)$为调制信号。

由式(2-2)可得

$$\varphi(t)=K_{\mathrm{f}}\int_0^t m(\tau)\mathrm{d}\tau \tag{2-3}$$

将式(2-3)代入式(2-1)可得调频信号为

$$x(t)=A\cos\left(\omega_{\mathrm{c}}t+K_{\mathrm{f}}\int_0^t m(t)\mathrm{d}t\right) \tag{2-4}$$

当调制信号为单频正弦波时

$$m(t)=A_{\mathrm{m}}\cos\omega_{\mathrm{m}}t=A_{\mathrm{m}}\cos2\pi f_{\mathrm{m}}t \tag{2-5}$$

对其进行频率调制，即将式(2-5)代入式(2-4)可得

$$\begin{aligned}x(t)&=A\cos(\omega_{\mathrm{c}}t+K_{\mathrm{f}}\int_0^t A_{\mathrm{m}}\cos\omega_{\mathrm{m}}\tau\mathrm{d}\tau)\\&=A\cos(\omega_{\mathrm{c}}t+m_{\mathrm{f}}\sin\omega_{\mathrm{m}}t)\end{aligned} \tag{2-6}$$

其中，m_{f} 为调频指数，其表达式为

$$m_{\mathrm{f}}=\frac{K_{\mathrm{f}}A_{\mathrm{m}}}{\omega_{\mathrm{m}}}=\frac{\Delta\omega}{\omega_{\mathrm{m}}}=\frac{\Delta f}{f_{\mathrm{m}}} \tag{2-7}$$

其中，m_{f} 表示最大的相位偏移，$\Delta\omega=K_{\mathrm{f}}A_{\mathrm{m}}$，为最大角频偏；$\Delta f=m_{\mathrm{f}}f_{\mathrm{m}}$，为最大频偏。

图 2-1 所示为调制信号为单频正弦波时的 FM 信号波形。

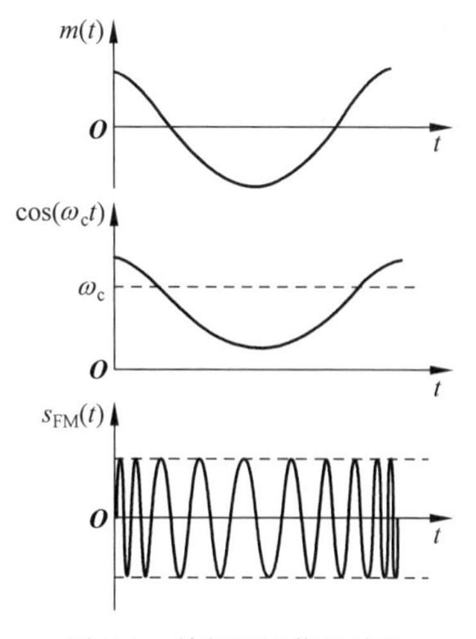

图 2-1 单频 FM 信号波形

1. 窄带调频

当 FM 信号的最大瞬时相位偏移满足

$$\left|K_{\mathrm{f}}\int_0^t m(\tau)\mathrm{d}\tau\right|<\frac{\pi}{6}(\text{或 }0.5) \tag{2-8}$$

时，FM 信号的频谱宽度比较窄，称为窄带调频(Narrow Band Frequency Modulation，NBFM)；反之，称为宽带调

频(Wide Band Frequency Modulation,WBFM)。

1) NBFM 的时域表示式

将 FM 信号表示式(2-4)展开得到

$$\begin{aligned} s_{\mathrm{FM}}(t) &= A\cos\left[\omega_{\mathrm{c}}t + K_{\mathrm{f}}\int_0^t m(\tau)\mathrm{d}\tau\right] \\ &= A\cos\omega_{\mathrm{c}}t\cos\left(K_{\mathrm{f}}\int_0^t m(\tau)\mathrm{d}\tau\right) - A\sin\omega_{\mathrm{c}}t\sin\left(K_{\mathrm{f}}\int_0^t m(\tau)\mathrm{d}\tau\right) \end{aligned} \tag{2-9}$$

当窄带调频,即式(2-8)成立时,有

$$\cos\left(K_{\mathrm{f}}\int_0^t m(\tau)\mathrm{d}\tau\right) \approx 1$$

$$\sin\left(K_{\mathrm{f}}\int_0^t m(\tau)\mathrm{d}\tau\right) \approx K_{\mathrm{f}}\int_0^t m(\tau)\mathrm{d}\tau$$

此时,式(2-9)可简化为

$$s_{\mathrm{NBFM}}(t) \approx A\cos\omega_{\mathrm{c}}t - AK_{\mathrm{f}}\int_0^t m(\tau)\mathrm{d}\tau\sin\omega_{\mathrm{c}}t \tag{2-10}$$

2) NBFM 的频域表示式

利用以下傅里叶变换对

$$m(t) \Leftrightarrow M(\omega)$$

$$\cos\omega_{\mathrm{c}}t \Leftrightarrow \pi[\delta(\omega+\omega_{\mathrm{c}}) + \delta(\omega-\omega_{\mathrm{c}})]$$

$$\sin\omega_{\mathrm{c}}t \Leftrightarrow \mathrm{j}\pi[\delta(\omega+\omega_{\mathrm{c}}) - \delta(\omega-\omega_{\mathrm{c}})]$$

$$\int m(t)\mathrm{d}t \Leftrightarrow \frac{M(\omega)}{\mathrm{j}\omega}(\text{设 } m(t) \text{ 的均值为 } 0)$$

$$\left[\int m(t)\mathrm{d}t\right]\sin\omega_{\mathrm{c}}t \Leftrightarrow \frac{1}{2}\left[\frac{M(\omega+\omega_{\mathrm{c}})}{\omega+\omega_{\mathrm{c}}} - \frac{M(\omega-\omega_{\mathrm{c}})}{\omega-\omega_{\mathrm{c}}}\right]$$

可得 NBFM 信号的频域表达式为

$$s_{\mathrm{NBFM}}(\omega) = \pi A[\delta(\omega+\omega_{\mathrm{c}}) + \delta(\omega-\omega_{\mathrm{c}})] + \frac{AK_{\mathrm{f}}}{2}\left[\frac{M(\omega-\omega_{\mathrm{c}})}{\omega-\omega_{\mathrm{c}}} - \frac{M(\omega+\omega_{\mathrm{c}})}{\omega+\omega_{\mathrm{c}}}\right] \tag{2-11}$$

从式(2-11)可以看出,NBFM 的频谱含有一个载波分量和位于$\pm\omega_{\mathrm{c}}$的两个边带,但是两个边带分别受到了$1/(\omega-\omega_{\mathrm{c}})$和$1/(\omega+\omega_{\mathrm{c}})$的加权,由于加权是频率的函数,因此加权的结果将引起调制信号频谱的失真。

下面以单频信号为例。设调制信号为

$$m(t) = A_{\mathrm{m}}\cos\omega_{\mathrm{m}}t$$

则 NBFM 信号为

$$\begin{aligned} s_{\mathrm{NBFM}}(t) &\approx A\cos\omega_{\mathrm{c}}t - AK_{\mathrm{f}}\int_{-\infty}^t m(\tau)\mathrm{d}\tau\sin\omega_{\mathrm{c}}t \\ &= A\cos\omega_{\mathrm{c}}t - AA_{\mathrm{m}}K_{\mathrm{f}}\frac{1}{\omega_m}\sin\omega_{\mathrm{m}}t\sin\omega_{\mathrm{c}}t \\ &= A\cos\omega_{\mathrm{c}}t + \frac{AA_{\mathrm{m}}K_{\mathrm{f}}}{2\omega_{\mathrm{m}}}[\cos(\omega_{\mathrm{c}}+\omega_{\mathrm{m}})t - \cos(\omega_{\mathrm{c}}-\omega_{\mathrm{m}})t] \end{aligned}$$

其频谱如图 2-2 所示。

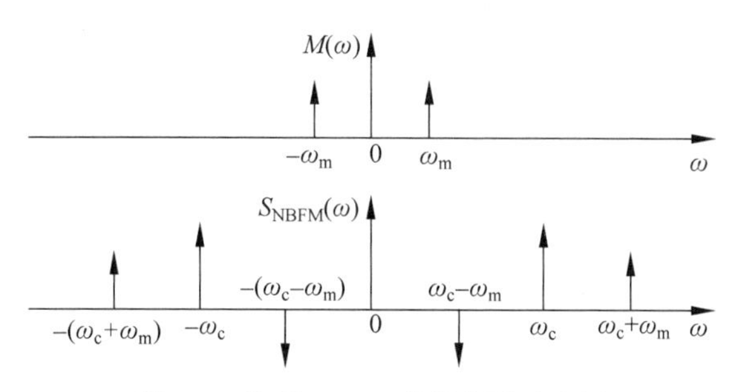

图 2-2 单频 NBFM 信号频谱示意图

2. 宽带调频

产生宽带调频信号的方法有两种。一种是直接法,另一种是倍频法。直接法就是用调制信号直接去控制载波的频率,使载波的频率随调制信号变化。

用倍频法产生调频信号时,首先是利用窄带调频器来产生 NBFM 信号,然后再经多次倍频即可得到 WBFM 信号,其原理如图 2-3 所示。通常称这种产生 WBFM 的方法为阿姆斯特朗(Armstrong)法或间接法或倍频法。

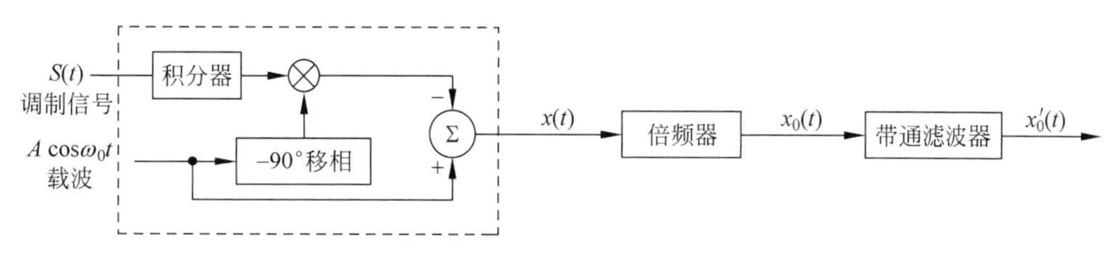

图 2-3 倍频法实现宽带调频

观察图 2-3 可知,图中虚线所示方框即为 NBFM 信号产生框图。倍频器是一个非线性器件,其输入和输出之间的关系为

$$x_0(t)=\mathrm{a}x^2(t)=\frac{1}{2}\mathrm{a}A^2\left[1+\cos\left(2\omega_0 t+2K_f\int_0^t s(t)\mathrm{d}t\right)\right] \tag{2-12}$$

其中 a 为常数,从上式可以看出经过倍频器后的信号频率和相位均增加了一倍。

倍频器输出信号通过带通滤波器后滤除式(2-12)中的直流分量即可得 WBFM 信号。

$$x_0'(t)=\frac{1}{2}\mathrm{a}A^2\cos\left(2\omega_0 t+2K_f\int_0^t s(t)\mathrm{d}t\right) \tag{2-13}$$

2.2.2 调频信号的解调

调频信号的解调过程如图 2-4 所示。通常,在信号传输过程中,会有噪声夹杂在有用信号中,当接收端收到 FM 信号时,也收到了噪声信号。这些噪声信号同样经过低噪声放大器(Low Noise Amplifier,LNA)和下变频器变成中频频率,并同有用信号一起进入中频(Intermediate Frequency,IF)带通滤波器,只要带通滤波器的带宽选择合适,就能够滤出带外噪声。

图 2-4 中,限幅器起到保持中频载波包络恒定的作用,而微分器和包络检波器则起鉴相器的作用。微分器的输出是调幅调频信号,即

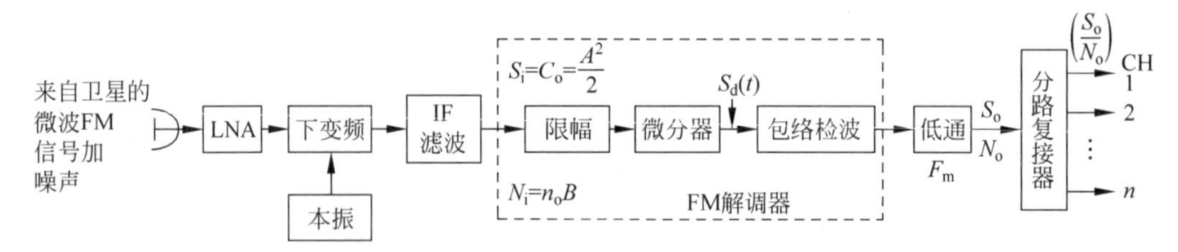

图 2-4　FM 信号的解调过程

$$s_d(t)=-A(\omega_0+2\pi K_f s(t))\sin\left(\omega_0 t+K_f\int_0^t s(t)\mathrm{d}t\right) \tag{2-14}$$

当该信号经过包络检波器时，直流分量将被滤除，从而获得与原始信号成正比的包络信息，再经过低通滤波器，将基带外的高频分量滤除，最后得到频分多路复用信号。

2.2.3　调频信号的性能指标

1. FM 信号的带宽

只要系统所提供的传输带宽足以容纳调频波频谱能量的 98%以上时，就可忽略信号失真的影响，我们把此时的带宽称为射频传输带宽。此时，可认为传输带宽为

$$B=2(m_f+1)f_m \tag{2-15}$$

其中，m_f 为调频指数；f_m 为调制信号的最高频率。

根据式(2-7)也可以将式(2-15)表示为

$$B=2(\Delta f+f_m) \tag{2-16}$$

其中，$\Delta f=m_f f_m$ 为最大频偏。

由于 FDM 信号的波形与热噪声的波形很相似，而其峰值频率又与信号的峰值电压相对应。为此，定义峰值电压与有效电压的比值为峰值因数 F。由此可见，信号的峰值电压与所选取的峰值因数 F 有关，其关系可用下式表示

$$\Delta f=Fl\Delta f_r \tag{2-17}$$

其中，Δf_r 为测试音的有效频偏，它代表在多路信号的相对电平为 0dB 处传输 1mW 测试信号时，频率调制器输出端所产生的有效值，l 称为负载因数。在卫星通信中，F 的取值范围为 3.16～4.45，l 一般取 2.82，Δf_r 取 577kHz。

2. 调频解调器输出信噪比

信噪比是衡量系统传输质量的一个重要参数，其数值等于信号功率与噪声功率之比。由图 2-4 可知，输入信噪比$\frac{S_i}{N_i}=\frac{A^2}{2n_0B}$，低通滤波器输出端的信噪比为

$$\frac{S_o}{N_o}=3m_f^2(m_f+1)\frac{S_i}{N_i} \tag{2-18}$$

由此可得解调信噪比增益为

$$G_{FM}=\frac{S_o/N_o}{S_i/N_i}=3m_f^2(m_f+1) \tag{2-19}$$

卫星通信系统中常取 $m_f=5$，此时解调信噪比增益可达 450。

2.3 数字调制

当载波参量随数字信号变化时,此时的调制称为数字调制。通常,调制后的已调信号频谱只是原调制信号频谱的整体搬移,原频谱结构并不改变。卫星通信系统中,在发送端由发信机经无线信道进行远距离传输,收端经收信机和解调器再还原成基带信号。

2.3.1 数字振幅调制

数字振幅调制(ASK)是以载波振幅的变化来传输基带信息的,可分为二进制调幅和多进制调幅。

1. 二进制调幅

二进制调幅即二进制振幅键控 2ASK,是一种最基本的幅度调制,也是多进制调幅的基础。

2ASK 已调信号表示为

$$e_{2ASK}(t)=s(t)\cos\omega_c t \tag{2-20}$$

其中,$\cos\omega_c t$ 为载波;$s(t)$为输入的二进制基带信号,通常为单极性非归零序列。此时,2ASK 的已调波形可看作是载波的通与断。因此,通常将 2ASK 信号也称为通-断键控(On Off Keying,OOK)信号,如图 2-5 所示。

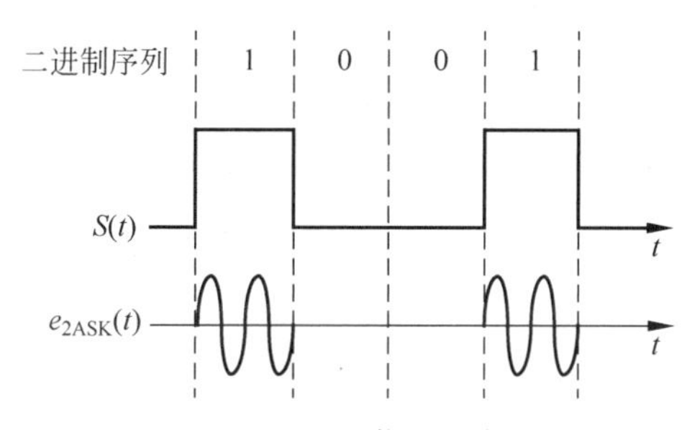

图 2-5 2ASK 信号示意图

说明:图 2-5 中 1 个码元周期中有 2 个载波周期只是一种示意,实际中 1 个码元周期内的载波周期为 T_B/T_c,其中 T_B 为码元宽度,T_c 为载波周期。本章中其他波形图对此不再作说明。

1) 2ASK 调制

2ASK 信号可以采用模拟相乘法产生,此时只需要将基带信号看成是一个模拟信号即可。除此之外,也可以采用键控法产生,如图 2-6 所示。

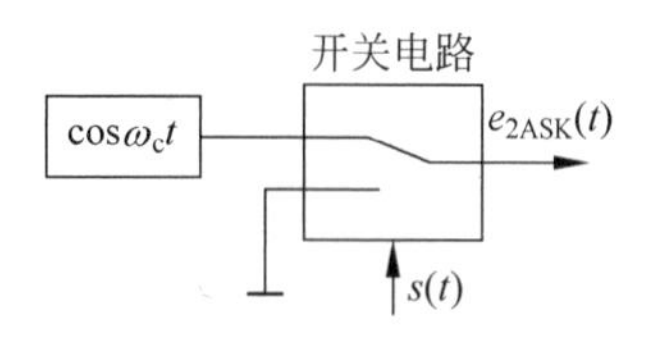

图 2-6 键控法产生 2ASK 信号

图 2-6 中,开关键是受基带信号 $s(t)$控制的,对应于图 2-5 可知,当基带信号为高电平时,开关键和上支路接通,输出载波,否则输出为零。

2) 2ASK 解调

2ASK 信号可以采用相干解调和非相干解调(包络检波)两种方式进行恢复,如图 2-7 所示。图 2-7 中,带通滤波器的主要功能是滤除带外噪声,图 2-7(a)中各点波形如图 2-8 所示。对图 2-7(b)中各点信号分析如下

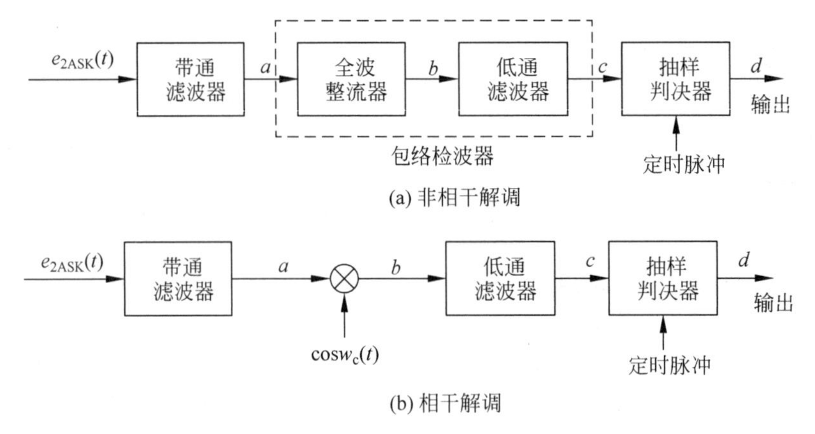

(a) 非相干解调

(b) 相干解调

图 2-7 2ASK 信号解调框图

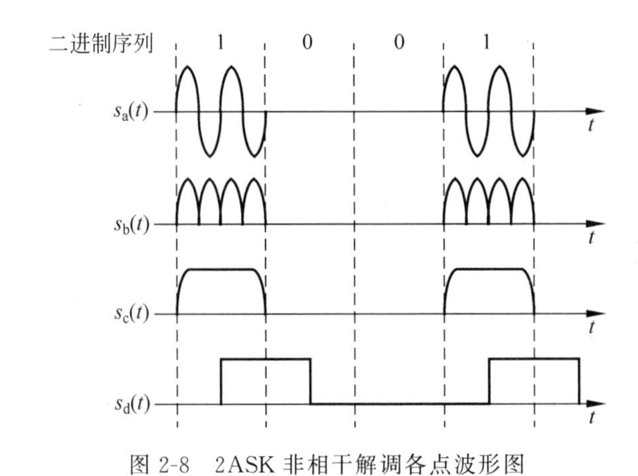

图 2-8 2ASK 非相干解调各点波形图

$$s_a(t)=s(t)\cos\omega_c t$$

$$s_b(t)=s_a(t)\cdot\cos\omega_c t=s(t)\cos\omega_c t\cdot\cos\omega_c t=\frac{1}{2}s(t)\cos(2\omega_c t)+\frac{1}{2}s(t)$$

$$s_c(t)=\frac{1}{2}s(t)$$

由上述分析可知，输入抽样判决器的信号只与发送端的基带信号在幅度上相差 1/2，因此抽样判决后即可正确地恢复出发送的码元序列。

3）2ASK 功率谱密度

当信源以等概方式发送二进制码元，且基带信号为单极性非归零矩形脉冲时，可得 2ASK 的功率谱密度为

$$P_{2ASK}(f)=\frac{T_B}{16}\left\{\left[\frac{\sin\pi(f+f_c)T_B}{\pi(f+f_c)T_B}\right]^2+\left[\frac{\sin\pi(f-f_c)T_B}{\pi(f-f_c)T_B}\right]^2\right\}+\frac{1}{16}[\delta(f+f_c)+\delta(f-f_c)] \tag{2-21}$$

由式(2-21)可知，2ASK 的功率谱密度由连续谱分量和离散谱分量构成，其中离散谱分量位于载频处，如图 2-9 所示。

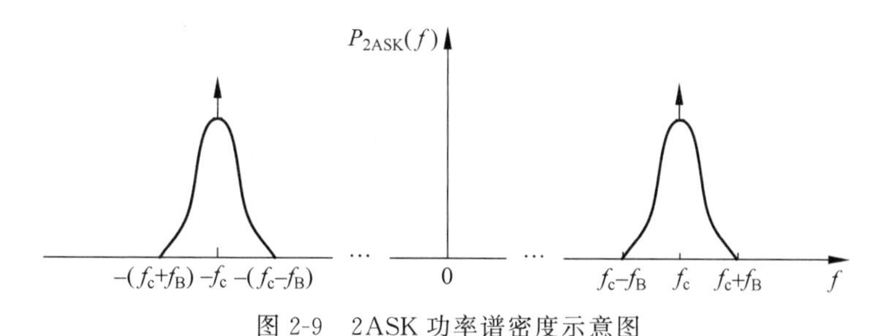

图 2-9 2ASK 功率谱密度示意图

从图 2-9 可得 2ASK 的系统带宽为

$$B_{2ASK}=2f_B \tag{2-22}$$

其中 f_B 为基带带宽,数值上等于基带码元速率。进一步可得 2ASK 的频带利用率为

$$\eta_{2ASK}=\frac{R_B}{B}=\frac{f_B}{2f_B}=\frac{1}{2} \tag{2-23}$$

2. 多进制调幅

多进制调幅即多进制振幅键控(Multiple ASK,MASK),它是基于 2ASK 形成的。将 2ASK 中的基带信号变为多电平波形去控制载波的振幅发生变化即可形成 MASK 信号。当基带信号为多电平双极性不归零电波时形成的是抑制载波的 MASK 信号,从后面学习可知,抑制载波的 MASK 也可以看作是 ASK 和 PSK 的结合。类似于 2ASK,MASK 的解调也可以分为相干和非相干两种。

MASK 的系统带宽为

$$B_{MASK}=2f_b \tag{2-24}$$

其中,f_b 为多进制的码元速率。

由信息速率和码元速率的关系可知,当 $M=2^k$ 时,多进制信息传输速率

$$R_b=R_B\cdot\log_2 M=kf_b\,(\mathrm{b/s}) \tag{2-25}$$

因此

$$\eta_{bMASK}=\frac{R_b}{B_{MASK}}=\frac{kf_b}{2f_b}=\frac{k}{2}\,(\mathrm{b/(s\cdot Hz)}) \tag{2-26}$$

对比式(2-23)和式(2-26)可知,MASK 系统的频带利用率要远高于 2ASK 系统。

2.3.2 数字相位调制

在中等容量数字微波通信和卫星通信中,QPSK 是应用较广泛的一种调制方式。下面主要介绍二进制移相键控及四相移相键控的调制解调原理及它们的几种改进形式。

1. 二进制调相

2PSK 是利用载波信号的不同相位去传输二进制数字信号“0”“1”码,对应关系为:数字信号“0”对应载波相位为 0,数字信号“1”对应载波相位为 π,2PSK 已调信号波形如图 2-10 所示。

按照如上关系,可将 2PSK 信号表示如下:

$$\begin{aligned}e_{2PSK}(t)&=\begin{cases}\cos(\omega_c t+0)=+\cos(\omega_c t),\text{“0”}\\ \cos(\omega_c t+\pi)=-\cos(\omega_c t),\text{“1”}\end{cases}\\ &=s(t)\cos(\omega_c t)\end{aligned} \tag{2-27}$$

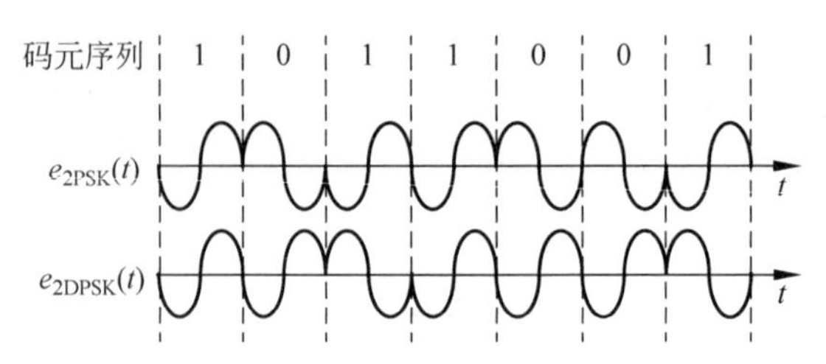

图 2-10　2PSK 和 2DPSK 已调信号波形示意图

说明：图 2-10 中为了清晰地表明载波相位和码元的关系，假设载波频率和码元速率相等，在 2DPSK 方式中确定第 1 个码元的相位时，由于它前面没有码元，因此要取定一个参考相位，此图中假设参考相位为 0 相。

DPSK 是利用载波信号相位的相对关系表示数字信号"0""1"码，变换规则为：数字信号"0"对应当前载波的起始相位和前一载波的起始相位相差 0 相，数字信号"1"对应当前载波的起始相位和前一载波的起始相位相差 π 相。从图 2-10 中可以看出，相对于 PSK 方式中码元和载波相位的绝对对应关系而言，DPSK 方式中码元和载波相位是一种相对对应关系。

1）2PSK 的产生与解调

2PSK 信号的产生方法有直接调相法和相位选择法两种，如图 2-11 所示。

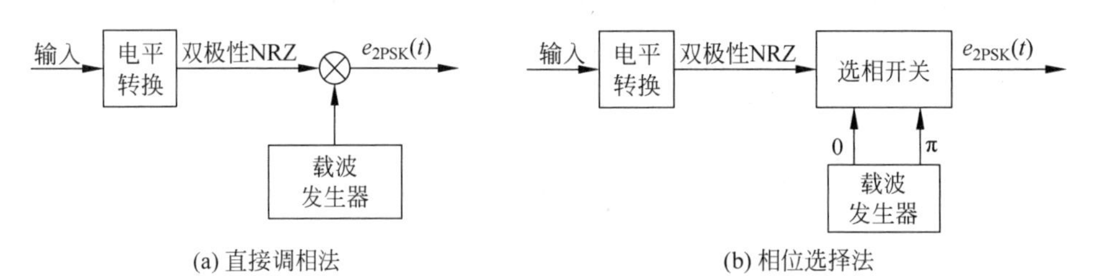

图 2-11　2PSK 调制

不同于二进制振幅键控（2ASK）以及二进制移频键控（2FSK），2PSK 信号的解调只能采用相干检测法，又称为极性比较法，其电路原理框图如图 2-12 所示。

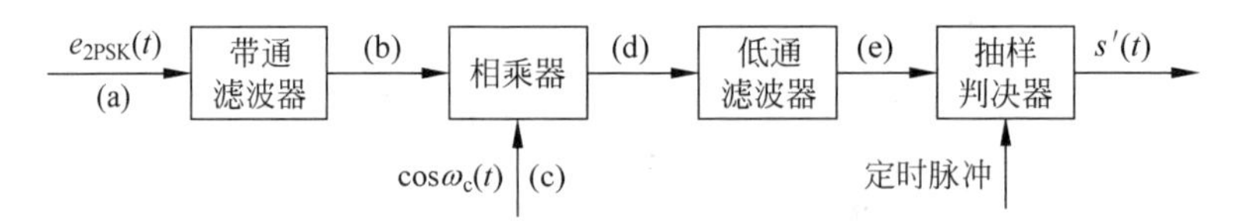

图 2-12　2PSK 相干检测法解调框图

下面简要分析图 2-12 中各点信号。为了进行理论分析，假设信道对信号传输没有造成畸变，即 a 点的信号是 2PSK 已调信号加信道噪声（$n(t)$），带通滤波器的功能是滤除带外噪声，低通滤波器的功能是滤除信号中的高频分量，抽样判决器的功能有两个：抽样及判决，理想的抽样时刻是一个码元的中间时刻，由于 2PSK 方式的基带信号为等概双极性非归零电波形，所以判决规则是：抽样值小于 0，判为低电平，恢复为"0"码，否则为"1"码，据此可以将各点信号表示如下：

$$e_a(t) = s(t)\cos(\omega_c t) + n(t)$$

$$e_b(t) = s(t)\cos(\omega_c t)$$

$$e_c(t)=\cos(\omega_c t)$$

$$\begin{aligned} e_d(t) &= e_b(t)\cdot e_c(t)=s(t)\cos(\omega_c t)\cdot\cos(\omega_c t) \\ &= s(t)\cdot\frac{1}{2}[\cos(\omega_c t+\omega_c t)+\cos(\omega_c t-\omega_c t)] \\ &= s(t)\cdot\frac{1}{2}[\cos(2\omega_c t)+1] \\ &= \frac{1}{2}s(t)\cos(2\omega_c t)+\frac{1}{2}s(t) \end{aligned}$$

$$e_e(t)=\frac{1}{2}s(t)$$

从上面分析可以看出，送入抽样判决器的信号如果忽略幅度上 1/2 的固定衰减，就是基带信号，因此，通常为了消除 1/2 的幅度衰减，往往将加入乘法器的相干载波（c 点信号）加为 2 倍载波即 $2\cos(\omega_c t)$。各点信号波形如图 2-13 所示。

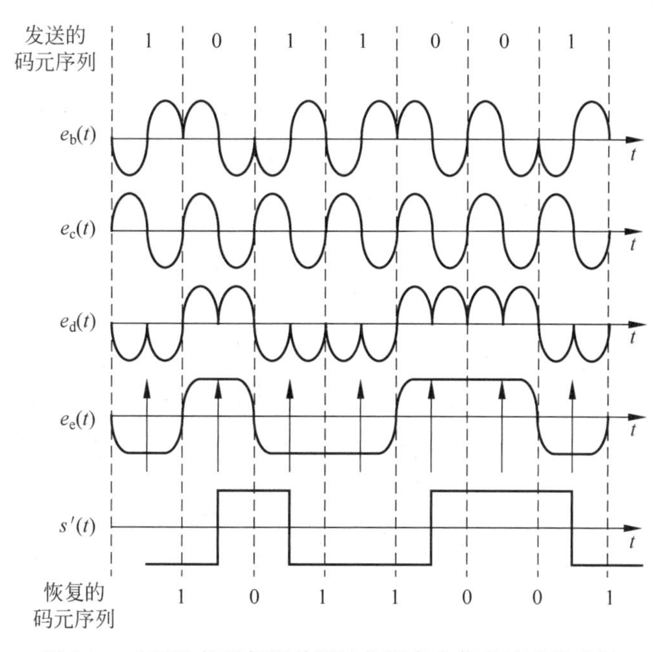

图 2-13　2PSK 相干解调检测法解调各点信号波形示意图

从上面的解调过程可以看出，对于解调端而言必须从接收到的信号中提取出相干载波，这一过程可以由同步技术中的载波同步来实现，但提取出的载波存在“相位模糊”问题，即有可能提取出的载波和发送时采用的载波相差 π，这样便会导致最终恢复出的码元序列和原码元序列“0”“1”码元全反，这种现象称为 2PSK 的“倒 π”现象，也称为反相工作现象。解决这一问题的方法就是采用相对调相，即 2DPSK 方式。

2）2DPSK 的产生与解调

2DPSK 方式可以看成是 2PSK 方式的变形，即在发送端将信源发送的绝对码序列通过码变换器变换为相对码序列，再采用 2PSK 方式调制、传输、解调，之后再将解调得到的相对码序列通过码反变换器转变为绝对码序列，即可完成 2DPSK 的调制、解调，这一过程如图 2-14 所示。

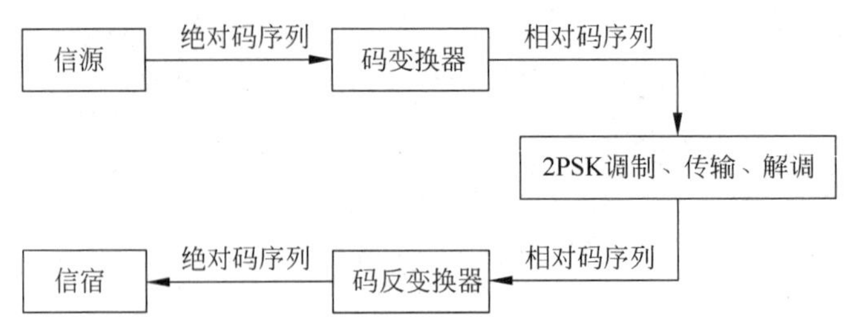

图 2-14　基于 2PSK 的 2DPSK 调制、解调过程示意图

记图 2-14 中第 n 时刻的绝对码序列为 a_n，第 n 时刻的相对码序列为 b_n，则码变换器的运算规则为

$$b_n = a_n \oplus b_{n-1} \tag{2-28}$$

其中，b_{n-1} 表示第($n-1$)时刻的相对码，也称为差分码，"⊕"表示模 2 运算，即异或运算，式(2-28)也称为传号差分码编码规则。相应地，码反变换器要实现将相对码向绝对码的转换，其运算规则为

$$a_n = b_{n-1} \oplus b_n \tag{2-29}$$

在 2PSK 的相干解调中，由于相干载波的相位模糊问题有可能导致判决出的所有码元全反，但是由于 2DPSK 的相干解调加码反变换法中判决器输出的信号还要再经过码反变换器变换，因此即使"0""1"码元全反，也不会影响最终结果，如图 2-15 所示。

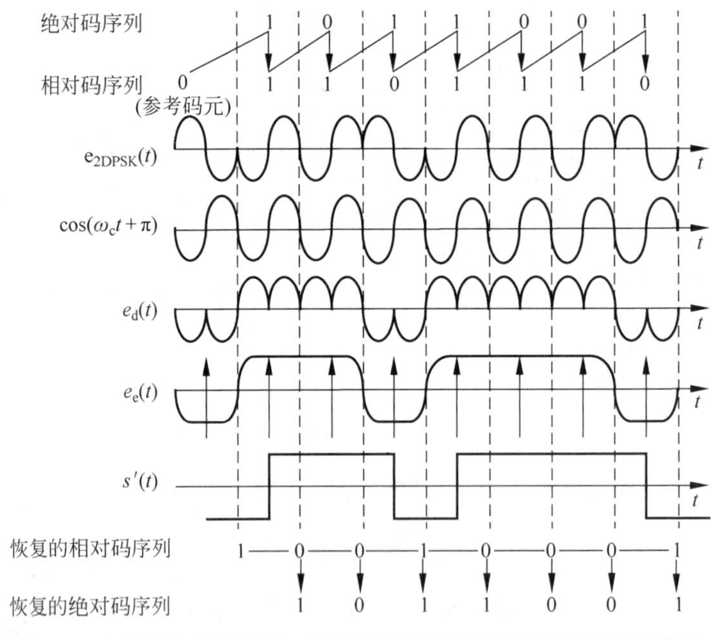

图 2-15　2DPSK 相干解调加码反变换法克服"载波反相"工作示意图

从图 2-15 可以看出，即使提取的载波反相，抽样判决器输出的信号经过码反变换器变换后也能正确恢复出原码元序列，即说明了 2DPSK 方式解决了 2PSK 方式的"倒 π"现象。

2DPSK 方式的解调方法除了相干解调加码反变换法之外，还有一种方法称为差分相干解调法，框图如图 2-16 所示。

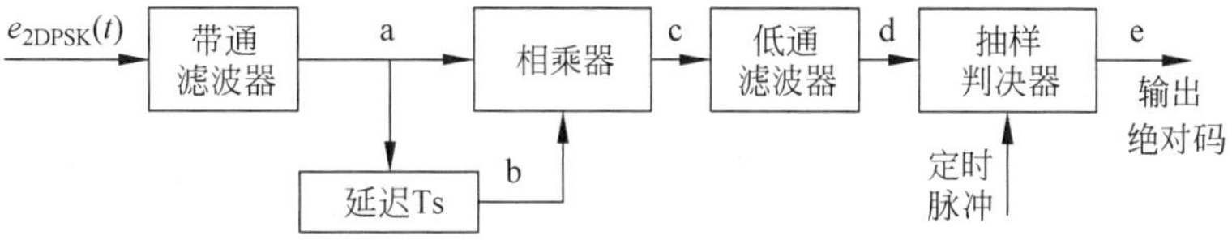

图 2-16　2DPSK 的差分相干解调法框图

从图 2-16 可以看出，差分相干解调法与相干解调加码反变换法的主要差别在于带通滤波器滤出的信号不是和相干载波相乘，而是和自身延迟一个码元周期的信号相乘，这样带来的好处主要有两点：一是接收端不需要从接收到的信号中提取相干载波，而且参与乘法运算的是信号和其自身延迟信号，克服了 2PSK 的反相工作现象；二是抽样判决器的输出本身就是绝对码，不需要再进行码反变换。

由于 2DPSK 可以看成输入码元序列为相对码的 2PSK，因此两者功率谱密度相同。当信源以等概的方式发送二进制码元时系统的功率谱密度如图 2-17 所示。

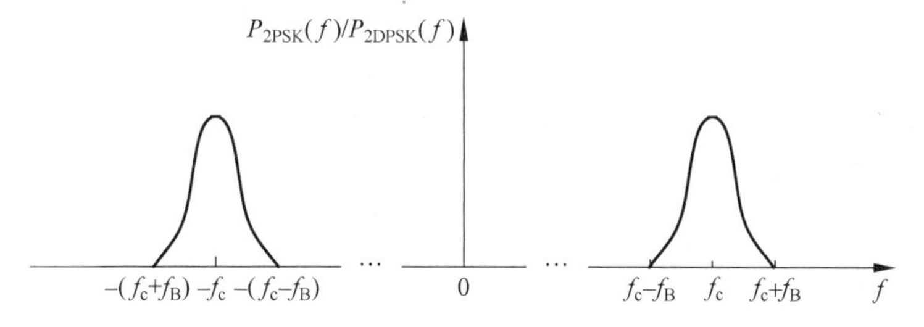

图 2-17　2PSK 及 2DPSK 系统功率谱密度

图 2-17 中，f_c 为载波频率，f_B 为基带带宽，数值上也等于基带码元速率。从中可以看出，在码元等概时，2PSK/2DPSK 系统功率谱密度只含有连续谱分量，不含离散谱分量，其系统带宽为基带带宽的 2 倍，即

$$B_{2PSK}=B_{2DPSK}=2f_B \tag{2-30}$$

系统频带利用率为

$$\eta_{2PSK}=\eta_{2DPSK}=\frac{1}{2} \tag{2-31}$$

2. 多进制调相

二进制移相键控是用载波的两种相位去传输二进制的数字信息“0”“1”。在现代数字微波和卫星通信中，为了提高信息传输速率，往往利用载波的一种相位去携带一组二进制信息码，即形成多进制相移键控(Multiple PSK，MPSK)。依据 2PSK 可以将 MPSK 信号表示为

$$e_k(t)=A\cos(\omega_c t+\theta_k)\quad k=1,2,\cdots,M \tag{2-32}$$

其中：A 为常数；θ_k 为一组间隔均匀的受调制相位，其值决定于基带码元的取值，所以可以表示为

$$\theta_k=\frac{2\pi}{M}(k-1)\quad k=1,2,\cdots,M \tag{2-33}$$

通常 M 取 2 的整数次幂，即

$$M=2^k\quad k=\text{正整数} \tag{2-34}$$

图 2-18 分别画出了二进制、四进制、八进制相位键控的相位矢量图，其中码组和相位的

对应关系都是按照格雷码(Gray)方式排列。表 2-2 中列出了 3 位格雷码的编码规则,并与自然二进制码进行了对比。

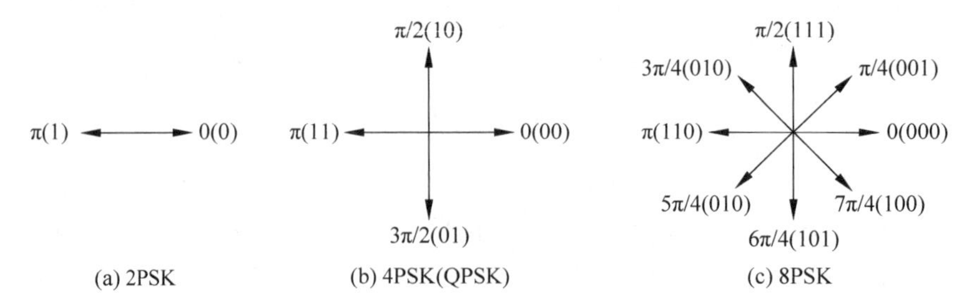

图 2-18 多相调相的相位矢量图

注:图 2-18 中的码组和相位的对应关系并不是唯一的,将目前的码组位置整体旋转得到的新的码组和相位的对应关系仍然满足用格雷码产生 QPSK 的规则。

表 2-2 3 位格雷码与自然二进制码的对比

序号	格雷码			自然二进制码	
	码组		对应的十进制数	码组	对应的十进制数
0	0	0 0	0	0 0 0	0
1	0	0 1	1	0 0 1	1
2	0	1 1	3	0 1 0	2
3	0	1 0	2	0 1 1	3
4	1	1 0	6	1 0 0	4
5	1	1 1	7	1 0 1	5
6	1	0 1	5	1 1 0	6
7	1	0 0	4	1 1 1	7

观察表 2-2 可以看出,采用格雷码的好处是相邻相位所代表的码组只有一位不同。由于因相位误差造成错判至相邻相位上的概率最大,故这样编码可使总误位率降低。实际上,3 位格雷码是在 2 位格雷码的基础上形成的,具体方法为:将表中序号为 0~3 的格雷码按镜面反射关系写出序号为 4~7 的格雷码,然后在序号为 0~3 的格雷码最高位加一个"0"码,在序号为 4~7 的格雷码前面加一个"1"码即可。按照这种方法可知,形成 4 位格雷码时,可将 3 位格雷码按照镜面反射关系形成序号为 8~15 的格雷码,然后分别在这两部分的最高位加"0"和"1"即可。以此类推,可以产生更多位的格雷码。由于格雷码的这种产生规律,通常也将其称为"反射码"。总之,不论多少位的格雷码,相邻码组之间均只有 1 位的差别。

由前面分析可知,2PSK 信号只可以采用一个相干载波进行解调,但是对于 MPSK 信号由于 $\cos\theta_k=\cos(2\pi-\theta_k)$,因此继续采用一个相干载波进行解调时会存在相位模糊问题。为了不失一般性,令式(2-32)中 $A=1$,然后将 MPSK 信号展开为

$$e_k(t)=A\cos(\omega_c t+\theta_k)=a_k\cos\omega_c t-b_k\sin\omega_c t \tag{2-35}$$

其中:$a_k=\cos\theta_k$,$b_k=\sin\theta_k$。

由上式可以看出,MPSK 信号可以看作是由正弦和余弦两个正交分量的合成,它们的

振幅分别是 a_k 和 b_k，且满足 $a_k^2+b_k^2=1$。

MPSK 系统带宽

$$B_{\mathrm{MPSK}}=2f_{\mathrm{b}} \tag{2-36}$$

其中，$f_{\mathrm{b}}=1/T_{\mathrm{b}}$ 为多进制码元传输。因此，类似于 MASK 系统，当 $M=2^k$ 时可得

$$\eta_{\mathrm{bMPSK}}=\frac{R_{\mathrm{b}}}{B_{\mathrm{MPSK}}}=\frac{kf_{\mathrm{b}}}{2f_{\mathrm{b}}}=\frac{k}{2}(\mathrm{b/(s\cdot Hz)}) \tag{2-37}$$

1）正交相移键控

正交相移键控（Quadrature Phase Shift Keying，QPSK）即四进制调相，由上面可以看出 QPSK 信号可以看作两个相互正交的 2PSK 信号的合成，因此可以采用正交调制法产生 QPSK 信号，如图 2-19 所示。

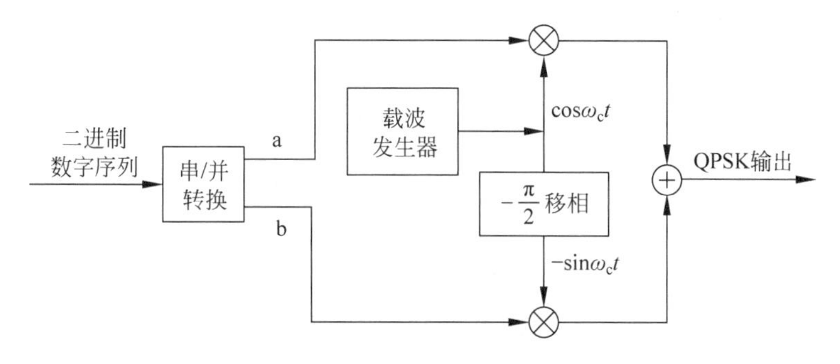

图 2-19 正交调制法产生 QPSK 信号框图

设二进制数字分别以 a 和 b 表示，每一对 ab 称为一个双位码元。QPSK 的码元有 00、01、10、11 四种，其信号矢量图如图 2-20 所示。

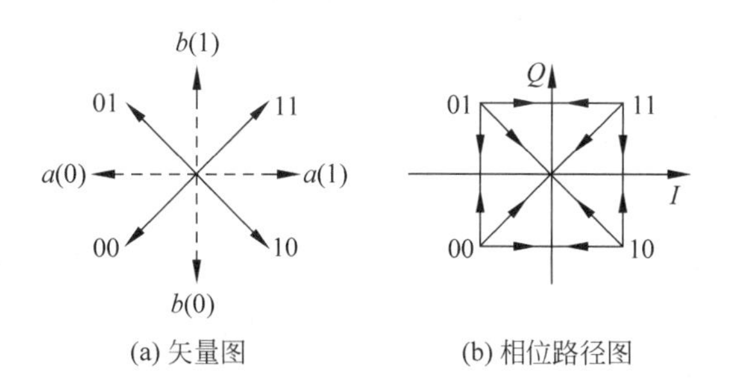

(a) 矢量图 (b) 相位路径图

图 2-20 QPSK 矢量图和相位路径图

图 2-20(a)中，$a(0)$代表 a 路信号码元为“0”码，其他以此类推。a、b 路信号在相加电路中相加后得到的每个矢量代表 2 位，如图中实线矢量所示。从图 2-20(b)中可以看出当相邻双位码元只有 1 位变化时，信号相位路径沿正方形边界变化；只有当相邻双位码元同时改变时，相位路径才会沿对角线变化，经过原点。因此，QPSK 信号相邻码元的最大相位差为 π。

设输入的二进制序列为$\{a_n\}$，$a_n=\pm 1$，则在 $kT_{\mathrm{s}}\leqslant t\leqslant(k+1)T_{\mathrm{s}}(T_{\mathrm{s}}=2T_{\mathrm{b}})$区间内，QPSK 调制器的输出为

$$s(t)=\begin{cases}A\cos(\omega_c t+\pi/4), & a_n a_{n-1}=+1+1\\ A\cos(\omega_c t-\pi/4), & a_n a_{n-1}=+1-1\\ A\cos(\omega_c t+3\pi/4), & a_n a_{n-1}=-1+1\\ A\cos(\omega_c t-3\pi/4), & a_n a_{n-1}=-1-1\end{cases}$$
$$=A\cos(\omega_c t+\theta_k) \tag{2-38}$$

其中，$\theta_k=\pm\pi/4,\pm3\pi/4$，如图 2-20 所示。在实际中，也可将图 2-20 所示的星座图旋转 45°，形成 $\theta_k=0,\pm\pi/2,\pi$ 的 QPSK 信号。由分析可知，在 QPSK 的码元速率与 BPSK 信号的位速率相等的情况下，QPSK 信号可看作两个 BPSK 信号之和，因而它具有与 BPSK 信号相同的频谱特征和误位率性能。

应用较多的 QPSK 的产生方法除了正交调制法以外还有相位选择法，其原理框图如图 2-21 所示。

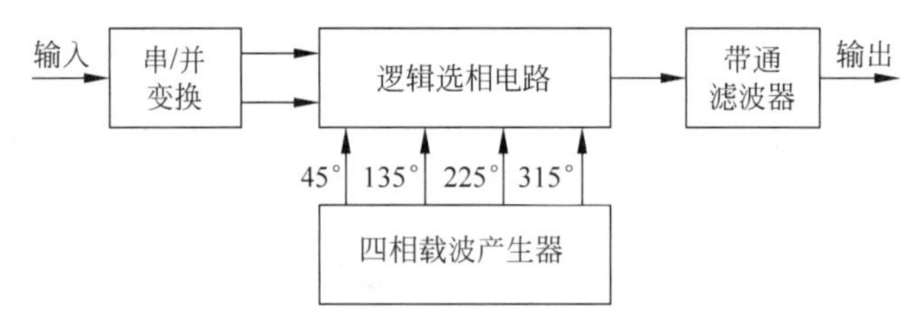

图 2-21　相位选择法产生 QPSK 信号框图

基于 QPSK 的正交调制产生方法，可以采用图 2-22 所示框图按照 2 路 2PSK 相干解调的方法对其进行解调。

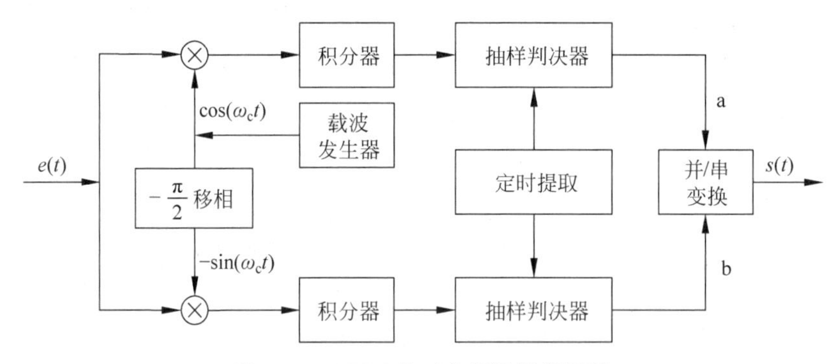

图 2-22　QPSK 的正交解调原理框图

在调相系统中，通常是不采用绝对调相方式的。这是因为在性能较好的调相系统中，都使用相干解调方式，为了克服相干载波的倒 π 现象可能造成的严重误码，实际的四相调相系统都采用相对调相方式，即 4DPSK。

QPSK 功率谱密度为

$$G_{\text{QPSK}}(f)=CA^2T_B\frac{\sin(\pi(f-f_c)T_B)}{\pi(f-f_c)T_B} \tag{2-39}$$

其中，CA^2 为 1Ω 电阻上的信号功率，T_B 为码元持续时间。

2）四进制差分调相

四进制差分调相（Quadrature Differential PSK，QDPSK）也称为四进制差分相移键控。

2DPSK信号是将输入的基带码元经过码变换器转换为差分码元后再进行2PSK调制产生的，与此类似，QDPSK信号可以串/并变换后的码元序列经过码变换器转换为差分码后再进行QPSK调制而产生的，原理框图如图2-23所示。其中序列c为序列a相对应的差分码序列，序列d为序列b相对应的差分码序列。

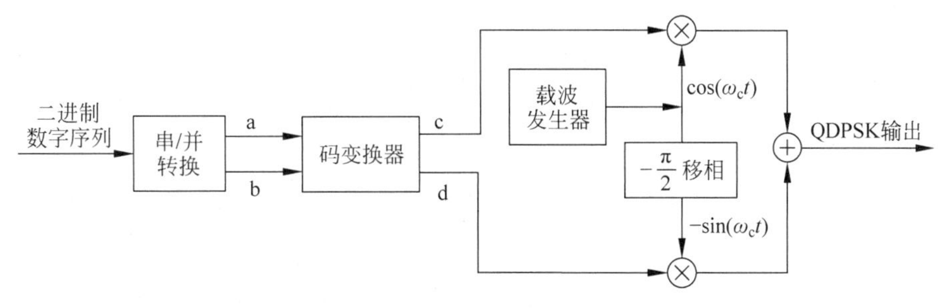

图2-23　正交调相法产生QDPSK信号原理框图

基于图2-23所示的QDPSK信号的产生原理，在图2-22所示的QPSK正交解调基础上增加码反变换器即可实现QDPSK的解调，如图2-24所示。

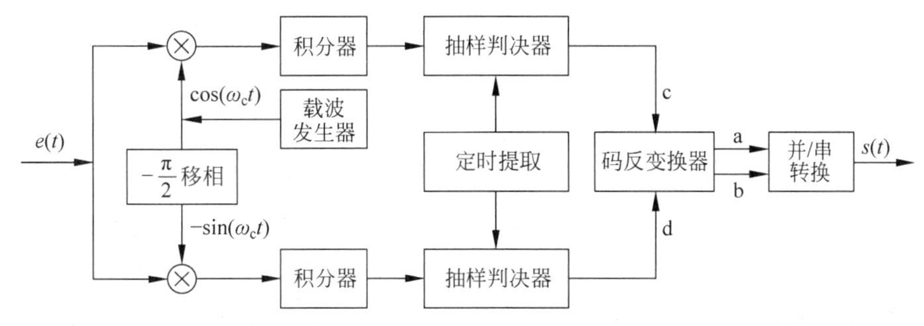

图2-24　QDPSK的极性比较法解调原理框图

3）偏置正交相移键控

偏置正交相移键控（Offset QPSK，OQPSK）是基于QPSK形成的。如前所述，由于QPSK相邻码元最大相位差为π。这意味着QPSK信号经过滤波器后，其包络将在相位矢量过原点时幅度为0，此时信号包络会有很大起伏。再加上卫星信道的非线性及AM/PM效应的影响，那么这种包络的起伏性将转化为相位的变化，从而给系统引入了相位噪声，严重时会影响系统通信质量。因此，应尽可能地使调制后的波形具有等幅包络特性。为此，将两个正交分量的两个位a和b在时间上错开半个码元，这样相邻双位码元最多有1位变化，最大相位差为90°，从而减小了信号振幅的起伏。图2-25画出了OQPSK的相位矢量图。

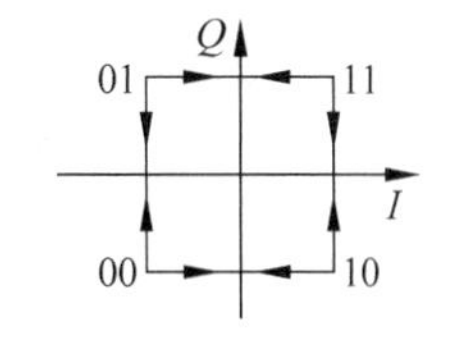

图2-25　OQPSK信号相位矢量图

对比于图2-20(b)可以看出，OQPSK的信号相位路径不存在对角线路径，即相位路径不过原点，因此也就彻底消除了滤波后信号包络过零点的情况，进而减缓了信号振幅的起伏。

基于上述分析，OQPSK调制解调器只需在QPSK调制解调器的基础上在b支路增加一个延时器即可，延时时间为码元间隔的一半，即1位。

4）π/4-DQPSK

当处于外层空间的通信卫星相对于地球作高速运动时，在卫星移动通信中存在多普勒频移现象，对接收信号构成干扰，严重时会影响信息传输质量。而 π/4-DQPSK 是一种具有多普勒频移校正功能的调制解调器。它是对 QPSK 信号特性的改进，主要体现在两个方面：第一，将 QPSK 的最大相位跳变由 π 降为 3π/4，平缓了信号振幅的起伏，改善了频谱特性；第二，将 QPSK 只能用相干解调改善为 π/4-DQPSK 既可以用相干解调也可以采用非相干解调，从而大大简化了接收设备。π/4-DQPSK 已被广泛应用于卫星通信系统及陆上移动通信系统。

在 π/4-DQPSK 调制器中，已调信号的信号点从相互偏移 π/4 的两个 QPSK 星座图中选取。图 2-26 给出了两个相互偏移 π/4 的 QPSK 星座图以及它们合并的星座图。其中，图(c)为 π/4-DQPSK 星座图。

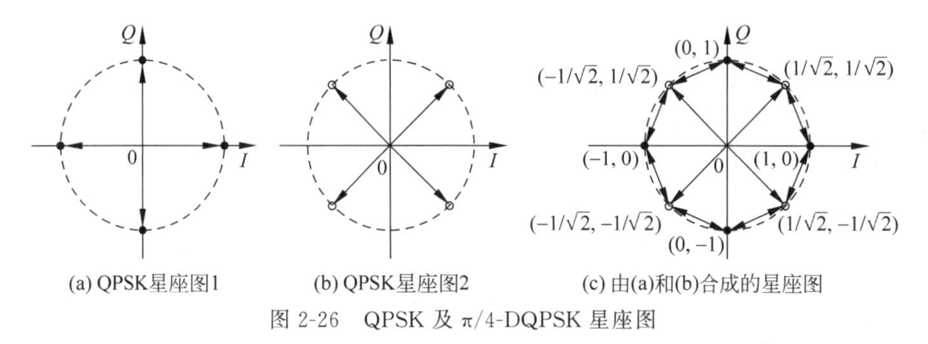

图 2-26 QPSK 及 π/4-DQPSK 星座图

图 2-26 中两个信号点之间的连线表示可能的相位跳变，由图 2-26(c)可知，π/4-DQPSK 信号的相位跳变只可能为 $\pm\pi/4$、$\pm 3\pi/4$ 这四种，从而最大相位跳变为 $\pm 3\pi/4$，最小为 $\pm\pi/4$，也就是说相邻码元间总有相位改变，每对连续的双位信号至少有 $\pm\pi/4$ 的相位变化，从而使接收机容易进行时钟恢复和同步。

π/4-DQPSK 调制器原理图如图 2-27 所示。输入的二进制数字序列经过串/并变换后得到同相支路 I 和正交支路 Q 的两种非归零脉冲序列 S_I 和 S_Q。通过差分相位编码，使得在 $kT_s \leqslant t \leqslant (k+1)T_s$ 时间内（T_s 为 S_I 和 S_Q 的码元宽度，$T_s = 2T_b$，T_b 为二进制数字序列的码元宽度），I 支路信号 U_k 和 Q 支路信号 V_k 发生相应变化，再分别进行正交调制之后合成为 π/4-DQPSK 信号。

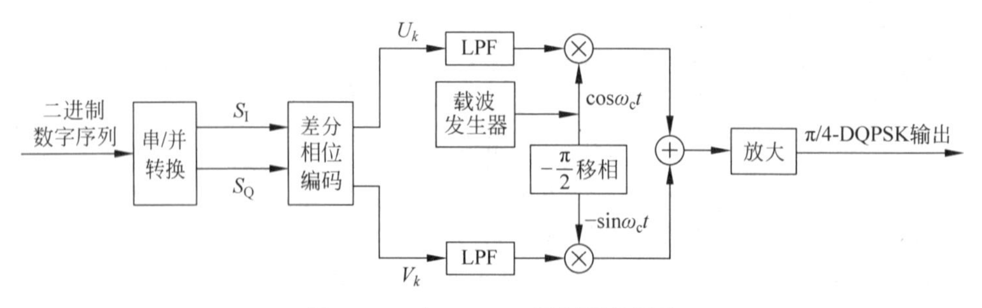

图 2-27 π/4-DQPSK 调制原理框图

设已调信号

$$S_k(t) = \cos(\omega_c t + \theta_k) \tag{2-40}$$

其中 θ_k 为 $kT_s \leqslant t \leqslant (k+1)T_s$ 之间的附加相位。上式可展开为

$$S_k(t) = \cos\omega_c t \cos\theta_k - \sin\omega_c t \sin\theta_k \tag{2-41}$$

当前码元的附加相位 θ_k 是前一码元附加相位 θ_{k-1} 与当前码元相位跳变量 $\Delta\theta_k$ 之和，即

$$\theta_k = \theta_{k-1} + \Delta\theta_k \tag{2-42}$$

则

$$\begin{cases} U_k = \cos\theta_k = \cos(\theta_{k-1} + \Delta\theta_k) = \cos\theta_{k-1}\cos\Delta\theta_k - \sin\theta_{k-1}\sin\Delta\theta_k \\ V_k = \sin\theta_k = \sin(\theta_{k-1} + \Delta\theta_k) = \sin\theta_{k-1}\cos\Delta\theta_k - \cos\theta_{k-1}\sin\Delta\theta_k \end{cases} \tag{2-43}$$

其中，$\sin\theta_{k-1} = V_{k-1}$，$\cos\theta_{k-1} = U_{k-1}$，因此上式可改写为

$$\begin{cases} U_k = U_{k-1}\cos\Delta\theta_k - V_{k-1}\sin\Delta\theta_k \\ V_k = V_{k-1}\cos\Delta\theta_k - U_{k-1}\sin\Delta\theta_k \end{cases} \tag{2-44}$$

式(2-44)为 π/4-DQPSK 的一个基本关系式。它表明前一码元两正交信号 U_{k-1}、V_{k-1} 与当前码元两正交信号 U_k、V_k 之间的关系。它取决于当前码元的相位跳变量 $\Delta\theta_k$，而当前码元的相位跳变量 $\Delta\theta_k$ 则又取决于差分相位编码器的输入码组 S_I、S_Q，它们的关系如表 2-3 所示。

表 2-3 π/4-DQPSK 的相位跳变规则

S_I	S_Q	$\Delta\theta_k$	$\cos\Delta\theta_k$	$\sin\Delta\theta_k$
1	1	$\pi/4$	$1/\sqrt{2}$	$1/\sqrt{2}$
−1	1	$3\pi/4$	$-1/\sqrt{2}$	$1/\sqrt{2}$
−1	−1	$-3\pi/4$	$-1/\sqrt{2}$	$-1/\sqrt{2}$
1	−1	$-\pi/4$	$1/\sqrt{2}$	$-1/\sqrt{2}$

由表 2-3 可得，U_k 和 V_k 只能有 0、$\pm 1/\sqrt{2}$、± 1 这五种取值，分别对应于图 2-26(c)中八个相位点的坐标值。

π/4-DQPSK 信号可以采用相干检测、差分检测和鉴频器检测。从其调制方法可以看出，所传输的信息包括在两个相邻的载波相位差之中，因此可以采用易于用硬件实现的非相干差分检测，如基带差分检测、中频差分检测。图 2-28 为中频差分检测的原理图。

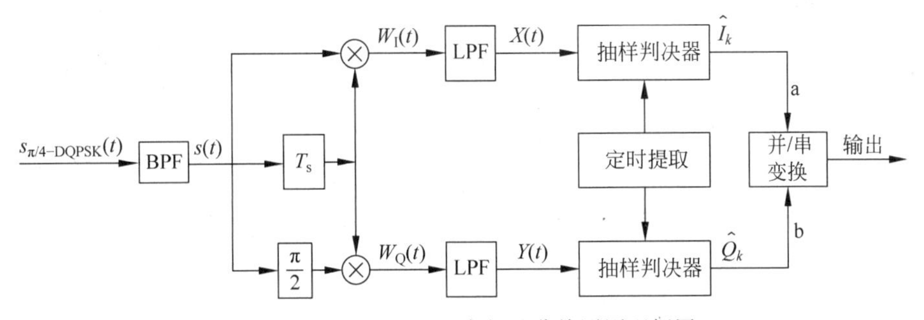

图 2-28 π/4-DQPSK 中频差分检测原理框图

设接收到的中频信号为

$$S_k(t) = \cos(\omega_c t + \theta_k), \quad kT_b \leqslant t \leqslant (k+1)T_b \tag{2-45}$$

解调器把输入中频(f_0)π/4-DQPSK 信号 $s(t)$分成两路：一路是 $s(t)$与其延迟一个码

元的信号 $s(t-T_s)$ 相乘所得信号 $W_I(t)$；另一路是 $s(t-T_s)$ 与 $s(t)$ 移相 $\pi/2$ 后的信号相乘所得信号 $W_Q(t)$，即

$$\begin{cases} W_I(t)=\cos(\omega_0 t+\theta_k)\cos(\omega_0(t-T_s)+\theta_{k-1}) \\ W_Q(t)=\cos(\omega_0 t+\theta_k+\pi/2)\cos(\omega_0(t-T_s)+\theta_{k-1}) \end{cases} \tag{2-46}$$

设 $\omega_0 T_s=2n\pi$（n 为正整数），经过低通滤波器后得到低频分量 $X(t)$、$Y(t)$，抽样得

$$\begin{cases} X_k=\dfrac{1}{2}\cos(\theta_k-\theta_{k-1})=\dfrac{1}{2}\cos\Delta\theta_k \\ Y_k=\dfrac{1}{2}\sin(\theta_k-\theta_{k-1})=\dfrac{1}{2}\sin\Delta\theta_k \end{cases} \tag{2-47}$$

因此，判决规则如下

$$\begin{cases} \hat{I}_k=\begin{cases} +1, & X_k>0 \\ -1, & X_k<0 \end{cases} \\ \hat{Q}_k=\begin{cases} +1, & Y_k>0 \\ -1, & Y_k<0 \end{cases} \end{cases} \tag{2-48}$$

2.3.3 数字频率调制

1. 二进制频率调制

二进制频率调制（Frequency Shift Keying，2FSK）是以载波频率的变化来携载二进制码元“0”“1”。1 路相位连续的 2FSK 可以看成是 2 路 2ASK 的合成，因此 2FSK 信号的时域表达式为

$$e_{2FSK}(t)=s_1(t)\cos(\omega_1 t+\varphi_n)+s_2(t)\cos(\omega_2 t+\theta_n) \tag{2-49}$$

其中，$s_1(t)$ 和 $s_2(t)$ 均为单极性脉冲序列，且当 $s_1(t)$ 为正电平脉冲时，$s_2(t)$ 为零电平，反之亦然；φ_n 和 θ_n 分别为第 n 个码元的初始相位，由于它们并不携载信息，因此通常可令其均为零。据此，绘制 2FSK 的已调信号波形图如图 2-29 所示。

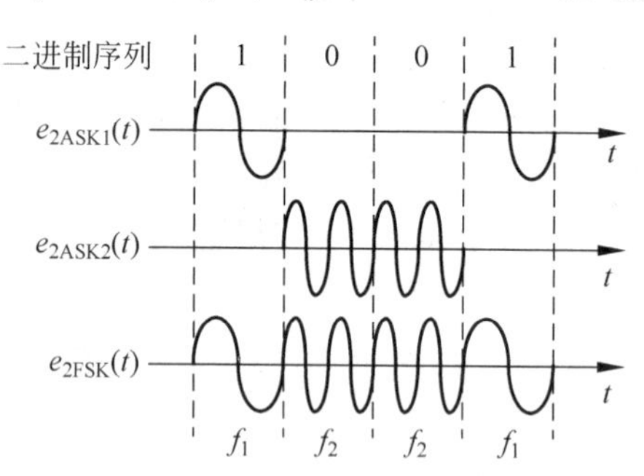

图 2-29 2FSK 已调信号示意图

1）2FSK 调制

2FSK 调制方法主要有两种。一种是采用模拟调频电路来实现，这种方法产生的 2FSK 信号在相邻码元之间的相位是连续变化的，称为连续相位 FSK（Continuous Phase FSK，CPFSK）；另一种是采用键控法来实现，如图 2-30 所示。

图 2-30 中，选通开关是受基带信号控制的，且在每个码元周期内，只会选通 1 路载波。而且，由于电子开关在两个独立的频率源之间进行转换，因此键控法产生的 2FSK 信号相邻码元之间的相位不一定是连续的。

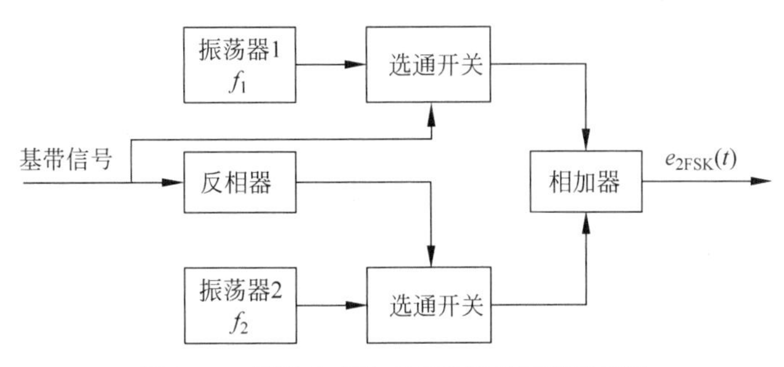

图 2-30 键控法产生 2FSK 信号原理示意图

2）2FSK 解调

由于 1 路 2FSK 信号可以看作 2 路 2ASK 信号的合成，因此 2FSK 的解调基本思路就是 1 路 2FSK 分为上下 2 路 2ASK 分别解调后再进行抽样判决，进而相干解调和非相干解调对 2FSK 都适用，解调器框图如图 2-31 所示。

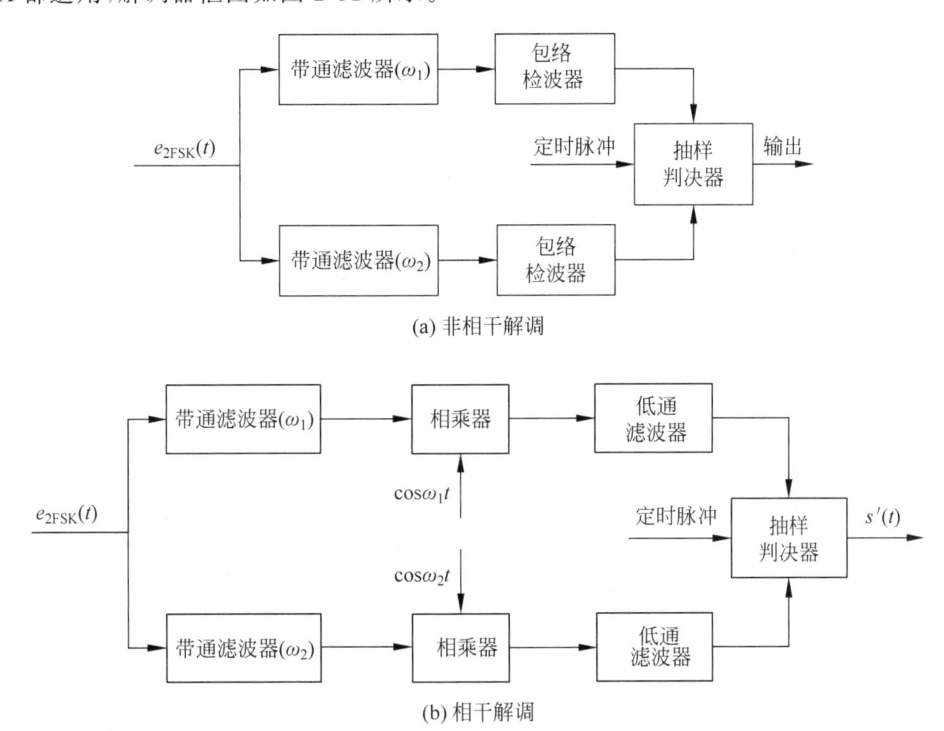

图 2-31 2FSK 信号的非相干解调和相干解调原理框图

图 2-31 中，抽样判决器的判决规则要和调制规则相呼应，调制时若规定“1”码对应载波频率 1，则接收时上支路抽样值大于下支路时应判为“1”码，反之则判为“0”码。

2FSK 除了上述两种解调方法之外，还有其他解调方法，如鉴频法、差分检测法、过零检测法等，在卫星通信系统中得到了广泛应用。尤其是它可以采用非相干方式解调，接收时不需要利用信号的相位信息，因此特别适合于衰落信道或随参信道。

3）2FSK 功率谱密度

由于 1 路 2FSK 可以看作 2 路 2ASK 的合成，因此 2FSK 的功率谱密度为 2 个 2ASK

功率谱密度之和，即由 2 个双边带谱叠加而成，包括离散谱分量和连续谱分量，如图 2-32 所示。图中连续谱只考虑主瓣，且认为主瓣包含了 90%以上的信号能量。

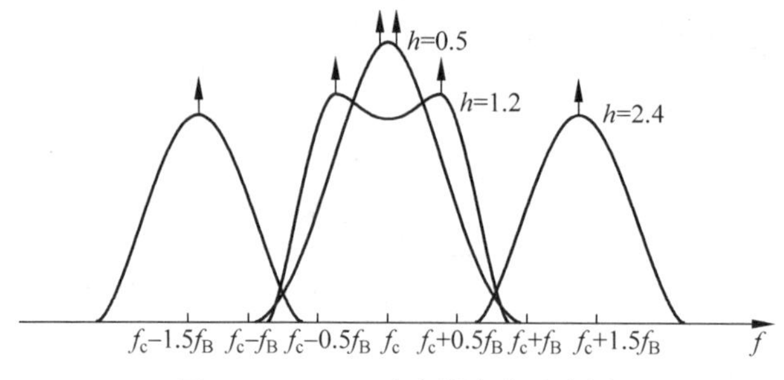

图 2-32 2FSK 功率谱密度示意图

图 2-32 中，$f_c=\dfrac{f_1+f_2}{2}$，其中 f_1、f_2 分别为载频 1 和载频 2，且假定 $f_2>f_1$；h 为调频指数，$h=\dfrac{f_2-f_1}{f_B}=\dfrac{\Delta f}{f_B}$，$\Delta f$ 为载频差，f_B 为二进制基带信号带宽，数值上等于码元速率。由图可知，2FSK 的功率谱密度的连续谱在 f_c 处大致可分为单峰（$h<1$）和双峰（$h>1$）两种情况。若以功率谱第一零点之间的频率间隔计算 2FSK 信号带宽，则无论在哪种情况下，均可近似为

$$B_{2FSK}\approx\Delta f+2f_B \tag{2-50}$$

2FSK 系统的频带利用率为

$$\eta=\frac{R_B}{B_{2FSK}}=\frac{f_B}{B_{2FSK}}<\frac{1}{2} \tag{2-51}$$

可以证明，如果 2FSK 信号的两种码元波形要正交，对于非相干解调，最小频率间隔等于 f_B；对于相干解调，最小频率间隔等于 $0.5f_B$。

2. 最小频移键控

最小频移键控（Minimum Shift Keying，MSK）的“最小”是指这种调制方式能以最小的调制指数（$h=0.5$）获得正交的调制信号，它是对 2FSK 的改进。2FSK 虽然性能优良、易于实现，并得到了广泛应用，但是也存在它的不足。第一，2FSK 系统占用频带宽度高于 2PSK，频谱利用率不高。第二，若用键控法产生 2FSK 信号，则相邻码元波形的相位可能不连续，通过带通滤波器后导致信号波形包络起伏较大。第三，2FSK 信号的两种码元波形不一定满足严格正交。MSK 正是针对这些缺点而形成的一种包络恒定、相位连续、带宽最小且严格正交的 2FSK，又称快速移频键控（Fast FSK，FFSK），“快速”指的是对于给定的频带，MSK 能比 2PSK 传输更高速的数据。MSK 方式在功率利用率和频带利用率上均优于 2PSK，因此被广泛应用于卫星移动通信。

1）MSK 信号的频率间隔

MSK 的第 k 个码元可以表示为

$$s_k(t)=\cos\left(\omega_c t+\frac{a_k\pi}{2T_B}t+\varphi_k\right)\quad kT_B\leqslant t\leqslant(k+1)T_B \tag{2-52}$$

其中，$\omega_c=2\pi f_c$，为载波角频率；$a_k=\pm1$（分别对应输入码元“1”和“0”）；$T_B=1/f_B$ 为码元宽度；φ_k 为第 k 个码元的初始相位，是为了保证 $t=kT_B$ 时相位连续而加入的相位常量，在

一个码元宽度中保持不变。对于“1”码，码元频率 $f_1=f_c+1/(4T_B)$，对于“0”码，码元频率 $f_0=f_c-1/(4T_B)$。此时，频率间隔 $f_1-f_0=1/(2T_B)$最小，调频指数 $h=0.5$。

2）MSK 信号的相位连续性

波形相位连续的一般条件是前一码元末尾的相位等于后一码元开始相位。由式(2-52)可知，即要求

$$\frac{a_{k-1}\pi}{2T_B}\cdot kT_B+\varphi_{k-1}=\frac{a_k\pi}{2T_B}\cdot kT_B+\varphi_k \tag{2-53}$$

因此，推得

$$\varphi_k=\varphi_{k-1}+\frac{k\pi}{2}(a_{k-1}-a_k)=\begin{cases}\varphi_{k-1}, & a_k=a_{k-1}\\ \varphi_{k-1}\pm k\pi, & a_k\neq a_{k-1}\end{cases} \tag{2-54}$$

式(2-54)表明：MSK 信号在第 k 个码元的相位常数 φ_k 不仅与当前码元 a_k 有关，而且与前面的码元 a_{k-1} 及其相位常数 φ_{k-1} 有关，即前后相邻码元之间存在着相关性。对于相干解调而言，假设 φ_k 的起始参考相位为零($\varphi_0=0$)，而不失一般性，即

$$\varphi_k=\begin{cases}0, & a_k=a_{k-1}\\ \pm\pi(\text{mod } 2\pi), & a_k\neq a_{k-1}\end{cases} \tag{2-55}$$

因此，式(2-52)可以改写为

$$s_k(t)=\cos(\omega_c t+\theta_k(t))\quad kT_B\leqslant t\leqslant(k-1)T_B \tag{2-56}$$

其中

$$\theta_k(t)=\frac{a_k\pi}{2T_B}t+\varphi_k \tag{2-57}$$

被称为第 k 个码元的附加相位。由上式可以看出，在每个码元持续时间内附加相位是时间参量 t 的直线方程，直线的斜率是$\frac{a_k\pi}{2T_B}$，截距是 φ_k。由于 $a_k=\pm1$，所以$\frac{a_k\pi}{2T_B}t$ 是按照码元周期 T_B 进行分段的分段线性相位函数。在任一码元期间，附加相位函数的变化量总是 $\pi/2$，即：$a_k=+1$，附加相位函数增大 $\pi/2$；$a_k=-1$，附加相位函数减小 $\pi/2$。图 2-33(a)绘制了附加相位从原点开始，各种码元可能经历的全部附加相位轨迹(相位折线图)；图(b)绘制了输入的二进制码元序列为 01111100000001 时的附加相位轨迹；图(c)绘制了图(b)mod 2π 运算后的附加相位轨迹。由此图也可以看出，附加相位在相邻码元间是连续的。

3）MSK 信号的正交性

$$\begin{aligned}s_k(t)&=\cos\left(\omega_c t+\frac{a_k\pi}{2T_B}t+\varphi_k\right)\\&=\cos\left(\frac{a_k\pi}{2T_B}t+\varphi_k\right)\cos\omega_c t-\sin\left(\frac{a_k\pi}{2T_B}t+\varphi_k\right)\sin\omega_c t\\&=\left(\cos\frac{a_k\pi t}{2T_B}\cos\varphi_k-\sin\frac{a_k\pi t}{2T_B}\sin\varphi_k\right)\cos\omega_c t-\\&\quad\left(\sin\frac{a_k\pi t}{2T_B}\cos\varphi_k+\cos\frac{a_k\pi t}{2T_B}\sin\varphi_k\right)\sin\omega_c t\end{aligned} \tag{2-58}$$

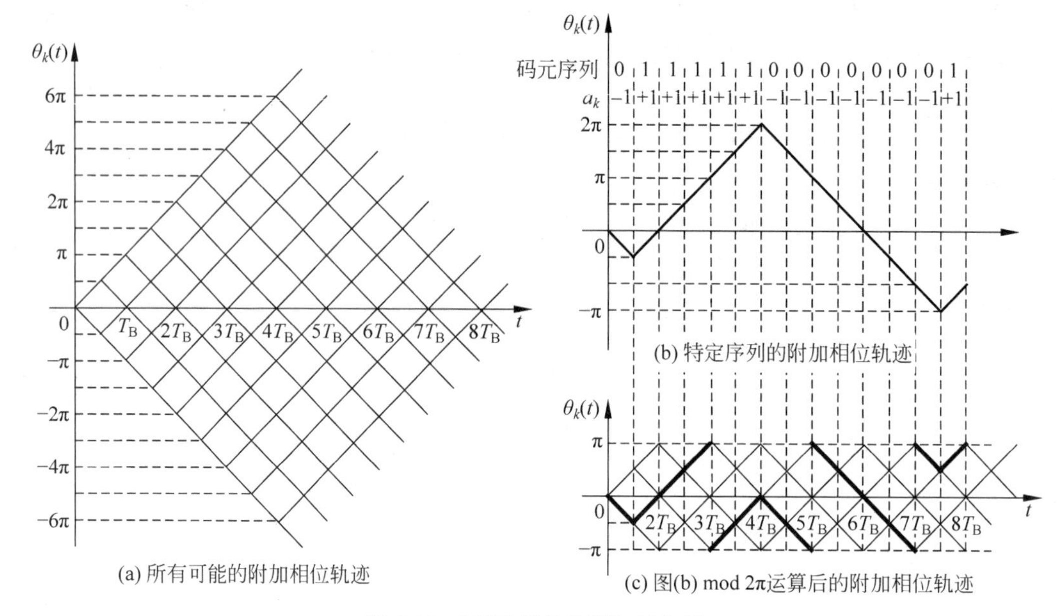

图 2-33　MSK 信号的附加相位图

由式(2-55)可得 $\sin\varphi_k=0$，$\cos\varphi_k=\pm1$，结合 $a_k=\pm1$，$\cos\dfrac{a_k\pi}{2T_B}t=\cos\dfrac{\pi t}{2T_B}$ 及 $\sin\dfrac{a_k\pi}{2T_B}t=a_k\sin\dfrac{\pi t}{2T_B}$，式(2-58)变为

$$s_k(t)=\cos\varphi_k\cos\frac{\pi t}{2T_B}\cos\omega_c t-a_k\cos\varphi_k\sin\frac{\pi t}{2T_B}\sin\omega_c t$$

$$=\left(p_k\cos\frac{\pi t}{2T_B}\right)\cos\omega_c t-\left(q_k\sin\frac{\pi t}{2T_B}\right)\sin\omega_c t\quad kT_s\leqslant t\leqslant(k+1)T_s \tag{2-59}$$

其中

$$p_k=\cos\varphi_k=\pm1,\quad q_k=a_k\cos\varphi_k=a_kp_k=\pm1 \tag{2-60}$$

式(2-60)表明，MSK 信号可以分解为同相分量(I)和正交分量(Q)两部分，依次对应式(2-59)中括号部分。I 分量的载波为 $\cos\omega_c t$，p_k 中包含输入码元信息，$\cos(\pi t/2T_B)$是其正弦形加权函数；Q 分量的载波为 $\sin\omega_c t$，q_k 中包含输入码元信息，$\sin(\pi t/2T_B)$是其正弦形加权函数。

4）MSK 调制

根据式(2-58)可以采用图 2-34 所示的原理框图生成 MSK 信号。

从图 2-34 可以看出，输入到串/并转换电路的数据并非信源产生的二进制数据 a_k，而是将 a_k 进行差分编码后的差分码 b_k，此处的差分码和 2DPSK 系统中的差分码有所不同，不同之处在于 2DPSK 中的差分码为传号差分码，而 MSK 中的差分码为空号差分码，即满足关系式

$$b_k=\overline{a_k}\oplus b_{k-1} \tag{2-61}$$

差分码序列再经过串/并变换分别和加权函数相乘形成同相分量 I 和正交分量 Q，然后分别对正交载波 $\cos\omega_c t$ 和 $\sin\omega_c t$ 进行调制，最后合成为 MSK 信号，各点波形如图 2-35 所示。

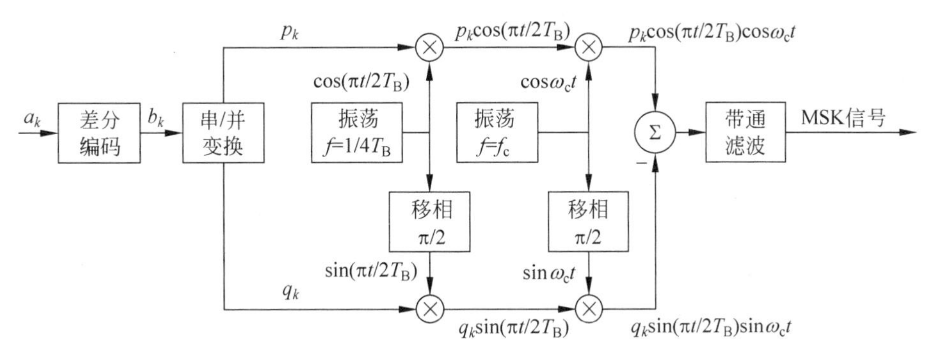

图 2-34　MSK 正交调制原理框图

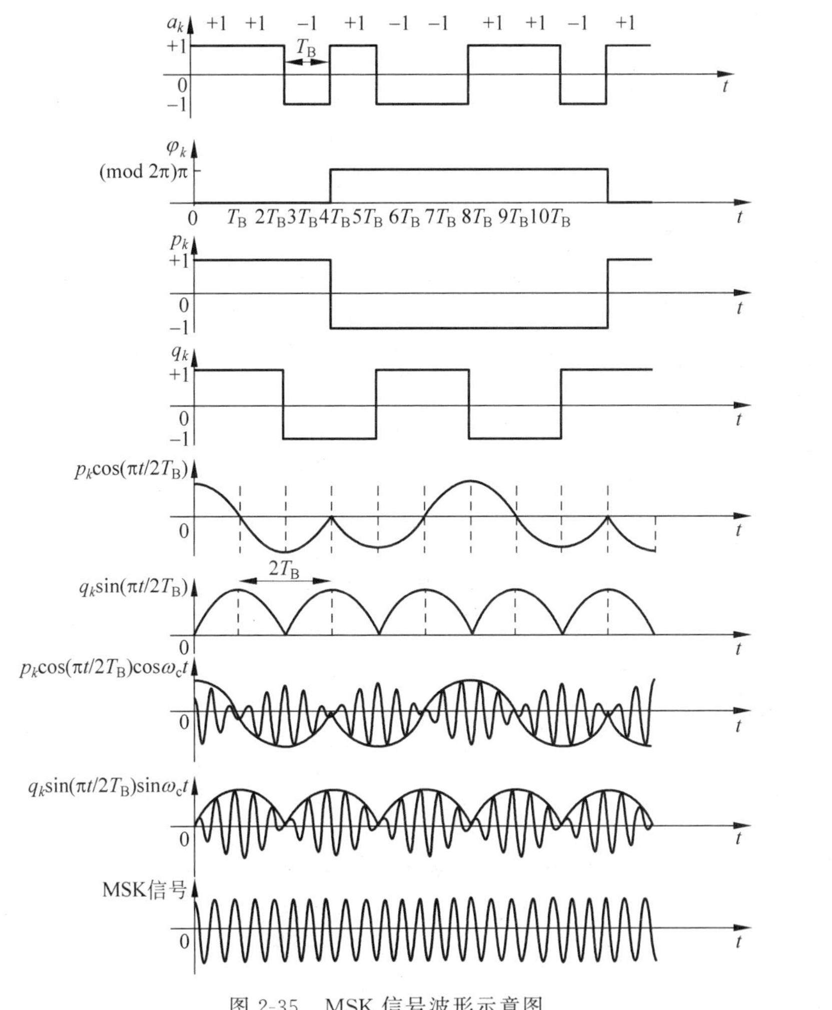

图 2-35　MSK 信号波形示意图

5）MSK 解调

由于 MSK 是对 2FSK 的改进，因此 MSK 信号既可以采用相干解调，也可以采用非相干解调。图 2-36 所示为 MSK 信号的相干解调原理框图。

图 2-36 中将接收到的 MSK 信号分为两路分别与加权后的同相载波和正交载波相乘经

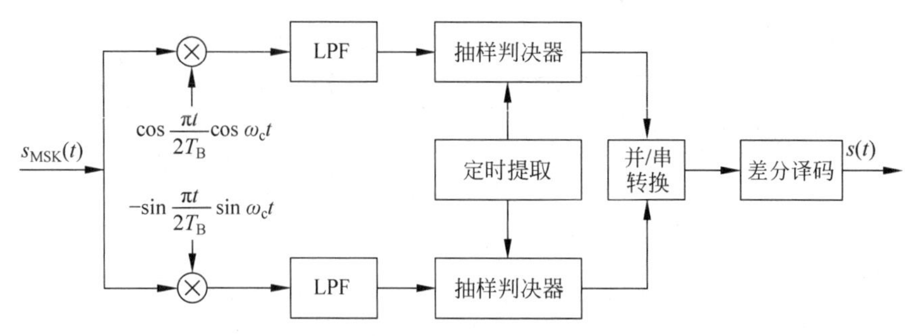

图 2-36 MSK 信号的正交解调框图

过低通滤波后得到等效的同相数据和正交数据，再经抽样判决器和并/串转换后得到差分码序列，最终经过差分译码即可输出二进制码元序列。

6）MSK 信号的功率谱

MSK 信号的归一化（平均功率=1W 时）单边功率谱密度 $P_s(f)$ 为

$$P_s(f)=\frac{32T_B}{\pi^2}\left[\frac{\cos 2\pi(f-f_c)T_B}{1-16(f-f_c)^2T_B^2}\right]^2 \tag{2-62}$$

其中，f_c 为信号载频；T_B 为码元周期。

图 2-37 绘制了 MSK 信号的功率谱密度曲线，并将其与高斯最小移频键控（Gaussian Filtered MSK，GMSK）及 QPSK、OQPSK 进行了对比分析。从图 2-37 中可以看出，MSK 的谱密度比 QPSK 和 OQPSK 更为集中，即旁瓣下降得更快，故对相邻频道的干扰较小，但不及 GMSK。

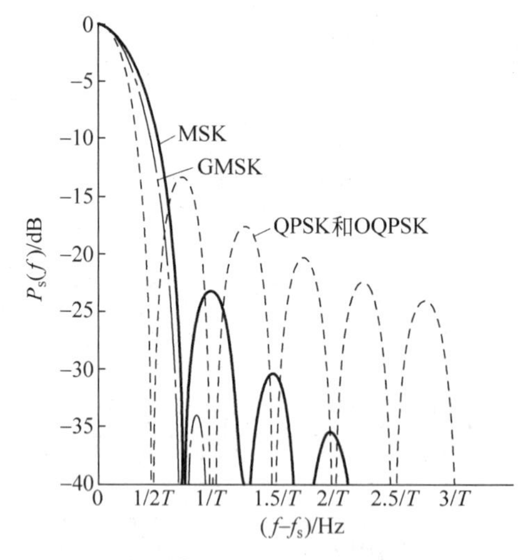

图 2-37 MSK 与其他几种调制方式的功率谱密度对比图

3. GMSK

在邻道间隔很小的场合，如在卫星移动通信系统中，要求信号的功率谱在相邻频道的取值（即邻道辐射）低于主瓣峰值 60dB。而 MSK 信号理论谱的第一旁瓣仅衰减了不到 30dB，这是因为 MSK 信号的相位路径虽然是连续的，但在转折点是折线、尖角状的。因此，对 MSK 的改进就是保持 MSK 的基本特性，采用预调制滤波器对 MSK 的带外频谱特性进行改进，使其衰减速度加快。该滤波器应该具备以下特点：

(1) 带宽窄，可抑制高频分量，具有陡峭的截止特性；

(2) 冲击响应的过冲较小，可以避免出现过大的瞬时频偏；

(3) 保持滤波器输出脉冲的面积为一个常量，该常量对应的一个位内的载波相移为 $\pi/2$，即保证调制指数 $h=0.5$。

由于高斯型滤波器具备上述特点，因此 GMSK 是在 MSK 调制器之前加一个高斯型低通滤波器，如图 2-38 所示。

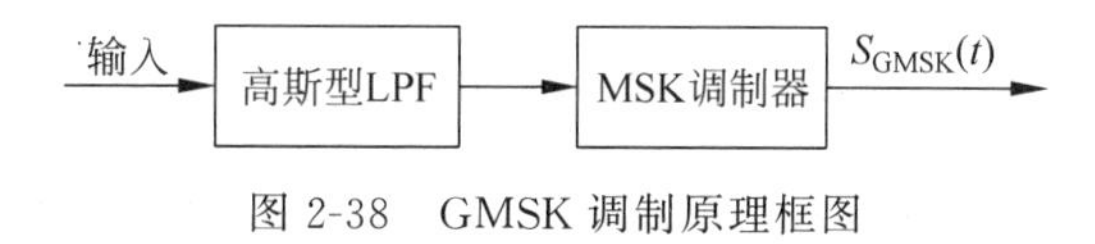

图 2-38　GMSK 调制原理框图

这样当基带数据信号经过高斯滤波器和 MSK 调制器之后，就可获得恒包络的 GMSK 信号，而且可以正交展开，它的相位路径在 MSK 的基础上得以进一步的改善，其频率特性为

$$H(f)=\exp(-\alpha^2 f^2) \tag{2-63}$$

其中

$$\alpha=\frac{\sqrt{\ln 2}}{\sqrt{2}}\frac{1}{B}=\frac{0.5887}{B} \tag{2-64}$$

其中，B 为该滤波器的 3dB 带宽。

根据傅里叶变换得该滤波器的冲激响应为

$$h(t)=\frac{\sqrt{\pi}}{\alpha}\exp\left[-\left(\frac{\pi}{\alpha}t\right)^2\right] \tag{2-65}$$

由于 $h(t)$ 为高斯特性，故称为高斯型滤波器，如图 2-39 所示。

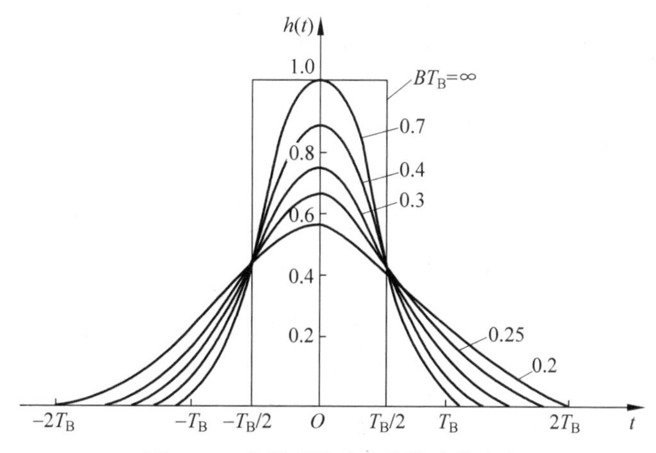

图 2-39　高斯型低通滤波器冲激响应

经 GMSK 调制后的信号为

$$S_{GMSK}(t)=\cos\left(\omega_c t+\frac{\pi}{2T_B}\int_{-\infty}^{t}\left[\sum a_n g\left(\tau-nT_B-\frac{T_B}{2}\right)\right]d\tau\right) \tag{2-66}$$

GMSK 的相位路径如图 2-40 所示。

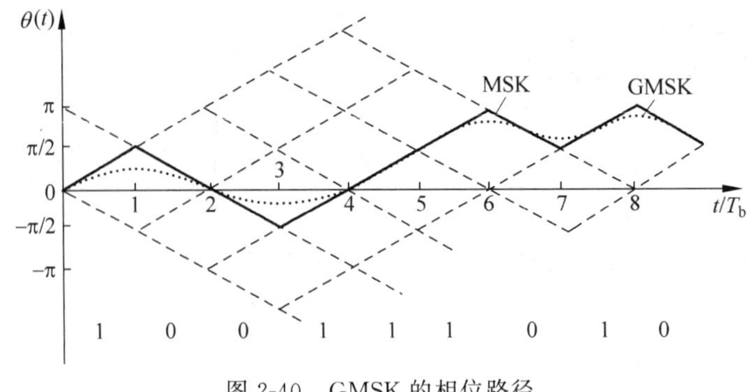

图 2-40　GMSK 的相位路径

从图 2-40 中可以看出，GMSK 通过引入可控的码间串扰（即部分响应波形）达到了平滑相位路径的目的，消除了 MSK 相位路径在码元转换时刻的尖锐转折点。而且，GMSK 信号在某一码元周期内的相位增量不像 MSK 那样固定为 $\pm\pi/2$，而是随着输入序列的不同变化的。

GMSK 的调制可以采用正交调制，也可以采用直接调频，即用调制指数 $h=0.5$ 的 FM 调制器作为 MSK 调制器。GMSK 的解调可以采用正交相干解调方式，也可以采用差分解调、鉴频解调等非相干解调方式。

GMSK 的性能与高斯滤波器的特性紧密相关。设高斯滤波器的 3dB 带宽为 B，B 与码元速率 f_B（数值上等于基带带宽）的比值 B/f_B 是该滤波器的重要参数。

（1）当 $B/f_B=BT_B\geqslant 1$ 时，表示高斯滤波器的带宽大于基带数据信号带宽。因此，BT_B 数值越大，滤波器抑制高频分量的作用愈弱。当 $BT_B\to\infty$ 时，相当于加高斯滤波器，因此 GMSK 输出的已调信号就是 MSK 信号。

（2）当 $B/f_B=BT_B<1$ 时，表示高斯滤波器对基带数据信号有高频抑制作用。BT_B 数值愈小，高频抑制作用愈明显，即旁瓣被滤除的愈多，如图 2-41 所示。从中可以看出，当 $BT_B<0.7$ 时，旁瓣急剧下降，对相邻频道的干扰也随之减小。但是随着 BT_B 的减小，输出脉冲宽度会增大，因此码间串扰会增大，误位性能会变差。

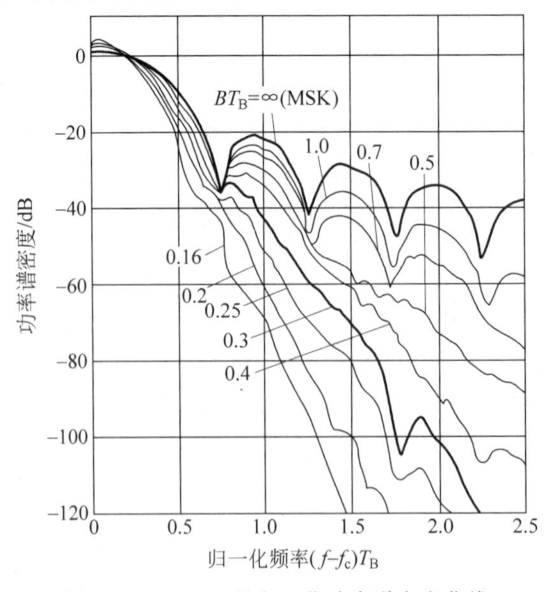

图 2-41　GMSK 的归一化功率谱密度曲线

4. MFSK

多进制频移键控(Multiple FSK,MFSK)是2ASK的推广。M进制共有M个码元,当$M=2^k$时,每个码元含有k位的信息,用这M个码元分别去控制频率不同的M个载波即可形成MFSK。为了使不同频率的码元频谱能够用滤波器分离开,或者说使不同频率的码元互相正交,要求每个载频之间的距离足够大。设最低的载波频率为f_l,最高的载波频率为f_h,则MFSK的系统带宽为

$$B_{\mathrm{MFSK}}=f_h-f_l+2f_b \tag{2-67}$$

其中,f_b为M进制的码元速率。

频带利用率为

$$\eta_{\mathrm{bMFSK}}=\frac{R_b}{B_{\mathrm{MFSK}}}=\frac{kf_b}{f_h-f_l+2f_b}(\mathrm{b/(s\cdot Hz)}) \tag{2-68}$$

2.3.4 联合调制

所谓联合调制就是将调幅、调频、调相联合起来形成的综合调制方式。微波和卫星通信系统中使用的正交振幅调制(Quadrature Amplitude Modulation,QAM)就是一种联合调制方式,它是振幅和相位的联合调制。从MPSK的信号相位矢量图中可以看出,所有信号点平均分布在同一个圆周上,圆周的半径为信号的幅度。进制数M愈大,相邻相位的距离愈小,噪声容限变小,导致系统误码率增大。当然,可以采用增大圆周半径,即提高信号幅度的方式来提高噪声容限,降低系统误码率,但是信号幅度的增大(即信号功率的增大)往往受限于发射功率,因此该方法在实际中并不可行。实际应用中可行的方法是在不增加信号功率的基础上,重新安排信号点的位置以增大信号点的距离,即改变星座结构,QAM正是基于此发展而来的。

在QAM中,信号的振幅和相位作为两个独立的参量同时受到调制,其码元可以表示为

$$s_k(t)=A_k\cos(\omega_c t+\theta_k)\quad kT_B<t\leqslant(k+1)T_B \tag{2-69}$$

其中:k为整数;A_k和θ_k分别可以取多个离散值。

将式(2-69)展开,得

$$s_k(t)=A_k\cos\theta_k\cos\omega_c t-A_k\sin\theta_k\sin\omega_c t \tag{2-70}$$

令

$$P_k=A_k\cos\theta_k,\quad Q_k=-A_k\sin\theta_k$$

则P_k和Q_k也是可以取多个离散值的变量,代入式(2-70)有

$$s_k(t)=P_k\cos\omega_c t+Q_k\sin\omega_c t \tag{2-71}$$

式(2-71)表明$s_k(t)$可以看作是两个正交的振幅键控信号之和,推广到一般可得,MQAM信号可以看作2路载波正交的$\sqrt{M}$ASK信号合成。例如,16QAM可以看作2路载波正交的4ASK信号的合成。

特殊地,当式(2-69)中$\theta_k=\pm\frac{\pi}{4}$,$A_k=\pm A$时的4QAM信号即为QPSK信号,矢量图如图2-42(a)所示。因此,QPSK信号就是一种最基本的QAM信号。有代表性的QAM是

16 进制的,即 16QAM,矢量图如图 2-42(b)所示。图中用黑点表示每个码元的位置,并且示出它是由两个正交矢量合成的。近年来,在 140Mb/s 的 PDH 数字微波通信系统中使用的是 16QAM、64QAM 调制方式,而 SDH 微波通信系统中则采用 64QAM、128QAM 以及 512QAM 调制方式。图 2-42(c)和(d)分别画出了 64QAM 和 256QAM 的矢量图。由于矢量图看起来像星座,所以通常也称为星座图,进而将 QAM 调制称为星座(Constellation)调制。

MQAM 中应用最多的是 16QAM,下面对其进行简单介绍。

16QAM 信号的产生方法主要有两种:第一种是正交调幅法,即用两路独立的正交 4ASK 信号叠加,形成 16QAM 信号,如图 2-43(a)所示;第二种方法是复合相移法,用两路独立的 QPSK 信号叠加而成,如图 2-43(b)所示,其中 A_M 为最大振幅。图中虚线大圆上的 4 个大黑点表示第一个 QPSK 信号矢量的位置。在这 4 个位置上可以叠加上第二个 QPSK 矢量,后者的位置用虚线小圆上的 4 个小黑点表示。

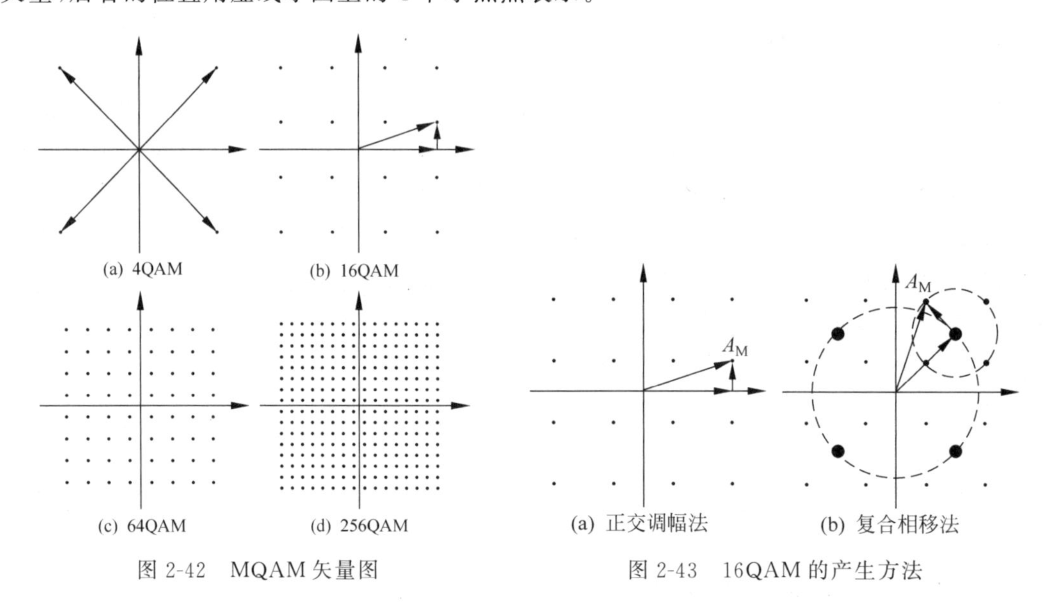

图 2-42 MQAM 矢量图

图 2-43 16QAM 的产生方法

图 2-44 按照最大振幅相等,对比了 16QAM 信号和 16PSK 信号的矢量图。图中,d_1 和 d_2 分别为 16QAM 信号和 16PSK 信号的相邻信号点间的欧几里得距离。

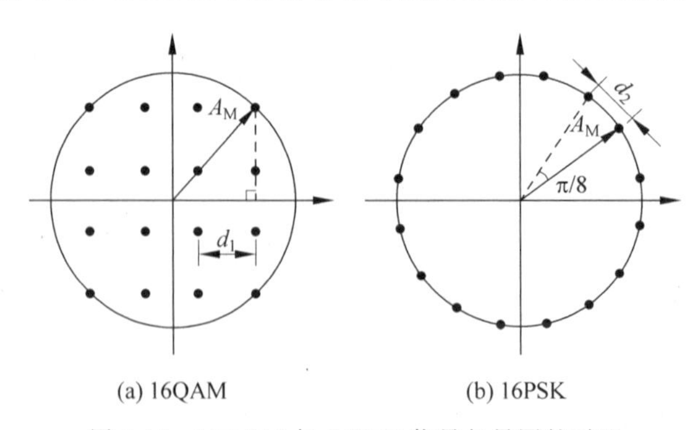

图 2-44 16QAM 与 16PSK 信号矢量图的对比

由图 2-44(a)可知

$$\left(\frac{d_1}{2}+d_1\right)^2+\left(\frac{d_1}{2}+d_1\right)^2=A_M^2 \tag{2-72}$$

因此

$$d_1=\frac{\sqrt{2}}{3}A_M=0.471A_M \tag{2-73}$$

由图 2-44(b)可知

$$d_2=2\sin\frac{\pi}{16}A_M=0.392A_M \tag{2-74}$$

上面计算出的 2 个距离分别代表了各系统的噪声容限的大小，因此 16QAM 信号比 16PSK 信号噪声容限大 1.57dB。但是，由于上述分析时两种调制方式的最大振幅是相等的，因此该结论只适用于它们的最大功率相等的情况。当平均功率相等时，16QAM 在等概时的最大功率为平均功率的 1.8 倍，即 2.55dB，而 16PSK 信号的平均功率等于其最大功率。因此，在平均功率相等时，16QAM 信号比 16PSK 信号的噪声容限大 4.12dB，意味着此种情况下 16QAM 的抗噪性能要优于 16PSK。

上述星座图是方形的，因此通常也称为方形星座图，除此之外还有星形星座图，如图 2-45 所示。

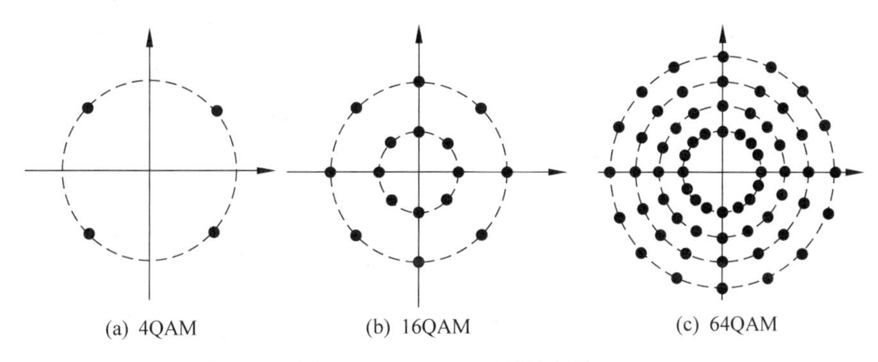

图 2-45 MQAM 星形星座图

对比图 2-44(b)和图 2-45(b)可以看出，对于 16QAM 信号而言，星形星座图的振幅环由方形的 3 个减少为 2 个，相位由 12 种减少为 8 种，这将有利于接收端的自动增益控制和载波相位跟踪。

本章小结

调制是指用基带信号去控制载波的参量发生变化，从而将基带信号变换成适合在信道中传输的频带信号。从被调制的信号类型可以将调制分为模拟调制和数字调制。

卫星通信系统中所采用的模拟调制技术主要为频率调制，简称为调频。它可以分为窄带调频和宽带调频。调频系统带宽、解调器输出信噪比及信噪比增益均与调频指数有关。

数字振幅调制是利用数字信号去控制载波的振幅发生变化的一种数字调制方式。最基本的数字振幅调制是 2ASK，可以采用模拟相乘法产生，其解调方式有非相干检测(包络检波)、相干检测。同等条件下,相干检测的抗噪性能更好一些。2ASK 的系统带宽为基带带宽的 2 倍,频谱利用率为 0.5,为了进一步提高频谱利用率,通常采用 MASK 方式,它是对 2ASK 的改进。

数字相位调制中最基本的是二进制相位调制,即 2PSK,与其他调制方式不同的是 2PSK 只可以采用相干检测法进行解调,但是由于相干载波的载波相位模糊问题,有可能存在"倒 π"现象,克服的方法是采用 2DPSK 方式,即二进制差分相移键控。将信源发出的基带信号进行差分编码后再进行 2PSK 调制即可产生 2DPSK 信号,其解调主要有两种方法:第一,在 2PSK 相干检测的基础上再进行码反变换;第二,差分相干检测法。相比较而言,差分相干检测法不需要提取相干载波,而且不需要进行码反变换,因此实现较简单,但是同等条件下,前者抗噪性能优于后者。

卫星通信系统中,应用较多的 MPSK 方式有 QPSK、QDPSK、OQPSK、π/4-DQPSK 等。其中,QPSK 即四进制调相,每个码元均为双位码元,可以采用正交调制法产生,也可以采用相位选择法产生,其解调可以采用正交解调法进行,相邻码元的最大相位差为 π;QDPSK 即四进制差分调相,是对 QPSK 的改进;OQPSK 即偏置正交相移键控,是基于 QPSK 形成的,相邻码元的最大相位差为 π/2;π/4-DQPSK 是一种具有多普勒频移校正功能的调制解调器,它是对 QPSK 信号特性的改进。表现在:第一,平缓了信号振幅的起伏,改善了频谱特性;第二,将 QPSK 只能用相干解调改善为 π/4-DQPSK 既可以用相干解调也可以采用非相干解调,从而大大简化了接收设备。

数字频率调制中载波频率随基带信号的变化而变化。2FSK 的调制和解调基本思路都是将 1 路 2FSK 信号看作是 2 路 2ASK 信号的合成来进行,其占用的系统带宽要宽于 2ASK 和 2PSK,频带利用率低于 0.5。MFSK 是在 2FSK 基础上形成的多进制的频率调制方式。

MSK 即最小频移键控,是对 2FSK 的改进。MSK 是一种包络恒定、相位连续、带宽最小且严格正交的 2FSK,又称快速移频键控。

GMSK 是在 MSK 调制器之前加一个高斯型低通滤波器,这样当基带数据信号经过高斯滤波器和 MSK 调制器之后,就可获得恒包络的 GMSK 信号,而且可以正交展开,它的相位路径在 MSK 的基础上得以进一步的改善。

卫星通信系统中使用的正交振幅调制 QAM 是一种振幅和相位联合调制的方式,其中应用较多的是 16QAM 方式。

习题

1. 在数字卫星通信中,选择调制方式时主要考虑哪些因素?

2. 在采用 FDM/FM 方式工作的卫星通信系统中,已知工作频率为 4GHz,多路电话信号的峰值因数 $F_p=4.32$,负载因数 $l=2.82$,测试音有效频偏 $\Delta f_r=577\text{kHz}$。考虑到相邻话路之间留出 4%的间隔,试计算一个载波传输 252 路电话信号时所需的信噪比增益。

3. 画出 110011010 码的 2PSK 与 2DPSK 的波形图(设载波初始相位为 0°)。

4. 根据 2DPSK 信号的产生原理,写出输入序列=11001101010011 的 2DPSK 输出序列。

5. 若基带信号的串行码为 10010011，在调相系统中进行四相绝对调相。

(1) 请写出并行码$\dfrac{A}{B}$。

(2) 假定余弦载波被 A 码调制，正弦载波滞后于余弦载波 90°，被 B 码调制，"1"码调制输出相位为 0°，"0"码调制输出相位为 90°，请画出已调波矢量，表示出其相对应的双位码，并在表格中标出调制顺序及相应相位矢量的方向和角度。

基带数据信号序列 AB	1 0	0 1	0 0	1 1
已调波的相位(0)				
矢量(→)				

6. 画出 QPSK 和 OQPSK 的星座图和相位转移图，并分析两种调制方法的区别。

7. 某 QPSK 系统，输入的四进制码序列$\{x_i\}$为 0、1、3、0、3、2、3、1、3、0、1，当初始状态分别为 0、1、2、3 时，试求输出的序列$\{y_i\}$和相对码二进制序列。

8. 简述 π/4-DQPSK 的调制过程，并说明它与 QPSK 和 OQPSK 的相位跳变有何不同。

9. 画出 MSK 所有可能的相位轨迹，并画出初始相位为 0，输入序列为 −1−1+1−1+1+1+1−1+1 的情况下，MSK 的相位轨迹。

10. 已知数字信号为 010011100110，设载波初始相位为 0，载波频率为 4000Hz，数字信号速率为 2000b/s。

(1) 若采用 MSK 调制，试画出载波相位路径。

(2) 若采用 QPSK 信号，请写出载波相位变化。

11. 什么是 GMSK？它与 MSK 的区别在哪里？

12. 在 QAM 中，应按什么样的准则来设计信号结构？方形 QAM 与星形 QAM 星座有何异同？

13. 假定有一速率为 60Mb/s 的数据经由 18MHz 的转发器传送。为达到这个目的应采用哪一种调制技术？如果 P_e 要求为 10^{-8}，则 E_b/n_0 值应是多少？

第3章 CHAPTER 3 卫星通信中的编码与信号处理技术

卫星通信系统是典型的无线通信系统，根据各自的通信环境、应用对象、传输速率、系统性能等不同要求，它们都使用了各种编码技术及信号处理技术。通常将信息转换为适合在信道中传输的信号序列的过程称为编码。根据编码的目的不同，可以将编码技术分为信源编码和信道编码两大类。本章将重点介绍卫星通信系统中使用的信源编码和信道编码技术以及信号处理技术。

3.1 信源编码技术

信源编码是指通过压缩编码去掉信号源中的冗余成分，以达到压缩码元速率和带宽、实现信号有效传输的目的，即提高通信系统的"有效性"。因此，信源编码实际上就是把话音、图像等模拟信号变换成数字信号，并利用传输信息的性质，采用适当的编码方法，降低传输速率，即实现话音或图像的频带压缩传输，提高通信系统的效率。而译码则是编码的逆过程。

为了用数字卫星线路传输话音、图像等模拟信号，就必须对模拟信号进行数字化处理，即A/D变换。变换后的数字信号再进行多路复接，经过调制后形成已调信号经由卫星传输线路传输后在接收端进行相应地解调、分接、数/模(D/A)变换，从而恢复出传送的模拟信号。

3.1.1 卫星通信系统对信源编码的要求

在目前普遍使用的通信系统中，最基本的语音编码方式为脉冲编码调制(Pulse Code Modulation，PCM)，即以奈奎斯特抽样定理为基准，对主频范围为300～3400Hz的语音信号以8KHz的采样频率进行采样后，经过量化编码编为8位码，最终形成速率为64Kb/s的数字信号。

在数字卫星通信系统中，为了充分利用有限的频率资源，进一步降低传输速率，采用了信号频带压缩技术，提出了多种信源编码方案。由于卫星通信信号在无线信道中传输时通常会受到多径衰落、多普勒效应等因素的影响，因此卫星系统对语音和图像，尤其是语音等信源编码方式会提出如下要求：

(1) 在有限的频带内，尽量提高频谱利用率。

(2) 一般数字卫星通信中话音的编码传输速率为16～64Kb/s,而卫星移动通信中的编码传输速率为1.2～9.6Kb/s。在一定的编码传输速率下,应尽可能提高话音质量。应对编码译码过程所用的时间进行严格控制,因此需采用编译码时延较短的方案,并要求限制在几十毫秒之内。表3-1以平均主观意见分(Mean Opinion Score,MOS)列出了人们对话音质量的直接感受。

表3-1　话音质量主观评分等级表

MOS	语音质量	对信号畸变的主观感受
5	非常好	无
4	好	在可接受的范围内
3	中	轻微的讨厌感
2	差	很讨厌、但可忍受
1	很差	无法忍受

(3) 由于系统中的信号传输环境有时非常恶劣,会遇到雨、雾等不利气候条件及移动通信信道中多径衰落的影响,因此要求信源编码的算法本身具有较好的抗误码性能,以保证话音传输质量。

(4) 不同的压缩编码方式所采用的基本算法及不同程序实现的复杂程度也不相同,应选用复杂程度适中的算法和程序,便于电路的集成化。

3.1.2　信源编码方式

人们通过观察发现,人在发音过程中是存在冗余度的。而且,人的听觉系统对不同频段的感觉灵敏度也不一样,具有有限的动态范围。语音编码技术就是根据这些特点研究如何降低传输速率的。为此,有时也称为语音压缩编码技术。目前,语音编码可分为波形编码、参量编码及混合编码三类。

1. 波形编码

波形编码是将时域信号直接变换为数字代码的一种编码方式。由于在信号采样和量化过程中考虑到了人的听觉特性,因此采用这种编码方式恢复的信号与原输入信号具有很高的相似度。为此,通常也将波形编码称为真迹编码。波形编码包括时域编码和频域编码。

1) 时域编码

时域编码主要有脉冲编码调制(PCM)、增量调制(ΔM)、自适应差分脉码调制(ADPCM)、自适应增量调制(ADM)、自适应预测编码(APC)等。这种编码数码率一般在16～64Kb/s之间,量化信噪比高,语音质量好。当数码率低于16Kb/s时,语音质量将迅速下降。

线性PCM对语音信号幅度直接进行均匀量化,没有利用声音的性质,所以信息没有得到压缩。而对数PCM利用了语音信号幅度的统计特性,对幅度按对数变换压缩,将压缩的结果作线性编码,在接收端译码时按指数扩展,比如传输速率为64Kb/s的A律和μ律。由于线性PCM可以直接进行二进制运算,所以一般速率低于64Kb/s的语音编码系统多是先进行对数PCM-线性PCM变换后,再采用信号处理器进行语音信号数字处理。PCM最大缺点是传输速率高,在传输时所占频带较宽。

DPCM(Differential Pulse Code Modulation)是根据相邻采样值的差值信号进行编码，其量化器与预测器的参数能根据输入信号的统计特性自适应于最佳或接近于最佳参数状态。ADPCM 是语音编码中复杂程度较低的一种方法。

ΔM 是根据信号的增量进行编码，即用一位二进制码序列对模拟信号进行编码。这种方法简单，实现容易。但由于量阶固定，所以当信号下降时，信噪比(SNR)下降。为此采用自适应技术，让量阶的大小随输入信号的统计特性变化而变，这种方法称为 ADM，其编码器简易，同步简单，成本低。连续可变斜率增量调制(CVSD)就是 ADM 中的一种，它是让量阶的大小随音节时间间隔(5～20ms)中信号平均斜率变化，信号的斜率通过输出连“0”或连“1”来检测。这种方法具有较强的抗误码能力，且擅长处理丢失和被损坏的语音采样。

此外，自适应预测编码(APC)是根据语音的统计特性，由过去的采样值精确预测出当前样值的一种编码方法，它通过自适应预测器来提高预测精度。预测得越精确，编码后的传输速率越低，这种方法可以做到低速率(≤10Kb/s)，并且音质与电话音质相似。

2) 频域编码

频域编码也是一类不基于声学模型的编码方法，主要有子带编码(Subband Coding，SBC)和自适应变换编码(Adaptive Transform Coding，ATC)。

子带编码是利用带通滤波器将语音频带分成若干子带，并且分别进行采样、编码，编码方式可以用 ADPCM 或 ADM，SBC 的速率可以达到 9.6Kb/s。可变 SBC 可使子带的设计不固定，随共振峰变化，使编码传输速率进一步提高，这种方式在速率为 4.8Kb/s 时可具有相当于 7.2Kb/s 的固定 SBC 的语音质量。

自适应变换编码(ATC)是先将语音信号在时间上分段，每一段信号一般有 64～512 个采样，再将每段时域语音数据经正交变换转换到频域，得到相应的各组频域系数，然后分别对每一组系数的每个分量单独量化、编码和传输，在接收端译码得到的每组系数再进行频域至时域的反变换，恢复时域信号，最后将各时段连接成语音信号，ATC 编码在速率为 12～16Kb/s 时可得到优质语音。

2. 参量编码

人的语音是由发声器官的作用产生的，按照语音的生成机构，它分为音源、声道和辐射三个部分。

大部分语音可分为浊音和清音。浊音是由声带振动产生的声带音源通过声道(口腔、鼻腔)，从嘴唇辐射出的声波。声带音源的特点是准周期性脉冲波形，其频谱是离散的，由基波和谐波组成。谐波每倍频程衰减 12～18dB，且女声的基音频率高于男声。清音是由摩擦音源、爆破音源产生，而声带并不振动。清音的音源是一随机噪声，其频谱是连续的。因此，标志音源的参量是浊音的基音周期和浊音与清音的强度等。

因此，可以根据发音模型分析并提取语音信号的特征参量，只传送能够合成语音信息的参量，不需要再现原语音的波形，这就是声码器(参量编码)方式，其完成的作用就是对语音信号进行分析和合成。采用声码器传输语音信号可以获得更低的传输速率。典型的声码器包含谱带式、共振峰式和按线性预测分析等所组成的声码器等。

参量编码是以人的发音机制模型作为基础，直接提取语音信号的一些特征参量，并对其编码。其基本原理是基于语音产生的条件，建立语音信号产生模型，然后提取语音信息中的主要参量，经编码发送到接收端。接收端经译码恢复成与发端相应的参量，再根据语音产生的物理模型合成输出相应语音，即采取的是语音分析与合成的方法。其特点是可以大大压缩数码率，因而获得了广泛的应用。

由于参量编码的压缩比很高，计算量大，因而语音质量比波形编码要差一点，通常只能达到中等水平。如卫星移动通信系统中使用的线性预测编码（Linear Predictive Coding，LPC）及其改进型，编码速率可压缩到 2～4.8Kb/s，甚至更低。

3. 混合编码

混合编码是将波形编码和参量编码结合起来的一种综合编码方式。码字中既包括语音特征参量，又包括部分波形编码信息，将波形编码的高质量和参量编码的高效压缩融为一体，从而可以获得更低的数码率（4～16Kb/s）及较高的话音质量。如规则脉冲激励长期预测编码（Regular Pulse Excitation-Long Term Prediction，RPE-LTP）、码激励线性预测编码（Code Excited Linear Prediction，CELP）、自适应差分脉冲编码调制（Adaptive Difference PCM，ADPCM）、矢量和激励线性预测（Vector Sum Excited Linear Predictive，VSELP）等。混合编码可将速率压缩至 4～16Kb/s，而在 8～16Kb/s 范围内能够获得良好的语音效果。表 3-2 列举了卫星通信系统中常见的语音编码。

表 3-2　卫星通信系统中的语音编码

数据速率（Kb/s）	语音编码方法	应用场合
64	PCM	卫星长途通信网
32	ADPCM	
16	LD-CELP（Low Delay CELP，低时延 CELP）	
4.8～16	CELP	卫星移动通信
13.2	RPE-LTP	
8	VSELP	
16	LD-CELP/APC	
6.4	LPC	
4.8～8	VSELP	
2.4～4.8	MBE（Multi-band Excitation，多带激励）	

对于图像信号来说，可分为两种情况考虑：一种是广播电视信号；另一种是会议电视信号（幅度变化比较小）。

（1）对于广播电视信号，不进行频带压缩的传输速率高达 160Mb/s，一般采用帧内差值脉冲编码方式（DPCM），把传输速率压缩到 34Mb/s 以下。对差值的量化仍采用非线性压扩特征，如 A 律压扩和 μ 律压扩。对于彩色电视信号则有两种基本编码方式：一种是对每个彩色成分进行编码，即所谓的分离编码方式；另一种是像 NTSC 制式那样，对由几种彩色重叠而形成的复合彩色信号直接进行编码，即所谓的直接编码方式。若考虑到模拟信道混合使用的现状，采用直接编码方式更适宜，而且设备组成也比较简单。目前国际上已有了很多高效的图像编码技术和标准，如 MPEG-2、MPEG-4、H.264 等。对于 PAL 制式的彩电信号，利用 MPEG-2 标准，压缩编码后的速率约为 4.42Mb/s；高清电视（High Definition Television，HDTV）利用 MPEG-4AVC 可压缩至 7Mb/s。

（2）对于变化较小的会议电视信号，一般编码传输速率倾向于采用 1.5～2.0Mb/s。对这种信号的编码，多采用帧间和帧内预测相结合的方法。

3.2 信道编码的一般概念

信道编码是指在数据发送之前，在信息码之外附加一定比特数的监督码元，使监督码元与信息码元构成某种特定的关系，接收端根据这种特定的关系来进行校验。

信道编码不同于信源编码。信源编码的目的是为了提高数字信号的有效性，具体地讲就是尽可能压缩信源的冗余度。其去掉的冗余度是随机的、无规律的；而信道编码的目的在于提高数字通信的可靠性，它通过加入冗余码元来减少误码，其代价是降低了信息的传输速率，即以减少有效性来增加可靠性。其增加的冗余度是特定的、有规律的，故可利用其在接收端进行检错和纠错，保证传输质量。因此，信道编码技术亦称差错控制编码技术。

3.2.1 差错控制编码技术分类

在实际信道上传输数字信号时，由于信道传输特性不理想及信道噪声的影响，接收到的数字信号不可避免地会发生错误。为了在已知信噪比的情况下达到一定的误比特率指标，首先应合理设计基带信号，选择调制、解调方式，采用频域均衡和时域均衡，使误比特率尽可能降低，若误比特率仍不能满足要求，则必须采用信道编码，即差错控制编码，将误比特率进一步降低，以满足指标要求。通常差错控制技术可分为三种：前向纠错（Forward Error Correction，FEC）、自动请求重发（Automatic Repeat Request，ARQ）以及 FEC 和 ARQ 的混合纠错方式（Hybrid Error Correction，HEC）。

1. 前向纠错

前向纠错又称为自动纠错，它是指在接收端检测到所接收的信息出现误码时，按一定的算法自动确定发生误码的位置，并自动予以纠正。FEC 系统的主要优点是信号单向传输、不需要反向信道，实时性好，但译码设备复杂。对于实时性要求较高的语音通信系统而言，通常使用前向纠错的差错控制方式。

2. 检错重发

检错重发也称为自动请求重发，接收端根据监督码元检测到有错码时，利用反向信道通知发送端重发，直到正确接收为止。在这种系统中，发送端将数据按分组发送，接收端对于每个接收到的数据组都发回确认（ACK）或否认（NAK）答复。根据发送端发送分组信息的不同方式，将 ARQ 分为停止等待（stop-and-wait）ARQ、拉后（pullback）ARQ 以及选择重发（selective repeat）ARQ，分别如图 3-1 所示。

对比图 3-1 所示的 3 种 ARQ 系统可知，传输效率最低的是停止等待 ARQ，最高的是选择重发 ARQ，由于后面两种方式中发送端在不停地发送分组码的同时，还要利用反向信道接收答复信息，因此要对每一个分组码信息进行编号。对比于前向纠错方式，ARQ 的主要优点：

（1）利用较少的监督码元就可以使误码率降到很低，即编码效率较高；

（2）检错的计算复杂度较低；

（3）检错用的编码方法和加性干扰的统计特性基本无关，能适应不同特性的信道。

ARQ 的主要缺点：

（1）需要双向信道来重发，不能用于单向信道，也不能用于一点到多点的通信系统。

(a) 停止等待ARQ

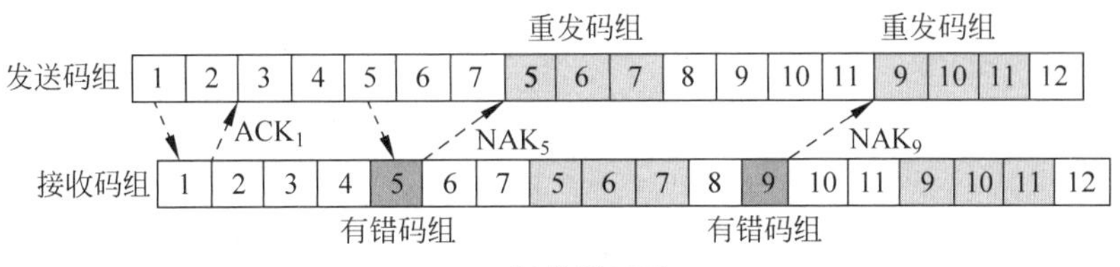

(b) 拉后ARQ

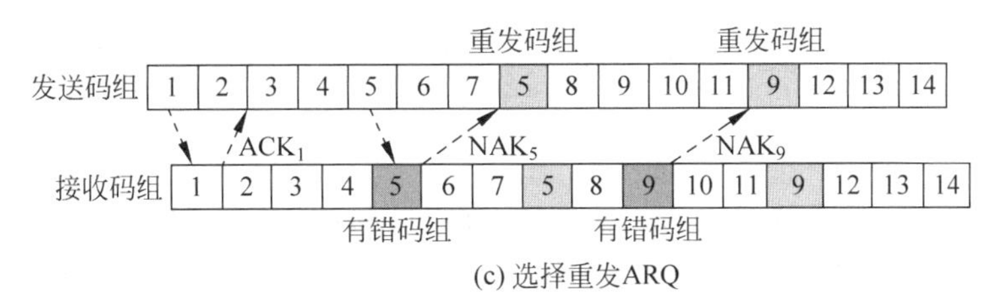

(c) 选择重发ARQ

图 3-1 ARQ 系统工作原理示意图

(2) 因为重发而使 ARQ 系统的传输效率降低，不适合实时通信的场合，例如电话通信。

(3) 在信道干扰严重时，可能发生因不断反复重发而造成事实上的通信中断。

3. 混合纠错

混合纠错是 FEC 和 ARQ 的结合。在这种方式中，当接收端检测到所接收的信息存在差错时，只对其中少量的错误自动进行纠正，而超过纠正能力的差错仍通过反向信道发回信息，要求重发此分组。这种方式具有自动纠错和检错重发的双重优点，可达到较低的误码率，因此应用较为广泛，但它需要双向信道以及较复杂的译码设备和控制系统。

3.2.2 抗干扰码的分类

在上述各种差错控制系统中，一般所用的抗干扰编码主要分为三类：第一类，在译码器中能自动发现错误的检错码；第二类，不仅能自动发现错误而且能自动纠正错误的纠错码；第三类，能纠正删除错误的纠删码。但这三类码并没有明显的界限，有的纠错码也可用来检错和纠删，反之，有的检错码和纠删码也可作纠错码，而有的码既能发现错误，又能纠正错误或纠删错误。除此之外，也可根据监督码和信息码的关系是否为线性分为线性码和非线性码。按照监督码元是否仅与本码组的信息码有关分为分组码和卷积码。按照码的结构是否具有循环性分为循环码和非循环码。按照纠正错误的类型分为纠正随机(独立)错误的码和纠正突发错误的码、纠正同步错误码以及既能纠正随机错误又能纠正突发错误的码，如图 3-2 所示。

上述差错控制方式中，ARQ 主要采用的抗干扰码是检错码，如奇偶监督码、方阵码、恒比码以及 BCH 码等。在固定卫星系统中使用的抗干扰码有线性分组码、循环码、BCH 码和卷积码等。同时还有融合调制技术与差错控制技术形成的网格编码调制(Trellis Coded

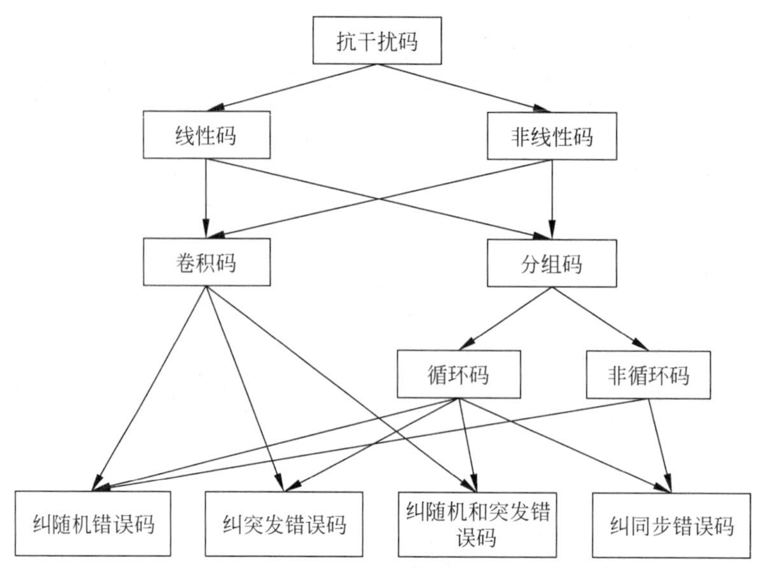

图 3-2 抗干扰码分类

Modulation，TCM)，它在频率受限的有扰信道中，既能做到信息的高效传输，又能保证其传输的可靠性。在同步数字体系(Synchronous Digital Hierarchy，SDH)系统中，还使用了位交织奇偶校验码(Bit Interlaced Parity，BIP)用以再生段和复用段的通道检错。数字卫星通信系统中的差错既有随机性差错，也有突发性差错，而且发生突发性差错的概率远大于发生随机性差错的概率。因此，在数字卫星通信系统中，主要采用的抗干扰码是分组码和卷积码交织编码以及 Turbo 码等。

3.3 分组码

差错控制编码通常是采用给信息码组增加监督码元的方式来进行检错和纠错的。通常将发送的信息码进行分组，为每组信息码附加若干监督码的编码方式称为分组码。分组码中，监督码元只与本信息码组有关。

3.3.1 相关概念

1. 分组码结构

通常将分组码表示为(n,k)，其中 n 为码组的总位数，又称为码组的长度(码长)，k 为码组中信息码元的位数，则 $r=n-k$ 为码组中的监督码元位数，如图 3-3 所示。

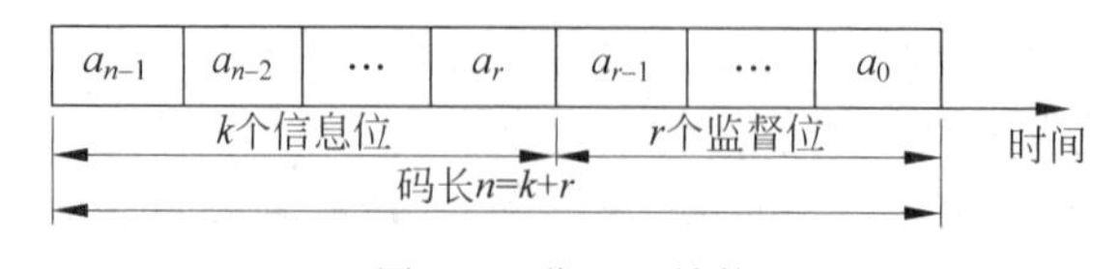

图 3-3 分组码结构

2. 编码效率及编码冗余度

定义 1：(n,k)分组码中编码效率为信息码组位数与总码长的比值，即

$$\eta = \frac{k}{n} \tag{3-1}$$

定义 2：(n,k)分组码中编码冗余度为监督码位数与信息码组位数的比值，即

$$E = \frac{r}{k} \tag{3-2}$$

3. 码重和码距

在分组码中，通常将码组中“1”码的个数称为码组的重量，简称码重(Code Weight)。将两个码组中对应位上码元不同的位数称为码组的距离，简称码距，又称汉明(Hamming)距离。对于某种编码方式而言，将各个码组距离的最小值称为最小码距($d_{\min}$)，它直接决定着这种编码方式的检错和纠错能力，具体如下：

(1) 若要求检测 e 个错码，则最小码距满足

$$d_{\min} \geqslant e + 1 \tag{3-3}$$

(2) 若要求纠正 t 个错码，则最小码距满足

$$d_{\min} \geqslant 2t + 1 \tag{3-4}$$

(3) 若要求检测 e 个错码同时纠正 t 个错码，则最小码距满足

$$d_{\min} \geqslant e + t + 1 (e > t) \tag{3-5}$$

其中，第三种情况通常被称为纠检结合，这种方式自动在纠错和检错之间转换。当错码数量少时，系统按前向纠错方式工作，以节省重发时间，提高传输效率；当错码数量多时，系统按检错重发方式纠错，以降低系统的总误码率。所以，它适用于大多数时间中错码数量很少，少数时间中错码数量较多的情形。

4. 许用码组和禁用码组

通常称一个码组中可能出现的码组为许用码组，反之，不可能出现的码组为禁用码组。如 3 位二进制码可构成 8 个码组，如果用其中的“000”代表天气情况“晴”，“111”代表天气情况“雨”，则 8 个码组中只有“000”和“111”位许用码组，其余 6 个码组都为禁用码组，当接收端收到禁用码组时可判定接收出错。

3.3.2 常用编码

1. 奇偶监督码

奇偶监督(Parity Check，PC)码分为奇数监督码和偶数监督码两种，两者都是无论信息位有多少位，只增加 1 位监督位，所不同的是奇数监督码要求增加了 1 位监督位后码组中“1”码的个数为奇数，而偶数监督码则要求“1”码的个数为偶数。

不论是奇数监督码还是偶数监督码都只可能检测出奇数个错码，且不可以独立纠错。奇偶监督码只适合于检测随机错码。

2. 方阵码

方阵码也称二维奇偶监督码。它是将上述奇偶监督码的若干码组按行排列后，再按列对每列再进行一次奇偶监督码的编码，即形成第二维的监督位。这样，按照行、列相交进行检错时就有可能检测出偶数个错码。

方阵码适合检测长度不大于行数或列数的突发错码。因为突发错码通常是成串集中出现，之后又有较长一段无错区间，所以在某一行中出现多个奇数或偶数错码的机会较多。

3. 恒比码

恒比码中，每个码组中“1”码和“0”码的数目相同。因此在检测时只需要计算接收码组

中“1”码的数目是否为总码长的一半即可判定有无错码。

恒比码的主要优点是简单，适合用来传输电传机或其他键盘设备产生的字母和符号，对于信源产生的二进制随机数字序列不适用。

4. 正反码

正反码是一种简单的能够纠正错码的编码，其监督位数目与信息位数目相同，监督码元与信息码元相同或者相反则由信息码中“1”码的个数而定。如对于总码长为10的正反码而言，通常其编码规则为：当信息位中有奇数个“1”码时，监督位和信息位相同；当信息位有偶数个“1”码时，监督位是信息位的反码。

在接收端译码时，首先由信息位和监督位按位“模2”相加，生成一个5位的合成码组，然后再由合成码组生成一个校验码组，校验码组生成规则：若接收码组的信息位中有奇数个“1”码时，合成码组等于校验码组；若接收码组的信息位中有偶数个“1”码时，校验码组是合成码组的反码。得到校验码组后按照表3-3进行检错和纠错。

表3-3 (10,5)正反码校验码组和错误的关系

	校验码组的组成	错码情况
1	全为“0”	无错码
2	有4个“1”和1个“0”	信息码中有1位错码，其位置对应校验码组中“0”的位置
3	有4个“0”和1个“1”	监督码中有1位错码，其位置对应校验码组中“1”的位置
4	其他组成	错码多于1个

3.3.3 线性分组码

所谓线性分组码就是信息码元和监督码元之间呈现线性关系的分组码。在线性分组码(n,k)中，每一个监督码元都是码组中某些信息码元按“模2和”而得到的。线性分组码是一类重要的纠错码，在数字卫星通信系统中应用很广。

一般说来，对于线性分组码(n,k)而言，监督位数目$r=n-k$，如果希望用r个监督位构造出r个监督关系式来指示一位错码的n种可能位置，则要求

$$2^r-1\geqslant n \text{ 或 } 2^r\geqslant k+r+1 \tag{3-6}$$

1. 监督矩阵 *H*

设分组码(n,k)中$k=4$，为了纠正1位错码，由式(3-6)可知，要求监督位$r\geqslant 3$，若取$r=3$，则构成(7,4)线性分组码。按照信息位在前，监督位在后的方式将码组表示为$A=[a_6a_5a_4a_3a_2a_1a_0]$。由于监督位有3位，因此有3个校正子，共构成$2^3=8$种组合，如果每种组合对应仅错1位时的错码位置，则校正子和错码位置的关系可以表示为表3-4。

表3-4 校正子和错码位置对应关系

$S_1S_2S_3$	错码位置	$S_1S_2S_3$	错码位置
001	a_0	101	a_4
010	a_1	110	a_5
100	a_2	111	a_6
011	a_3	000	无错码

由表3-4可以看出，仅当一位错码位置在a_2、a_4、a_5或a_6时，校正子S_1为1，否则$S_1=0$，即a_2、a_4、a_5和a_6构成偶数监督关系式

$$S_1=a_6 \oplus a_5 \oplus a_4 \oplus a_2 \tag{3-7}$$

其中，“$\oplus$”为“模2加”，即二进制加法。

同理可得

$$S_2=a_6 \oplus a_5 \oplus a_3 \oplus a_1 \tag{3-8}$$

$$S_3=a_6 \oplus a_4 \oplus a_3 \oplus a_0 \tag{3-9}$$

当接收端收到码组时即可根据式(3-7)～式(3-9)计算出校正子，然后查表3-4进行检错和纠错。当无错码出现时，校正子的值均为0，即

$$\begin{cases} a_6 \oplus a_5 \oplus a_4 \oplus a_2=0 \\ a_6 \oplus a_5 \oplus a_3 \oplus a_1=0 \\ a_6 \oplus a_4 \oplus a_3 \oplus a_0=0 \end{cases} \tag{3-10}$$

由式(3-10)可得

$$\begin{cases} a_2=a_6 \oplus a_5 \oplus a_4 \\ a_1=a_6 \oplus a_5 \oplus a_3 \\ a_0=a_6 \oplus a_4 \oplus a_3 \end{cases} \tag{3-11}$$

式(3-11)表明了监督位和信息位的关系，通常也称为监督关系式。由此可见，每个监督码元是本码组中某些信息码的模2加。因此，每个信息码元将受到几个监督码元的多重监督。按照式(3-11)可知，只要给出4位信息码，就可计算出3位监督位，从而构成分组码的一个码组。经计算可得(7,4)码的16种许用码组，如表3-5所示。

表3-5　(7,4)码的16个许用码组

信息位 (a_6,a_5,a_4,a_3)	监督位 (a_2,a_1,a_0)	信息位 (a_6,a_5,a_4,a_3)	监督位 (a_2,a_1,a_0)
0000	000	1000	111
0001	011	1001	100
0010	101	1010	010
0011	110	1011	001
0100	110	1100	001
0101	101	1101	010
0110	011	1110	100
0111	000	1111	111

按照上述方法构造的码称为汉明码。不难看出，上述(7,4)码的最小码距$d_0=3$，它能纠正一个错码或检测两个错码。

将式(3-10)的3个监督方程关系式改写为

$$\begin{cases} 1\cdot a_6+1\cdot a_5+1\cdot a_4+0\cdot a_3+1\cdot a_2+0\cdot a_1+0\cdot a_0=0 \\ 1\cdot a_6+1\cdot a_5+0\cdot a_4+1\cdot a_3+0\cdot a_2+1\cdot a_1+0\cdot a_0=0 \\ 1\cdot a_6+0\cdot a_5+1\cdot a_4+1\cdot a_3+0\cdot a_2+0\cdot a_1+1\cdot a_0=0 \end{cases} \tag{3-12}$$

其中，符号“+”等同于“$\oplus$”。式(3-12)可以表示为如下矩阵形式

$$\begin{bmatrix}1110100\\1101010\\1011001\end{bmatrix}\begin{bmatrix}a_6\\a_5\\a_4\\a_3\\a_2\\a_1\\a_0\end{bmatrix}=\begin{bmatrix}0\\0\\0\end{bmatrix}\quad(\text{模 }2)\tag{3-13}$$

式(3-13)还可以简记为

$$\boldsymbol{H}\cdot\boldsymbol{A}^{\mathrm{T}}=\boldsymbol{0}^{\mathrm{T}}\text{ 或 }\boldsymbol{A}\cdot\boldsymbol{H}^{\mathrm{T}}=\boldsymbol{0}\tag{3-14}$$

其中，$\boldsymbol{H}=\begin{bmatrix}1110100\\1101010\\1011001\end{bmatrix}$；$\boldsymbol{A}=[a_6a_5a_4a_3a_2a_1a_0]$；$\boldsymbol{0}=[000]$，上角“T”表示矩阵的转置。由于 $\boldsymbol{H}$ 为监督关系式的系数矩阵，因此称为监督矩阵(Check Matrix)，$\boldsymbol{H}$ 的行数为监督位的个数，列数为码长，其各行是线性无关的。通常也可将 $\boldsymbol{H}$ 典型化为典型阵$[\boldsymbol{P}_{r\times k}\boldsymbol{I}_r]$的形式，其中 $\boldsymbol{I}_r$ 为 r 阶单位阵，此时 $\boldsymbol{H}$ 称为典型监督矩阵。比如上面的 $\boldsymbol{H}$ 可以典型化为

$$\boldsymbol{H}_{3\times7}=\begin{bmatrix}1110&\vdots&100\\1101&\vdots&010\\1011&\vdots&001\end{bmatrix}=[\boldsymbol{P}_{3\times4}\boldsymbol{I}_3]\tag{3-15}$$

2. 生成矩阵 $\boldsymbol{G}$

类似地，将式(3-11)表示为矩阵形式

$$[a_2a_1a_0]=[a_6a_5a_4a_3]\begin{bmatrix}111\\110\\101\\011\end{bmatrix}=[a_6a_5a_4a_3]\boldsymbol{Q}_{k\times r}\tag{3-16}$$

对比式(3-15)和式(3-16)可得

$$\boldsymbol{Q}=\boldsymbol{P}^{\mathrm{T}}\tag{3-17}$$

在矩阵 $\boldsymbol{Q}$ 的左边加上一个 $\boldsymbol{I}_k$，即可构成矩阵 $\boldsymbol{G}$

$$\boldsymbol{G}_{k\times n}=[\boldsymbol{I}_k\boldsymbol{Q}_{k\times r}]\tag{3-18}$$

由式(3-18)可知，$\boldsymbol{G}$ 的行数为信息位个数，列数为码组的长度，其各行同样是线性无关的。由于通过矩阵 $\boldsymbol{G}$ 可以生成整个码组，因此通常称其为生成矩阵(Generator Matrix)，即有

$$[a_6a_5a_4a_3a_2a_1a_0]=[a_6a_5a_4a_3]\cdot\boldsymbol{G}\tag{3-19}$$

或者

$$\boldsymbol{A}=[a_6a_5a_4a_3]\cdot\boldsymbol{G}\tag{3-20}$$

因此，只要找到了某种线性分组码的生成矩阵 $\boldsymbol{G}$，则可编码得到其全部许用码组。通常称具有$[\boldsymbol{I}_k\boldsymbol{Q}_{k\times r}]$形式的生成矩阵为典型生成矩阵。由典型生成矩阵得到的码组中，信息位的位置不变，监督位附加于其后，这种形式的码称为系统码(Systematic Code)。

3. 校正子

假设接收端接收到的码组为 $\boldsymbol{B}$,由式(3-14)可知,无错码时

$$\boldsymbol{B}\cdot\boldsymbol{H}^{\mathrm{T}}=\boldsymbol{0} \tag{3-21}$$

如果式(3-21)不满足,则接收端就会判定接收到的码组 $\boldsymbol{B}$ 错误。记

$$\boldsymbol{S}=\boldsymbol{B}\cdot\boldsymbol{H}^{\mathrm{T}} \tag{3-22}$$

其中,$\boldsymbol{S}$ 为校正子。

令

$$\boldsymbol{E}=\boldsymbol{B}-\boldsymbol{A} \tag{3-23}$$

其中,$\boldsymbol{E}$ 为错误矩阵,代入式(3-22)可得

$$\boldsymbol{S}=(\boldsymbol{A}+\boldsymbol{E})\cdot\boldsymbol{H}^{\mathrm{T}}=\boldsymbol{A}\cdot\boldsymbol{H}^{\mathrm{T}}+\boldsymbol{E}\cdot\boldsymbol{H}^{\mathrm{T}}=\boldsymbol{E}\cdot\boldsymbol{H}^{\mathrm{T}} \tag{3-24}$$

由式(3-24)可知,校正子 $\boldsymbol{S}$ 只与错码矩阵 $\boldsymbol{E}$ 有关,与码组 $\boldsymbol{A}$ 无关。若 $\boldsymbol{S}$ 和 $\boldsymbol{E}$ 之间有一一对应关系,则可以根据 $\boldsymbol{S}$ 来纠错。

4. 封闭性

设某种线性分组码的两个许用码组分别为 $\boldsymbol{A}_1$ 和 $\boldsymbol{A}_2$,则根据式(3-14)知

$$\boldsymbol{A}_1\cdot\boldsymbol{H}^{\mathrm{T}}=\boldsymbol{0},\quad \boldsymbol{A}_2\cdot\boldsymbol{H}^{\mathrm{T}}=\boldsymbol{0}$$

将上面两个式子相加,得

$$(\boldsymbol{A}_1+\boldsymbol{A}_2)\cdot\boldsymbol{H}^{\mathrm{T}}=\boldsymbol{0} \tag{3-25}$$

式(3-25)表明码组 $\boldsymbol{A}_1$ 和 $\boldsymbol{A}_2$ 的合成码组也是该编码方式中的一个许用码组,称该特性为线性分组码的封闭性。

由于合成码组的码重代表了两个码组的码距,因此线性分组码的最小码距就是所有许用码组的最小码重(除全"0"码组外)。

3.3.4 交织码

线性分组码主要是用于纠正随机错误的,但实际通信中常常会遇到突发性干扰,会出现成串或成片的多个错误,这时就需要采用交织码来进行纠错,它被广泛应用于卫星通信中。

交织码是将已编码的码字(例如按线性分组码的规律构成的(n,k)分组码)按行读入,每行包含一个(n,k)分组码,共排成 m 行,这样就构成一个 m 行 n 列的矩阵,如图 3-4 所示。其中,$a_{ij}(i=1,\cdots,m;\ j=0,\cdots,n-1)$表示第 i 个码组的第 j 个码字,"×"表示突发错误所在位置。

从图 3-4 可以看出,交织器的交织原则是按行取按列存,而解交织恰好与其相反。这样,即使在传输过程中产生了成串突发错误,但是解交织后错误被分散到了不同行,即将突发错误分散到了不同码字,等效于将突发错误转变为了随机错误。因此,只要错误的数目在码组的差错控制范围内便可实现检错和纠错。交织码的交织深度越大,离散度就越大,抗突发差错能力也就越强。

3.3.5 循环码

循环码(Cyclic Code)是一类具有循环性的线性分组码。循环性是指任一码组循环移位后,仍然为该码的一个许用码组。表 3-6 列出了一种(7,3)循环码的全部许用码组。

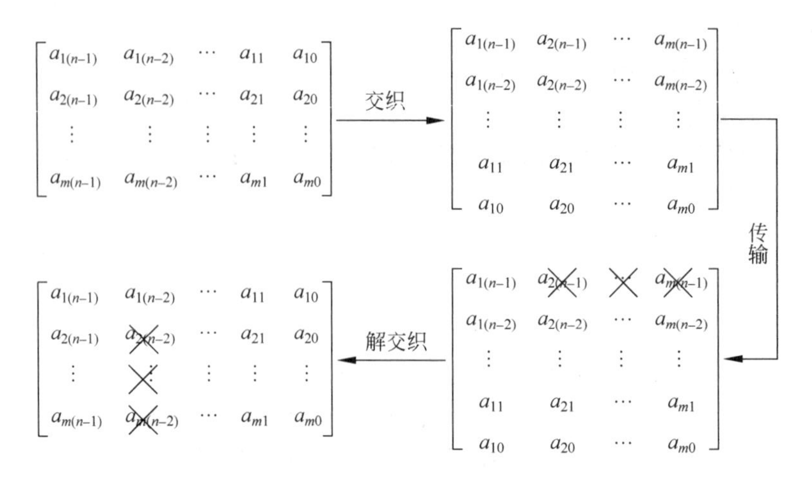

图 3-4　交织过程示意图

表 3-6　一种(7,3)循环码的全部许用码组

码组编号	信息位 (a_6,a_5,a_4)	监督位 (a_3,a_2,a_1,a_0)	码组编号	信息位 (a_6,a_5,a_4)	监督位 (a_3,a_2,a_1,a_0)
1	000	0000	5	100	1011
2	001	0111	6	101	1100
3	010	1110	7	110	0101
4	011	1001	8	111	0010

1. 码多项式及其运算

在代数编码理论中，为了便于计算，把码组中各码元当作是一个多项式(Polynomial)的系数，即把一个长度为 n 的码组表示为

$$A(x)=a_{n-1}x^{n-1}+a_{n-2}x^{n-2}+\cdots+a_1x+a_0 \tag{3-26}$$

例如，表 3-6 中的任意一个码组可以表示为

$$A(x)=a_6x^6+a_5x^5+a_4x^4+a_3x^3+a_2x^2+a_1x+a_0 \tag{3-27}$$

其中编号为 5 的码组的码多项式为

$$A(x)=1\cdot x^6+0\cdot a_5x^5+0\cdot x^4+1\cdot x^3+0\cdot x^2+1\cdot x+1=x^6+x^3+x+1 \tag{3-28}$$

若一任意多项式 $F(x)$ 被一个 n 次多项式 $N(x)$ 除，得到商式 $Q(x)$ 和一个次数小于 n 的余式 $R(x)$，即

$$\frac{F(x)}{N(x)}=Q(x)+\frac{R(x)}{N(x)} \tag{3-29}$$

等价于

$$F(x)=N(x)Q(x)+R(x) \tag{3-30}$$

则

$$F(x)\equiv R(x)\quad(\text{模 }N(x)) \tag{3-31}$$

注意： 码多项式按模运算中所有的系数是按“模 2”运算的，即系数只取 0 和 1。例如，在模 (x^3+1) 运算下，$x^3\equiv1$，$x^4+x^2+1\equiv x^2+x+1$。

在循环码中，若 $A(x)$ 是一个长为 n 的许用码组，则 $x^i \cdot A(x)$ 在按模 (x^n+1) 运算下，也是该编码中的一个许用码组，即若

$$x^i \cdot A(x) \equiv A'(x) \quad (\text{模}(x^n+1)) \tag{3-32}$$

则 $A'(x)$ 也是该编码中的一个许用码组。因此，一个长为 n 的循环码必定是按模 (x^n+1) 运算的一个余式。实际上，$x^i \cdot A(x)$ 表示将 $A(x)$ 对应地码组循环左移 i 位。

2. 生成多项式 $g(x)$ 及生成矩阵 G

循环码的生成多项式是 (x^n+1) 的一个常数项为 1 的 $(n-k)$ 次因子，即前面 $(k-1)$ 位均为"0"。例如，

$$x^7+1=(x+1)(x^3+x^2+1)(x^3+x+1) \tag{3-33}$$

从式(3-33)中寻找常数项为 1 的 $(n-k)=4$ 次因子，这样的因子有两个，即

$$(x+1)(x^3+x^2+1)=x^4+x^2+x+1 \tag{3-34}$$

$$(x+1)(x^3+x+1)=x^4+x^3+x^2+1 \tag{3-35}$$

式(3-34)和式(3-35)都可以作为生成多项式。但是，选用的生成多项式不同，生成的循环码组也不同。用式(3-34)作为生成多项式生成的循环码即为表 3-6 所示的(7,3)循环码。

循环码的生成矩阵 G 可以表示为

$$\boldsymbol{G}(x)=\begin{bmatrix} x^{k-1}g(x) \\ x^{k-2}g(x) \\ \vdots \\ xg(x) \\ g(x) \end{bmatrix} \tag{3-36}$$

容易验证，式(3-36)中的各行是线性无关的。基于式(3-36)可将上述(7,3)循环码的码组表示为

$$\begin{aligned} A(x) &= [a_6a_5a_4]\boldsymbol{G}(x)=[a_6a_5a_4]\begin{bmatrix} x^2g(x) \\ xg(x) \\ g(x) \end{bmatrix} \\ &= a_6x^2g(x)+a_5xg(x)+a_4g(x) \\ &= (a_6x^2+a_5x+a_4)g(x) \end{aligned} \tag{3-37}$$

式(3-37)表明，所有码多项式 $A(x)$ 都可以被生成多项式 $g(x)$ 整除，而且任意一个次数不大于 $(k-1)$ 的多项式乘以 $g(x)$ 都是码多项式，$g(x)$ 本身也是一个码多项式，对应前 $(k-1)$ 位皆为"0"的码组。

3. 循环码的编码

循环码编码可以分为如下 5 个步骤：

(1) 首先根据给定的 (n,k) 值选定生成多项式 $g(x)$，即从 x^n+1 的因式分解中选一个常数项为 1 的 $(n-k)$ 次多项式作为 $g(x)$。

(2) 将信息码表示为多项式 $m(x)$，其幂次小于 k。

(3) 用 x^{n-k} 乘 $m(x)$，得到的 $x^{n-k}m(x)$ 的幂次必定小于 n。

(4) 用 $g(x)$ 除 $x^{n-k}m(x)$，得到余式 $r(x)$，$r(x)$ 的幂次必定小于 $g(x)$ 的幂次，即小于 $(n-k)$。

(5) 将此余式 $r(x)$ 加于信息位之后作为监督位，即将 $r(x)$ 和 $x^{n-k}m(x)$ 相加，得到的多项式即为码多项式，即编出的码组 $A(x)$ 为：$A(x)=x^{n-k}m(x)+r(x)$。

4. 循环码的解码

由前面的分析知循环码的码多项式都应该能被生成多项式 $g(x)$ 整除，设接收到的码多项式为 $B(x)$，如果 $B(x)$ 正确，$B(x)$ 也应该能被 $g(x)$ 整除，如果不能整除，则可判定接收码组错误。当然，有错码的接收码组也有可能能被 $g(x)$ 整除，称这种错误为不可检错误。如果在检错的基础上还要纠错，就必须存在余式 $r(x)$ 和错误图样的一一对应关系，据此关系可实现纠错。通常，将如上解码方法称为捕错解码法。除此之外，还有大数逻辑(Majority Logic)解码等算法。判决也有硬判决和软判决之分。

3.3.6 截短循环码

设给定一个(n,k)循环码，它共有 2^k 个许用码组，现使其前 $i(0<i<k)$ 位信息位全为"0"，于是它变成仅有 2^{k-i} 个许用码组。然后从中删去这 i 位全"0"的信息位，最终得到一个$(n-i,k-i)$的线性码，将这种码称为截短循环码。循环码截短前后至少具有相同的纠错能力，并且编解码方法仍和截短前一样。

3.3.7 BCH 码

BCH 码是一种获得广泛应用的能够纠正多个错码的循环码，是以 3 位发明人的名字(Bose，Chaudhuri，Hocguenghem)命名的。它是建立在现代代数理论基础上的，数学结构严谨、译码同步等方面有许多独特的优点，故在数字卫星传输设备中经常使用这种能纠正多重错误的 BCH 码来降低传输误码率。BCH 码的重要性在于它解决了生成多项式与纠错能力的关系问题，可以在给定纠错能力要求的条件下寻找到码的生成多项式。

1. BCH 码分类

BCH 码可以分为本原 BCH 码和非本原 BCH 码。本原 BCH 码的生成多项式 $g(x)$ 中含有最高次数为 m 的本原多项式，且码长 $n=2^m-1$($m\geqslant3$ 为正整数)；非本原 BCH 码的生成多项式中不含这种本原多项式，且码长 n 是(2^m-1)的一个因子，即码长 n 一定除得尽(2^m-1)。

BCH 码的码长 n 与监督位$(n-k)$、纠错个数 t 之间满足如下关系：对于正整数 $m(m\geqslant3)$和正整数 $t(t<m/2)$，必定存在一个码长为 $n=2^m-1$、监督位为 $n-k\leqslant mt$、能纠正所有不多于 t 个随机错误的 BCH 码。若码长 $n=(2^m-1)/i$($i>1$ 且除得尽(2^m-1))，则为非本原 BCH 码。

汉明码是能够纠正单个随机错误的码。可以证明，具有循环性质的汉明码就是能纠正单个随机错误的本原 BCH 码。例如，(7,4)汉明码就是以 $g_1(x)=x^3+x+1$ 或 $g_2(x)=x^3+x^2+1$ 生成的 BCH 码，而用 $g_3(x)=x^4+x+1$ 或 $g_4(x)=x^4+x^3+1$ 都能生成(15，11)汉明码。

2. BCH 码生成多项式

由于 BCH 码也是循环码，因此只要找到它的生成多项式即可实现编码。由于前人已经将典型的 BCH 码的生成多项式归纳成表，因此在工程设计中，一般不需要用计算方法去寻找生成多项式，直接查表即可。表 3-7 给出了码长 $n\leqslant127$、最多可以纠正 t 个随机错误的二进制本原 BCH 码生成多项式系数。

表 3-7　$n \leqslant 127$ 的二进制本原 BCH 码生成多项式系数

$n=3$			$n=63$		
k	t	$g(x)$	k	t	$g(x)$
1	1	7	1	31	全部为 1
$n=7$			7	15	5231045543503271737
k	t	$g(x)$	10	13	472622305527250155
1	3	77	16	11	6331141367235453
4	1	13	18	10	1363026512351725
$n=15$			24	7	14323260404441
k	t	$g(x)$	30	6	157464165347
1	7	7777	36	5	1033500423
5	3	2467	39	4	166623567
7	2	721	45	3	1701317
11	1	23	51	2	12471
			57	1	103
$n=31$			$n=127$		
k	t	$g(x)$	k	t	$g(x)$
1	15	17777777777	1	63	全部为 1
6	7	313365047	8	≥31	7047264052751030651476224271567733130217
11	5	5423325	15	≥27	22057042445604554770523013762217604353
16	3	107657	22	≥23	123376070404722522435445626637647043
21	2	3551	29	≥22	403114461367670603667530141176155
26	1	45	36	≥15	3146074666522075044764574721735
			43	13	54446512523314012421501421
			57	11	235265252505705053517721
			64	10	1206534025570773100045
			71	9	6255010713253127753
			78	7	26230002166130115
			85	6	130704476322273
			92	5	624730022327
			99	4	3447023271
			106	3	11554743
			113	2	41567
			120	1	211

表 3-7 中生成多项式的系数均是以八进制数字给出的。例如,可以纠正 2 位错码的(127,113)BCH 码生成多项式 $g(x)$的系数为$(41567)_8$ 表示 $g(x)=x^{14}+x^9+x^8+x^6+x^5+x^4+x^2+x+1$。表 3-8 给出了部分二进制非本原 BCH 码的生成多项式系数。

表 3-8 部分二进制非本原 BCH 码生成多项式系数

n	k	t	$g(x)$	n	k	t	$g(x)$
17	9	2	727	47	24	5	43073357
21	12	2	1663	65	53	2	10761
23	12	3	5343	65	40	4	354300067
33	22	2	5145	73	46	4	1717773537
41	21	4	6647133				

此外,BCH 码的长度都为奇数。在应用中,为了得到偶数长度的码,并增大检错能力,可以在 BCH 码生成多项式中乘上一个因式$(x+1)$,从而得到扩展 BCH 码$(n+1,k)$。扩展 BCH 码相当于在原 BCH 码上增加了一个校验位,因此码距比原 BCH 码增加 1。但是,扩展 BCH 码已经不再具有循环性。

3.3.8 戈莱码

戈莱码(Golay Code)即表 3-8 中的(23,12)码。它能纠正 3 个随机错码,并且容易解码,实际应用较多。和其他可以纠正 3 个随机差错的码相比,戈莱码需要的监督码元数最少,因此其监督位得到了最充分的利用。

扩展戈莱码(24,12)码是戈莱码(23,12)码扩展形成的,其最小码距为 8,码率为 1/2,能够检测 4 个错码并纠正 3 个错码。它比汉明码的纠错能力强很多,付出的代价是解码更复杂,码率也比汉明码低。而且,它不再是循环码了。

3.3.9 RS 码

RS 码即里德-索洛蒙码,是以其发明人的名字 Reed 和 Solomon 命名的。如果 BCH 码的码元不取二进制的“0”和“1”,而取多进制中的一个元素,如 BCH 码的每个码元用 2^m 进制中的一个 m 位的二进制码组表示,则称这种多进制 BCH 码为 RS 码。例如对于信息位为 10101010101 的本原(15,11)码,其码序列为 101010101011011。如果进行 RS 编码,取 $m=2$,即每一位将用一个 2 位的二进制码表示(若用“01”表示“0”码,“10”表示“1”码),那么输出的 RS 码就是 100110011001100110011001101010。由此可见,当以 2b 为一组计算时,一旦出现“00”或“11”或不符合循环码的循环关系时,则可以判定该序列出现差错。因此,RS 码是一类具有很强纠错能力的多进制 BCH 码。

一个可以纠正 t 个符号错误的 2^m 进制(n,k)RS 码的参数如表 3-9 所示。

表 3-9 (n,k)RS 码的相关参数

参数	符号个数	比特数
码长	$n=2^m-1$	$m(2^m-1)$
信息位	k	mk
监督位	$n-k=2t$	$m(n-k)$
最小码距	$d=2t+1$	$m(2t+1)$

RS码特别适用于纠正突发性错误，它可以纠正的差错长度（第1位误码与最后1位误码之间的比特序列）如下：

总长度为 $b_1=(t-1)m+1$ 比特的1个突发错误；

总长度为 $b_2=(t-3)m+3$ 比特的2个突发错误；

…

总长度为 $b_i=(t-2i+1)m+2i-1$ 比特的 i 个突发错误。

3.4 卷积码

卷积码（Convolutional Code）是由伊利亚斯（P. Elias）发明的一种非分组码。通常它更适用于前向纠错，因为在许多实际情况下它的性能优于分组码，而且运算较简单。

3.4.1 卷积码的基本概念

通常将卷积码记作 (n,k,N)，其中 n 为码长，k 为信息位数目，N 为编码约束度。对比于分组码可以看出，卷积码多了个编码约束度 N。在分组码中监督位只与本码组的信息位有关，换句话说，监督位只监督1个信息段，但是卷积码中监督位监督着 N 个信息段，即监督位不仅与当前的 k 比特信息段有关，而且还与前面 $(N-1)$ 个信息段有关。卷积码中，通常将 nN 称为编码约束长度，其编码效率仍然为 k/n。

卷积码的纠错性能随 N 的增加而增大，而差错率随 N 的增加指数下降。在编码器复杂性相同的情况下，卷积码的性能优于分组码。但卷积码没有分组码那样严密的数学分析手段，目前大多是通过计算机进行码字的搜索。

图3-5为卷积码编码器的结构示意图。编码器主要包括：一个由 N 段寄存器组成的输入移位寄存器，每段有 k 个，共 Nk 个寄存器；一组 n 个模2加法器；一个 n 级的输出移位寄存器。每个模2加法器的输入端数目可以不同，它连接到 Nk 个寄存器中的一些寄存器输出端，输出端连接到输出移位寄存器。若将时间分成等间隔的时隙，则在每个时隙中有 k 位从左端进入移位寄存器，并且移位寄存器各级暂存的信息向右移 k 位，输出端输出 n 位。

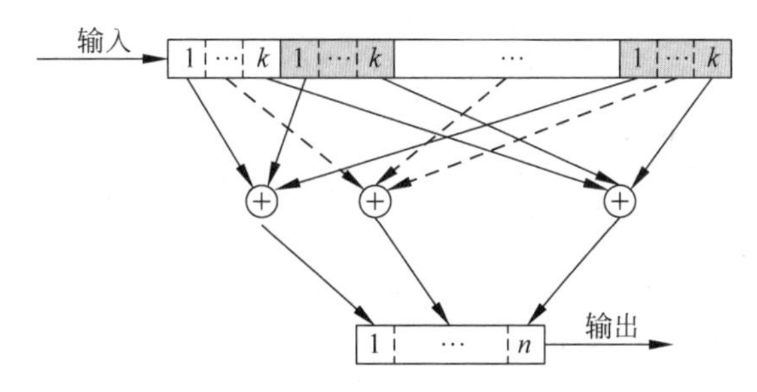

图3-5　卷积码编码器结构示意图

由图3-5可以看出，n 个输出位不仅与当前的 k 个输入信息有关，还与前 $(N-1)k$ 个信息有关。

3.4.2 卷积码编码器

图 3-6 给出了(3,1,3)卷积码编码器的结构图。

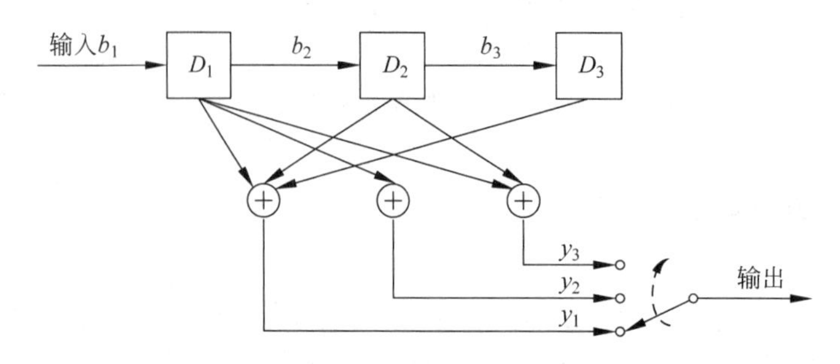

图 3-6 (3,1,3)卷积码编码器结构图

图 3-6 中 D_1、D_2 和 D_3 为移位寄存器，b_1 代表当前输入状态，b_2、b_3 分别表示移位寄存器以前存储的信息位。设移位寄存器的初始状态均为零，根据图 3-6 可以得到该(3,1,3)卷积码的编码规则

$$\begin{cases} y_1 = b_1 \oplus b_2 \oplus b_3 \\ y_2 = b_1 \\ y_3 = b_1 \oplus b_2 \end{cases} \tag{3-38}$$

由此可见，当转换开关在输出端 y_1、y_2、y_3 之间交替变换时，每输入 1 个信息比特，编码器输出 3 个输出比特。现以输入序列"101"为例进行说明。输入第 1 位信息码"1"时，$b_1=1, b_2=0, b_3=0$，故根据式(3-38)可知输出$(y_1y_2y_3)=(111)$；输入第 2 位信息码"1"时，$b_1=0, b_2=1, b_3=0$，则输出$(y_1y_2y_3)=(101)$；以此类推，可得表 3-10 所示输出。

表 3-10 (3,1,3)卷积码输出

b_1	1	0	1	0	0
b_2b_3	00	10	01	10	01
$y_1y_2y_3$	111	101	011	101	100

说明：为了保证输入的全部信息都能顺利地从移位寄存器移出，当最后一位信息位移入 D_2 时，默认后续移入的信息位全为"0"码。

由表 3-10 可知，图 3-6 所示(3,1,3)卷积码编码器当输入序列为"101"时，该卷积码输出为"111 101 011 101 100"。此过程也可以表示为图 3-7 所示的码树。码树上每个枝上的数字代表当前的信息位，括号内的三个码代表编码后的码组(即当前输出)。编码过程等于在码树中沿一确定路径行进的过程。信息位决定了行进方向，即码树节点信息比特为"1"，则走下枝，否则走上枝。若观察在新码元输入时编码器的过去状态，即观察 D_2、D_3 的状态和输入信息位的关系，可以得出图中的 a、b、c、d 四种状态。

由图 3-7 可见，从上一个状态转到下一状态时，并不可以到达任意状态。例如，由 a 状态只能到达 a 或 b 状态，由 b 状态只能到达 c 或 d 状态等等，详见表 3-11。

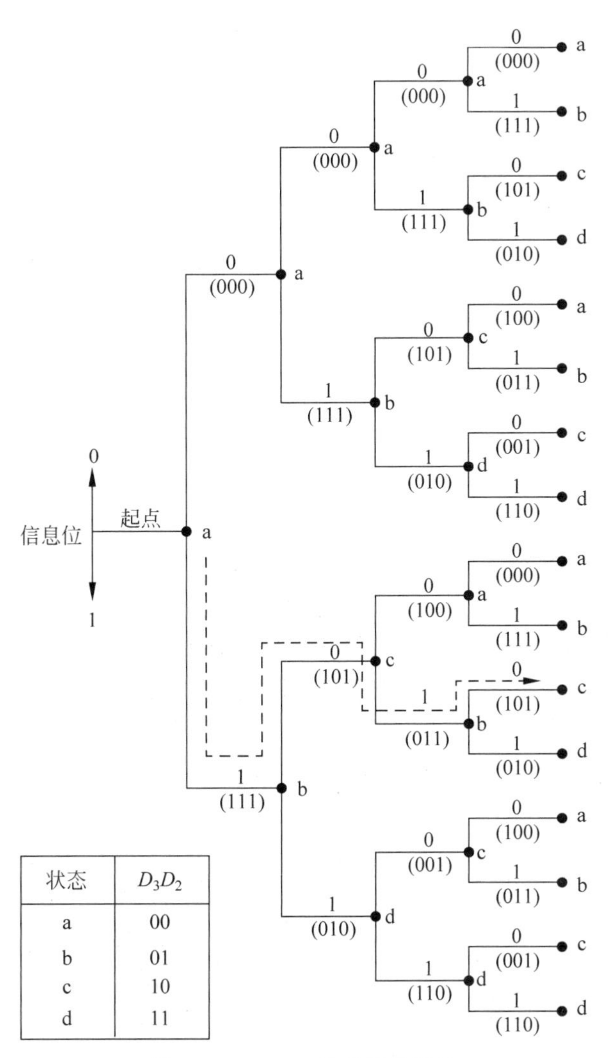

图 3-7 (3,1,3)卷积码的码树

表 3-11 移位寄存器状态和输入输出码元关系

移存器前一状态 D_3D_2	当前输入信息位 b_i	输出码元 $y_1y_2y_3$	移存器下一状态 D_3D_2
a(00)	0	000	a(00)
	1	111	b(01)
b(01)	0	101	c(10)
	1	010	d(11)
c(10)	0	100	a(00)
	1	011	b(01)
d(11)	0	001	c(10)
	1	110	d(11)

表 3-11 所示移位寄存器状态也可以表示为图 3-8 所示状态图(State Diagram)。其中，实线表示输入信息位为“0”时状态转变路线，虚线表示输入信息位为“1”时状态转变路线，线

旁的 3 位数表示编码输出码组。利用这种图可以方便地由输入序列得到输出序列。

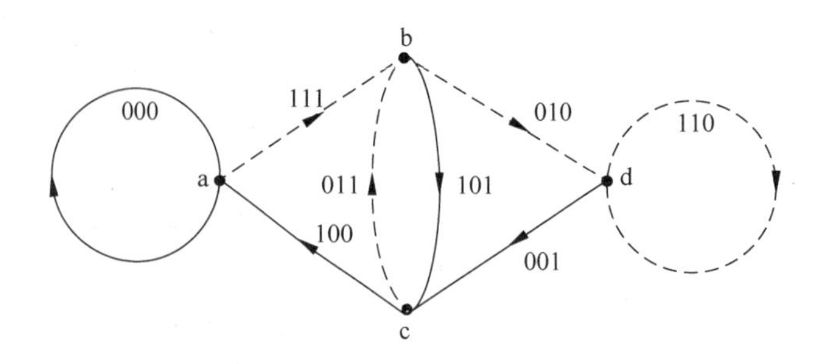

图 3-8 (3,1,3)卷积码状态图

从图 3-7 可以看出,卷积码可以用一个无限延展的码树表示。在实际应用中,编码总是被限制在固定长度的码树上。编码的过程就是编码器根据输入的信息码位通过码树某一路径的过程。当然,在编码器中移位寄存器的抽头不同,构成的码树也不同。该码树的每个分枝上有 3 个码符,码率为 1/3。每个节点上生长出的只有 2 个分支,这是二进制码树的主要特征,如果是多进制(如 M 进制),则每个节点将连接到 2^M 个节点上。同时,观察图 3-7 可以发现,从第 4 支路开始,码树的上半部和下半部完全相同,即码树结构具有重复性。因此,不必画出一颗无穷码树来表示卷积码的编码,可以将码树中具有相同后续分枝的各节点连接起来,以后的分枝就合并在一起,形成如图 3-9 所示的网格图形,简称网格图(Trellis Diagram)。为了便于分析,图中输入信息位"0"时,沿实线分枝行进,反之,沿虚线分枝行进。

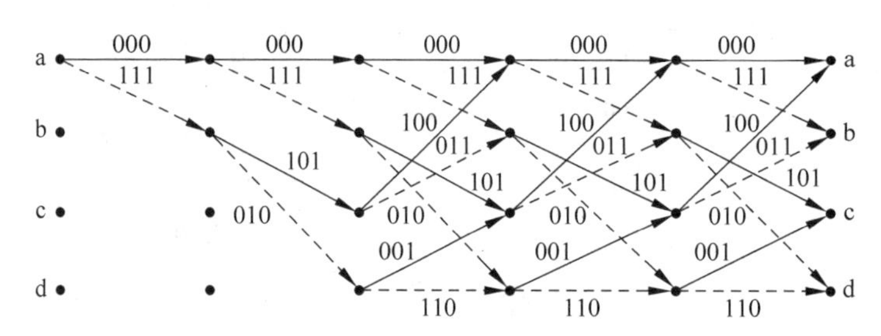

图 3-9 (3,1,3)卷积码网格图

从图 3-9 可以看出,从第 4 支路开始的网格图是第 3 支路的重复,这也说明了该(3,1,3)卷积码的约束长度是 3。

图 3-10 给出了输入序列为"101"时,(3,1,3)卷积码的编码路径。从图中可以看出输出序列等同于码树图,但是用网格图表示的编码过程和输入/输出关系要比码树图简练得多。

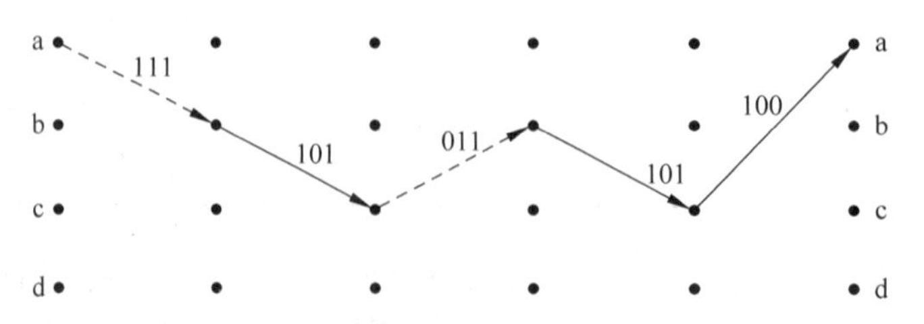

图 3-10 输入为"101"时的(3,1,3)卷积码编码路径

3.4.3 维特比译码

卷积码的解码方法可以分为代数解码和概率解码两大类。代数解码是利用编码本身的代数结构进行解码，不考虑信道的统计特性。大数逻辑解码，又称门限解码，是卷积码代数解码的最主要一种方法，它也可以应用于循环码的解码。大数逻辑解码对于约束长度较短的卷积码最为有效，而且设备较简单。概率解码又称最大似然解码。它基于信道的统计特性和卷积码的特点进行计算。针对无记忆信道提出的序贯解码就是概率解码方法之一，另一种概率解码方法是维特比(Viterbi)算法。当码的约束长度较短时，它比序贯解码算法的效率更高、速度更快，而且结构简单，因此在数字卫星系统中得到了广泛应用。本节就上面(3,1,3)卷积码的例子来简述维特比译码的解码思路。

由上面分析知，当输入序列为"101"时，该卷积码的正确输出应该为"111 101 011 101 100"，假设接收到的序列第3位和第10位出错，即接收到序列"110 101 011 001 100"。由于码长为3，因而当这种存在差错的序列输入维特比译码器后，将分别计算各路与接收序列之间的距离，即码距，见图3-11中节点处括号内数字。首先从起点出发，可能出现两条路径，上支路对应输入信息为"0"，输出序列为"000"；下支路对应输入信息为"1"，输出序列为"111"，由于当前接收到的码元序列前3位为"110"，因此计算可得两条支路与"110"之间的码距分别为2和1，如图3-11(a)所示。在图3-11(b)中所示的第2级出现4条互不重叠的支路，它们的支路码距依次为2,1,0,3。这4条支路与前面的两条支路合起来共构成4条路径，码距分别为2+2=4,2+1=3,1+0=1,1+3=4。在图3-11(c)中所示的第3级共有8条支路，从而构成8条路径。这时在每个状态节点上均存在两条路径，每个节点上均去掉累积码距较大的路径，而保留累积码距较小的一条路径。因而，总体上仍然保留了4条路径，即"111 101 111""111 101 011""111 010 001""000 111 010"，码距依次为4、1、4、4。当进入第4级节点时，由于第3级和第4级之间同样存在8条支路，从而又构成8条路径，并且每个节点处都有2条路径，同样经过码距计算之后，保留码距小的一条支路，如图3-11(d)所示。按照同样的方法，在第5级也得到了4条路径，如图3-11(e)所示。图3-11(d)中有一条路径终止于节点为a的路径，这条路径就是解码路径，如图3-11(f)所示，对比图3-10可知，该路径正是信息序列"101"的编码路径，从而得到正确的解码序列为"111 101 011 101 100"，对应的信息序列为"101"。此例说明，采用维特比译码算法实现了2位纠错。

卷积码的纠错能力是用最小距离$d_{\min}$来衡量的。参见图3-9可以看出，路径abca输出序列"111 101 100"与路径aaaa输出序列"000 000 000 000"之间的码距为6，因此该码的最小码距$d_{\min}=6$，最多可纠正2位错码($d_{\min}\geqslant 2t+1$)，上例符合该情况。当然，当在一个约束长度内出现的错码个数超过该码的纠错能力时，译码序列会存在错误。

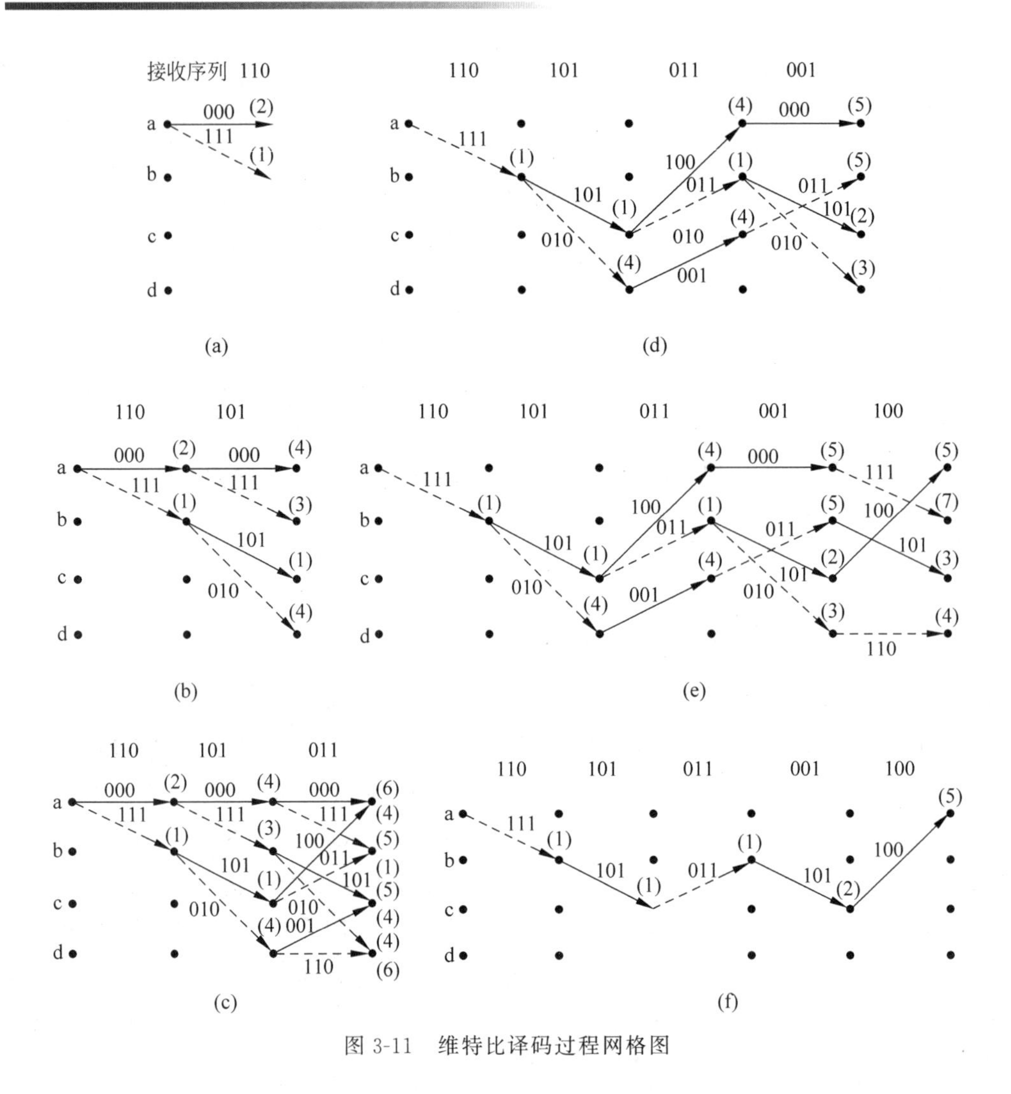

图 3-11 维特比译码过程网格图

3.5 Turbo 码

Turbo 码是 C. Berrou 于 1993 年在并行级联的思想上提出的一种特殊的链接码。由于其大大地提高了编码效率，而且纠错能力极其接近理论上信息能够达到的极限能力，所以在编码理论上是带有革命性的进步，很快得到了广泛关注。这种码，特别是解码运算，非常复杂，这里只对其基本概念作一简明介绍。

由于分组码和卷积码的复杂度随码组长度或约束度的增大按指数规律增长，所以为了提高纠错能力，人们大多不是单纯增大一种码的长度，而是将两种或多种简单的编码组合成复合编码。Turbo 码的编码器在两个并联或串联的分量码编码器之间增加一个交织器，使之具有很大的码组长度，能在低信噪比条件下得到接近理想的性能。Turbo 码的译码器有两个分量码译码器，译码在两个分量译码器之间进行迭代译码，故整个译码过程类似涡轮(turbo)工作，所以又形象地称为 Turbo 码。

3.5.1 Turbo 码编码器

图 3-12 为 Turbo 码的基本结构，它由一对递归系统卷积码（Recursive Systematic Convolution Code，RSCC）编码器和一个交织器组成。RSCC 编码器和卷积码编码器之间的主要区别是从移存器输出端到信息位输入端之间有无反馈路径。原来的卷积码编码器像是一个 FIR 数字滤波器。增加了反馈路径后，它就变成了一个 IIR 滤波器，或称递归滤波器，因此将其称为递归系统卷积码。信息序列 d_k 在被送往信道的同时，还被送往 RSCC1 和交织器及 RSCC2，这样可分别得到信息位 x_k、第 1 个检验位 y_{1k} 和交织后的序列 d_n，d_n 经过 RSCC2 后得到第 2 个校验位 y_{2k}。在删除截短矩阵功能电路中，对 y_{1k} 和 y_{2k} 进行了删除和截短处理，其输出 y_k 和 x_k 一同构成了 Turbo 码。

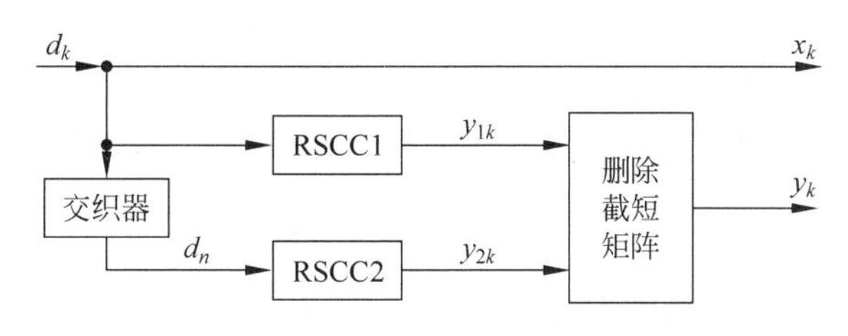

图 3-12　Turbo 码编码器示例

删除截短矩阵的功能不同，得到的 Turbo 码码率不同。此处码率与前述编码效率意义不同，定义为：$R=k/n$，其中 k 为信息位位数，n 为并行码位数。举例说明，当删除截短矩阵交替地选取两个校验序列，即校验序列各自选发一半的数据时，就构成了码率为 1/2 的 Turbo 码；当校验序列全部发送时，则得到码率为 1/3 的 Turbo 码。不同码率的 Turbo 码在性能上存在差异，总体来说，1/3 码率的 Turbo 码性能要优于 1/2 码率的 Turbo 码。

3.5.2 Turbo 码译码器

图 3-13 给出了一种反馈型 Turbo 迭代译码结构，它是由 2 个用来对选定的 RSCC 子码进行译码的软输入/软输出（Soft Input/Soft Output，SISO）子译码器组成。其中 z'_{2k} 为子译码器 2 输出的改进信息，当该信息经过去交织器处理后生成 z'_{2n}，反馈到子译码器 1 的输入端，构成子译码器 1 所需要的先验信息 z_k，随后在子译码器 1 中将根据所接收的信息序列和第一检验位 y_{1k} 进行处理，其输出 z'_{1k} 被送至交织器生成 z'_{1n}，并以此作为子译码器 2 的先验信息。当经过子译码器 2 译码后又可以获得下一次迭代子译码器 1 所需的先验信息。以此继续下去，经过多次迭代之后，当满足一定条件（z'_{2k} 大于所设置的门限值）时，译码器将去交织后的 $\lambda(\hat{d}_k)$ 送入判决器，经过判决便可得到译码信息 $\hat{d}_k$。

由此可见，Turbo 码译码器实现译码的关键在于 SISO 译码算法，所采用的算法不同，译码的复杂度和获得的译码性能就会不同，因此应根据实际情况选择适当的译码算法。另外，由于 Turbo 码的编码过程中融入了交织技术，因而 Turbo 码具有很强的纠错能力和抗衰落能力。据资料显示，其纠错能力与子码效率、约束长度以及交织长度等参数有关。

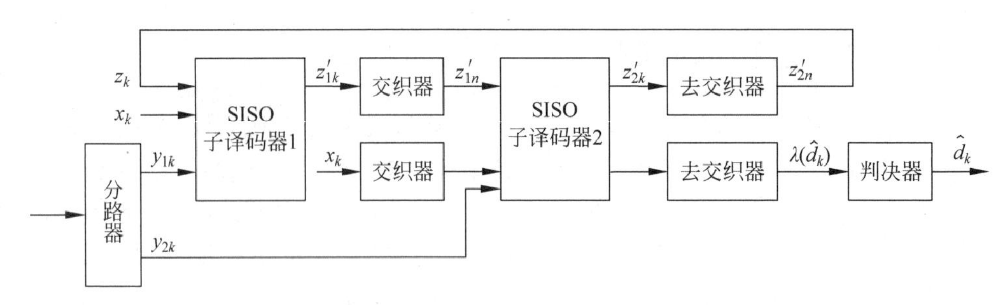

图 3-13　反馈型 Turbo 码迭代译码器框图

3.6　低密度奇偶校验码

低密度奇偶校验(Low Density Parity Check,LDPC)码是 Gallager 于 1962 年发明的一种线性分组码,和 Turbo 码同属于复合码类。两者的性能相近,且两者的译码延迟都相当长,所以它们更适用于一些对实时性要求不很高的通信。但是 LDPC 码比 Turbo 码的译码简单,更易实现。

LDPC 码和普通的奇偶监督码一样,可以由有 n 列、m 行的奇偶监督矩阵 H 确定,其中 n 为码长,m 为校正子个数。但是 LDPC 码的监督矩阵 H 和普通奇偶监督码有所不同,表现在:

(1) LDPC 码的监督矩阵 $\boldsymbol{H}$ 是稀疏矩阵,即矩阵中"1"码的个数很少,密度很低。设 $\boldsymbol{H}$ 矩阵每列有 j 个"1"码,每行有 k 个"1"码,则应有 $j<m$,$k<n$,且 $j\geqslant 3$。

(2) LDPC 码的监督矩阵 $\boldsymbol{H}$ 的任意两行的元素不能在相同位置上为"1"码,即 $\boldsymbol{H}$ 矩阵中没有四角由"1"码构成的矩形。

LDPC 码通常用上述 3 个参量(n,j,k)表示。在编码时,设计好 $\boldsymbol{H}$ 矩阵后,由 $\boldsymbol{H}$ 可以导出生成矩阵 $\boldsymbol{G}$。这样,对于给定的信息位,即可求得编码码组。

当 $\boldsymbol{H}$ 矩阵行重或列重保持不变或尽可能地保持均匀时,称此时的 LDPC 码为正则 LDPC 码,否则称为非正则 LDPC 码。非正则 LDPC 码是在正则 LDPC 码的基础上发展起来的,它使解码性能得到改善,其抗噪性能甚至优于 Turbo 码。根据 $\boldsymbol{H}$ 中的元素是属于伽罗华域 $GF(2)$ 还是 $GF(q)$,其中 $q=2^p$,p 为大于 1 的整数,还可以将 LDPC 码分为二元域 LDPC 码和多元域 LDPC 码,后者性能要优于前者。

LDPC 码的解码方法也和一般的奇偶监督码的解码方法不同。基本的解码算法称为置信传播(Belief Propagation)算法,通常简称 BP 算法。这种算法实质上是求最大后验概率,类似于一般的最大似然准则解码算法,但是它需要进行多次迭代运算,逐步逼近最优的解码值。

总之,LDPC 码具有很多优点:具有较低的差错平层特性;可实现完全的并行操作;译码复杂度低于 Turbo 码;适合硬件实现;吞吐量(单位时间内进入和送出的数据总量)大;具有高速译码的潜力。但是,当编码长度较短时,LDPC 码的性能不佳,此时则应该选用其他纠错编码方式。

3.7 纠错编码与调制

在传统的数字通信系统中，数字调制与纠错编码是独立设计的，即在发送端的编码和调制、接收端的解码和解调都是独立分开设计的。纠错编码通常是通过人为加入冗余度来实现的，其编码增益是依靠降低信息传输效率来获得的。因此，在带限信道中，可以通过加大调制信号来为纠错编码提供所需的冗余度，以避免信息传输速率因纠错编码的加入而降低。

网格编码调制(Trellis Coded Modulation，TCM)是将调制和编码相结合的调制技术。它打破了调制与编码的界限，利用信号空间状态的冗余度实现纠错编码，以实现信息高速率、高性能的传输。下面举一个简单的例子来说明 TCM 技术的基本概念和具体实现。在 QAM 方式中，如传输速率为 14.4Kb/s 的数据信号，则需要在发送端将串行数据的每 6b 分为一组，即 6b 码元组，这 6b 码元组的码速率，即调制速率为 2400B。显然，这 6b 码元组合成星座点数是 $2^6=64$ 个，这时的信号点间隔即判决区间将变得很小。在这种情况下，由于传输干扰的影响，一个星座点将会很容易变为相邻的另一个星座点而错码。为了减少这种误码的可能性，TCM 采用了一种编码器。该编码器是二进制卷积码编码器，该编码器设置于调制器中，如图 3-14 所示。

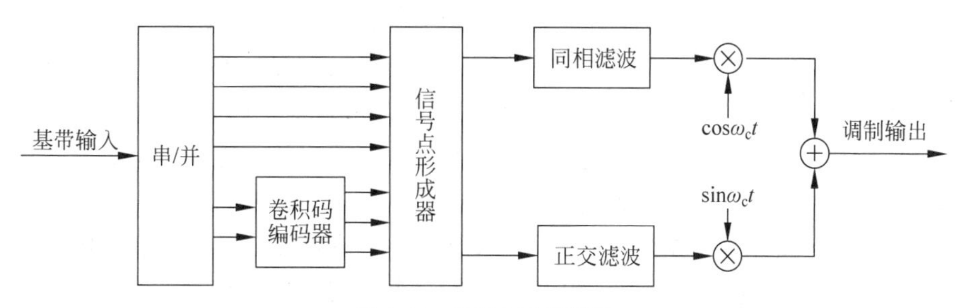

图 3-14 TCM 示意框图

从图 3-14 中可以看出，在调制器中的串/并变换输出的 6b 中取 2b 进入卷积码编码器，经编码器编码，加入冗余度后输出变为 3b，这 3b 与原来的 4b 组成 7b 码元。这 7b 码元的组合共有 $2^7=128$ 种，但通过信号点形成器时，只选择其中的一部分信号点用作信号传输。此处，信号点的选择有两个原则：第一，用欧几里得距离替代汉明距离(最小码距)选择最佳信号星座，使所选择的码字集合有最大的自由距离；第二，后面所选的信号点与前面所选的信号点有一定的规则关系，即相继信号的选定引入某种依赖性，因而只有某些信号序列才是允许出现的，而这些允许出现的信号序列可以采用网格图来描述，因而称为网格编码调制。正是由于这种前后信号点的选择具有一定的规则关系，在解调时不只检测本信号的参数，还要观测其前面信号所经历的路由，判决时只有当信号点符合某确定路由时，才能确定该点是所求的信号点，从而进行判决。如果传输过程受到干扰，并引起信号点位移，接收机将比较所有与观测点有关的点，并选择最靠近观测点的路由所确定的最终信号点为所求的信号点，从而恢复出原来的信息码，称此种解调方式为软判决维特比译码解调。

这种采用卷积编码的网格编码调制和采用软判决维特比译码技术的解调可获得 3dB～6dB 的信噪比增益。TCM 技术已使话带调制解调器的传信速率达到 14.4Kb/s、28.8Kb/s 或 33.6Kb/s，已接近香农定理所规定的信道容量极限。

3.8 信号处理技术

在卫星通信系统中，人们普遍关注的是如何提高卫星系统通信容量和传输性能。随着大规模集成电路的迅速发展，信号处理技术在卫星通信领域也取得了很大的进展。目前，数字话音内插(Digital Speech Interpolation，DSI)、回波控制和语音编码已成为卫星通信中的三大最基本的信号处理技术，因为采用了数字话音内插技术已可使传输效率提高一倍以上，在具有长延时的卫星线路中采用回波控制技术可以削弱或抵消回波的影响，采用语音编码技术可以以低于16Kb/s的传输速率传输语音。语音编码技术见3.1.2节，本节仅对数字话音内插和回波控制技术的基本概念和原理进行简单介绍。

3.8.1 数字话音内插

由于在两个人通过线路进行双工通话时，总是一方讲话，而另一方在听，因而只有一个方向的话路中有话音信号，而相反方向的话路则处于空闲状态，且讲话人还有讲话停顿的时间。所以，即使在一个方向的话路中，也只有一部分时间存在话音信号。据统计一个单向话路实际传送话音的平均时间百分比，即平均话音激活率通常只有40%左右。这就是说，给通话者所分配的话路，在任一时刻，既可能有话音信号，也可能处于空闲状态。如果设法仅仅在有话音的时间内给通话者分配话路，而在空闲时间将话路分配给另外的用户，这就是所谓的“话音内插”，也称为话音激活技术。特别是在话音信号数字化以后，完成这种操作是很容易的。当然，只有当话路数相当多的系统，这种及时的线路调配才更有意义。

数字话音内插技术包括时分话音内插(Time Assignment SI，TASI)和话音预测编码(Speech Predictive Encoding Communication，SPEC)两种方式。时分话音内插是利用呼叫之间的间隙，听话而未说话以及说话停顿的空闲时间，把空闲的通路暂时分配给其他的用户，以此来提高通道的利用率，提高系统的通信容量。而话音预测编码是当某一时刻的样值与前一个时刻样值的PCM编码有不可预测的明显差异时，才发送此时刻的码组，否则不进行发送，这样便减少了需要传送的码组数量，以便有更多通道可供其他用户使用，以此提高系统的通信容量。

1. 时分话音内插技术

1) TASI系统结构

数字式TASI系统的结构原理如图3-15所示，当以N路话音经PCM编码后构成的时分复用信号作为输入信号时，在一帧内，N个话路经话音存储器与TDM格式的M($M \leqslant N$)个输出话路连接。TASI系统各部分功能如下。

(1) 话音检测器：检测各话路是否工作，即有无语音信号。当检测电平高于门限电平时判为有话音，否则判为无话音。如果话音检测器中的门限电平能随线路上所引入的噪声电平的变化而自动快速调节，那么就可以大大减少因线路噪声而引起的检测错误。从中可以看出，门限的选定是关键。

(2) 分配状态寄存器：存储任一时刻、任一输入话路的工作状态及其与输出话路之间的连接状态。

(3) 分配信号产生器：以帧为周期，在分配话路时隙内发出一个分配信号传递话路间

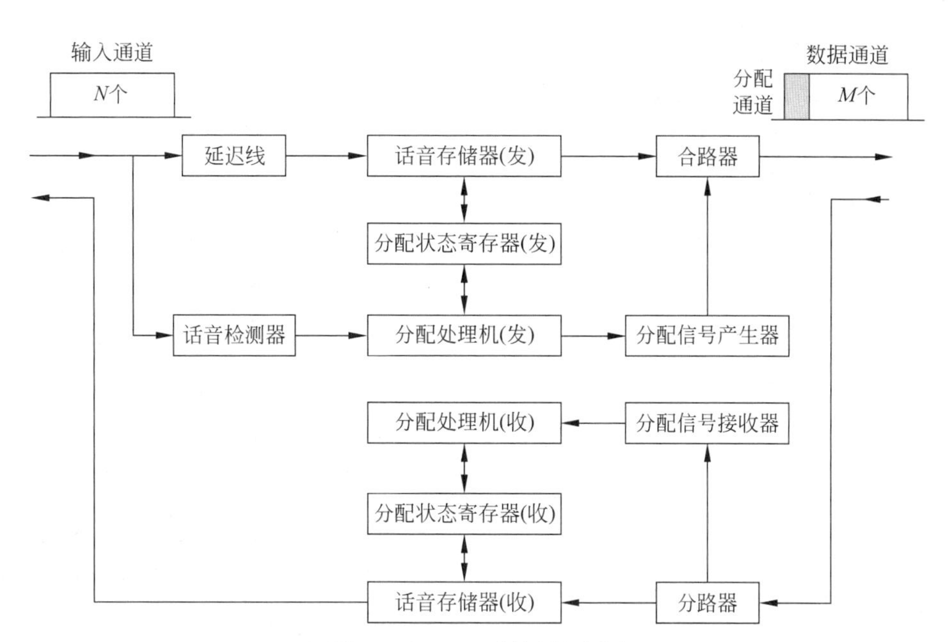

图 3-15 TASI 系统原理框图

连接状态信息，使得接收端根据这一信息恢复数字话音信号。

(4) 延迟线：由于话音检测及话路分配需要一定时间，并且新的连接信息应在该组信码存入话音存储器之前送入分配状态寄存器，故在话音存储器输入端接了延迟电路，其延迟时间大约为 16ms。

2) TASI 工作过程

在发送端，话音检测器依次对各输入话路的工作状态加以识别，判断它们是否有话音信号通过。当话路中有话音信号通过时，立即通知分配处理机，并由其分配状态寄存器在“记录”中进行搜寻。如果需要为其分配一条输出通道，则立即为其寻找一条空闲的输出通道。当寻找到这样一条输出通道时，分配处理机就发出指令，把经延迟电路时延后的该通道信码存储到话音存储器内相对应的需与之相连接的输出通道单元中，并在分配给该输出通道的时间位置“读出”该信码，同时将输入通道和与之相连的输出通道的一切新连接信息通知分配状态寄存器和分配信号产生器。如果此话路一直处于讲话状态，则直至通话完毕时，才再次改变分配状态寄存器的记录。

在接收端，当数字 TASI 接收设备收到扩展后的信码时，分配处理机则根据收到的分配信号更新收端分配状态寄存器的“分配表”，并让各组话音信码分别存到收端话音存储器的有关单元中，再依次在特定的时间位置进行“读操作”。恢复出符合 TDM 帧格式的原 N 路信号，供 PCM 解调器使用。

3) 分配信息的发送

分配信息发送方式有两种：一种是只发送最新的连接状态信息；另一种是发送全部连接状态信息。目前的卫星系统常使用第二种方式。当系统是用发送全部连接状态信息来完成分配信息的传递任务时，无论系统的分配信息如何变化，它只负责在一个分配信息周期中实时地传送所有连接状态信息，因此其设备比较简单。但在分配话路时，如发生误码的话，就很容易出现错接的现象。相比之下，系统只发送最新连接状态信息的方式误码较小。

2. 话音预测编码

图 3-16 所示的话音预测编码发端工作过程如下：

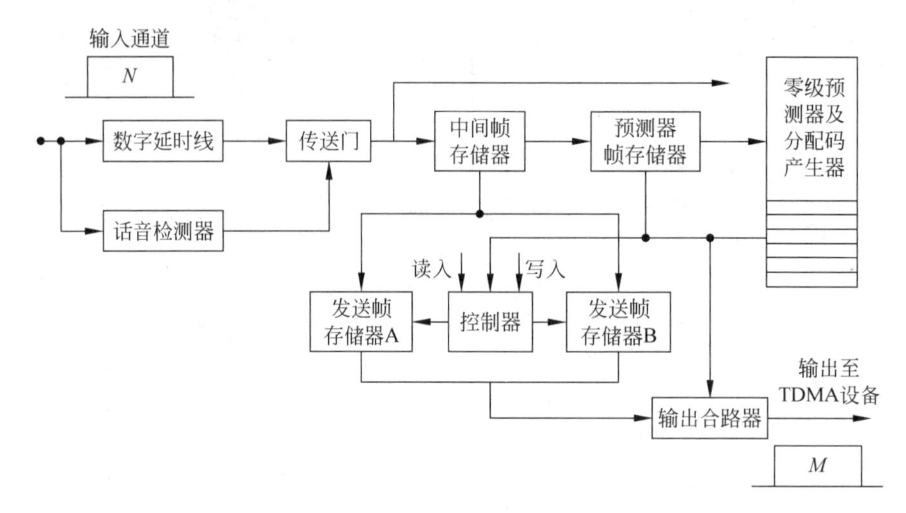

图 3-16 SPEC 发端原理框图

(1) 在发送端，话音检测器依次对采用 TDM 复用格式输入的 N 个通道编码码组进行检测，当有话音编码输入时，则打开传送门，将此编码码组送至中间帧存储器和零级预测器；否则传送门仍保持关闭状态。延迟电路提供约 5ms 时延，正好与话音检测所允许的时间相同。

(2) 零级预测器将预测器帧存储器中所储存的上一次取样时刻通过该通道的那一组编码与刚收到的码组进行比较，并计算出它们的差值。如果差值小于或等于某一个规定值，则认为刚收到的码组是可预测码组，并将其除去；如果差值大于某一个规定值，则认为刚收到的码组是不可预测码组，随后将其送入预测器帧存储器，并代替先前一个码组，作为下次比较时的参考码组，供下次比较所用。

(3) 与此同时，又将此码组“写入”发送帧存储器，并在规定时间进行“读操作”。其中的发送帧存储器是双缓冲存储器，一半读出时另一半写入，这样便可以不断地将信码送至输出合路器。

(4) 在零级预测器中，各次比较的情况被编成分配码(SAW)，如可预测用“0”表示，而不可预测则用“1”表示。这样每一个通道便用 1b 表示出来，总共 N 个通道。当 N 个比特送到合路器时，构成“分配通道”和“M 个输出通道”的结构，并送入卫星链路。

(5) 在接收端，根据所接收到的“分配通道”和“M 个输出通道”的结构，就可恢复出原发端输入的 N 通道的 TDM 帧结构。

在 SPEC 方式中，同样也存在竞争问题，有可能出现本来应发而未发的现象，而接收端却按先前一码组的内容进行读操作，致使信噪比下降。设计中，一般以信噪比下降不超过 0.5dB 来确定 DSI 增益 N/M。实际上，只有当 M 较小时，采用 SPEC 方式时的 DSI 增益才稍大于采用 TASI 方式时的 DSI 增益。

3.8.2 回波控制

1. 产生回波的原因

回波可以分为电学回波和声学回波，分别是由于通信网络中的阻抗不匹配和声波的耦合及遇物体反射引起的。回波的存在会影响通信的质量，严重时将造成系统无法正常工作。

图3-17所示的是卫星通信线路产生回波干扰的原理图。从图中可以看出，在与地球站相连接的PSTN（公共电话交换网）用户的用户线上采用二线制，即在一对线路上传输两个方向的信号，而地球站与卫星之间的信息接收和发送是由两条不同的链路（上行和下行）完成的，即四线制。通过一个混合线圈，实现了二线和四线的连接。这样，当混合线圈的平衡网络的阻抗 R_A（或 R_B）等于二线网络的输入阻抗 R_1 时，用户A便可以通过混合线圈与发射机直接相连。发射机的输出信号被送往地球站，利用其上行链路发往卫星，经卫星转发器转发，使与用户B相连的地球站接收到来自卫星的信号，并通过混合线圈到达用户B。理想情况下，收、发信号彼此分开。但是，由于二线方向用户线路种类和长度的不同，要得到与平衡网络的完全匹配很难。由于阻抗不匹配，由混合线圈的四线输入方向进入的接收信号，便会泄漏到四线的输出端。这一泄露信号即为“回波”。回波的存在，使得发话者的话音通过对方的混合线圈又迂回到发话端，并被发话者听到，回波的大小严重影响到通话的质量问题。这不仅会使通话双方感到不自然，而且会出现严重的回波干扰。回波的影响大小取决于信号的传输时延。

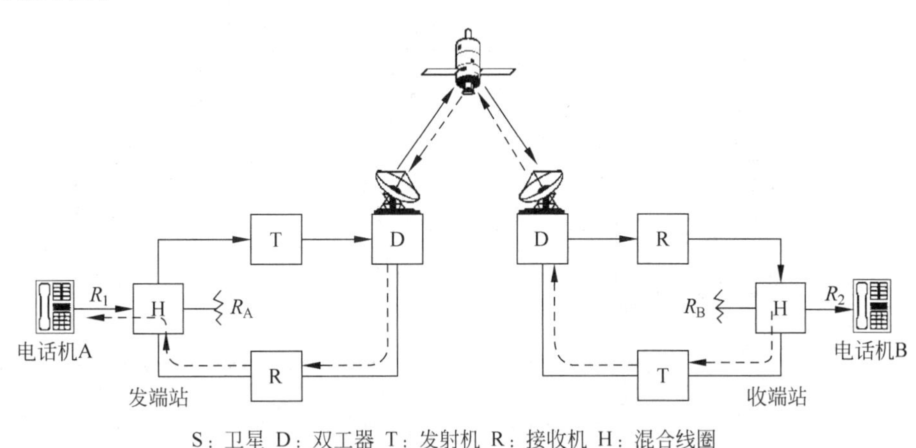

图3-17　产生回波干扰的示意图

2. 回波控制措施

为了抑制回波干扰的影响，通常在话音线路中接入一定的电路，这样在不影响话音信号正常传输的条件下，将回波削弱或者抵消。

最早使用的是通过比较收、发话音电平的话音开关进行回波控制。它是根据电话用户在发话时基本上不收听，而在对方讲话时基本上不发话的特点设计的。即在收听对方的讲话时将本地的发送话音支路断开，以防止收到的话音信号又经混合线圈被发回对方；在本地发话时则将接收支路的衰减加大，以便使收到的回波大大削弱。但是，由于采用这种开关形式的抑制器，经常在谈话开头或在谈话中间产生话音信号被切断的现象，因而又影响了正常通话的质量。

为此，又提出了一种回波抵消器，它的性能要比回波抑制器好很多。回波抵消器分为模拟式和数字式两种，它们的基本原理基本上是一样的，其基本思想是估计回波路径的特征参数，产生一个模拟的回波路径，得出模拟回波信号，再从接收信号中减去该信号，实现回波消除。由于回波路径通常是未知的和时变的，所以一般采用自适应滤波器来模拟回波路径。

1）模拟式回波抵消器

图 3-18 所示是一个回波抵消器的原理图。它用一个横向滤波器来模拟混合线圈，使其输出与接收到的话音信号的泄露相抵消，以此防止回波的产生，而且此时对发送与接收通道并没有引入任何附加的损耗。

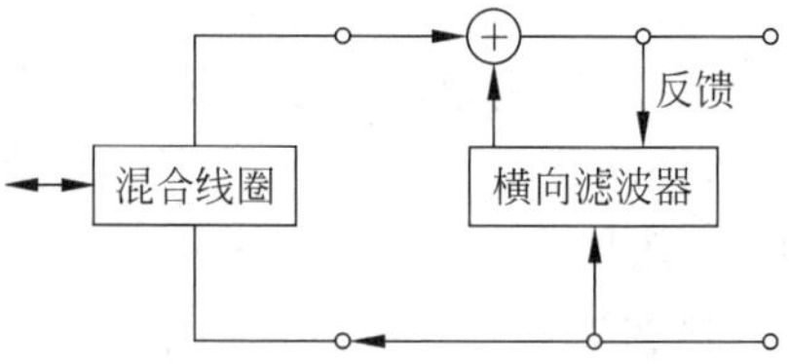

图 3-18 模拟式回波抵消器原理框图

2）数字式回波抵消器

图 3-19 所示的是一种数字式自适应回波抵消器原理方框图。其工作过程是：首先把从对方用户送来的话音信号 $x(t)$ 经过 A/D 变换成数字信号存储于信号存储器中。然后将信号存储器中的话音信号 $x(t)$ 与传输特性存储器中存储的回波支路的脉冲响应 $h(t)$ 进行卷积积分，从而构成作为抵消用的回波分量，再经加法运算从发话信号中减掉，于是便抵消了发话中经混合线圈来的回波分量 $z(t)$。

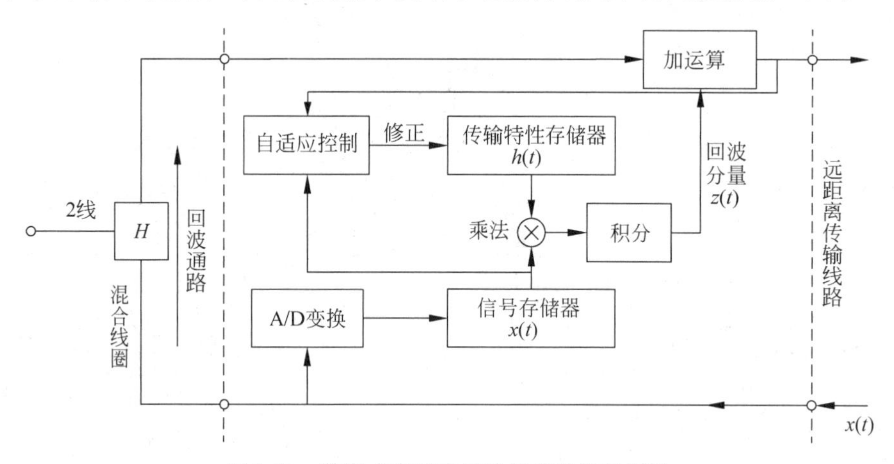

图 3-19 数字式自适应回波抵消器原理框图

图 3-19 中，自适应控制电路可根据剩余回波分量和由信号存储器送来的信号，自动地确定 $h(t)$。通常，这种回波抵消器可使回波分量被抵消约 30dB，自适应收敛时间为 250ms。这样，由于它不切断话头及谈话的中间部分，因而可以实现平滑的远距离通话。

由于数字式自适应回波抵消器可以看作是一种数字滤波器，从运算算法的实现和运算精度等方面来看，它是非常适合于进行数字处理的，因此被广泛应用于卫星通信系统中。

本章小结

通信系统编码大致可分为信源编码和信道编码两大类。信源编码的目的是提高通信系统的“有效性”，可分为波形编码、参数编码和混合编码。信道编码的目的是提高通信系统的

“可靠性”。按照实现方式可分为前向纠错、检错重发和混合方式。

抗干扰码按照纠检错能力可分为检错码、纠错码、纠删码；按照监督码和信息码的关系可分为线性码、非线性码；按照监督码元的监督范围可分为分组码、卷积码；按照码的结构可分为循环码、非循环码；按照纠正错误的类型分为纠正随机(独立)错误的码、纠正突发错误的码、纠正同步错误的码以及既能纠正随机错误又能纠正突发错误的码。

分组码通常记为(n,k)码，n为总码长，k为信息位位数，监督位位数$r=n-k$。编码效率为$\eta=\frac{k}{n}$，编码冗余度$E=\frac{r}{k}$。

常用的差错控制编码有奇偶检验码、方阵码、恒比码、正反码等。

线性分组码的所有码组可由其监督矩阵和生成矩阵构成，且两者之间可以相互转化。

交织码采用行列交织的技术提高了差错控制能力。

循环码是具有循环性的线性分组码。它的生成矩阵取决于生成多项式。

截短循环码是在循环码的基础上，删去前i位全“0”的信息位，形成的$(n-i,k-i)$循环码，它和截短前的循环码至少具有相同的纠错能力，并且编解码方法仍和截短前一样。

BCH码是一种获得广泛应用的能够纠正多个错码的循环码，其构成也主要取决于生成多项式。

戈莱(Golay)码即BCH(23,12)码。它能纠正3个随机错码，并且容易解码，实际应用较多。

RS码为多进制的BCH码，特别适用于纠正突发性错误。

卷积码的监督位不仅监督本信息码组，而且还监督其他的一些信息码组。卷积码的表示方法有树图、状态转移图和网格图。可以采用维特比译码算法对其进行译码。

Turbo码是由一对递归系统卷积码编码器和一个交织器组成的，其大大地提高了编码效率，而且纠错能力极其接近信息理论上能够达到的极限能力。

低密度奇偶校验码和Turbo码同属于复合码类，两者的性能相近。

网格编码调制是将调制和编码相结合的调制技术。它打破了调制与编码的界限，利用信号空间状态的冗余度实现纠错编码，以实现信息高速率、高性能的传输。

卫星通信系统的三种最基本的信号处理技术是数字话音内插(DSI)、回波控制和语音编码。其中，数字话音内插技术包括时分话音内插(TASI)和话音预测编码(SPEC)两种方式；回波控制技术可以抵消或削弱回波干扰造成的影响；语音编码主要分为波形编码、参量编码及混合编码，既属于信源编码，又属于信号处理范畴。

习题

1. 什么是信源编码和信道编码？两者的目的是什么？
2. 简述线性分组码和卷积码的特点，以及它们之间的区别。
3. 已知某线性分组码的一致监督关系式为

$$\begin{cases}a_2=a_6\oplus a_4\oplus a_3\\a_1=a_6\oplus a_5\oplus a_4\\a_0=a_5\oplus a_4\oplus a_3\end{cases}$$

(1) 求该编码的监督矩阵和生成矩阵。

(2) 求其最小码距并分析其检错、纠错能力。

(3) 写出信息码“1101”所对应的系统码。

(4) 如果接收端收到码组“1010110”,判断该码组是否正确,并给出判断依据。

4. 已知某(7,3)循环码的生成多项式为

$$g(x)=x^4+x^2+x+1$$

(1) 求该循环码的监督矩阵和生成矩阵。

(2) 若信息为“101”,求系统码。

(3) 若接收端收到“1011101”,试判断有没有误码?如果有误码,指出错误位置(假设传输时最多只有一个误码)。

(4) 画出构成该循环码的编码器电路。

5. BCH 码与 RS 码之间有何联系和区别?

6. 已知(3,1,3)卷积码的编码器如图 3-20 所示,设输入的信息序列为(b_1,b_2,b_3,…),移位寄存器 D_1、D_2、D_3 的初始状态均为零。

(1) 画出该卷积码的码树。

(2) 写出输入为“111”时的输出码序列(假设后补入的信息位均为“0”码),画出编码路径。

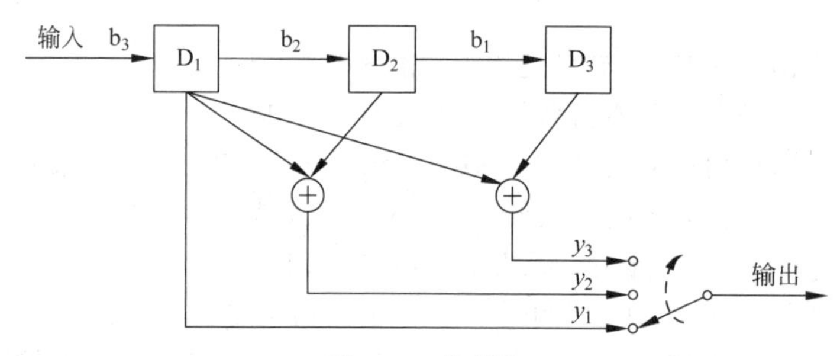

图 3-20 编码器

7. 试述 Turbo 码与卷积码编码器的不同之处。

8. 什么叫差错控制方式?它有哪些类型?各有什么特点?

9. DSI 的作用是什么?为什么采用 DSI 可使 TDMA 通信容量增大一倍?

10. 试给出回波抑制器和回波抵消器的原理方框图,并说明在原理上它们有什么不同。

11. 参量编码与波形编码在原理上有什么不同?各有什么特点?

12. 试说明混合编码的基本原理。

第4章 卫星通信中的多址方式

CHAPTER 4

4.1 多址方式的基本概念

4.1.1 多址方式的概念及分类

多址方式是指在同一颗卫星覆盖范围内的多个地球站，可以通过该卫星实现两站或多站之间的通信。多路复用是通信中常用的提高信道利用率的方法，而多址方式是卫星通信中特有的提高信道利用率的方法。两者之间的差异在于多路复用是多路信号在基带信道上进行的复用，多址方式是指将多个地球站发射的射频信号，在射频信道上进行的复用。两种技术在通信过程中都包含多个信号的复合、复合信号在信道上的传输以及复合信号在接收端的分离三个过程，如图4-1所示。其中最关键的是如何在接收端从复合信号中提取出所需的信号。多路复用信号在接收端的分离在其他相关课程中均有介绍，在此重点介绍多址方式中信号在接收端的分离。

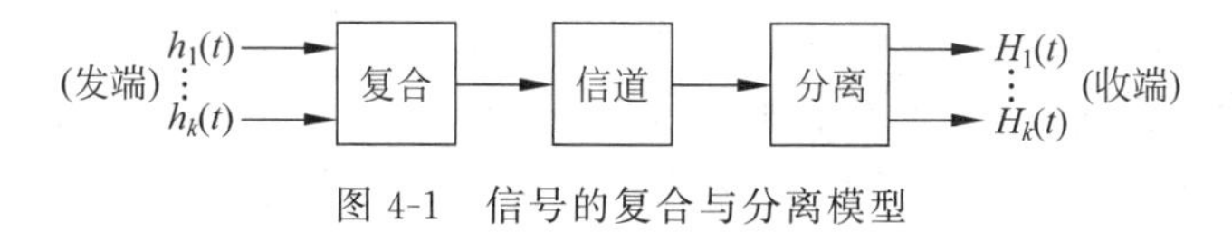

图4-1 信号的复合与分离模型

在多址方式中，信号的分离是根据传输信号所需的频率、时间、波形以及空间位置等参量来进行的。根据这些参量，多址技术可分为频分多址(Frequency Division Multiple Address，FDMA)、时分多址(Time Division Multiple Address，TDMA)、码分多址(Code Division Multiple Address，CDMA)、空分多址(Space Division Multiple Address，SDMA)。

(1) 频分多址：是一种把卫星占用的频带按频率高低划分给各地球站的多址方式。各地球站在被分配的频带内发射各自的信号。在接收端，则利用带通滤波器从接收信号中取出与本站有关的信号。

(2) 时分多址：是一种按规定时隙分配给各地球站的多址方式。共用卫星转发器的各地球站使用同一频率的载波，在规定的时隙内断续地发射本站信号。在接收端，根据接收信号的时间位置或包含在信号中的站址识别信号识别发射该信号的地球站，并取出与本站有关的时隙内的信号。

(3) 码分多址：是一种给各地球站分配一个特殊的地址码(伪随机码)的扩频通信多址

方式。网内各地球站可同时共同占用转发器中的某一频带乃至全部频带发送信号，而没有发射时间和频率上的限制(可以相互重叠)。在接收端，利用与发射信号相匹配的接收机检出与发射地址码相符合的信号。

(4) 空分多址：是一种把卫星上的多副窄波束天线指向不同区域的天线波束分配给对应区域内的地球站的多址方式。各波束覆盖区域内的地球站所发出的信号在空间上互不重叠，即使各地球站在同一时间使用同一频率和同一码型，也不会相互干扰，因而达到了频率再用的目的。实际上，要给每一个地球站分配一个卫星天线波束是很困难的，只能以地区为单位来划分空间。所以，SDMA 通常都不是独立使用的，而是与 FDMA、TDMA 和 CDMA 等方式结合使用。

4.1.2 多址方式中的信道分配技术

多址方式的信道分配技术是指使用信道时的信道分配方法，是卫星通信技术的一个重要组成部分。信道的概念在不同的多址方式中具有不同的含义。在 FDMA 中指的是各地球站占用的转发器的频段，在 TDMA 中指的是各地球站占用的时隙，在 CDMA 中指的是各地球站使用的码组。目前，常用的信道分配技术有两种，分别是预分配方式和按需分配方式。

1. 预分配方式

在这种信道分配方式中，卫星信道是预先分配给各地球站的。在使用过程中不再变动的预分配称为固定预分配方式。对应于每日通信业务量的变化而在使用过程中不断改变的预分配称为动态预分配方式。

(1) 固定预分配方式。在卫星通信系统设计时，按照通信业务量的多少分配信道数目，每个站分到的数量可以不相等，分配后在使用过程中信道的归属一直固定不变；即各地球站只能使用自己的信道，不论业务量大小，线路忙、闲，都不能占用其他站的信道或借出自己的信道。固定预分配方式的优点是通信线路的建立和控制非常简便，缺点是信道的利用率低。因此这种分配方式只适用于通信业务量大的系统。

(2) 动态预分配方式。动态预分配方式是指通过对系统内各地球站间的业务量随时间或其他因素在一天内的变动规律进行调查和统计，然后在一天内可按约定对信道做几次固定的调整。这种方式的信道利用率显然要比固定预分配方式高，但从每个时刻来看，这种方式也属于固定预分配，因此也仅适用于大容量的通信线路，在国际通信网中较多采用。

2. 按需分配方式

按需分配方式是指系统中所有的地球站共用所有的信道，信道的分配要根据当时的各站通信业务量而临时安排，信道的分配灵活。

这种信道分配方式的优点是信道的利用率大大提高，但缺点是通信线路的控制变得复杂。通常要在卫星转发器上单独划出一个频段，专门作为公用信道，各地球站可通过此公用信道进行申请和完成通道分配工作。

常用的按需分配方式有以下两种类型。

(1) 全可变方式。在这种方式中，发射信道与接收信道可随时地进行申请和分配。可选取卫星转发器的全部可用的信道，使用结束后立即归还，以供其他各地球站申请使用。

(2) 分群全可变方式。在这种方式中，将系统内业务联系比较密切的地球站分成若干群,卫星转发器的信道也相应分成若干群,各群内的信道采用全可变方式,但群与群之间不能转让信道。群与群之间的连接有几种方法,其中之一是各群中设有一个主站。群内设有群的小区控制器(Cell Site Controller,CSC)供群内各站与主站连接,另外还设有群间的CSC,供各群主站相互连接使用,通过主站的连接把信道分给两个不同群的地球站,以建立这两个站之间的通信连接。

3. 随机分配方式

随机分配方式是指网中各站随机地占用卫星转发器的信道,这种方式通常在卫星通信中的数据交换业务中使用。

以上所讨论的信道分配方式都是在每个地球站各具有一台交换机的条件下进行的,而卫星转发器没有交换和分配信道的能力。随着通信业务的增长和利用卫星转发器的技术发展,某些信道分配的功能已移到卫星上。这样的卫星就不是"透明"的了,而是具有交换和信号加工的处理功能了。

4.2 频分多址方式

4.2.1 频分多址的原理及分类

频分多址(FDMA)方式是卫星通信系统中最简单、应用最广泛的多址方式。在用这种方式组成的卫星通信网中,每个地球站向卫星转发器发射一个或多个载波,每个载波具有一定的频带,各载波频带间设置保护频带以防止相邻载波间的干扰。具体的原理框图和频率计划如图4-2所示。

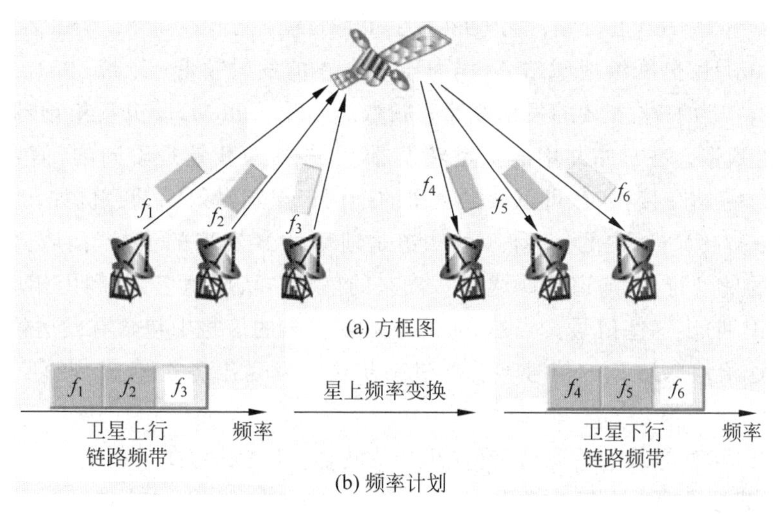

图4-2　频分多址方式示意图

图4-2中,f_1、f_2、f_3是各地球站发射的载波频率,在卫星转发器中按频率高低排列,经频率变换转换为相应的下行频率发往各地球站,各地球站根据载波频率的不同识别来自不同地球站的信号。

在FDMA中,根据各地球站之间载波连接方式的不同,有两种不同的连接方式:单址载波和多址载波。

1. 单址载波

单址载波是指每个地球站向其他各地球站分别发射一个不同的载波，如果有 n 个地球站，则每个地球站向卫星发射的载波数目为$(n-1)$个，n 个地球站同时向卫星发射的载波数目将为 $n(n-1)$个，转发器频率配置见图 4-3。这样当地球站数目较多的时候，会造成卫星系统的交调干扰非常严重，因此，该方式只适用于地球站数目较少的情况。

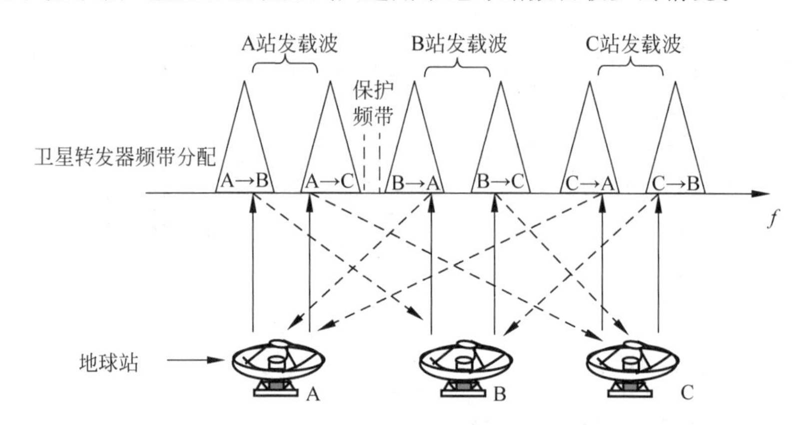

图 4-3 各站发$(n-1)$个载波的 FDMA 工作示意图

2. 多址载波

多址载波是指将一个地球站发送给其他各站的信号采用多路复用的方式形成基带上的多路信号，再调制到一个射频载波上发射出去。其他地球站接收时经解调后用带通滤波器取出与本站相关的信号。图 4-4 是这种方式的示意图。假设有三个地球站 A、B、C，卫星转发器的带宽 B=68MHz，上行频带为 5930～5998MHz，下行频带为 3705～3773MHz。将频带 5930～5950MHz 分配给地球站 A，作为地球站 A 的发射频带；频带 5954～5974MHz 分配给地球站 B，作为地球站 B 的发射频带；频带 5978～5998MHz 分配给地球站 C，作为地球站 C 的发射频带。在三站共用的卫星转发器上，各站的载频是不同的，信号频谱也彼此不重叠。这样，各站在接收时，可以根据频率的不同来识别发射站址。例如，当地球站 A 收到频带 3729～3749MHz 内的信号时，就知道是地球站 B 发来的信号，而收到频带 3753～3773MHz 内的信号时，就知道是地球站 C 发来的信号。从原理上讲，利用相应的带通滤波器即可分离（识别）出这些信号。当然，从地球站 B 发出的信号中包含有发送给地球站 A 的信号，也有发送给地球站 C 的信号。若要进一步区分发送给各个地球站的信号，则要采用下列方法：

(1) 地球站同时与几个站通信，就发几个载波，而卫星则照收照发；

(2) 多址载波方式，即每个地球站只发射一个载波，而利用基带中的频分多路复用(FDM)或时分多路复用(TDM)将不同的群或超群划分给有关的各地球站。

地球站传送多路信号有两种不同的方式：单路单载波(Single Channel Per Carrier，SCPC)和多路单载波(Multiple Channel Per Carrier，MCPC)。

单路单载波是指在 FDMA 中每个载波只传送一路话音或数据，可以根据需要给每个地球站分配若干个载波，比如固定分配给某个站 80 对双向话音信道，则意味着该站满负荷工作时要同时发送 80 个不同频率的载波，每个载波携带一路话音信号。SCPC 方式的示意图见

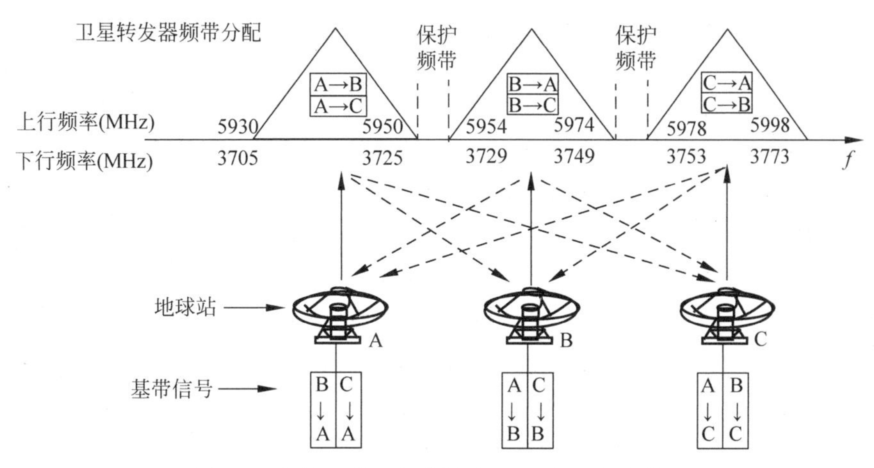

图 4-4 各站只发一个载波的 FDMA 工作示意图

图 4-5。这种技术与话音激活技术结合使用可有效地提高卫星转发器的效率。

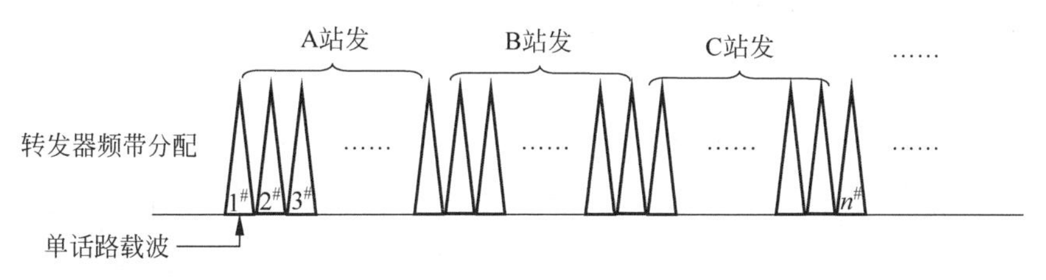

图 4-5 SCPC 方式工作示意图

多路单载波是指在 FDMA 中为多个话路分配一个载波。其工作原理与多址载波方式相同。

频分多址方式根据多路复用以及调制方式的不同,可分为以下几种方式。

(1) FDM/FM/FDMA 方式。这种方式是先把要传送的电话信号进行频分多路复用处理,即 FDM;再对载波进行调频,即 FM;然后按照载波频率的不同来区分地球站站址,即 FDMA。

(2) SCPC/FDMA 方式。SCPC 方式的含义是每一个话路使用一个载波。这种多址方式中的调制方法可以是 PCM/PSK,或增量调制(ΔM)/PSK,也可以是比较简单的 FM。SCPC 多址方式是预分配的,如果采用按需分配时,就叫作 SPADE 方式。

(3) PCM/TDM/PSK/FDMA 方式。这种多址方式是先把话音信号进行 PCM,即脉码调制;经过 TDM,即时分多路复用,然后再对载波进行 PSK,即相移键控;最后 FDMA,并根据载波频率不同来区分站址。

除了上面所提到的几种调制方式外,还可以采用其他调制方式。具体采用哪种调制方式,要根据对卫星通信系统的用途和要求来决定。

4.2.2 FDM/FM/FDMA 方式

在这种方式中,地球站采用频分复用的方法将多路信号在基带信道上进行复用,然后将复用后的信号采用调频的方法调制到指定的射频频率上,系统中的各个地球站采用频分多址技术进行连接。为减小 FDMA 系统中的交调干扰，通常在该系统中采用多址载波方式。

图 4-6 为 FDM/FM/FDMA 方式的示意图。假定 A 站向 E 站发送信息进行频分多址通信，则 A 站用基带复用器将要发送的信号从接收站复用到基带信号的相应频带中，如图所示，将 A 站送往 E 站的信号复用到发往 E 站的频带中，然后将整个基带信号进行上变频，调制到 A 站射频频率 f_A 上，再经功率放大器、天线、上行链路发送给卫星转发器的接收机。在通信卫星的转发器中，经过星上的合路、放大和变频处理后成为频率为 f'_A 的下行射频信号。当 E 站接收频率为 f'_A 的下行射频信号后，经过下变频、中频滤波和解调后，就得到了 A 站发送给所有地球站的基带复用信号，再使用带通滤波器选出送往本站的基带信号，最后使用基带信号分离器对多路信号进行分路，送往地面通信网。

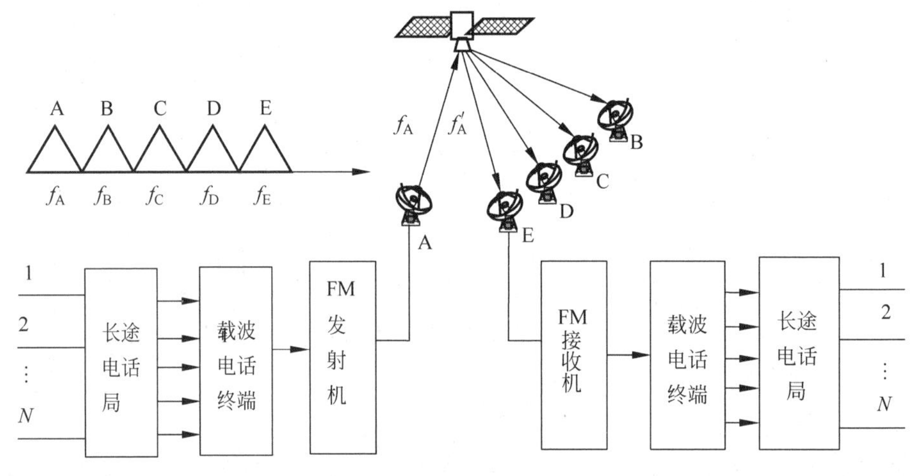

图 4-6 FDM/FM/FDMA 方式的示意图

4.2.3 SCPC 方式

FDM/FM/FDMA 方式载波数目不能过多，为提高通信效率该方式通常应用于通信业务量较大的地球站。如果地球站的通信量较小，就经常会产生空闲的时间。而且不通话的空闲时间仍要发射射频载波，从而浪费通信卫星上的有限功率。

为了解决这一问题，提出了 SCPC 方式。它的特点是每个载波只传输一路电话，或者相当于一路电话的数据或电报，同时可以采用“话音开关”即“话音激活”技术。这种技术是指有话音时才发射载波，没有话音时关闭所用的载波，从而节省卫星功率。根据对大量通信系统的统计研究表明，同一时间只有 25%～40%的话路处于工作状态，即每话路只有 25%～40%的工作概率。因此，采用“话音激活”技术可使转发器容量提高 2.5～4 倍，进而增加卫星的通信容量。此外在该方式中，由于载波时通时断，转发器内载波排列具有某种随机性，可减小交调干扰。因此，SCPC 方式非常适用于通信地球站站址数较多，但各地球站的通信容量较小，总通信业务量又不太繁忙的卫星系统。

根据基带体制和对载波调制方式的不同，SCPC 可分为模拟制式和数字制式两种。按照信道分配方式可分为预分配方式和按需分配方式。

1. 预分配方式的 SCPC

在预分配方式的 SCPC 系统中，信道固定分配给各个地球站。两地球站通话时各占用一条卫星信道。SCPC 系统的频率配置如图 4-7 所示。由于一路数字话音信号是 64Kb/s，因此可将一个卫星转发器上 36MHz 带宽等间隔地划分为 800 个载波信道。以导频为界，高低频段各设置 400 条信道，信道间隔为 45kHz。第 400 和 401 信道留空，于是，导频与相邻左右两信道之间的间隔为 67.5kHz，以保护导频不受干扰。基准导频用作各站自动频率控制(Automatic Frequency Control，AFC)的基准，确保各地球站对导频的接收和提取。但是，对于发射站的频率变动，不能使用 AFC 进行补偿，只能严格限制在±250Hz 以内，使其影响可以忽略不计。由卫星运动所引起的多普勒频移的量级最大是 2×10^{-8}，由此产生的特性恶化可以忽略不计。

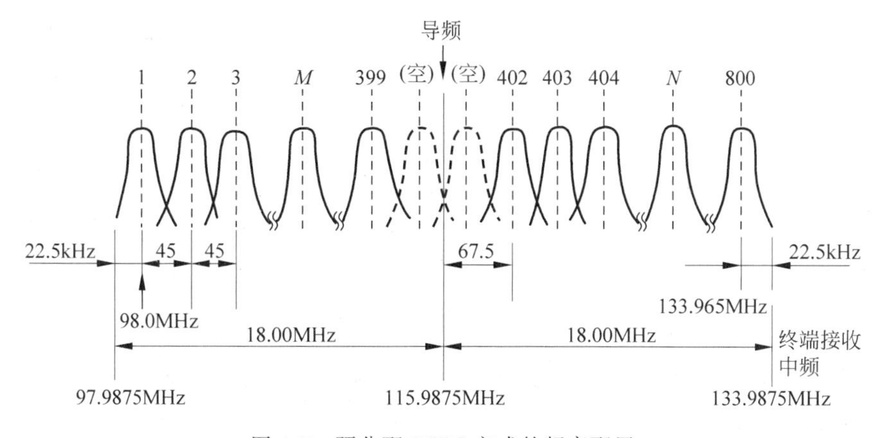

图 4-7 预分配 SCPC 方式的频率配置

各地球站设置的 SCPC 终端设备的组成图，如图 4-8 所示。图中的地面接口单元完成 SCPC 系统与地面通信系统的连接。信道单元是为每个话音信号或数据信号而准备的。不过用于话音信号和用于数据信号的各单元部分是不同的，话音信号单元是用来完成话音信号的编码、调制的设备。公用单元由发射分单元和接收分单元组成。发射分单元将来自信道单元的信号上变频为上行频率，而接收分单元则把卫星转发来的下行频率的信号变成 70MHz 中频，并将它们分别送往相应的信道单元，同时进行自动频率控制和自动增益控制(Automatic Gain Control，AGC)。

如图 4-8 所示，在 SCPC 系统中，话音信号的传输根据奈奎斯特定律按 8kHz 进行取样，量化时采用 *A* 律 13 折线压扩特性，7 位 PCM 编码。这样构成的 PCM 信源编码速率为 56Kb/s，然后每 224 位前插入一个 32 位的消息头(SOM)，从而构成传输速率为 64Kb/s 的 PCM 编码。在 SCPC 系统中利用话音传送时的不连续或间歇的这一性质，在信道单元内设置“话音检测器”，它有一个话音电平的低端阈值，当输入话音超过这个阈值时(如 PCM 编码信号的 4 个连续样值超过阈值(-24dBm_0 或 -28dBm_0))就发载波，称为话音激活，从而使卫星转发器中同时存在的有效载波数减少，并相应地减少了交调干扰，进而提高了卫星功率的利用。由于话音激活和不断形成载波的通/断(即脉冲性)发射，为了在接收端能对这种不连续波进行相干检波，应在各分帧的前端字头内设计载波和位定时恢复码。当采用绝对

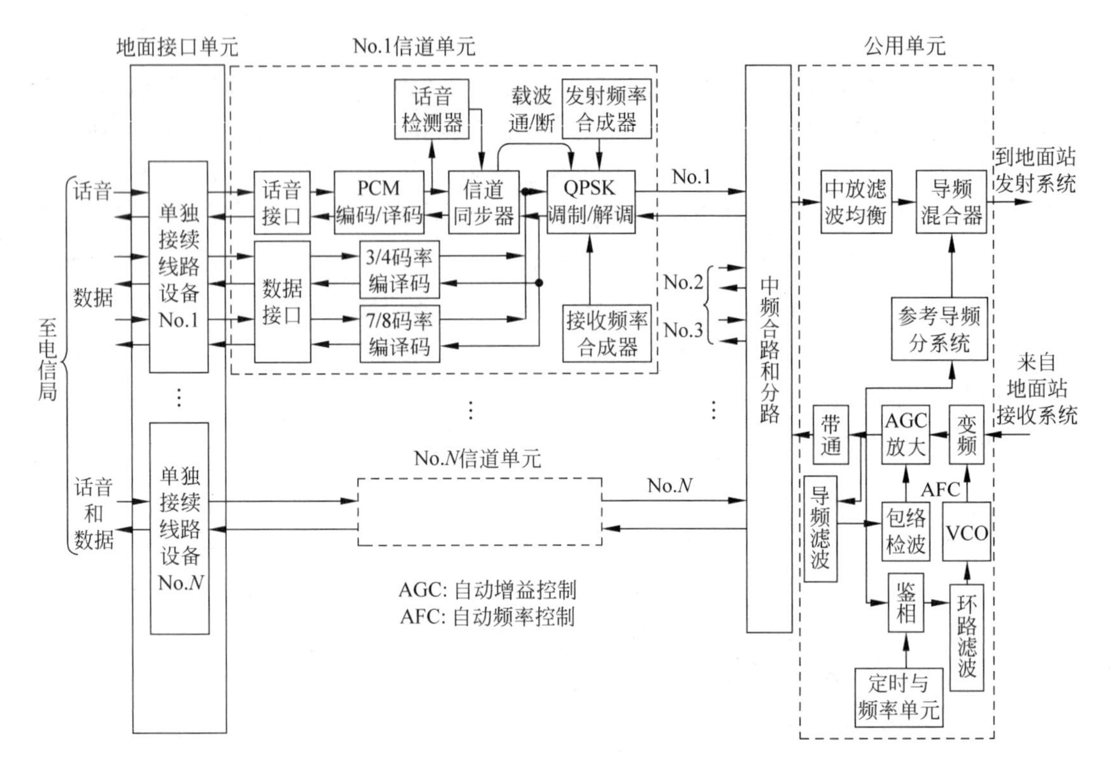

图 4-8 SCPC 地面终端组成框图

QPSK 调制方式时，为了克服相干检波存在的载波相位模糊，必须在接收端确定相干检波所需要的基准相干载波相位。SOM 既可以确定帧同步，同时根据接收到的 SOM 的模式也能消除相干载波的相位模糊。

数据信号的传输是以连续发送方式进行的，因此不需要为恢复载波和位定时而附加字头，但是为了正确恢复载波和位定时，消除所传输信号中出现的长连“1”或长连“0”模式，可以对传输码进行扰码。扰码后的数据再进行纠错编码，对 48Kb/s 或 50Kb/s 的输入数据信号几乎均采用 3/4 的卷积编码，按这种编码可以纠正 80 个连续位中的 2 个误码。对于速率为 56Kb/s 的数字信号，均采用 7/8 的卷积编码，它可以纠正 384 个连续码位中的 2 个错误。

在数据传输中，由于未插入消息头 SOM，所以消除帧同步和基准载波相位模糊，得参考纠错译码时所得到的伴随式。即以伴随式计数器检测的位错误率不能超过某个规定值为原则来修正同步状态和相位。

2. 按需分配的 SCPC(SPADE)

采用 SCPC 方式的卫星系统中通信地球站的通信容量一般较小，站址数较多，总通信业务量又不太繁忙，因此采用预分配方式的 SCPC 系统中，不能充分体现其优越性。采用按需分配方式更适用于 SCPC 系统。SPADE 方式就是一种按需分配 SCPC 方式，即 SCPC/PCM/DA/FDMA 方式。

该系统与预分配方式 SCPC 在话音编译码方式、调制方式、话音激活技术，为恢复载波和位定时而附加的字头和消息头等相同，特点在于采用了卫星线路的按需分配技术，即当电话线路上有通信呼叫请求时，才沟通星-地线路，构成一个通信信道。由于采用按需分配，所以在频率配置、地面终端设备以及工作过程与预分配方式的SCPC不同。

为了实现按需分配，在SPADE系统中，通常将一个转发器的部分频率配置为公用信令信道(Common Signaling Common,CSC)。其他频段配置为通信信道。具体的频率配置如图4-9所示。

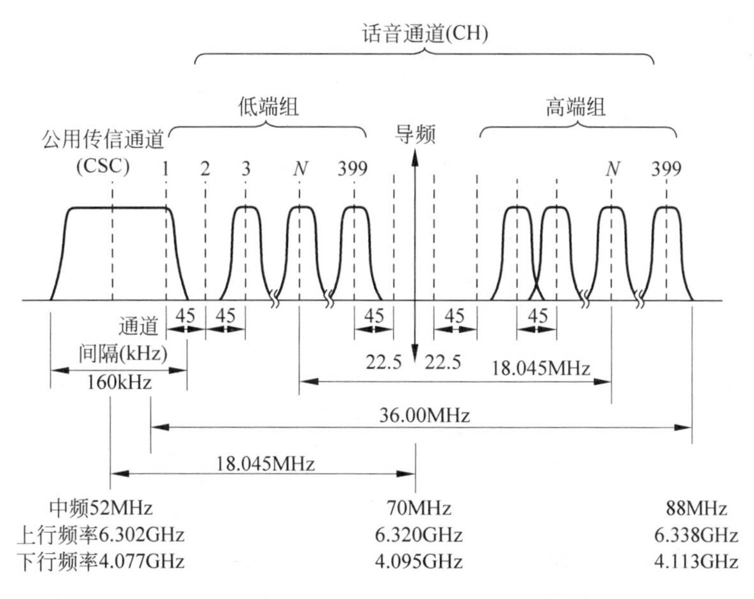

图4-9 SPADE方式的频率配置

对于卫星转发器36MHz带宽的频率分配，SPADE方式基本上和预分配方式SCPC方式频率分配方案一样，只是在频率低端留有160kHz带宽提供给CSC。这样信道1和2将不能使用。因此，可提供给用户使用的双向信道数目为397条。

CSC按TDMA方式工作，采用128Kb/s的二相差分PSK(即2DPSK)载波调制，由基准站所指定的站发出。CSC信道采用50ms为一帧，分为50个等间隔的分帧，第一个分帧为基准分帧(RB)，供帧同步用；第二个分帧供测试用，其余48个分帧供多址连接用，如图4-10所示。各站在分配给本站的时隙内以分帧形式送出这个载波，由所有地球站接收。这样SPADE系统可以为48个地球站提供397条双向通路，每个地址每隔50ms可以向信道申请一次。为了减少这种仍属于频分多址的SPADE系统的交调干扰，也采用了话音控制载波技术，从而使卫星转发器中同时存在的有效载波数减少。根据话音功率检测器检测的结果，可获得4dB平均功率。因为在忙时任一瞬间，话音信道只有40%的话音机会，相当于在该系统800个载波中，同时在卫星转发器内进行放大的约为320个载波，于是，能使最坏的交调干扰减少3dB。

在SPADE方式中不设监控站，各地球站利用CSC来交换各站之间关于信道分配的情况，自行分配线路。因此，它不是采用集中控制，而是分散控制的全可变按需分配方式。

SPADE系统的接续分配操作是当某个用户从地面通信网进入各SPADE终端，向它所属的(最大为60个话路)任何一个话路发出呼叫通信请求时，就把该话路与397个卫星线路中任何一个空闲信道接通，并通过对方用户的地球站与对方通信网接通。具体工作过程如

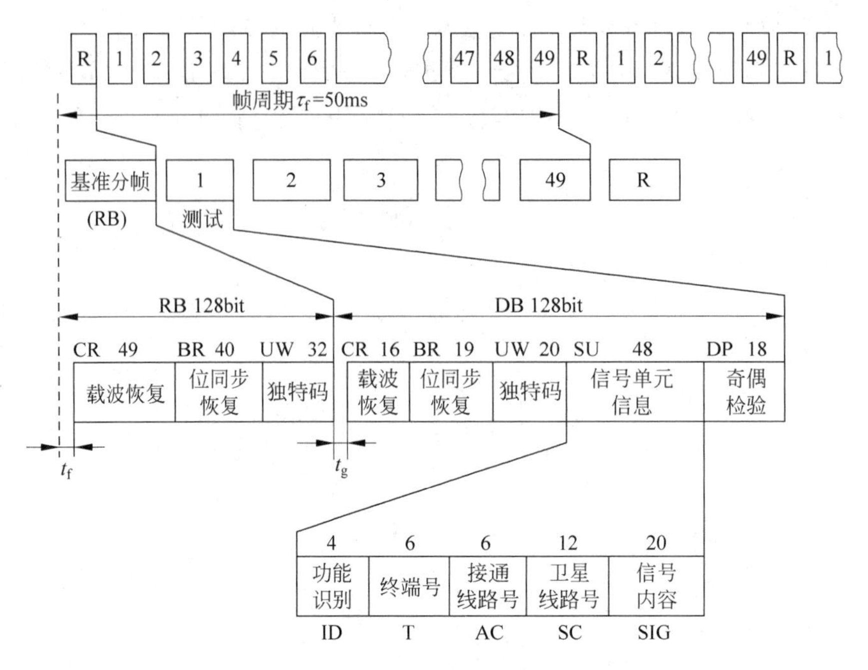

图 4-10 公共信令信道的信号格式

下：用户发出呼叫请求时，呼叫请求首先被地面接口单元所接收，然后传给按需分配工作的信号和转接单元，由信号转接处理器(Signal Transfer Processor，SSP)记下来自地面通信网的用户请求。卫星线路的使用情况全部记录在 SSP 存储器中。因此，根据线路使用状况和现在的申请，SSP 就会编出包括空闲信道号码和通信对方 SPADE 终端号码在内的一系列分配码，并通过 CSC 发出。该起呼站的信息会被所有 SPADE 站接收，各站同时更新 SSP 的频率忙闲表。申请被认可后，就控制与起呼地面线路相连接的信道单元的频率合成器，使其与被分配的卫星线路频率一致。因为卫星线路信号的单程传播需要 250ms，为了避免双重捕捉，这个时刻起呼站也应和其他站一样要确认尚未捕捉到的卫星线路。另一方面，在被呼叫站，同样在确认没有双重捕捉以后，选出尚未使用的一个信道单元，使其频率与 CSC 所通知的卫星线路频率取得一致。进而控制地球站接口单元(TIU)，通过地面线路把传呼信息送给收端地面通信网，同时通过卫星线路送出导通测试子帧信号，这个测试信号一旦从起呼站重新发回，被呼站便立即通过 CSC 送出接通(OK)信号。接通一旦被确认，起呼站和被呼站就都把各自的信道单元与地面线路接通，处于正常通信状态，从而在起呼和被呼长话局之间建立起通信线路。

通信一旦结束，就通过 CSC 信道送出话音终止信号。当系统内全部 SPADE 站收到这个终止信号后，就更新 SSP 存储器的内容，撤消通话时建立的线路，使这条卫星线路空出。留作再分配用。

以上通信建立过程的信令交换全过程，如图 4-11 所示。

图 4-12 是 SPADE 方式的地面终端设备，它只需对 SCPC 方式的终端设备稍加修改并加入按需分配的信号和转换装置即可。图中 TIU 和信道单元与图 4-5 相同。这里只需对按需分配的信号和转换设备作一简单介绍。该装置对系统各地球站线路之间的控制信号进

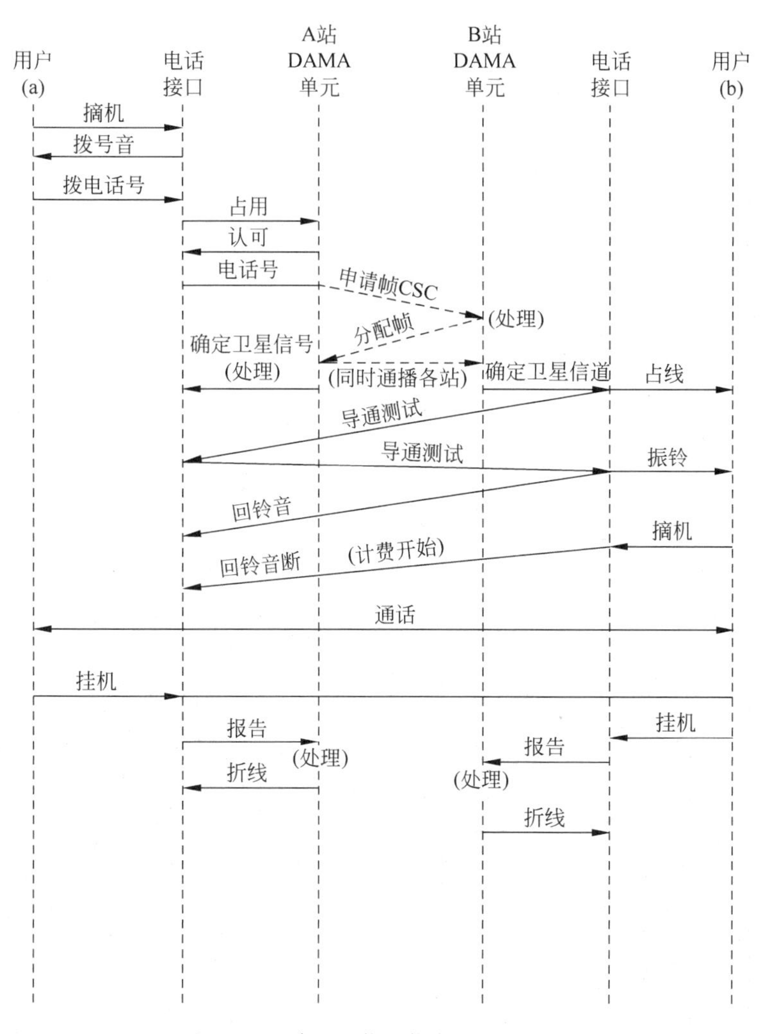

图 4-11 建立通信的信令交换全过程

行处理和监视以及对本站终端设备的工作情况进行监视。即接收连通接口单元与信道单元所需的信号，向信道单元传送“开始工作”及分配“收、发频率”的指令信号，掌握卫星通信线路和本机使用情况，并可记录打印等。它具体包括信号和转换处理器、电传打字机（和磁带存储器、时间显示器和转换盘等）、公用信令信道的同步单元和调制/解调器等。其中同步单元的作用是受信号和转换处理器的控制，通过卫星的公用信令信道，来发射申请线路信号和接收其他地球站的应答信号及线路使用的终止信号等。由于这些发、收的信号是按时分方式工作的，所以要有同步脉冲协调。其调制部分靠公用信令信道同步器输出的脉冲序列，将定时和频率合成器输出的载波调制成 2PSK 信号，并把它送入中频分系统。它的解调部分对由中频分系统输出的公用信令信道载波进行解调，并把数据和信息定时信号送入公用信令信道同步器。

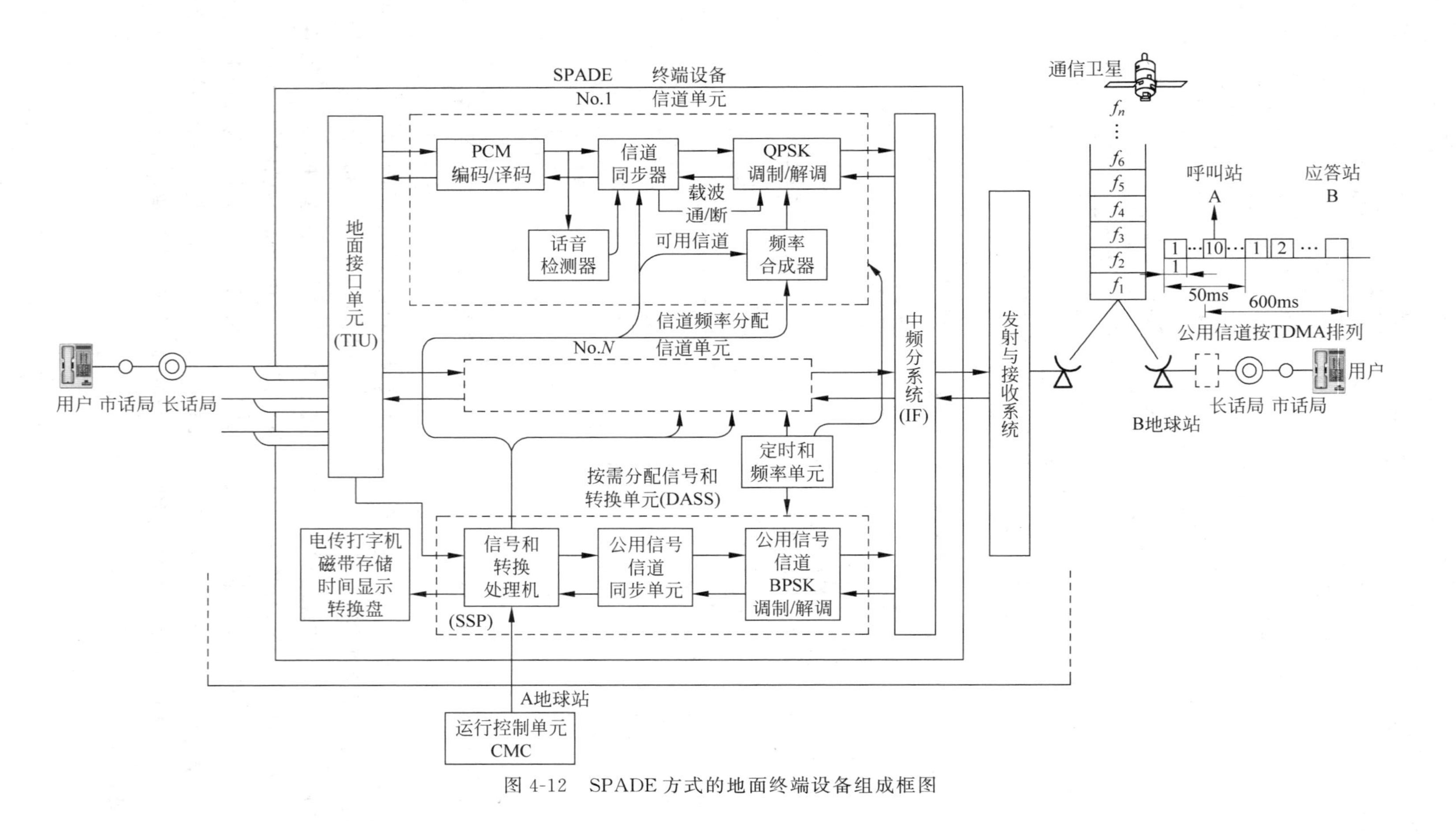

图 4-12 SPADE 方式的地面终端设备组成框图

4.2.4 非线性放大器的影响和减少交调干扰的方法

用于卫星转发器和地球站发射机的高功率放大器都具有非线性，即放大器的输出信号的振幅并不随输入信号的振幅线性变化，而呈现饱和特性。另外，输入信号振幅的变化也会使输出信号产生附加的相位失真。有时我们把振幅非线性称为调幅/调幅（AM/AM）变换，相位非线性称为调幅/调相（AM/PM）变换。比如，当行波管放大器（TWTA）在饱和点附近工作时，其变换关系分别为：

$$u_o(u_i)=a_1u_i+a_3u_i^3+a_5u_i^5+\cdots \tag{4-1}$$

$$\theta(u_i)=b_1[1-\exp(-b_2u_i^2)]+b_3u_i^3+\cdots \tag{4-2}$$

其中，u_i 为输入电压，a_i 为交替取正负值的常数，b_i 为常数。

已调载波经非线性放大器放大会产生各种失真，从而使信号质量恶化。特别是在FDMA方式中，卫星转发器的TWTA同时放大多个不同频率的载波时，会对系统的性能产生以下不良影响。

1. 交调干扰

在FDMA卫星通信系统中，最大的问题是卫星转发器处于多载波工作状态，当多载波通过TWTA放大时，由于TWTA的非线性而产生各种组合频率成分。当这些组合频率成分落在卫星转发器的工作频带内时，就会造成对有用信号的干扰，这就是交调干扰。

2. 频谱扩展

通常，将已调载波经非线性放大器放大后，在输入信号的主频谱外侧也出现信号频率成分的现象称为频谱扩展。在FDMA方式中，这种信号频谱扩展会对相邻卫星信道造成有害干扰。例如，相移键控信号由于相邻符号间载波相位不连续，经带限滤波器后，就会在符号的变换点产生很大的包络的起伏，即产生了AM成分，这种幅度起伏成分经非线性放大就会引起AM/AM变换和AM/PM变换，使信号产生失真，原来经带限滤波器后大大衰减了的边带又会重新被恢复，导致频谱扩展。

3. 信号抑制

在卫星通信系统中，往往有大、小站同时工作的情况。若转发器存在幅度非线性并采用FDMA方式，则不仅会出现交调产物，还可能产生一种大站强信号抑制小站弱信号的现象。这时非线性放大器的放大系数是随着各载波信号强度的变化而变化的，载波信号强度越小，则非线性放大器的增益越小。为此必须对大站的功率加以适当的限制，否则将会严重影响小站的正常工作。

4. 调制变换

调制变换起因于AM/AM和AM/PM变换特性的非线性，即由一个载波的幅度调制成分对其他载波进行调制的现象，称为调制变换。例如，在TDMA信号和FM信号同时放大的情况下，就会在FM信号的基带内产生可懂串话噪声。

为保证通信质量，人们研究了不少减少交调干扰的方法，简单归纳如下。

(1) 控制各载波中心频率的间隔，合理分配不同幅度、不同容量的载波位置。当载波数较大时,必须根据交调产物的分布情况,合理地选取载波中心频率的间隔,而不是等间隔地配置。关于选择载波频率间隔的方法有不少,其基本原则是:位于卫星转发器频带中央的载波间隔大,而在两边的间隔小。这样既可以有效地利用卫星频带,又可减少交调成分量高峰的影响。在实际卫星系统中,经卫星转发的各载波却往往是幅度和频带都不相等的,这时情况更为复杂,常常需要结合实验来研究载波的配置方法。

(2) 加能量扩散信号(扰码)。扰码对各种数字信息具有透明性,它不仅能改善位定时恢复的质量,还能使信号频谱弥散而保持稳恒,能改善数字传输系统的性能。为了减小已调数字载波的最大功率通量密度和满足在偏离轴线方向上EIRP能量密度的要求,在发端地球站的信道单元中需加入扰码信号,另外在收端地球站做相反的变换(解扰),就可将数字信息恢复成原有形式。完成"扰码"与"解扰"的装置分别称为扰码器和解扰器,设计良好的扰码器可以限制周期序列和含有长"0"或长"1"序列的发生,从而保持位序列的透明性,同时扰码器还能起到很好的保密作用。

(3) 对上行链路的载波功率进行控制以及合理地选择行波管的工作点。在FDMA方式中,除了因行波管的非线性会产生交调分量外,还会出现强信号抑制弱信号的现象。因此,还必须严格控制地面发射的各载波的功率,使其限制在容许的范围内。对上行链路载波功率控制的方法很多,可以在地球站内控制,也可以在卫星内控制,目前为了减轻卫星的负担,大都在地球站内控制。

(4) 利用幅度和相位预失真校正行波管特性。减小非线性影响的另一种措施是在行波管放大器(TWTA)之前,接入具有与之相反幅度特性和相位特性的器件或网络,用以对行波管的幅度特性和相位特性进行校正(补偿),从而使功放系统的输出与输入之间保持良好的线性(对于幅度特性)和相位恒定(对于相位特性),其原理框图如图4-13所示。

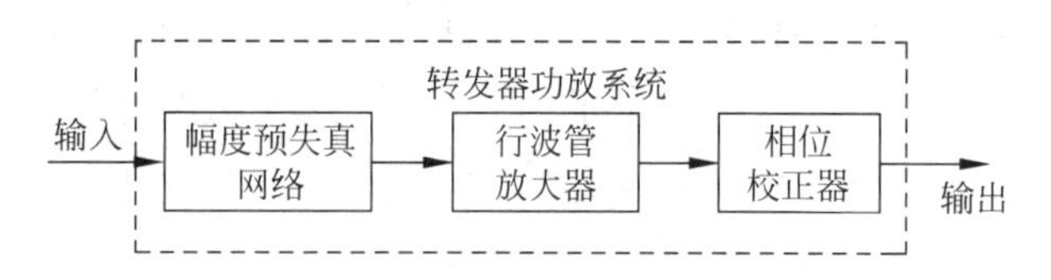

图4-13 具有幅度和相位校正的TWTA系统

对幅度特性校正器件来说,输出信号相对于输入信号是有失真的,然后通过行波放大器再一次产生失真,结果对信号影响大的失真项被消除,从而保持功放系统的线性,故这种方法称为"预失真",如图4-14所示。校正后总的输出与输入特性接近于线性关系,因而在TWTA输出端,就不会因幅度非线性而出现交调分量。这种预失真补偿网络可用PIN或肖特基势垒管(其衰减特性具有非线性)来构成。

对相位特性校正器件来说,直接利用相位特性(相位随输入功率的变化而变化的特性)与TWTA的相位特性相反的电路(相位校正电路),这样,信号在相位校正网络和TWTA的共同作用下,可使输出信号的相位基本上不随输入功率电平的变化而变化,即 $\theta_T(P_{in})+\theta_L(P_{in})\approx$ 常数,其中,$\theta_T(P_{in})$、$\theta_L(P_{in})$ 分别为行波管的相位特性和相位校正器的相位特性,其校正曲线如图4-15所示。

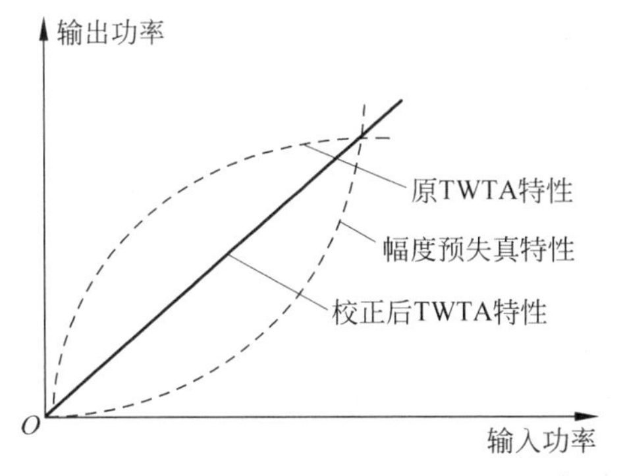

图 4-14 利用幅度预失真的 TWTA 幅度特性线性化

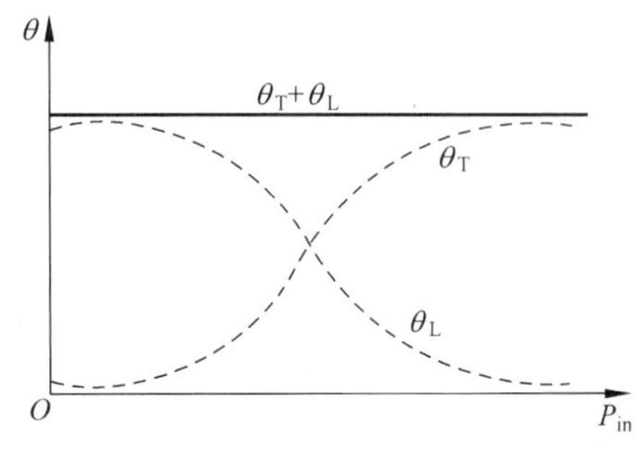

图 4-15 TWTA 相位特性的校正

由上述分析可知，FDMA 方式具有如下特点：

(1) 设备简单，技术成熟；

(2) 系统工作时不需要网同步，且性能可靠；

(3) 在大容量线路工作时效率较高；

(4) 由于转发器的非线性容易形成交调干扰，为了减少交调干扰，转发器要降低输出功率，从而降低了卫星通信的有效容量；

(5) 由于需要保护带宽以确保信号被完全分离开，因此频带利用不充分；

(6) 当各站的发射功率不一致时，会发生强信号抑制弱信号的现象，为使大、小载波兼容，转发器功放需有适当的功率回退(补偿)，对载波需做适当排列等。

4.3 时分多址方式

在 FDMA 系统中，由于信道的划分是以频率为依据的，因此不可避免的会产生交调干扰，SCPC 系统可以减小交调干扰的影响，但不能完全消除这种干扰。采用 TDMA 方式就可完全消除交调干扰，但同时会引入系统定时与同步方面的问题。

4.3.1 TDMA 的基本原理及工作过程

TDMA 方式的基本原理是：采用特定的或不同的时间间隙来区分地球站的站址。在这个系统中，只允许各地球站在规定的时隙内发射信号，这些射频信号通过卫星转发时，在时间上严格依次排列，互不重叠。如图 4-16 所示，除了 A、B、C、D 等地球站外，还有一个基准站 R，基准站的基本任务是为系统中各地球站提供一个共同的标准时间。各地球站以该标准时间为基准，保证各地球站发射的信号进入转发器时，在所规定的时隙内不互相重叠干扰。基准站通常由某一通信站兼任。为保证系统的可靠性，一般还指定另一通信站作为备用基准站。

在 TDMA 方式中，分配给各地球站的不再是一特定频率的载波，而是一个特定的时间间隔(简称时隙)。各地球站在定时同步系统的控制下，只能在指定的时隙内向卫星发射信号，而且时间上互不重叠。在任何时刻转发器转发的仅为某一个地球站的信号，这就允许各地球站使用相同的载波频率，并且都可以利用转发器的整个带宽。由于是单载波工作，不存

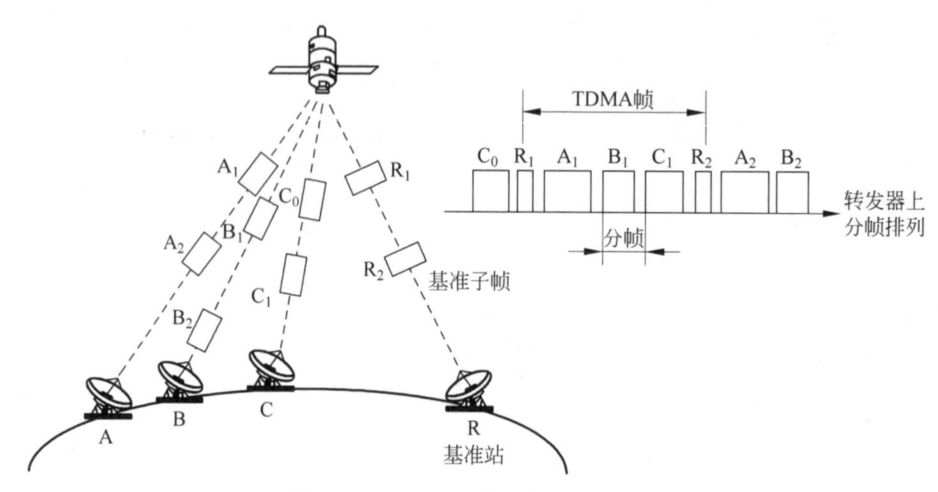

图 4-16　TDMA 系统工作原理示意图

在 FDMA 方式的交调问题，因此，卫星转发器几乎可在饱和点附近工作，这就有效地利用了卫星的功率和容量。

TDMA 方式主要用来传输 TDM 数字话音信号，因此，典型的方式是 PCM/TDM/PSK/TDMA 方式。

基准站相继两次发射基准信号的时间间隔称为一帧。在一帧内，有一个基准分帧和若干个消息分帧，每个分帧占据一个时隙。基准分帧由基准站的突发信号构成；消息分帧由地球站的突发信号构成。一个消息分帧对应一个地球站的突发信号。这里的突发信号是指只能在规定的时隙内发射的具有规定格式的已调脉冲群。消息分帧中的信道定向采用逐字复用的时分多路复用方式。这样，地球站发射的信号可由该地球站的消息分帧在一帧中的位置来确定，如图 4-16 所示。在发出的多路信号（TDM）中，哪些话路是给哪个地球站的，则由事先规定好的话路秩序来识别。

下面以话音信号的传输来简要说明 TDMA 系统的工作过程，如图 4-17 所示。

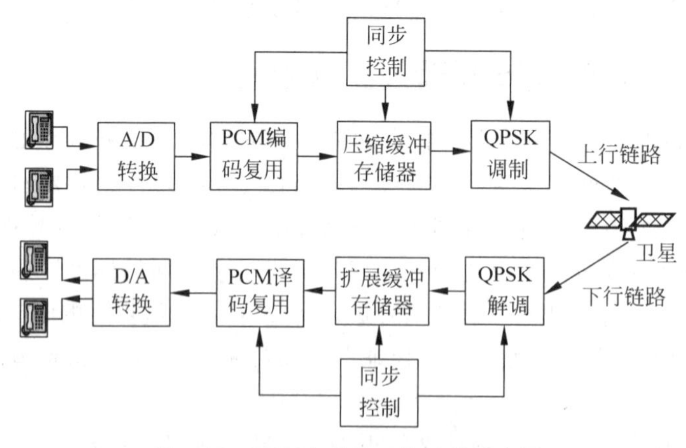

图 4-17　TDMA 系统工作过程示意图

在发送端，由地面通信系统传送来的多路话音信号送入地面终端设备与用户的接口部分的相应入口。对于多路话音信号则各路话音分别进行 A/D 变换，变换成脉冲编码调制信号(PCM)后再进行时分多路复用(TDM)。由于各地球站发射信号是在指定的时隙发射，因此多路复用后的信号要储存到时分多址控制装置里变换成高速数据，并与站址识别码也叫作独特码(UW)或报头合在一起送往调制器。站址识别码用来标明合在一起的多路复用电话信号是哪个地球站发出的。送到调制器的信号对70MHz中频载波进行四相相移键控调制成中频差分四相PSK信号。在发射机的上变频器把中频已调相信号变换成射频载波的微波信号，最后经过微波功率放大器放大到足够电平，由天线发射到卫星。发射时要以基准脉冲为基准，并使所发射的信号在指定的分帧进入卫星转发器。

在接收端电波到了收端地球站，首先进入低噪声接收机，把接收到的微波信号用下变频器变换成中频70MHz的相移信号。接着，在QPSK解调器中进行解调和差分译码。从解调器的输出端不但要取出通信用的信号，还要利用站址识别码检测器检出站址识别码即独特码。独特码在这里有两个作用：一是判断信号是哪个地球站发出的；二是用来控制分帧和其他同步。从解调器输出的信号先要送到扩展缓冲存储器，把压缩了的高速数据脉冲扩展成连续的低速数据脉冲。然后，通过接收时序控制器选出给本站的多路PCM信号。最后，在PCM译码器中变换成模拟话音信号。

4.3.2 TDMA系统的特点

根据上述TDMA系统的工作原理，可以得出TDMA系统具有以下特点：

(1) 与FDMA系统相比由于不存在互调影响，卫星转发器几乎可在饱和点附近工作，因此有效地利用了卫星功率，同时增加了系统容量。

(2) 在TDMA中，采用数字话音内插(Digital Speech Interpolation, DSI)技术后，传输容量可增加一倍。例如，一个80MHz的INTELSAT-V卫星转发器在不采用DSI技术的情况下，可提供约16000个64Kb/s的话路，而采帮DSI技术以后，可提供约32000个同样速率的话路。

(3) TDMA系统是一种数字通信系统，可以方便地开展各种数字业务，便于实现综合业务的接入。

(4) 使用灵活方便，有利于在系统应用各种信道分配技术，使系统更具灵活性。

以上是TDMA系统的优点，但它也同时存在着一些不足：

(1) 由于是数字通信系统，因此整个系统需要准确的时钟同步，而数字卫星通信系统的同步较其他数字通信系统的同步更复杂。

(2) 由于这种通信方式属于“间歇”通信形式，为了保证用户信息传递的连续性，需对输入的数据速率进行变速处理。

(3) 初期的投资较大。

(4) 系统实现复杂，技术设备复杂。

4.3.3 TDMA系统的帧结构及帧效率

在TDMA系统中，所有地球站时隙在卫星转发器内占有的整个时段，称为卫星的一个(TDMA)时帧。时帧周期的选择将对TDMA系统的帧效率产生影响。因此，在进行时帧周期选择时应从以下几个方面考虑：

(1) 为了保证每帧中的码位为整数，帧周期必须选用A/D变换中抽样频率8kHz即

125μs 的整数倍。

(2) 报头时间不变时，帧周期越长则帧效率就越高。

(3) 帧周期加长时会使帧与帧之间载波的相干性降低。当采用相干法恢复载波时，会在解调后引入附加的相位噪声。

(4) 帧周期加长时，帧效率提高，但存储器的容量要增加很多，终端设备变得复杂，所以帧周期不能增大太多。

根据以上四个方面综合考虑的结果，TDMA 系统的帧周期一般取为 125μs。现在国际上也有选用 750μs 的系统。

1. TDMA 系统的帧结构

TDMA 系统中的各站，以突发方式周期性地发送载波，一个重复周期称为一帧，每帧又分成若干时间段，称为分帧。由基准站发送的分帧，称为基准分帧，用来标志一帧的起始，其他各卫星站发送的"信息突发"称为信息分帧，在时间上它以基准分帧为基准。

不同的系统其帧结构可有很大不同，但完成的任务是差不多的。图 4-18 是一种典型的 TDMA 方式的帧结构图。帧的长度一般取 PCM 取样周期 125μs 的整数倍，本实例是 750μs。每一帧包括一个基准分帧及若干消息分帧。消息分帧的数目就决定了系统容纳的站数或地址数(图中只画了四个)，它们的长度可以一样也可以不一样，是根据业务量而定的。请注意，图中的每段突发应该是经过数码调制的载波，为了讨论方便而采用了二进制位来标记。

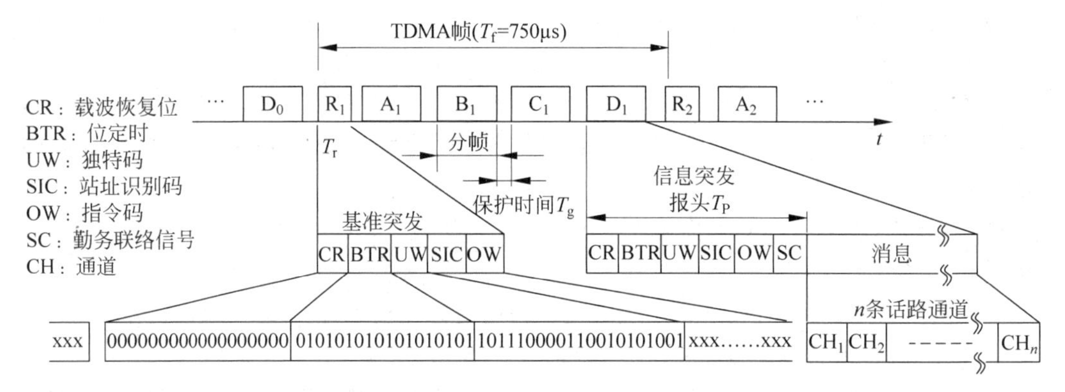

图 4-18 TDMA 的帧结构

1) 消息突发

消息突发由报头和消息两大部分组成。报头也称为前置码，用来保证消息的正确传输，它包括载波恢复(CR)信号和位定时恢复(BTR)信号、独特码(UW)、站址识别(SIC)信号、指令信号(OW)和勤务联络(SC)信号。

(1) 载波恢复(CR)信号和位定时恢复(BTR)信号。CR 和 BTR 传送的是收端同步检测所必需的载波同步和位定时同步信号。典型的 CR 和 BTR 各 30 位长。CR 中长串的连 0 对载波信号来说，就是一段相对长的连续载波，便于接收端对载波的检测和锁定；而 BTR 中长串 10 交替变化信号有利于接收端对位定时信号的提取。

(2) 独特码(UW)。UW 是一种独特的不容易被随机位所仿造的码组，以此作为该突发的时间基准，由 UW 检测出的脉冲称为示位脉冲，从而可判断出数据部分开始时的时间。

典型 UW 时间是 20 位长。

(3) 站址识别(SIC)信号。典型的 SIC 信号是 8 位长,其中 6 位表示卫星站的编号,此时系统地球站数量最多为 $2^6=64$ 个;2 位表明是基准站、备份基准站还是普通业务站。有的报头结构中不单独使用站址识别码,而用独特码兼任,这就要求各站发送的独特码彼此不相同。

(4) 指令信号(OW)。OW 中传送通道分配等指令。典型的 OW 是 2 位。

(5) 勤务联络(SC)。为各站间传送勤务联络信息。典型的 SC 是 50 位。

消息部分传送的是各通信站发给其他站的消息信号。使用的是时分多路复用形式。各通道发给哪一站,预先规定好,这样各站接收时便很容易根据话路时间位置提取发给本站的信号。

2) 基准突发

除了没有勤务联络信号外,其他与消息突发的报头结构一样。它的独特码是作为一帧开始的时间基准。

3) 保护时间

由于系统定时不精确,地球站与卫星之间距离变化等原因,会使各站的突发通过转发器的时间产生一定偏差,前后的突发就可能在时间上发生重叠。为避免这种现象,各站的突发之间要留有一定的时间空隙作为保护时间。保护时间的长短决定于系统时间精度等因素,典型的保护时间为 30～300 毫微秒。

2. 帧长的选择

设帧长为 T_f,每一帧中除基准分帧外共有 m 个业务分帧,即系统中有 m 个通信地球站。其中,基准突发有 B_r 个位,各报头均为 B_p 个位,保护时间均是 T_g。各分帧长度及其所含的通道数可不相同,设第 i 个分帧长度为 T_{bi},通道数为 n_i,每个通道的位数均为 L,如图 4-19 所示。

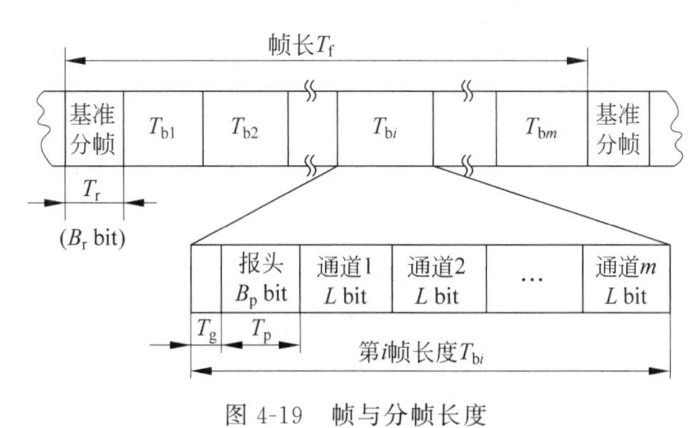

图 4-19 帧与分帧长度

1) 系统传输的位速率 R_b

由图 4-19 很容易推导出位速率为:

$$R_b=\frac{B_r+mB_p+NL}{T_f-(m+1)T_g}(\text{bit/s}) \tag{4-3}$$

其中,$N=\sum_{i=1}^{m}n_i$。若为 QPSK 的情况,传输的一个码元等于 2 位,则码元速率为

$$R_c = \frac{1}{2}\left[\frac{B_r + mB_p + NL}{T_f - (m+1)T_g}\right] \quad \text{(Baud)} \tag{4-4}$$

可见,只要已知帧结构,就可以利用式(4-3)和式(4-4)计算出 R_b 和 R_c。

2) 帧长与取样周期的关系

假设取样周期为 T_s,每一个取样周期内一个 PCM 编码器输出为 Sbit(复用的路数乘每一样值的编码数),缓冲存储器的容量为 kS 位(k 为正整数),每隔一帧时间 T_f,在规定的时隙 ΔT 内从缓冲存储器高速读出 L 位。为了不使存储器溢出,应满足在 kT_f 时间内存入 kS 位,而在 T_f 时间内读出 $L=kS$(bit),则

$$\frac{T_f}{T_S} = \frac{L}{S} = k$$

即

$$T_f = kT_s \tag{4-5}$$

由式(4-5)可知,帧周期是取样周期的整倍数,或者说,取样速率是帧速率的整数倍。通常,PCM 编码的取样速率取 8kHz,$T_s = 1/8\text{kHz} = 125\mu\text{s}$。若取 $k=1$,则 $T_f = T_s = 125\mu\text{s}$;$k=6$,$T_f = 750\mu\text{s}$,也就是缓冲存储器每输入六次取样的位数,才突发输出一次。可见 T_f 越长,则要求缓冲存储器的容量越大。因此,必须根据设计要求,选取适当的 T_f。

3) 分帧长度 T_b

由图 4-19 可以求出第 i 个分帧的长度为

$$T_{bi} = T_g + (B_p + n_i L)\frac{1}{R_b} \tag{4-6}$$

如果各分帧的通道数相同,即 $n_i = n\ (i=1,2,\cdots)$,那么各分帧长度相同,即 $T_{bi} = T_b\ (i=1,2,\cdots)$。又因为 $N=mn$,所以 $T_b = (T_f - T_r)/m$,这里 T_r 为基准分帧长度。

4) 帧效率 η_f

帧效率定义为一帧内含有消息信号的时间与帧长的比值,因为含有消息信号的时间=帧长－同步分帧长－总的业务分帧报头时间－总的保护时间,所以帧效率为

$$\eta_f = \frac{T_f - T_r - mT_p - (m+1)T_g}{T_f} = 1 - \frac{\dfrac{(B_r + mB_p)}{R_b} + (m+1)T_g}{T_f} \tag{4-7}$$

或

$$\eta_f = 1 - \frac{(B_r + mB_p)T_s + (m+1)NST_g}{(B_r + mB_p + NkS)T_s} \tag{4-8}$$

由式(4-7)可以看出,在 T_r、T_p、T_g、m 一定的条件下,T_f 越长,帧效率就越高;其他参数不变时,缓冲存储器的存储量 k 越大,η_f 越高;当 $k \to \infty$ 时,$\eta_f \to 1$,但这意味着成本增加,所以应折中考虑。

5) 帧长的选择需要考虑的因素

(1) 帧长一般选取 125μs 的整数倍。

(2) T_f 长,则效率高。分析结果表明,T_f 增大到一定程度后,帧效率 η_f 的改善不会超过 10%,在其他参数一定的条件下,T_f 长意味着缓冲存储器的成本高。

(3) T_f 愈长,帧与帧之间载波的相关性便愈差,因而用帧-帧相关性恢复载波电路时,解调过程中会引起附加相位噪声。

(4) 正当 $T_f>0.1\text{s}$ 时，其值与地球-卫星的单程传播时间 0.27s 为同一数量级，在这种情况下所引入的附加时延对通话不利。只有在低速率数据传输时，用长的 T_f 才有益。这时保护时间也可取长一点，而帧效率仍很高，同时可大大简化定时系统，从而使定时系统成本降低(定时系统成本的降低要超过缓冲存储器成本的增加)。

总而言之，帧结构决定了 TDMA 方式的基本特征，帧长的选择必须考虑上述各因素，折中选取。早期建立的系统常用 $T_f=125\mu\text{s}$，而 IS-V 系统取 $T_f=750\mu\text{s}$。

例 4-1 已知一个 TDMA 系统，采用 QPSK 调制方式。设帧长 $T_f=250\mu\text{s}$，系统中所包含的站数 $m=5$，各站包含的通道数均为 $n=4$，保护时间 $T_g=0.1\mu\text{s}$，基准分帧的位数 B_r 与各报头的位数 B_p 均为 90 位，每个通道传输 24 路(PCM 编码，每取样值编 8 位码，一群加一位同步位)。求 PCM 编码器的输出速率 R_s、系统传输的位率 R_b、分帧长度 T_b、帧效率 η_f 及传输线路要求的带宽 B。

解：$T_s=125\mu\text{s}$，$S=8\times24+1=193(\text{bit})$，因为使用的是 QPSK 调制，所以 1 码元为 2bit，即 $k=2$，$L=2S=386(\text{bit})$，所以

$$R_s=\frac{S}{T_s}=1.544(\text{Mb/s})$$

$$R_b=\frac{B_r+mB_p+NL}{T_f-(m+1)T_g}=33.12(\text{Mb/s})$$

$$\eta_f=\frac{T_f-\dfrac{B_r+mB_p}{R_b}-(m+1)T_g}{T_f}=93.2\%$$

$$T_b=T_g+\frac{B_p+nL}{R_b}=49.44(\mu\text{s})$$

$$B=\frac{(1+\alpha)\times R_b}{2}=20(\text{MHz})$$

其中取滚降系数 $\alpha=0.2$。

例 4-2 INTELSAT 卫星的每帧符号数为 120832。帧周期为 2ms，帧效率 94.9%，话音信道位率 64kb/s，采用 QPSK 调制。求话音信道容量。

解：符号率=120832/2ms=60.416M symbol/s

QPSK 调制每符号表示 2 位信息，所以总的信息速率为

$R_T=60.416\times2=120.832\text{Mb/s}$

帧效率 0.949，每路话音 64kb/s，话音信道数

$$N=(0.949\times120.832\times10^6)/(64\times10^3)=1792$$

4.3.4 TDMA 地面终端设备的功能及组成

1. TDMA 地面终端设备的功能

TDMA 地面终端设备的功能主要包括以下几点。

(1) 以分帧的形式收、发信息数据。能把地面通信系统中各种数字信号进行多路复用、变速，能对基带信号进行信道编码、调制，并能把地址信息和各种同步信息同时发送出去。

(2) 实现系统同步。这一功能包括三个方面，首先 TDMA 系统要求进入通信网的地球

站必须保证所发射的射频脉冲序列分帧，能正确地进入卫星转发器的指定时隙，这就是完成初始捕捉。其次如果发生短时间信息传输中断，使分帧偏离了指定的时隙，地面终端应该能进行快速重新捕捉，使分帧又回到指定的时隙。捕捉进入锁定状态后，应能使分帧之间维持正确的时间关系，实现系统同步。

(3) 接收和处理分帧信号，并传送给各地面接口。接收到信号的地球站，应能迅速区别所收的分帧信号是哪个站发出的，并能很快地分离出分帧信号中发给本站的信号，能迅速地进行站址识别、载波恢复、位同步提取、解调、译码和多路分离等功能。

(4) 完成卫星线路的分配与控制。如果是预分配方式，地面终端就不需要有分配线路的功能。对于按需分配的 TDMA 方式的地面终端应具有对卫星线路的分配功能。

(5) 线路质量的监视与备用设备的转换功能。

2. TDMA 地面终端设备的组成

TDMA 地面终端设备包括地面接口设备、TDMA 终端设备和信道终端设备等，如图 4-20 所示。

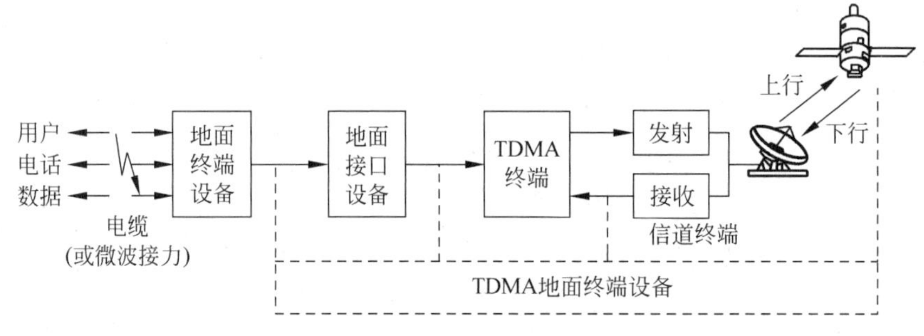

图 4-20 TDMA 地面终端设备组成示意图

1) 地面接口设备

地面接口设备是地面通信网与 TDMA 终端之间的接口，根据地面通信网采用的信号，地面接口设备主要有两种：模拟地面接口和数字地面接口。

模拟地面接口用于地面通信网中采用频分复用信号到 TDMA 系统使用的时分复用信号的转换。在这种接口中可采用 TDMA 系统中的时钟对频分复用信号进行抽样、量化和编码，这样产生的数字信号在卫星线路中传输不存在时钟不同步的问题。此外，随着技术的发展，地面通信网中越来越多地采用数字信号，因此这种接口的使用范围越来越少。在此我们就不做过多的介绍。

数字地面接口是地面数字通信网与 TDMA 终端的接口。接口两端的时钟虽然具有相同的标称频率和精度，但由于振荡器的频率误差和卫星运动造成的多普勒频移，TDMA 系统与地面数字通信网通常采用准同步的方式进行连接。为了消除这种时钟频差，在数字地面接口中设置缓冲器和帧定位器，当缓冲器中的存储量低于某个门限值或高于某个门限值时，帧定位器以整帧滑动。

2) TDMA 终端设备

图 4-21 为 TDMA 终端组成示意图，主要包括发射部分、接收部分和控制部分。

发射与接收部分完成信号以分帧的形式发送与接收。在发射部分将地面通信网送来的经过多路复用后的速率较低的连续位流经压缩缓冲存储器(容量为一帧)的压缩变成发往卫

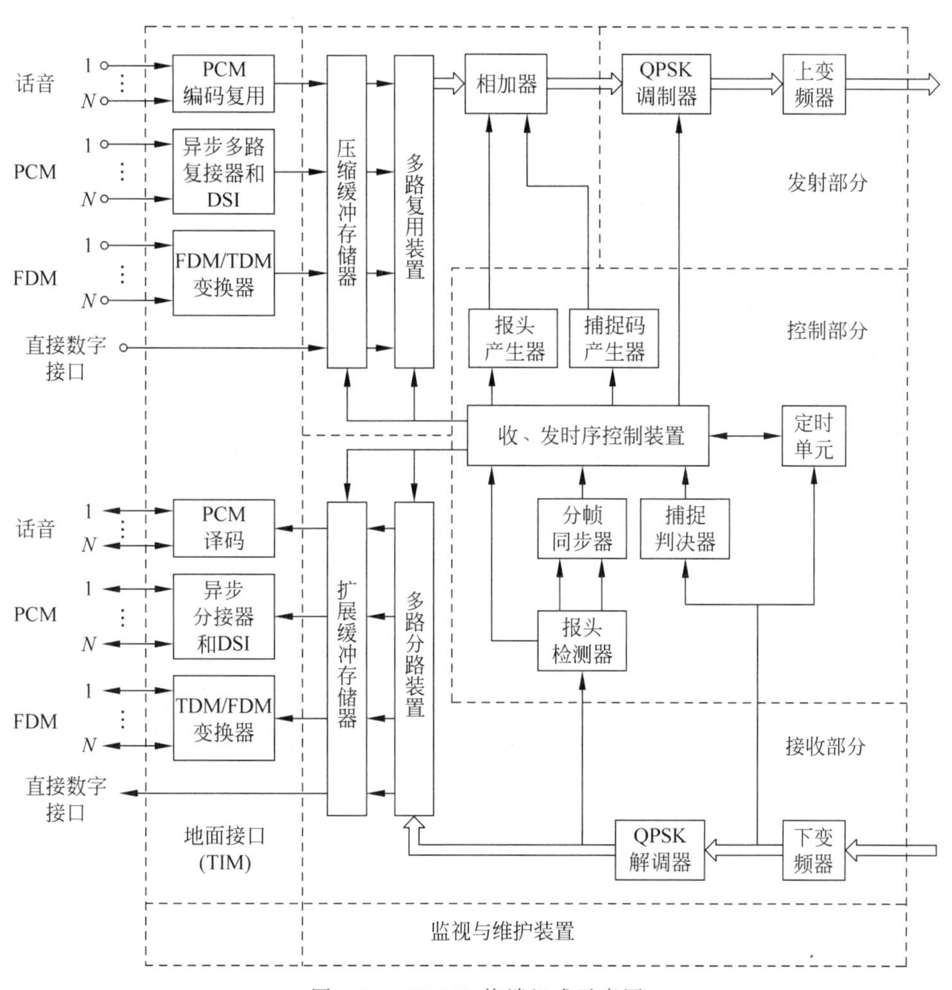

图 4-21　TDMA 终端组成示意图

星的高速数据流，再经过纠错编码及扰码处理，在 TDMA 定时单元的控制下，在规定时间段由合路器将报头加入，构成一个完整的 TDMA 帧。随后对中频（70MHz）载波进行 QPSK 调制，再由上变频器进行变频、放大，向卫星发射。

在接收端，来自卫星转发器的 TDMA 射频分帧信号由于线路衰减等原因信号已经相当微弱，因此首先需要经过低噪声功率放大器的放大，然后经过下变频器将信号变换为中频（70MHz）的相应信号，再利用 QPSK 解调器进行解调，恢复出完整的 TDMA 帧信号，在取出基带信号中的数据分帧信号的同时将报头送至报头检测器，在报头检测器中分析分帧报头中的独特码，以此判断出该分帧信号是由哪个地球站发送给本站的。在定时单元和收时序控制装置的控制下，取出相应的分帧数字信号经多路分路装置后送入扩展缓冲存储器，在收时序控制器的控制下将压缩的高速数据流扩展成与某时隙相对应的一帧连续的低速数据，送往地面接口单元。

控制部分完成系统的同步与信道分配功能。系统同步包括帧和分帧同步以及载波和位定时恢复等。信道分配的方式一般采用变帧方式，根据各用户的业务量来分配或调整分帧。信道分配的控制方式可采用主站控制方式，也可采用分散控制方式。控制部分以及监视与维护装置完成线路质量的监视和备用设备的转换。

3）信道终端设备

该部分设备主要是完成射频信号的传送和发射，详细内容在前面的章节中已介绍，在此不再阐述。

4.3.5 TDMA 系统的定时与同步

就目前的卫星发射技术而言，如果使卫星的位置保持在精度±0.1°范围，高度变化在0.1%以内，那么卫星可在 75km×75km×75km 的立体空间内漂移。此外太阳及月亮引力的作用，也会使卫星出现缓慢漂移的现象，大气折射也会使卫星与地球站之间的距离随时间发生变化。据资料显示，每半天卫星可偏离精确位置达 15km，相当于引入约 50μs 的时延偏差。因而即使基准站发出精确的基准分帧信号，但经过卫星转发器时，基准分帧之间的帧周期也发生了变化。如要求卫星转发器上所接收的帧信号的帧周期保持不变，那么只能要求基准站不断地改变其时钟频率，这样才能随时保持与卫星转发器上的帧周期的同步。下面介绍 TDMA 系统的定时解决方案。

1. TDMA 系统的定时

通常 TDMA 帧周期(T_f)是话音取样周期(125μs)的整数倍，它与频率为 f_0 的高稳定度(10^{-11})的时钟周期一致。由于卫星受到除地球以外的外力影响以及地球扁平度引起的摄动影响，站星距(d)是随时变化的。这样卫星转发器和各地球站具有不同的帧周期。下面以图 4-22 所示的 TDMA 网中的两个地球站为例来说明系统定时关系。

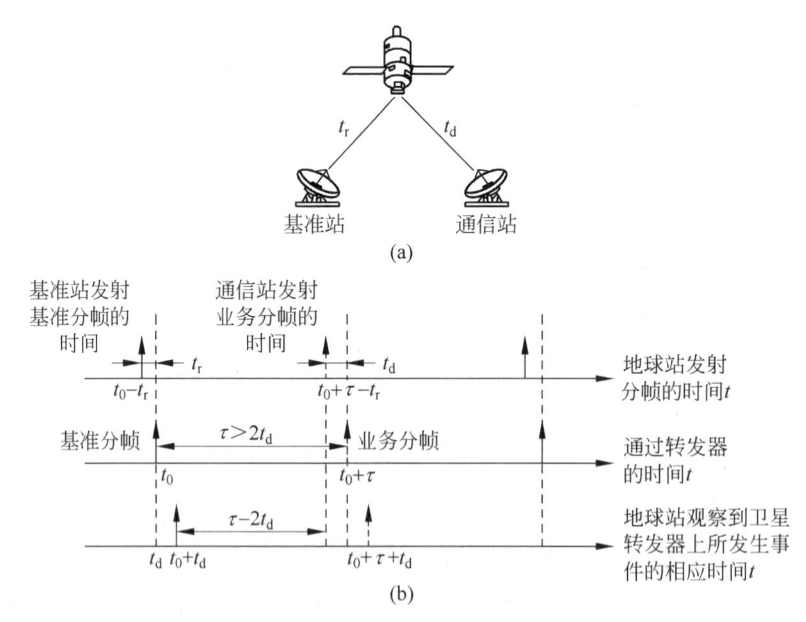

图 4-22 地球站发送分帧的时间关系

从图 4-22 中可看出，将其中一个地球站作为基准站，TDMA 网中的其他地球站发送业务分帧的时刻是以所接收到的基准分帧中的独特码为时间基准进行的。如果基准站与卫星转发器间的传播时间为 t_r，卫星转发器与地球站间的传播时间为 t_d，为了保证卫星转发器上以相同的周期接收分帧信号，则要求基准站发射基准分帧的时间为 t_0-t_r。这样，经过基准站与卫星转发器间的信号传播，基准分帧在 t_0 时刻被卫星转发器所接收。如果以地球站作为参考物，则该事件发生在 t_0+t_d 时刻。为了保证卫星转发器在接收到基准分帧后，每隔 τ 秒接收到一个业务分帧，则要求地球站在 $t_0+\tau-t_d$ 时刻发送业务分帧，这样在 $t_0+\tau$ 时刻，卫星转发器便能接收到此业务分帧。如果仍以地球站作为参考物，则该事件发生在 $t_0+\tau+t_d$ 时刻。由此可见，只要地球站保证在接收到基准分帧后，并在延迟 $\tau-2t_d$ 时刻发送业务分帧，就能够确保卫星转发器以相同周期接收分帧信号。又由于站星距随时发生变化，因此它们之间的信号传播时延也随之发生变化，所以要求基准站不断地调整其基准分帧的发射时刻，即改变其时钟频率。

2. TDMA 系统的同步

TDMA 系统的同步内容包括载波同步、时钟同步和分帧同步。其中要求在极短的时间内从各接收分帧报头中完成基准载波和时钟信号的提取工作。而只有做到分帧同步，才能确保该分帧与其他分帧之间保持正确的时间关系，不会出现彼此重叠的现象。下面只讨论分帧同步问题。

分帧同步包括两方面的内容，一是在地球站开始发射数据时，如何使其进入指定的时隙，而不会对其他分帧构成干扰，这就是分帧的初始捕获；二是如何使进入指定时隙的分帧信号处于稳定的工作状态，即使该分帧与其他分帧维持正确的时间关系，不至于出现相互重叠的现象，这就是分帧同步技术。

1）分帧的初始捕获

所谓初始捕获，就是使射频分帧准确地进入所指定时隙的过程。这可以根据基准站所发射的独特码（UW）作为基准信号，每个地球站都以基准信号为准来确定自己的发射时间。对实现初始捕获的要求是：捕获准确而快速，不干扰其他站的正常通信以及实现设备简单等。实际中可以使用多种方法来实现初始捕获，常用的有开环式（如计算预测法）和闭环式（如低电平伪随机噪声法）。

开环式预测法的基本原理是：根据监控站所提供的卫星运动轨道数据和本站地理数据，随时计算出当前和未来的站星距及传播时延，再根据卫星转发器发送给收端地球站的基准分帧检测出 UW，然后与本站向卫星发射的基准时钟信号中的 UW 在时间上进行比较，如存在误差，则启动误差控制电路，对本站的基准时钟信号进行调整（调整 UW′的发射时间），再与卫星送来的基准分帧中的 UW 相比，如果仍然存在误差，则继续调整本站的 UW′发射时间，直至射频分帧能够正确进入指定时隙为止。

捕获过程的具体步骤如图 4-23 所示，地球站 B 欲发射业务分帧，开始时它将发射时间选择在指定分帧时隙的中间，随后发射报头信息（由于报头长度有限，因此不足以构成对相邻通道的干扰），然后 B 站将基准分帧中独特码与 B 站所发射的报头中的独特码所构成的示位脉冲进行比较，若存在误差，则 B 站开始调整其发射时间，逐步地将报头调整到预定位置，随后便进入锁定状态。当 B 站将数据信号完整地发送完毕时，则构成了一个完整的业务分帧 B，表明此时已完成初始捕获，进入通信阶段。

相反，采用闭环式（如低电平 PN 法）初始捕捉时，首先向卫星发出一个伪随机噪声那样的特殊信号（称之捕捉信号），接收到由卫星转发回来的信号以后，与基准分帧位置进行比较，从而得到分帧发送定时。这里，在发送 PN 信号时，即使与其他分帧重叠也可以，因为采用低电平不会对其他发射信号造成很大的干扰。

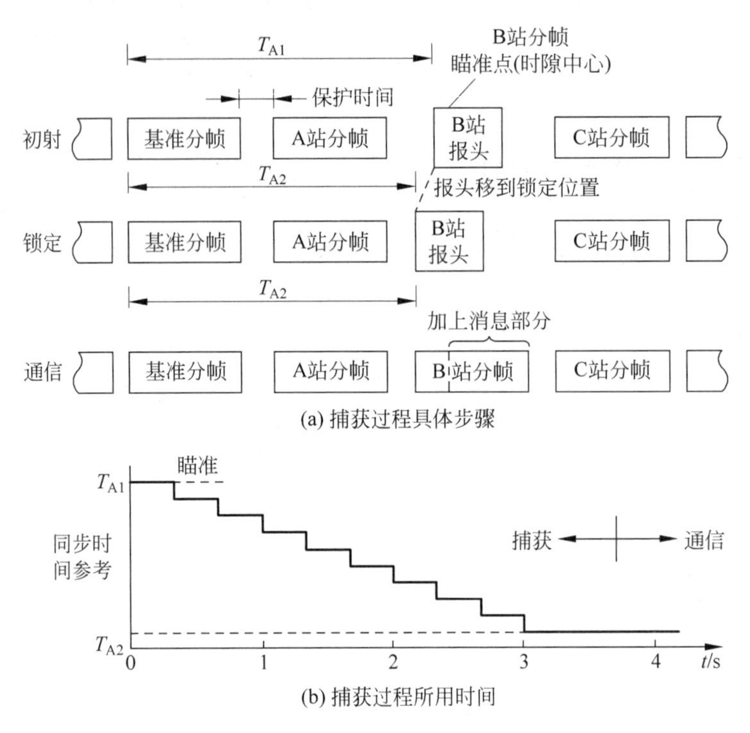

图 4-23　捕获过程及所用时间示意图

2）分帧同步

分帧同步是指在完成初始捕获之后，为使所发射的业务分帧稳定在指定的时隙之内，而对分帧进行的定时控制。分帧同步的方法也可以分为开环式分帧同步和闭环式分帧同步。

开环式分帧同步也是基于对卫星位置进行测量或推算估计，求出站星距来决定分帧的发射时间（从接收到基准分帧到送出本站分帧的这段时间）。这种方法的精度与测量卫星位置的方法和精度有关，一般来说，这种开环方法达不到高精度的分帧同步要求，而且由于需要较长的保护时间，使得帧的利用率不高。但是，这种方法与闭环式不同，它的最大优点是不需要特别的初始捕捉过程。

闭环式分帧同步是将所接收的来自卫星转发器的基准分帧和本站所发射的同样经过卫星转发回本站的分帧中的独特码进行比较，如果存在误差，则通过调节本站分帧的发射时间，逐步减少误差，最终使本站所发射的分帧与基准分帧保持同步。其原理图如图 4-24 所示，其中 UW_R 和 UW_L 分别为基准站和本地站的独特码，B_i 为数字延迟电路延时位数，其数值等于本站分帧到基准分帧的帧内时间间隔。分帧同步器定时对 UW_R 和 UW_L 检测器输出的示位脉冲 F_r 和 F_L 进行比较，并以每帧 1bit 的速率利用比较器的输出误差来校正发射时间，直到误差小于 1bit。图 4-24 中的孔径门按 F_r 和 F_L 做周期性的开启、闭合操作，只有在 F_r 和 F_L 出现时孔径门才打开，而其余时间则关闭，因此能够起到抑制具有随机特性的虚检脉冲的目的。

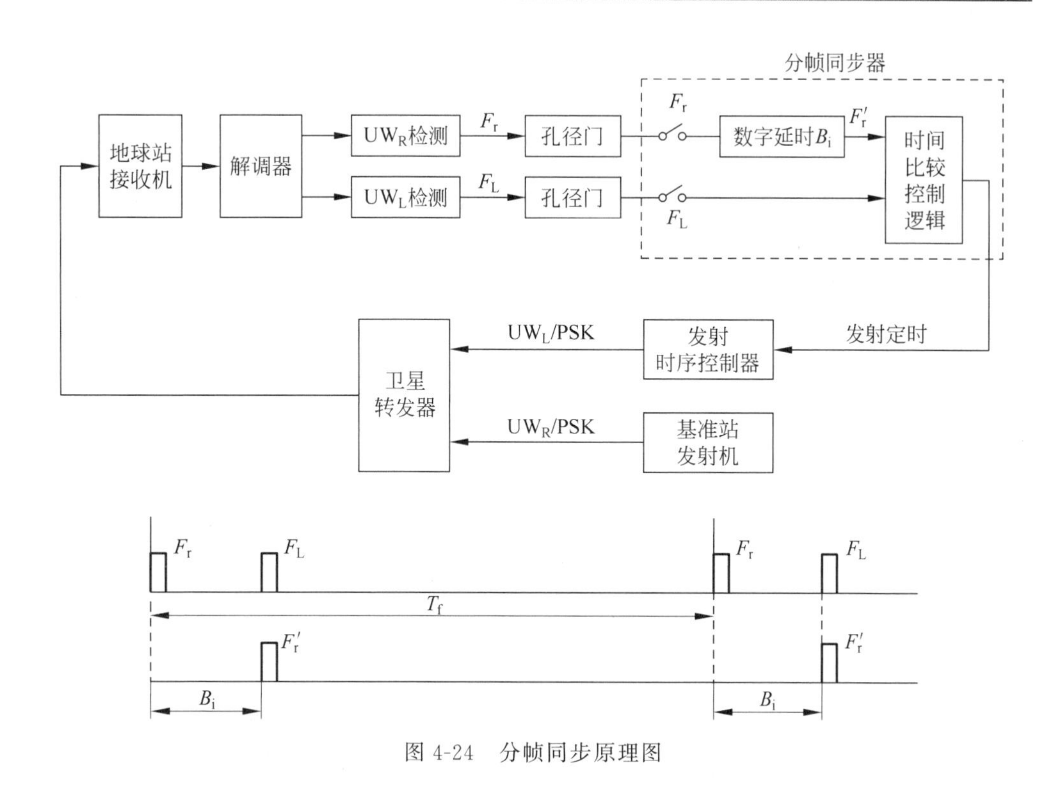

图 4-24 分帧同步原理图

4.4 码分多址方式

码分多址系统中，各地球站发射的信号工作在同一频带内，发射时间是任意的，即各地球站发射的频率和时间可以相互重叠，此时各地球站所使用的信道是依据各站的码型结构的不同而加以区分的。一个地球站发出的信号，只能用与它相匹配的接收机才能检测出来。实现 CDMA 方式的基本技术是扩频技术，典型的扩频技术有：

(1) 直接序列(Direct Sequence，DS)方式，它是直接利用高码元速率的伪随机序列去扩展信号频谱的一种方式。这种方式比较简单，易于实现，适宜于低速数据传输。

(2) 跳频(Frequency Hopping，FH)方式，它是采用多个载波，并使载波频率按伪随机序列的对应模式跳变，以实现频谱扩展的一种方式。这种方式保密性好，不易受远近干扰和多径干扰的影响，但使用频率较多时，交调干扰比较严重。

(3) 跳时(Time Hopping，TH)方式，它是通过扩频用的伪随机码使载波断续，以实现频谱扩展的一种方式。这种方式容易受到与载波中心频率一致的连续波的干扰，抗干扰性能差，因此通常与其他方式(如 FH 方式)组合使用。

(4) 组合扩频方式，是把两种以上的扩频方式组合起来使用的方式。其系统处理增益是各扩频方式处理增益的乘积，因此，能使系统获得大的处理增益是这种组合方式的特点。

1. CDMA 的工作原理

下面介绍直接序列 CDMA(DS-CDMA)和跳频 CDMA(FH-CDMA)两种系统的基本工作原理。图 4-25(a)为 DS-CDMA 系统原理框图。

发送端地球站的模拟信号先经 PCM 调制，变成二进制数字信号(信码)。地址码常用

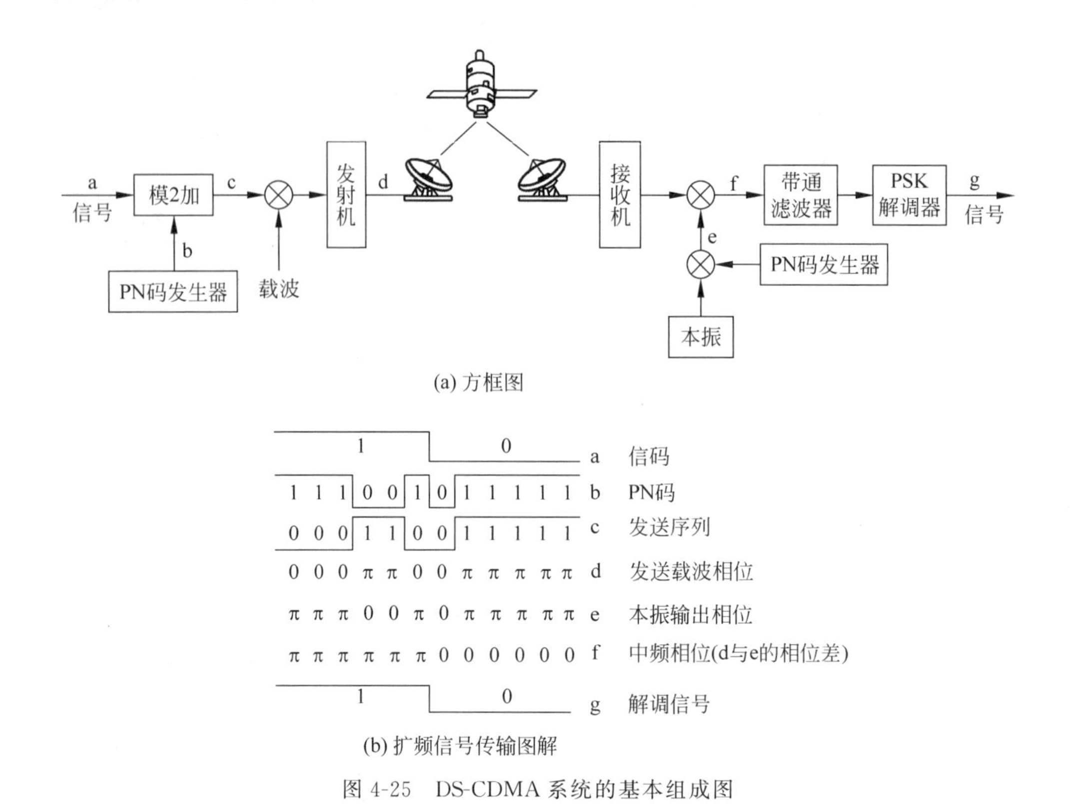

图 4-25 DS-CDMA 系统的基本组成图

伪随机(PN)码,信码与 PN 码模 2 加,然后对载波进行 2PSK 调制。由于地址码速率远高于基带信号的速率,即 1 个基带信号码元的宽度是 1 个地址码元宽度的 m 倍(m 为正整数)。这样就使得 PSK 信号频谱被展宽,称为扩谱信号。在接收端,先用与发送端码型相同、严格同步的 PN 码和本振信号与接收信号进行混频和解扩,就得到窄带的仅受信码调制的中频信号。经中放、滤波后,进入 PSK 解调器,恢复出原信码。此外,由图还可以看出,只有收、发两端的 PN 码结构相同并且同步,就可以正确地恢复出原始信码。而干扰和其他地址的信号由于与接收端的 PN 码不相关,因此,在接收端不仅不能解扩,反而被扩展,形成的宽带干扰信号经中频窄带滤波后,对解调器来说表现为噪声。上述过程用图解法示于图 4-25(b)。

跳频 CDMA(FH-CDMA)系统与 DS-CDMA 系统的主要差别是发射频谱的产生方式不同,其原理如图 4-26 所示。在发送端,利用 PN 码去控制频率合成器,使之在一个宽范围内的规定频率上伪随机地跳变,然后再与信码调制过的中频混频,从而达到扩展频谱的目的。跳频图案和跳频速率分别由 PN 码序列及其速率决定,信码一般采用小频偏 FSK。在接收端,本地 PN 码提供一个与发端相同的 PN 码,驱动本地频率合成器产生同样规律的频率跳变信号和接收信号混频后获得固定中频的已调信号,通过解调器还原出原始信号。

FH-CDMA 方式的扩频调制采用的多进制频移键控(MFSK),这就使它具有以下特点:

(1) FH-CDMA 扩频后的频谱从大范围来看分布是均匀的,其扩频效果比 DS-CDMA 方式好一些;但它的瞬时频谱是窄带的,能量也是集中的,因此,它的信号隐蔽性不如 DS-CDMA 方式。

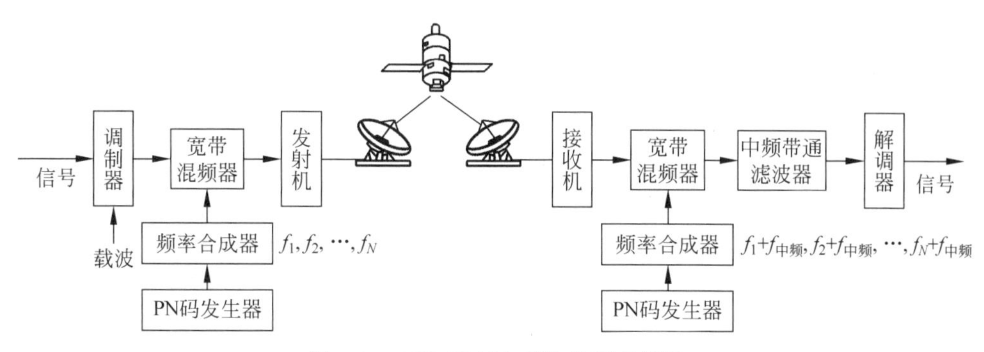

图 4-26　FH-CDMA 系统的原理框图

(2) 由于 FH-CDMA 方式的地址码长度短、速率低，因此其线路同步比 DS-CDMA 方式容易。

(3) FH-CDMA 方式的处理增益取决于跳频数，跳频数越大，抗干扰能力和通信能力越强。

(4) 在任一个瞬间来看，FH-CDMA 系统是一个 FDMA 系统，转发器采用多载波工作，因此，必须考虑交调问题，并采取必要的补偿措施，若有多个跳频载波同时工作，则可改善信号的隐蔽性。

2. 伪随机序列与信号同步

1) 伪随机序列

CDMA 方式是靠伪随机序列(地址码)来区分系统中的各地球站的，因此地址码的选择是 CDMA 系统的关键问题。地址码的选择原则归纳起来有以下几个方面：

(1) 要有良好的自相关性和互相关性，最好有近似白噪声那样的相关性。

(2) 可用地址码序列的数量应足够多，使系统的通信容量不受地址码数量的限制。

(3) 码序列的周期应有足够的长度，以提供必要的处理增益。

(4) 要有尽可能短的接入时间，即地址码的初始捕捉时间要短，且容易捕捉和同步。

(5) 地址码的实现应力求简便。地址码的频谱分布应尽量地宽，而且均匀。

以上各条原则相互联系，有时也相互矛盾，所以在选择地址码时应综合考虑，折中处理。从要求来看，随机噪声有很好的正交性和相关性，抗干扰能力强，也十分容易产生；但在接收端要实现捕捉和跟踪却十分困难，不可能产生与发送端完全一样的本地随机噪声。因此，人们一般采用伪随机噪声序列作为地址码，比如有 m(最大长度线性)序列、L(平方剩余)序列、H(霍尔)序列、双素数序列等。其中 m 序列因为具有采用二进制处理起来比较方便，随机性好，容易产生，理论研究比较透彻等优点，所以得到了广泛的应用。

2) 信号同步

CDMA 系统不需要严格的系统定时，但要求接收机的本地伪随机码与接收到的 PN 码在结构、频率和相位上完全一致，即 PN 码捕获(精同步)，否则就不能正常接收所发送的信息，而只是一片噪声。另外，实现了收发同步后应保持同步，即 PN 码跟踪(细同步)，不然就无法准确可靠地获取所发送的信息数据。

(1) PN 码序列捕获。PN 码序列捕获也称为扩频 PN 序列的初始同步，主要有滑动相干法、序列估值法等方法。

滑动相关法是通过滑动相关同步器实现的,如图 4-27 所示。其工作原理是调整本地产生的 PN 码的速率,使它与输入的 PN 码相关,两个 PN 码在相位上彼此相对移动,直到解扩器产生满意的结果为止。滑动相关器简单,应用范围广,缺点是当两个 PN 码的时间差或相位差过大时,特别是对于长 PN 码,其相对滑动速度较慢,导致搜索时间过长。为减少搜索范围,可以发射同步前置码,即一个短的 PN 码,以便在合理的时间内对所有码位进行搜索。

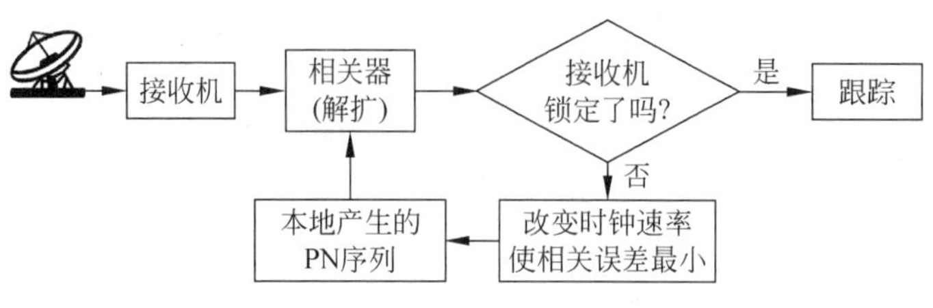

图 4-27 滑动相关同步器

一种用于快速捕捉的技术是采用可捕码,这种码是一种组合码,由若干较短码序列组合而成,其码序列与各组成码序列保持一定的相关关系。

序列估值法就是一种减少长码捕获时间的快速捕获方法,它把收到的 PN 码序列直接输入本地码发生器的移位寄存器中,强制改变各级寄存器的起始状态,使其产生的 PN 码与外来码相位一致,系统即可立即进入同步跟踪状态,缩短了本地 PN 码与外来 PN 码相位一致所需的时间。但此方法先要对外来的 PN 码进行检测,才能送入移位寄存器,要做到这一点有时较困难;还有就是并未利用 PN 码的抗干扰特性,因此对干扰和噪声比较灵敏。

(2) PN 码序列跟踪。PN 码序列跟踪主要采用跟踪环路不断校正本地序列的时钟相位,使本地序列的相位变化与接收信号相位变化保持一致,实现对接收信号的相位锁定,使同步误差尽可能小,正常接收扩频信号。

跟踪环路可分为相干与非相干两种。前者在确知发端信号载波频率和相位的情况下工作,后者在不确知的情况下工作。实际上大多数应用属于后者。常用的跟踪环路有延迟锁定环及 T 抖动环两种,延迟锁定环采用两个独立的相关器,T 抖动环采用分时的单个相关器。

延时锁定环的基本框图如图 4-28 所示,假定接收信号已相干解调到基带,该基带信号直接加到中频环路上,使其与本地 PN 序列的超前、滞后形式相乘。两条通路相减后的差信号用来控制压控振荡器(VCO)码钟,实现本地 PN 序列对输入码序列的跟踪。

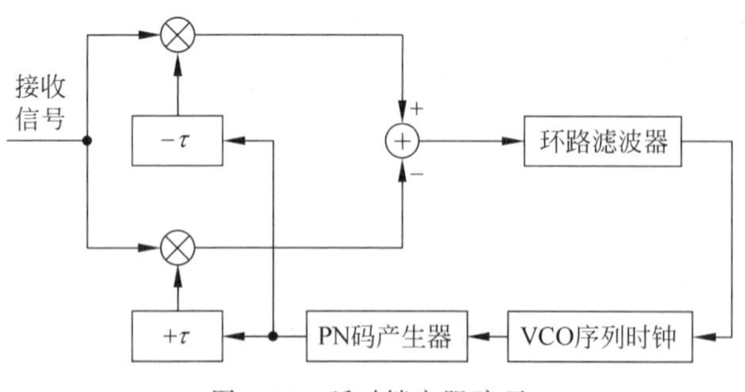

图 4-28 延时锁定跟踪环

抖动环是跟踪环的另一种形式，如图 4-29 所示。与延时锁定环相同，接收信号与本地产生 PN 序列的超前、滞后形式相关，只是误差信号由单个相关器以交替的形式相关后得到。PN 码序列产生器由一个信号驱动，时钟信号的相位按二元信号的变化来回“摆动”，这种相位摆动称为 T 型抖动，它去除了必须保证两个通道传递函数相同的要求，因此抖动环路实现简单。但与延时锁定环相比，信噪比性能恶化大约 3dB。

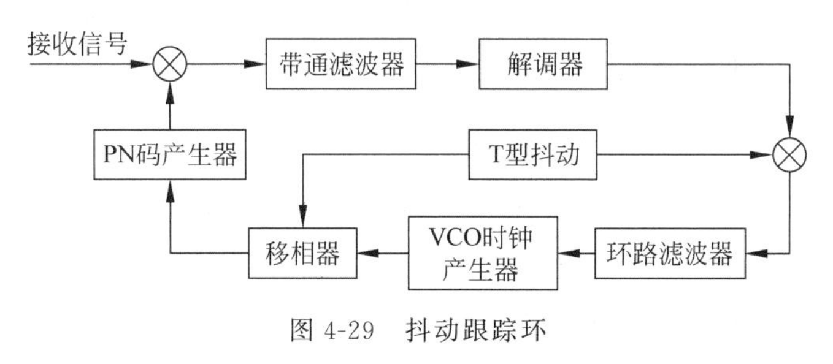

图 4-29 抖动跟踪环

上述两种跟踪环路的主要跟踪对象是单径信号，但在移动信道中，由于受到多径衰落及多普勒频移等多种复杂因素的影响，不能得到令人满意的跟踪性能，因此应采用适合多径衰落信道的跟踪环。基于能量窗重心的定时跟踪环就是其中之一，其接收机不断搜索可分辨多径信号分量，选出其中能量最强的几个多径分量作为能量窗，利用基于能量窗重心的定时跟踪算法，观察相邻两次工作窗内多径能量分布的变化，计算跟踪误差函数，根据能量重心的变化，调整本地 PN 码时钟，控制 PN 码滑动，达到跟踪的目的。

4.5 SDMA/SS/TDMA 方式

SDMA 是按空间划分连接方式的简称，它是利用具有多波束天线的卫星（简称多波束卫星）来实现。多波束卫星的使用大致有两种情况。

（1）把单一业务区域分为几个小区域，并以多个点波束的高增益天线分别照射这些小区域。这种方式的主要目的是为了实现地球站天线的小型化。

（2）用多个不同波束分别照射相互离开的几个业务区域，这种方式的主要目的是为了在卫星功率足够的前提下，实现频率再用，从而成倍地扩展卫星转发器容量。

无论哪一种使用方式，都得与其他多址方式结合使用。由于多波束通信方式的连接状态是时变的，因此很适合使用 TDMA 方式；又由于 TDMA 方式的功率、频带利用充分，基本上无交调，且使用数字调制方式，因此其通信容量比 FDMA 方式等大得多。所以 SDMA 与 TDMA 相结合是提高通信容量的一种有效方法。此外，多波束卫星上必须具备波束切换功能，这样才能实现不同波束覆盖下各地球站之间的互连。

显然，SDMA 的优点是可以提高天线增益，使得功率控制更加合理有效，显著地提升系统容量，还可以削弱来自外界的干扰和降低对其他电子系统的干扰。

1. 工作原理

下面以多波束卫星的第二种使用情况为例，说明 SDMA 与 TDMA 通过卫星交换（Satellite Switched）的 SDMA/SS/TDMA 方式。如图 4-30 所示为 SDMA/SS/TDMA 系统的工作原理示意图，该系统主要包括控制电路部分和信号收发电路部分。

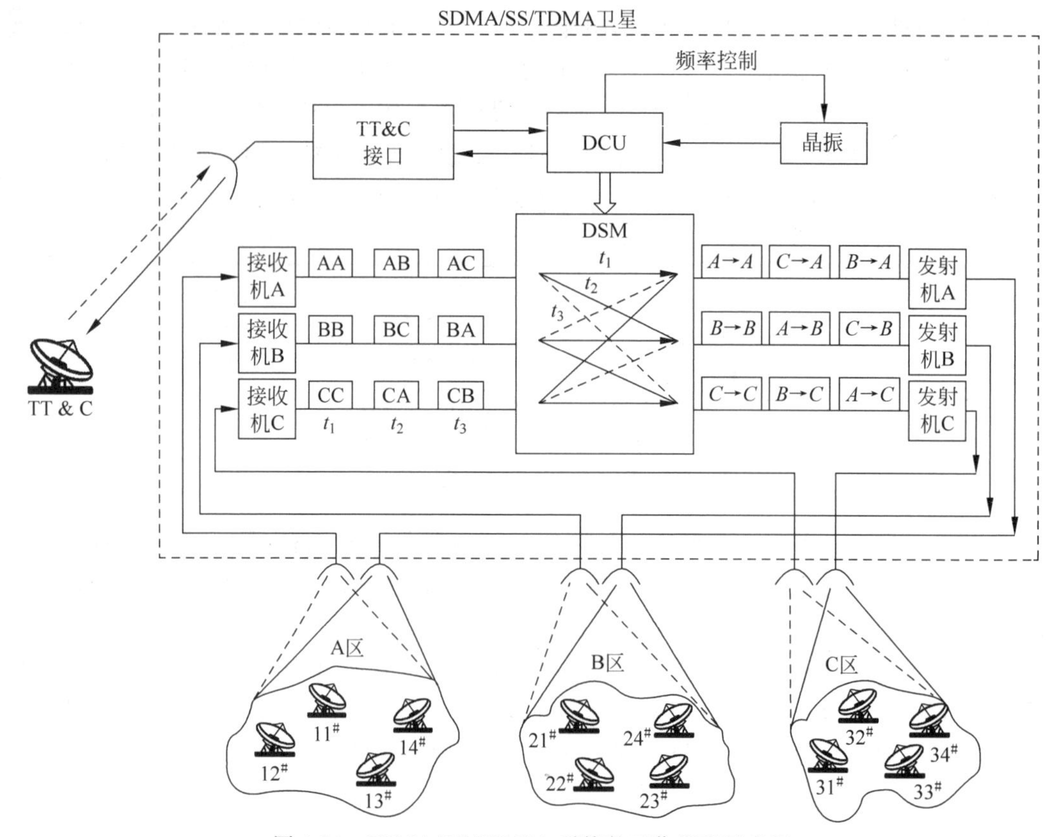

图 4-30　SDMA/SS/TDMA 系统的工作原理示意图

1）控制电路部分

图 4-30 中 DSM 为动态开关矩阵，通过它可将各地球站送往卫星的 TDMA 分帧信号切换到其相应方向的目的波束中，供目的站进行接收。切换控制电路（DCU）是用来完成 DSM 切换控制功能的电路，但控制 DCU 的存储信息、收发信息以及 DSM 的切换信息等操作都是由遥测遥控指令站（TT&C 站）执行的。从图中可以看出，其控制信号首先被 TT&C 接口天线所接收，然后存储在 DSM 存储器中，并且其周期与 TDMA 帧的周期相同，这就要求 SS-TDMA 通信网中的 TDMA 帧必须与 DSM 的切换顺序保持同步，因此要求基准站中应配备有使 DSM 切换定时和 TDMA 帧同步的搜索同步装置（ASU）。

2）信号收发电路部分

图 4-30 中仅以 3 个波束的 SS-TDMA 系统为例来说明其工作原理。由图可见，卫星上共有三副窄波束天线，分别用于接收相应区域内地球站所发射的信号和向相应区域内的地球站转发信号。这样便形成了 3 个分离波束，各自覆盖其相应的通信区域。每个波束区域内可以有一个地球站，也可以有多个地球站，它们是按 TDMA 方式工作的。即按不同的分帧进行排列。

在一个系统中，每一时帧（某波束在卫星内占据整个时段即为卫星的一个时帧 T_f）中的分帧分配和排列既可以采用预分配（PA）方式，也可以采用按需分配（DA）方式，此时所有各波束覆盖区域内的地球站按其通信时隙发射信号。如果采用 PA 方式，则每一时帧中各分帧的分配和编排次序是系统设计者预先设定的，因此分帧的长度和排列次序是固定不变的。在图 4-31 中给出了一种按循环方式排定的均匀结构的分帧排列顺序，可见若 A 区域内的某一地球站要与 A、B 和 C 区域内的地球站进行通信，则在上行 TDMA 时帧中包含 AA、AB 和 AC 三个分帧。同样，如果此时由 B 区和 C 区内的某一地球站要与 A、B 和 C 区域内的地球站进行通信，则在上行 TDMA 时帧中所包含的 3 个分帧是 BB、BC、BA 和 CC、CA、CB。

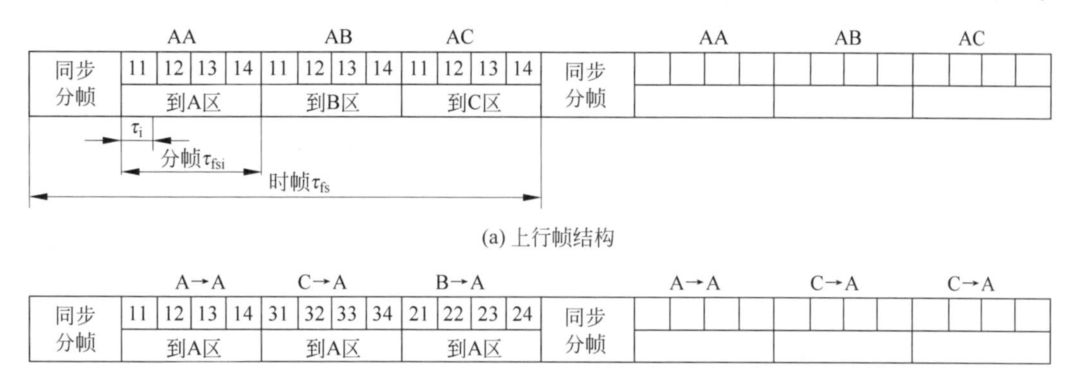

(a) 上行帧结构

(b) 下行帧结构

图 4-31 来自 A 区的上行和下行 TDMA 帧结构

在卫星中是按图 4-31(a)所示的结构接收信息的，然后在 DSM 中根据所发往的波束区，重新组合成各下行 TDMA 帧。不同波束覆盖区的下行 TDMA 帧的内容不同，其中各分帧对应该波束内的不同地球站。

在卫星中根据 DCU 发出的控制信号分别在 t_1、t_2 和 t_3 时刻通过 DSM 分别将发往 A、B 和 C 波束区的各分帧 AA、CA、BA 和 BB、AB、CB 以及 CC、BC、AC，组合成发往各通信区的下行 TDMA 帧信号，并经发射机和天线，向指定区域的地球站发射。

由上述分析可知，当系统采用预分配多址方式时，由于上、下行 TDMA 帧的排列次序均是事先确定的，因而信道分配无法根据各区域内或同一区域内各地球站间通信量的变化而变化，这使得分帧和时帧效率不高。而当在系统中采用按需分配方式时，则系统中的分帧长度和排列顺序可根据实际的通信容量的需求而变化。这样在各波束区域内是按照申请工作的站数和通信量来确定分帧的排列和时隙长度的，因此要求网中的各地球站向系统中的遥测遥控指令站提出通信量申请，并由该站进行分帧排列，然后将排列的结果通知网中各站，同时将相应的转换控制程序指令发送给卫星，这样各地球站和卫星转发器的 DSM 电路可根据此控制指令工作。

2. 分帧排列

1) 帧交换矩阵

分帧排列的主要目的是为了便于在 DSM 中进行帧交换。在 SDMA/SS/TDMA 系统中，各波束之间的通信交换量可以用矩阵表示，称为帧交换矩阵或业务交换矩阵$\{d_{ij}\}$。如表 4-1 所示，矩阵的阶数为 k，即为波束区域数(接收波束区 $Y_1,Y_2,\cdots,Y_k$；发射波束区 $X_1,X_2,\cdots,X_k$)。元素 d_{ij} 则表示从第 i 波束区发送到第 j 波束区的通信量，它既可看成是通话路数，也可看成帧中所占的时隙数。交换矩阵中行元素的总和 $S_i=\sum_{j=1}^{k}d_{ij}$ 以及列元素的总和 $R_j=\sum_{i=1}^{k}d_{ij}$ 分别表示相应发射区和接收区的总通信量。通常我们将交换矩阵中具有最大通信量的行(或列)称为临界行(或列)，并称临界行(或列)中的最大元素为临界元。

表 4-1 系统通信量交换矩阵

接收 发射		接收波束区					
		Y_1	Y_2	Y_3	…	Y_k	$\sum_{j=1}^{k} d_{ij}$
发送波束区	X_1	d_{11}	d_{12}	d_{13}	…	d_{1k}	S_1
	X_2	d_{21}	d_{22}	d_{23}	…	d_{2k}	S_2
	X_3	d_{31}	d_{32}	d_{33}	…	d_{3k}	S_3
	⋮	⋮	⋮	⋮	…		⋮
	X_k	d_{k1}	d_{k2}	d_{k3}	…	d_{kk}	S_k
	$\sum_{i=1}^{k} d_{ij}$	R_1	R_2	R_3	…	R_k	

2）分帧的编排

分帧的编排是指把已知系统的交换矩阵分解为若干分帧矩阵，而每个分帧矩阵中的各波束区域之间的交换具有一对一的关系，因此各分帧矩阵能够用各行各列中最多只有一个非零元素表示。

分帧的编排方法多种多样，按照不同的排列标准，如分帧数最少（即转换次数最小或分帧长度 T_D 最短等），可形成不同的算法，从而构成不同的分帧编排。下面介绍分帧长度（T_D）最短的编排方法，利用 Greedy 算法（或称优选法）进行分帧编排。

如果 S_i 或 R_j 的最大值是 T_D，系统的时帧长度为 T_f，那么在分帧编排时间 T_D 内，所有通信量的分配过程如下：

（1）首先根据帧交换矩阵（$\boldsymbol{D}$）确定临界行 i_0。

（2）从帧交换矩阵（$\boldsymbol{D}$）的各行、各列中选一个元素，构成一个基本矩阵 $\boldsymbol{D}$，其余元素构成剩余矩阵 $\boldsymbol{D}_2$。通常取临界行 i_0 中的最大元素（即临界元素），其他行也选大的元素构成 $\boldsymbol{D}_1$ 矩阵。这样分帧矩阵 $\boldsymbol{D}_1$、$\boldsymbol{D}_2$ 和 $\boldsymbol{D}$ 一样保持同一行 i_0 为临界行，则进入第（4）步，否则需利用第（3）步进行修正。

（3）观察基本分帧矩阵 $\boldsymbol{D}_1$，进行如下修正：①若有比临界元素大的元素，则将超出的值退回到剩余矩阵 $\boldsymbol{D}_2$ 中。②为使 i_0 行成为 $\boldsymbol{D}_2$ 的临界行，同时保证满足上一个条件，应从 $\boldsymbol{D}_1$ 向 $\boldsymbol{D}_2$ 逐单位地退回，这样才能保证满足 $\boldsymbol{D}_2$ 的临界条件，同时获得第 1 个分帧 $\boldsymbol{D}_1$。

（4）剩余矩阵的确定：此时 $\boldsymbol{D}_2$ 至少包含一个等于零的元素，可对 $\boldsymbol{D}_2$ 重复第（3）步所述的步骤，从而可得到第 2 个分帧编排 $\boldsymbol{D}_2$，剩余的部分构成 $\boldsymbol{D}_3$。如果此时 $\boldsymbol{D}_3$ 矩阵中的各元素仍各不相同，则继续第（4）步，直至相等为止。

例 4-3 已知某个 3×3 的交换矩阵如下，请根据上述分帧编排法找出其基本分帧矩阵 $\boldsymbol{D}_1$ 和剩余矩阵 $\boldsymbol{D}_2$。

5	1	5
4	3	4
2	7	2

解：(1)

$$
\boldsymbol{D}=\begin{array}{|c|c|c|l}
\hline
5 & 1 & 5 & 11 \\
\hline
4 & 3 & 4 & 11 \rightarrow \text{临界行} \\
\hline
2 & 7 & 2 & 11 \\
\hline
\multicolumn{1}{c}{11} & \multicolumn{1}{c}{11} & \multicolumn{1}{c}{11} &
\end{array}
$$

(2) 为了满足临界条件，从 $\boldsymbol{D}_1$ 的 d_{11}、d_{32} 中分别退回 1 和 3 个单元到 $\boldsymbol{D}_2$。

(3) 对 $\boldsymbol{D}$ 重复进行同样步骤的排列，可得到第 2 分帧的排列。

由上述结果，可画出 TDMA 帧内各波束区域的收、发分帧编排，如图 4-32 所示。从图中可以看出，虽然其转换定时次数为 5 次，但它容纳的未来业务量富余时间较多(本方案为 3 个分帧的时间)，因此它是一个较为理想的方案。

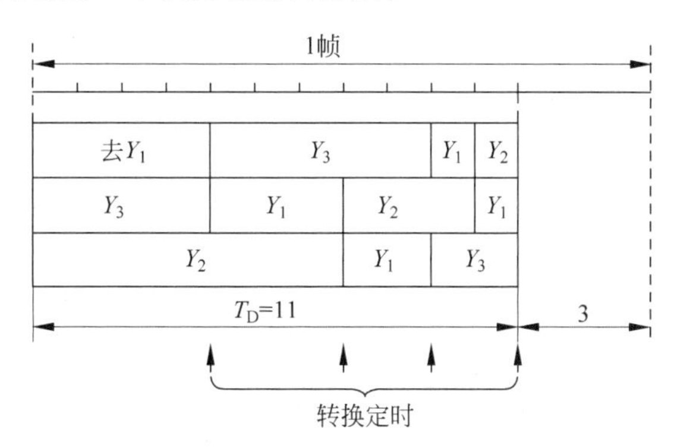

图 4-32　分帧排列举例

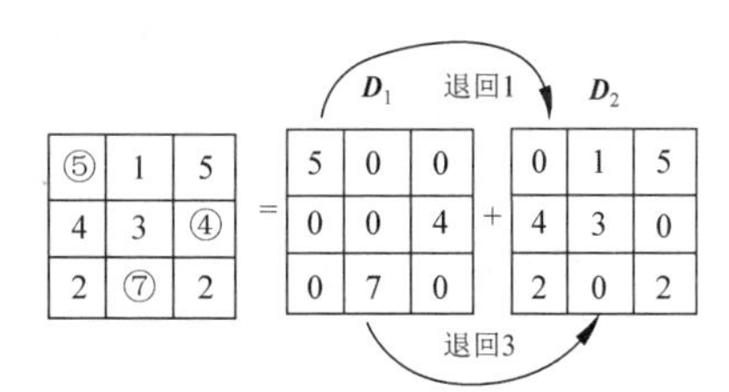

确定了第 1 分帧的排列——→$\boldsymbol{D}_1$　　　　$\boldsymbol{D}_2$

$$
=\begin{bmatrix} 4 & 0 & 0 \\ 0 & 0 & 4 \\ 0 & 4 & 0 \end{bmatrix} + \begin{bmatrix} 1 & 1 & 5 \\ 4 & 3 & 0 \\ 2 & 3 & 2 \end{bmatrix}
$$

$$
\boldsymbol{D}_2=\begin{bmatrix} 1 & 1 & 5 \\ 4 & 3 & 0 \\ 2 & 3 & 2 \end{bmatrix}=\begin{bmatrix} 0 & 0 & 3 \\ 3 & 0 & 0 \\ 0 & 3 & 0 \end{bmatrix}+\begin{bmatrix} 0 & 0 & 2 \\ 0 & 2 & 0 \\ 2 & 0 & 0 \end{bmatrix}+\begin{bmatrix} 1 & 0 & 0 \\ 0 & 1 & 0 \\ 0 & 0 & 1 \end{bmatrix}+\begin{bmatrix} 0 & 1 & 0 \\ 1 & 0 & 0 \\ 0 & 0 & 1 \end{bmatrix}
$$

3. SS/TDMA 帧同步

在 SDMA/SS/TDMA 系统中，由于要求通信卫星能够提供定时切换功能，因此该系统与普通的 TDMA 系统不同，要求地面上能够检测出卫星切换器的切换定时，从而使 DSM 能够按分帧编排顺序进行切换。为了保证准确的切换操作，必须在各地球站间建立帧同步，以便调节本站发送分帧的发送定时，这样才能保证该分帧能够按照预定时间通过交换矩阵。

控制帧同步的方法有两种：一种是星载定时，另一种是地球定时。

(1) 星载定时是以卫星上切换电路所提供的定时为基准的一种帧同步方法，这就要求地面上的各地球站以此为基准，随时保持同步，同时也要求卫星上能够产生同步用的基准分帧(SRB)，因此卫星上必须配置调制器，从而增加了卫星的复杂程度。

(2) 地球定时是由基准地球站控制星上的切换电路，而其他地球站受基准站的控制，从而实现帧同步。由此可见，此时要求在星上切换电路中设置指令解调器，同样会增加卫星设备的复杂程度。

4.6 卫星分组通信

4.6.1 基本概念

随着卫星通信的不断发展，数据传输和交换也用卫星进行通信了。与卫星信道中进行话音传输和交换相比，数据的传输与交换有以下几个特点：

(1) 发送数据的时间是随机的，间断的。当有数据传送时，数据率很高，可达到几千 bit/s，但传送数据的时间很短促，其余的很长时间是空闲的，没有数据传送。峰值传送率与平均传送率的比值很大，高达几千，因而信道利用率很低。

(2) 由于数据业务的种类繁多，网络中应能同时传送速率相差很大的多种不同数据。

(3) 由于要传送的数据长短不同，各种数据又可以非实时传送。为了提高卫星信道利用率，可以把一组数据分成几个数据分组，分开传送。在接收端再把收到的各数据分组串接成原来的完整数据。对于较短的数据，就只需占用一个数据分组即可。

(4) 利用卫星信道进行数据传输和交换的卫星通信网中，通常包含有大量低成本的地球站。

由以上可知，除了数据业务非常繁忙或被传送的数据很长外，如果仍然使用适合于传送具有电话业务“长流水”特点的卫星 FDMA 或 TDMA 方式来传送具有“突然发生”特点的数据业务时，信道的利用率会很低。即使采用按需分配的方式，也不会有多少改进。因为许多所发送的数据的时间是小于申请分配信道所需的时间的。为了解决以上问题，就产生了在卫星通信中采用分组通信这一新的技术。

最初的一种分组通信方式的实验由美国夏威夷大学在地面网络进行，叫作 ALOHA 网络。1973 年首次把这项技术用于卫星系统。ALOHA 网成为通过卫星进行数据传输与分组交换的系统之一。1975 年 9 月开始用大西洋上空的 IS-Ⅳ 卫星和 INTELSAT 的地球站作了两年的分组通信方式试验，证明对现有的转发器和地球站不需要做什么变动就可以采用 ALOHA 方式。ALOHA 方式的主要特点是：一定数量的地球站共用一个卫星转发器的频段，各站随机地发送各自的数据分组，发送数据如果发生碰撞，则该数据需重新发送。它属于随机连接时分多址(RA/TDMA)方式，主要分为随机多址访问方式和可控多址访问方式。

4.6.2 随机多址访问方式

以随机多址访问方式工作时，所有用户都可访问一条共享信道，而不必与其他用户协商。当多个用户同时向共享信道发射信息产生碰撞时，则用户必须采用重发机制重发信息。常用的随机多址访问方式有P-ALOHA、S-ALOHA、C-ALOHA、SREJ-ALOHA等。

1. P-ALOHA方式

在这种方式中，卫星数据传输网中的各地球站都装有发射控制单元，发射控制单元能把数据分成几个段，并在每个数据段的前面加一个分组的报头，报头中包括收方、发方的地址以及一些控制用的位。每个数据段的后面还要加上检错码，这样就形成一个数据分组，如图4-33所示。这个数据分组一方面由发射控制单元调制后向卫星发射，另一方面要由存储器储存起来备用。

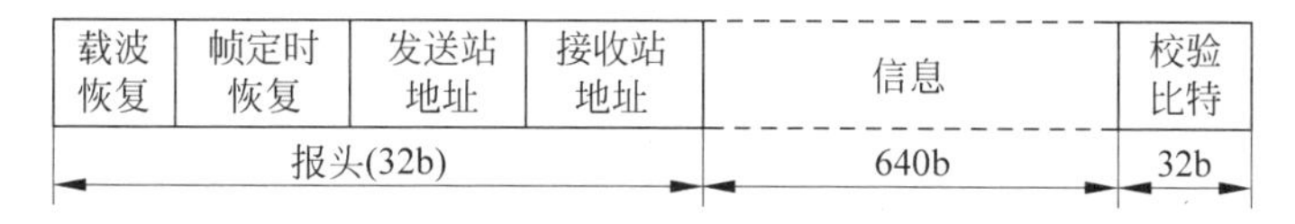

图4-33 数据卫星通信分组结构

数据分组的发射时间是随机的，全网不需要同步。经卫星转发后，所有地球站都能接收到经这个数据分组调制后的射频信号，但只有与报头中地址相符的地球站才能检测出这个数据分组。在检测之后如果没有发现错误，收方地球站就要发出一个应答信号；如果检测后发现错误，就不发应答。

发射方地球站在发射之后要等待收方地球站的应答信号。如果在规定的时间里没有收到应答信号，发方地球站就要把存储器中储存的原数据分组重新发射，直到收到收方地球站的应答信号表示发送成功为止。这时存储器所储存的内容就可以取消。因为各地球站发射数据分组的时间是随机的，如果两个以上的数据分组同时通过转发器，即产生信号的重叠，也叫作碰撞。这时，收方地球站不能正确接收信号，收方就不会应答，发方必须重发。

图4-34表示P-ALOHA系统发生碰撞的情况。为了避免连续性反复碰撞，应随机的控制用户分组的重传间隔。每个地球站的发射控制单元必须安装随机的延迟电路，以便得到不相同的随机的等待时间。所以，重发的分组信号再次发生碰撞的概率是很小的。但是再次发生碰撞的可能性仍存在，这主要出现在与别的地球站所发射的分组信号发生碰撞。至于原来碰撞的两个分组信号经随机时延后重发时，发生再碰撞的概率是极其微小的。因此，发生第三次碰撞的概率更是微乎其微了。如果发生了第二次甚至第三次碰撞而进行重发产生的全部信号时延，比要求收方响应的时间短得多的话，对数据传输业务就不会发生明显的影响。

发射站可以从卫星转发的信号中接收到自己发射的数据分组信号，如果以此来判断这个分组信号是否发生碰撞，从而决定是否需要重发，这个过程只需270ms左右。而发射站从接收站的应答信号中判断是否需要重发，则要耗费双跳的时延，即540ms。但发送站仍必须以接收站应答信号为主。因为有时尽管通过卫星转发器时没有发生碰撞，但由噪声引起接收站的接收信号产生差错时，发射站也需要重发分组信号。

在这种工作方式中，整个系统不需要全系统的定时和同步，各地球站发射分组信号的时间是任意的、随机的。在需要发射的分组信号数目不太多时，ALOHA系统的信道利用率

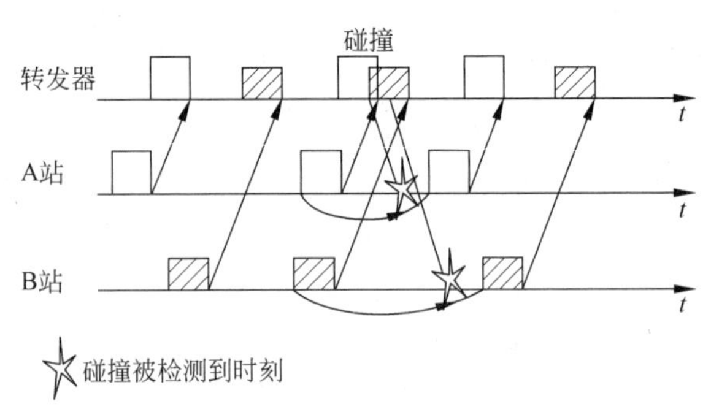

图 4-34 P-ALOHA 方式下发生碰撞示意图

甚至比按需分配的 TDMA 方式还好，而且具有一定的抗干扰能力。

但是在数据业务繁忙，发生碰撞的概率增大时，重发的分组信号也就增多。于是就会形成碰撞次数增多→重发次数增多→碰撞次数更多→重发次数更多→……一直发展到无法控制的状况。这就是所谓 ALOHA 系统的不稳定现象。

如果 ALOHA 系统一旦出现不稳定状况时，应该立即采取告警的办法，通知用户加大分组信号的发射时间间隔，甚至暂停发射，以保持系统的稳定。

根据概率论对纯 ALOHA 方式进行理论分析可以求得这种方式的信道利用率为 18.4%。这个利用率仍不是很高。为了提高信道利用率和系统稳定性，又提出了时隙 ALOHA 协议(S-ALOHA)和预约 ALOHA(R-ALOHA)等一些改进的 ALOHA 方式。

2. S-ALOHA 方式

为了改善纯 ALOHA 信道的利用率，可以采用一种时隙 ALOHA 协议，S-ALOHA 中的 S 指“时隙”。它吸收了时分复用方式的特点来减少“碰撞”。因此这种方法实质上是属于时分随机多址方式。S-ALOHA 方式的工作原理如图 4-35 所示，S-ALOHA 的主要特点是，把信号进入卫星转发器的时间分成许多时隙，各地球站发射的数据分组信号必须进入某一时隙内，并且每个分组信号的时间应几乎填满一个时隙，而不是像纯 ALOHA 方式那样可以任意随机发射。时隙的定时要由全系统的时钟来确定，各地球站的发射控制单元必须与系统的时钟同步。这种方式的碰撞概率比纯 ALOHA 方式的概率小。因此最大信道利用率较高，可达到 36.8%，即比纯 ALOHA 方式的信道利用率要大一倍。但 S-ALOHA 方式因要有定时和同步，而且分组信号的时间长短也是固定的，从而设备较复杂。同时，信道的不稳定现象尚未解决。

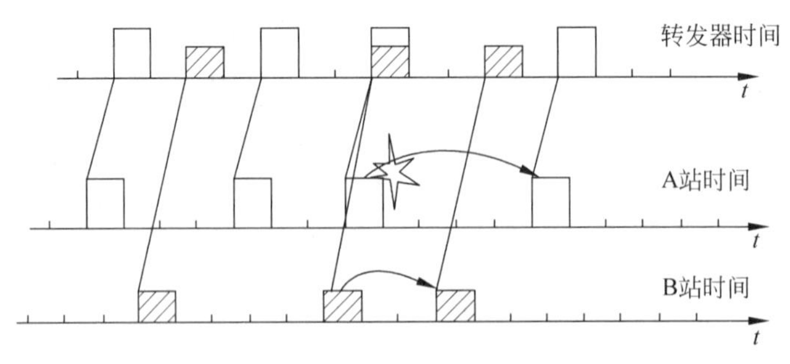

图 4-35 S-ALOHA 方式工作原理示意图

在这种方式中，各地球站还可根据发送的信息的重要性的不同，采取不同的优先等级，以减小发生碰撞的概率。下面举两种具体措施。

(1) 把地球站的终端分成不同的优先等级，例如分成高、低两个优先等级。高优先等级的地球站终端在发射分组信号前270ms先用某一时隙发射一个"通告"信号，表示即将用这个时隙进行通信。系统中的各站收到这个通告信号后，低优先等级的地球站终端主动避开这个时隙进行通信。但是，如果在同一个时隙内有两高优先等级的站同时发出通告信号，这时就会产生碰撞而需重发。不过发生这种情况的概率是很小的。而且可以采用分成多个优先等级的措施来减少两个等级下的同等级碰撞，但这时系统的工作就较复杂了。

(2) 根据业务等级的不同，改变各地球站的发射功率。当两个分组信号的功率相差得足够大时，如果在同一个时隙内发生碰撞，那么功率较大的分组信号仍然能够正常传送，即该时隙不会被浪费。显然功率小的分组信号则只好重发。例如，对于像人-机对话那样需要快的、相互响应的地球站终端，安排成高优先等级，发射较大的功率；而对于发射成批数据的地球站终端，因为它的响应时间可以长一些，所以安排成低优先等级，发射较小的功率。

3. C-ALOHA 方式

在P-ALOHA方式中，通常将发送前一个分组的开始时刻到本分组发送完毕时刻之间的时间段称为受损时间，如图4-36(a)所示。可见受损间隔等于两个分组的长度，只要在此时间内有其它地球站发送分组，就会出现碰撞，导致分组丢失。

S-ALOHA方式是以卫星转发器的输入端为参考点的，在时间上等间隔地划分为若干时隙(slot)，而每个站所发射的分组必须进入指定的时隙，每个分组的持续时间将占满一个时隙。可见，要求在一个特定的时刻进行分组发送，使受损间隔限制在一个时隙长度之内，就不会出现首尾碰撞现象，如图4-36(b)所示。这样便能减少信道上出现碰撞的概率，提高卫星转发器的使用效率。

C-ALOHA即具有捕获效应(Capturee Effect)的ALOHA，它是改善系统吞吐量的一种方式。在P-ALOHA方式中，由于卫星转发器所接收的两个分组功率相同，因而发生碰撞情况，接收端无法正常接收分组。但如果两个分组功率不同，即使发生碰撞，功率较小的分组也可视为一种干扰，而功率较大的分组仍可能被接收端正确接收，如图4-36(c)所示。可见，C-ALOHA的受损间隔与P-ALOHA的相同，通过调节各站的发射功率，可控制射入卫星转发器的分组功率，从而改善系统的吞吐量。理论上讲，C-ALOHA系统的吞吐量最高可达P-ALOHA的3倍。

4. SREJ-ALOHA 方式

SREJ-ALOHA即选择拒绝(Selective Reject)ALOHA方式，它是提高P-ALOHA方式吞吐量的另一方法，即将每个分组细分为若干个小分组(Subpacket)，且每个小分组均配有自己的报头和前同步码，因而接收端可以对每个小分组进行检测。这样当两个分组发生碰撞时，很可能其中几个小分组出现彼此重叠，而其他的没有遇到碰撞的小分组仍然可以被接收端正确接收。如图4-36(d)中所示的情况那样，分组D和分组K均被细分为8个小分组，此时只有分组D中的6、7、8小分组与分组K中的1、2、3小分组发生碰撞，因此只需重发D分组中的6、7、8小分组和K分组中的1、2、3小分组。可见其吞吐量要比P-ALOHA方式大，基本与S-ALOHA相当，而且与报文长度的分布无关。但由于细分过程要在每个小分组中增加报头和前同步码，从而增加了附加开销，因而SREJ-ALOHA的吞吐量只能达到20%～30%。

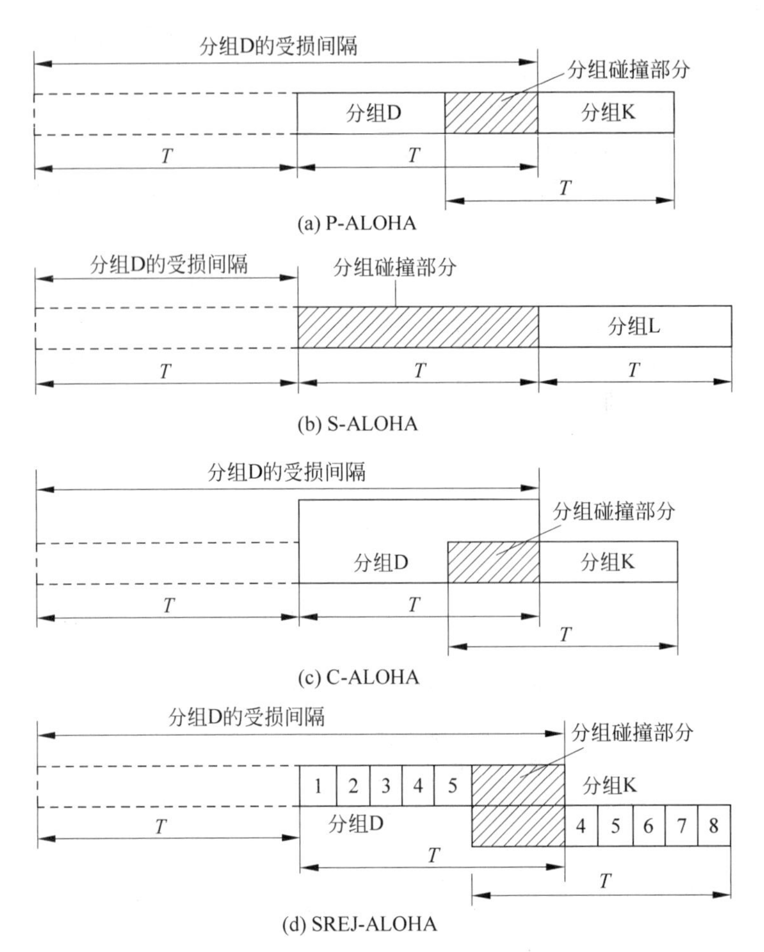

图 4-36 几种随机多址访问方式发生碰撞的对比

4.6.3 可控多址访问方式

可控多址访问方式又称为预约(Reservation)协议。在此方式中有一个短的预约分组，可以利用它为长数据报文分组在信道上预约一个时段。若预约成功，长数据报文就可在其预约的时段内传输，而不会出现碰撞现象。因此预约协议是可控多址访问方式中所特有的，它包括两层：第一层是针对预约分组的多址协议，第二层是针对数据报文的多址协议。下面将介绍两种常用的可控多址方式。

1. R-ALOHA 方式

采用 S-ALOHA 等方式，在传送长报文时传输时延较长，若收、发端之间超出正常的响应应答时间，则会影响整个网络的通信秩序。为实现长报文和短报文的通信，提出了 R-ALOHA 方案，即预约 ALOHA 方式，其工作原理如图 4-37(a)所示。通常一个发送周期即为一个帧长，每帧中又包含若干个时隙。其中一部分为竞争时隙，用于发送短报文和预约申请信息，采用 S-ALOHA 方式工作；而另一部分为预约时隙，由用户独自掌握，主要用于发送长报文。它们之间不存在碰撞问题。

当某地球站要发送长报文时，首先在竞争时隙中发送申请预约消息，表明所需使用的预

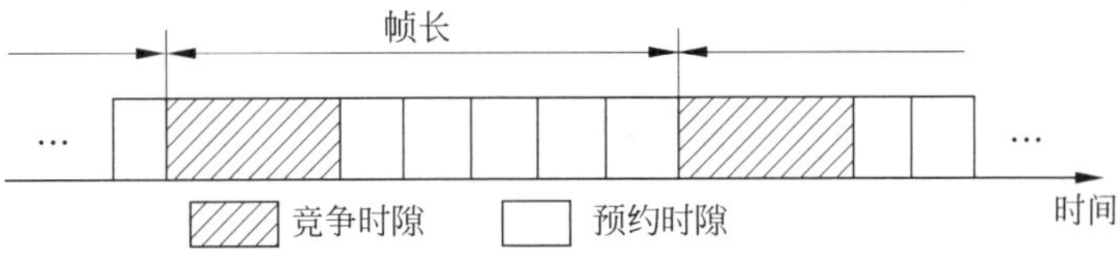

(a) R-ALOHA

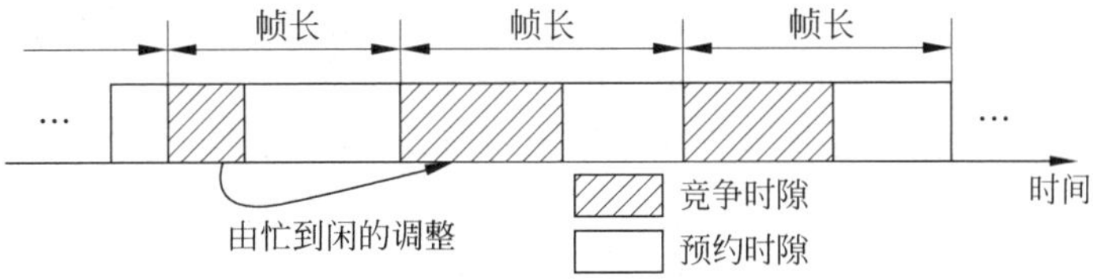

(b) AA-ALOHA

图 4-37 可控多址方式的工作原理

约时隙长度。如果没有发生碰撞，则在一定时间之后，包括全网中的各地球站都会收到一个信息，根据当时的排队情况确定该报文应出现的预约时隙位置，这样其他站就不会再去使用此时隙。同时发送地球站也可以计算出其应该发射的时隙，以便准时发射。对于短报文，既可以直接利用竞争时隙发射，也可以像长报文一样通过预约申请，利用预约时隙发射。

全网中的各地球站都能接收这一信号，只有与数据分组的地址码一致的地球站，能够检测出发射给它们的分组。当经过差错检测确定无误时，则利用 S-ALOHA 竞争信道向发射地球站发射一个应答信号。当发射站收到这一应答信号时，则将存储器中保存的上述数据删除。若发射站在规定的时间内仍未接收到应答信号，则进行重发操作。由上可知，R-ALOHA 方式很好地解决了长短报文的兼容问题，具有较高的信道利用率。但信道的稳定性问题仍未解决，其实现难度要大于 S-ALOHA。

2. AA-TDMA

AA-TDMA 即自适应 TDMA，也是一种预约协议，可以看成 TDMA 方式的改进型，其性能优于 R-ALOHA 方式，工作原理与 R-ALOHA 方式相似。只是在其每一帧中预约时隙与竞争时隙之间没有固定的边界，而是根据当时所传输的业务量情况进行调整，如图 4-37(b)所示。当网中的业务量很小或者所传送的多为短报文时，系统中的所有站多数情况是以 S-ALOHA 方式工作，这时每帧中的时隙均为竞争时隙。当长报文业务增多时，则分出一部分时隙作为预约时隙，而另一部分时隙仍作为竞争时隙，各站可按 S-ALOHA 方式共享使用。因此，它实际上是一种竞争预约的 TDMA/DA 方式。当长报文业务量进一步加大时，只有一小部分时隙为竞争时隙，而大部分时隙则变成预约时隙，特别是在所有时隙均变为预约时隙时，系统就工作于一个预分配的 TDMA 方式。

可见，AA-TDMA 方式下工作的系统能够根据实际的业务量状况自动地调节一帧中竞争时隙和预约时隙的比例，既很好地解决了长短报文的兼容问题，同时其适应性又比 R-ALOHA 方式更强。即在业务量轻时，其吞吐量与延时性能的关系与 S-ALOHA 方式相当；在中等业务量时，其吞吐量与延时性能的关系略优于竞争预约 TDMA/DA 方式；在重负荷情况下，则略优于固定帧 TDMA/DA 方式。另外，它使用灵活，信道利用率高，但也增加了设备的复杂程度。

尽管存在多种多址连接方式，但由于多址连接性能与业务模型和网络业务量紧密相关，迄今为止仍未找到一种佳的适用于长短数据兼容的多址方案。因此，在实际应用中应视具体情况而定。

本章小结

多个地球站通过同一颗卫星，同时建立各自的信道，从而实现各地球站之间相互通信的工作方式称为多址连接。多址连接主要解决的问题是如何识别、区分由各个地球站发出的不同的信号。多址方式的信道分配技术是指使用信道时的信道分配方法，是卫星通信技术的一个重要组成部分。信道的分配有三种方式：预分配方式、按需分配方式、随机分配方式。三种方式的运用有各自的优缺点及应用范围。

卫星通信中的多址连接方式有四种：频分多址（FDMA）、时分多址（TDMA）、码分多址（CDMA）、空分多址（SDMA）等。FDMA方式是把卫星转发器的可用射频频带分割成若干互不重叠的部分，分配给各地球站所要发送的各载波使用。因此，在FDMA方式中，各载波的射频频率是不同的，发送的时间虽然可以重合，但各载波占用的频带是彼此严格分开的。FDMA是较常用的卫星多址技术，但会带来交调干扰，因此卫星中的功率不能充分利用。SCPC技术和话音激活技术的结合使用可有效地提高卫星通信系统的通信效率。TDMA方式是把卫星转发器的工作时间分割成周期性的、互不重叠的时隙（每个时隙又称为分帧，1周期则称为1帧）分配给各地球站使用。在TDMA方式中，共用卫星转发器的各地球站使用同一频率的载波，在规定的时隙内发射本地球站的信号。TDMA技术可以有效地减少交调干扰，但需有精确的时钟同步系统。CDMA方式的基本特征是各个地球站可以同时占用卫星转发器的射频频带，但各地球站所发的信号在结构上各不相同且相互具有准正交性，以区别地址，而在频率、时间、空间上都可能重叠。CDMA方式抗干扰能力较强，但频带利用率低。SDMA方式指的是在卫星上装有多个窄波束天线，将这些指向不同区域的天线波束分配给各对应区域内的地球站，通信卫星上的路径选择功能向各自的目的地发射信号。由于各波束覆盖区域内的地球站所发出的信号在空间上互不重叠，即使地球站在同一时间内使用相同的频率工作也不会相互干扰，从而起到了频率再用的目的。SDMA不能单独使用，SDMA与TDMA相结合是提高通信容量的一种有效方法。

卫星通信中对于数据的传输采用随机多址访问方式和可控多址访问方式。随机多址访问方式实质上是一种无规则的TDMA方式，它是ALOHA信道所用的多址连接方式。常用的随机多址访问方式有P-ALOHA、S-ALOHA、C-ALOHA、SREJ-ALOHA等。P-ALOHA方式的一个显著特点是全网不需要同步和定时，各地球站发射时间是完全随机的。S-ALOHA方式是以转发器输入端的时间为参考点，将时间轴分为许多时隙，系统有统一的时钟，要求每个地球站的数据分组必须落入某一时隙（通常分组持续时间与时隙长度相等），因此，如果发生碰撞，概率必定是100%（即分组完全重合）。由于各地球站的发送必须按系统的统一时隙进行，从而减少了碰撞概率，提高了信道利用率。C-ALOHA方式的原理是，如果两个碰撞分组的发射功率不同，一个比较小，另一个比较大，那么发生碰撞以后，功率低的分组是无法接收到的，但功率高的分组仍可能被正确接收，碰撞的小功率分组对于大功率分组来说只是一种干扰。SREJ-ALOHA方式是提高P-ALOHA方式吞吐量的另一种方法，它仍以P-ALOHA方式进行分组发送，但对P-ALOHA方式的改进是把每个分组再细分为有限数量的小分组，每个小分组也有自己的报头和前同步码，它们可以独立进行差错检测，如果两个分组首尾碰撞，未遭碰撞的小分组仍可被正确接收，需要重发的只是发生碰撞的那部分小分组。

常用的可控多址访问方式包括R-ALOHA方式和AA-TDMA方式。R-ALOHA方式是在S-ALOHA基础上考虑到系统内各地球站业务量不均匀而提出的改进型。对于发送数量较大的地球站，在它提出预约申请后，将用较长的分组在预约的时隙发送。AA-TDMA方式是另一种优于R-ALOHA的预约协议，它可以看成是TDMA方式的改进型，其基本原理与R-ALOHA方式相似，只是其预约时隙和竞争时隙之间的边界能根据业务量进行调整。

习题

1. 多址方式与多路复用的异同点是什么？

2. 简述几种常用的信道分配方式及其各自的特点。

3. 简述FDM/FM/FDMA的工作原理及特点。

4. SCPC与SPADE方式的异同点是什么？

5. 与FDMA系统比较，解释TDMA系统的优点。

6. 某TDMA系统的传输速率为17.156Mb/s，每个用户(地址)的输入数据速率为1.544Mb/s，帧效率为90%，求该传输系统的最大地址数。

7. 已知某SDMA/SS/TDMA系统通信量交换矩阵如表4-2所示，求出各波束区域的最佳分帧编排。并扼要说明该系统的工作原理。

表4-2　某SDMA/SS/TDMA系统通信量交换矩阵

发＼收	y_1	y_2	y_3	y_4
x_1	0	7	14	16
x_2	6	13	15	22
x_3	12	19	21	3
x_4	18	20	2	9

8. 已知一个TDMA系统，采用8PSK调制方式，设帧长为$T_f=250\mu s$，系统中所含的业务分帧$m=5$，各站所包含的信道数为4，保护时隙$T_g=0.1\mu s$，基准分帧的位数和各报头的位数均为90位，每信道位数为386位，滚降滤波器系数为0.2。求该系统传输位率R_b、分帧长度T_b、系统的调制速率R_s、帧效率η_f及传输线路要求带宽B。

9. 简述CDMA方式中几种典型扩频技术的特点。

10. 简述DS-CDMA系统的工作原理。与DS-CDMA方式相比，FH-CDMA的主要区别在哪里？

11. 几种ALOHA方式的工作原理及特点是什么？

第5章 卫星通信网

CHAPTER 5

任何卫星通信系统都要组成一定的网络结构，以便多个地球站按一定的连接方式通过卫星进行通信。根据卫星通信系统使用目的和要求的不同，可以组成各种不同的卫星通信网。例如，根据卫星在轨高度，可分为GEO卫星通信网、MEO卫星通信网和LEO卫星通信网；根据通信用途，可分为民用卫星通信网和军事卫星通信网；根据服务范围，可分为国际卫星通信网（国际卫星通信系统INTELSAT）、国内卫星通信网（邮电干线通信、专用卫星通信、临时电视节目、会议电视、数据广播等）、区域卫星通信网等。对于大量分散、稀路由、低速的数字卫星通信系统，还可组成VSAT（甚小口径天线终端）卫星通信网。根据业务性质、容量和特点的不同，组成的网络结构也将有所不同。本章主要介绍VSAT卫星通信网的基本概念与原理。

5.1 卫星通信网的网络结构

由多个地球站构成的卫星通信网络可以归纳为两种主要形式，即星状网络和网状网络，如图5-1所示。

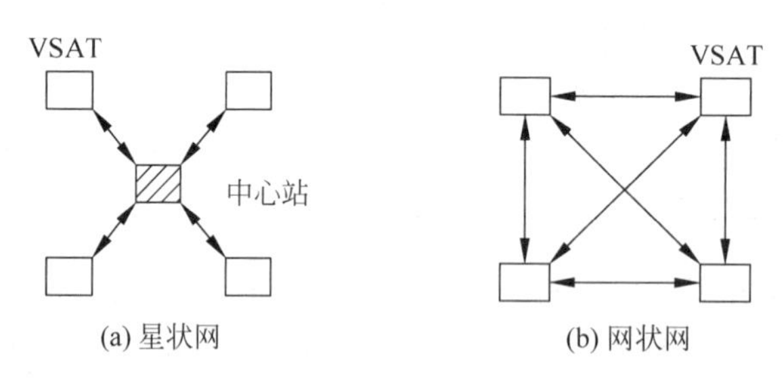

图5-1 卫星通信的网络结构

5.1.1 星状网络

图5-1(a)为星状网络，它是一种由中心站与各地球站之间相互连接而形成的网络。

在星状网络中，各远端地球站都是直接与中心站（或称主站）发生联系，而各远端地球站之间则不能经卫星直接进行通信。两个地球站之间若有通信要求时必须经中心站转发，才能进行连接和通信。无论远端地球站与中心站进行通信，还是各地球站经中心站进行通信，都必须经过卫星转发器。中心站执行控制和转发功能，使得通信系统的故障容易隔离和定位，并且可以在不影响系统其他设备工作的情况下，方便地对卫星通信系统进行扩容。

星状网络最适合于广播、收集等进行点到多点间通信的应用环境，例如具有众多分支机构的全国性或全球性单位作为专用数据网，可以改善其自动化管理、发布或收集信息等。但这种结构非常不利的一点是，中心站必须具有极高的可靠性。因为一旦出问题，将影响着整个系统的工作。

5.1.2 网状网络

图 5-1(b)为网状网络，它将各地球站彼此相互直接连接在一起。这种点对点连接而成的网络，又称为全互连网络，其中每个地球站皆可经由卫星彼此相互进行通信。

采用网状网络的优点是：星间链路的冗余备份充分，系统可靠度高，可扩展性强；星间链路的传输带宽可以很高，数据的传输速度快、时延小、可以实现全球覆盖。因此，网状网络比较适合于点到点之间进行实时性通信的应用环境，比如建立单位内的 VSAT 专用电话网等。但是网状网络的缺点也很明显，即网络结构较为复杂，建造成本高，对于卫星的数量要求较多等。

5.1.3 混合网络

在卫星通信网络中，根据经过卫星转发器的次数，卫星通信网络又可分为单跳和双跳两种结构。

对于星状网络，各远端地球站可通过单跳链路与中心站直接进行话音和数据的通信，而各远端地球站之间一般都是通过中心站间接地进行通信，因此信号会经历双跳的时延。

在网状网络中，任何两个远端地球站之间都是单跳结构，因而它们可以直接进行通信。但是必须利用一个中心站控制与管理网络内各地球站的活动，并按需分配信道。显然，单跳星状结构是最简单的网络结构，而网状网络结构则是最复杂的网络结构，它具有全连接特性，并能按需分配卫星信道。

为此，将单跳与双跳结构相结合，可以得到一种混合网络，如图 5-2 所示。在这种网络中，网络的信道分配、网络的监测管理与控制等由中心站负责，但是通信不经中心站连接。该网络可以为中心站与远端地球站之间提供数据业务，为各远端地球站之间提供话音业务。从网络结构来说，话音信道是网状网，数据信道是星状网，因而混合网络是一种很有吸引力的网络结构。

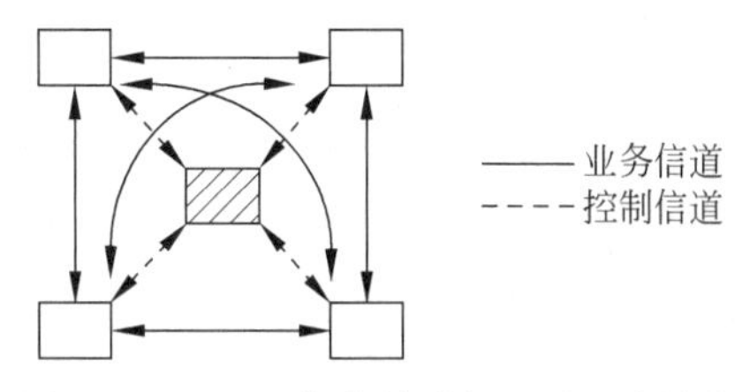

图 5-2　卫星通信的单跳与双跳混合结构

5.2 卫星通信网与地面通信网的连接

一个卫星通信系统，当考虑到它与地面通信网连接时，地球站的作用犹如一个地面中继站。由于电波传播和电磁干扰等原因，一般大、中型地球站都是设置在远离城市的郊区，而卫星通信的用户和公用网中心都是集中在城市市区。因此，卫星通信链路必须通过地面线路与长途通信网及市话网连接，才能构成完整的通信网。在通信过程中，地面网一个用户的电话信号要经过当地市话网、长途电话网的交换机以及传输设备接至地球站，才能经卫星转发到达另一城市的地球站，再经地面线路进入公用网，最后达到另一用户，这样才完成信息的传输。

5.2.1 地面中继传输线路

为保证卫星进行多路通信，应采用大容量并与地球站的容量相匹配的地面中继线路。目前用得较多的是微波线路、电缆线路和光缆线路。

1. 微波线路

微波线路的工作频段可选择 2～13GHz。由于工作频段高于 10GHz 时因降雨引起的吸收衰减较大，可能会影响正常通信，同时考虑到避免与其他地面微波通信系统的相互干扰，最好不使用 4～6GHz，故在一般情况下，以选用 2GHz、7～8GHz 为宜。若在降雨较少的地区，且距离较近时（小于或等于 30km），也可选用 10～13GHz 的频段。

至于地面微波中继线路的容量，则应根据卫星链路确定，并留有一定余量。

2. 电缆线路

可以用作长途通信的电缆主要有对称电缆和同轴电缆。对称电缆的特点是频带较窄、容量较小。这种线路一般采用双缆四线制单边带传输方式。一个 4 芯组可以传输 120 路，且收、发信使用同样的频带，均为 12～252kHz。为了克服线路衰减的影响，通常每隔 13km 设一增音站。

同轴电缆具有路际串音小、频带宽、容量大等优点。通常用作地面中继的小同轴电缆是 300 路系统，其传输频带为 60～1300kHz，如图 5-3 所示。小同轴电缆的容量也可扩大到 960 路，这时传输频带为 60～4028kHz，但必须缩短增音站间的距离和增加增音站的数目。中同轴电缆也可用作地面中继线路，而且特别适用于传送电视信号。若增音站之间的距离选择适当，中同轴电缆可以传输 1800 路或 4380 路电话。

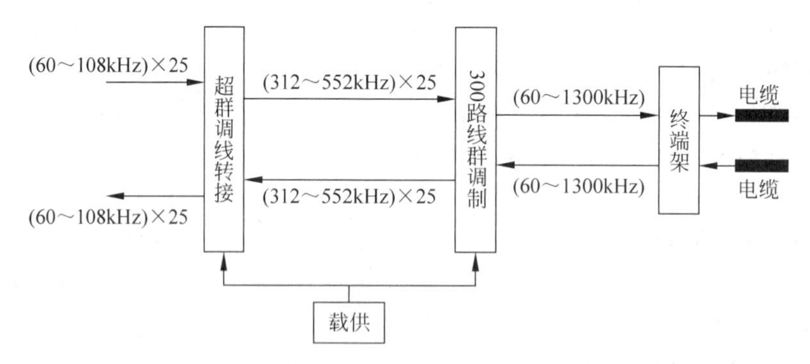

图 5-3 小同轴电缆工作频谱

同轴电缆的最大缺点是中继距离短（1.5～2.5km）、维修不便和造价较高。

3. 光缆线路

地面中继线路除了可以采用微波线路和电缆线路外，还可以采用光缆线路。光缆传输的优点是：

（1）传输距离长，单模光纤每公里衰减可做到 0.2～0.4dB，是同轴电缆损耗的 1%；

(2) 传输容量大,一根光纤可传输几十路以上的视频信号,若采用多芯光缆,则容量成倍增长;

(3) 抗干扰性能好,不受电磁干扰;

(4) 传输质量高,由于光纤传输不像同轴电缆那样需要相当多的中继放大器,因而没有噪声和非线性失真叠加,且基本上不受外界温度变化的影响。

其缺点就是造价较高,施工的技术难度较大。

因此,线路须视应用的具体要求(有效性、可靠性和经济性等)而定。实际上,如果用于站内的设备间链路(Inter-Facility Link,IFL),如大型地球站射频机房与天线之间的连接,VSAT 终端的室外单元(ODU)与室内单元(IDU)之间连接或 VSAT 终端与用户之间连接时,光缆是最好的选择,因为光缆噪声小,没有电磁干扰。然而,对于 20km 以上的地面中继线路,光缆所需的投资比微波和电缆要大。

5.2.2 地面中继方式

地球站与长途交换中心之间的中继方式可以是各种各样的,具体采用哪一种方式取决于地球站和中继线路及长途交换网的工作方式。目前绝大多数地球站采用的是 FDM、SCPC、TDMA 或 IDR(中等数据速率)方式工作。因此地面中继线路也是分为模拟线路和数字线路。考虑到今后的发展,下面以地面中继线路与 TDMA 方式的地球站连接为主进行介绍。

1. 模拟地面接口

地球站按 TDMA 方式工作,地面中继采用模拟传输线路。这种工作方式分为两类:一类是数字话音插空(TDMA/DSI);另一类是非数字话音插空(TDMA/DNI)。在实际使用中,DSI 设备均以 240 路为一个单元。为完成与地面模拟通信网的接口,需要进行 FDM 与 TDMA 的转换。这种转换可使用标准的 FDM 复接/分接设备后接 TDMA 复接设备来实现。即将输入的模拟基带信号(FDM)分接成单独信道,再进行 PCM 编码和 TDMA 复接,如图 5-4(a)所示。也可以用复用转换器在 60 路超群接口直接转换和连接完成相同的功能,这样便降低了成本和尺寸并增强了可靠性,如图 5-4(b)所示。这种复用转换器,既能以模拟方式也能以数字方式实现,并可按多种规格设计。实际上,对于 2.048Mb/s 的信号,通常用一个 60 路的 FDM 超群转换成两个 30 路的 TDM/PCM 信号(每个信号速率为 2.048Mb/s)。

2. 数字地面接口

地球站按 TDMA 方式工作,地面中继采用数字线路。

目前这种方式虽然较少使用,但随着通信网数字化程度的不断提高,将会用得越来越多。当卫星链路和地面线路都数字化以后,地球站与长途交换中心之间的中继将会变得比较简单,数字设备可以直接在一次群接口上连接,如图 5-5 所示。

应该指出,各地球站所发信号的帧定时是与基准站的帧定时同步的,可是在这种连接方式中,它与地面线路的帧同步是不相关的,这是因为数字地面接口处于数字地面线路和 TDMA 终端设备之间,它要接受来自两个方向的时钟。通常 TDMA 系统与地面数字线路是准同步连接的,即两者的时钟独立,但应具有相同的标称频率和精度。按照 CCITT 建议 G.811 每 72 天滑动一次的要求,时钟的精度应为 1×10^{-11}。为此,当地面线路与 TDMA 卫

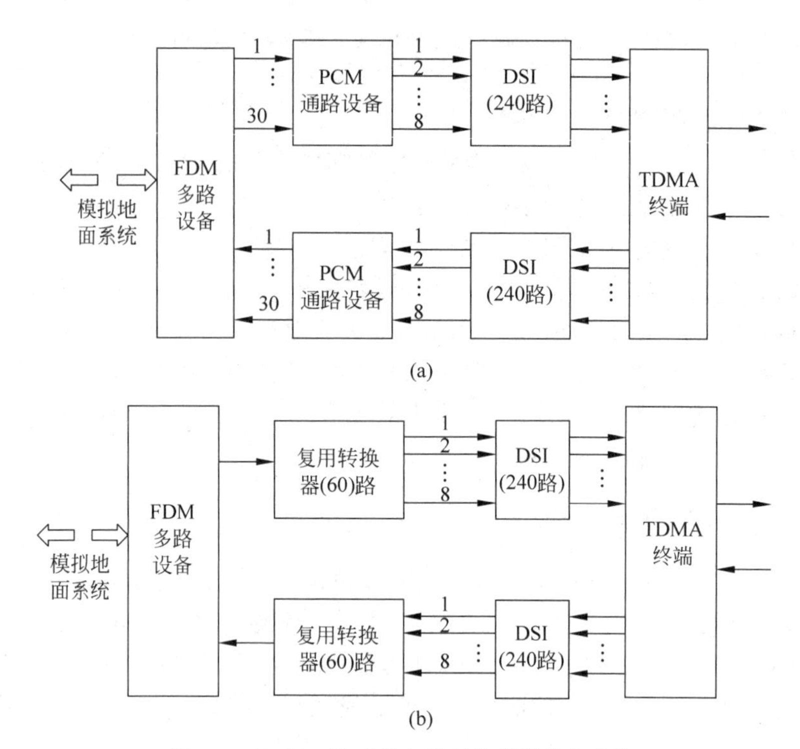

图 5-4　TDMA 地球站与地面模拟线路的连接

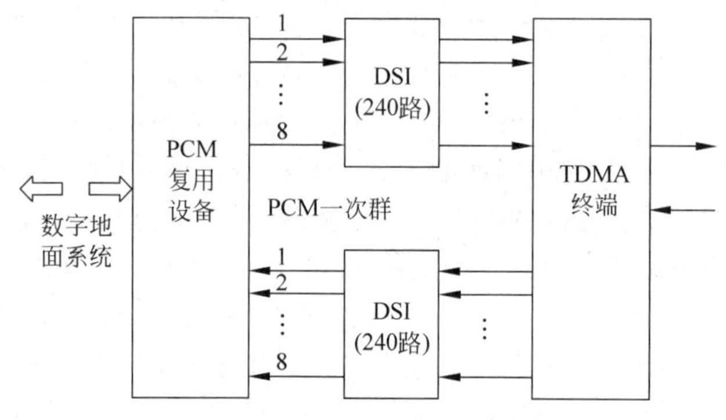

图 5-5　TDMA 地球站与地面数字线路的连接

星链路直接进行数字接口时，必须解决好 TDMA 卫星链路与地面数字线路间的同步问题，在数字地面接口处设置缓冲器吸收时钟差异。根据同步方法的不同，直接数字接口有以下三种。

1）完全同步连接

这种方法假设在长途交换中心局的 PCM 复用终端和时分制交换机都按地球站送来的帧定时工作，而后者是与卫星 TDMA 系统保持同步的。其系统组成如图 5-6(a)所示。

需要指出，由于卫星的摄动，使其轨道位置偏移，从而导致传播延迟、信号的帧长和时钟频率都将随之变化(多普勒频移)。因此，地球站发送信号的帧周期便不可能与接收信号的帧周期相等。结果在地球站内，从中心站来的输入信号的帧周期与发向卫星的信号帧周期出现了差异。不过，考虑到卫星的位置只是在有限范围内变化，所以可以通过设置适当容量

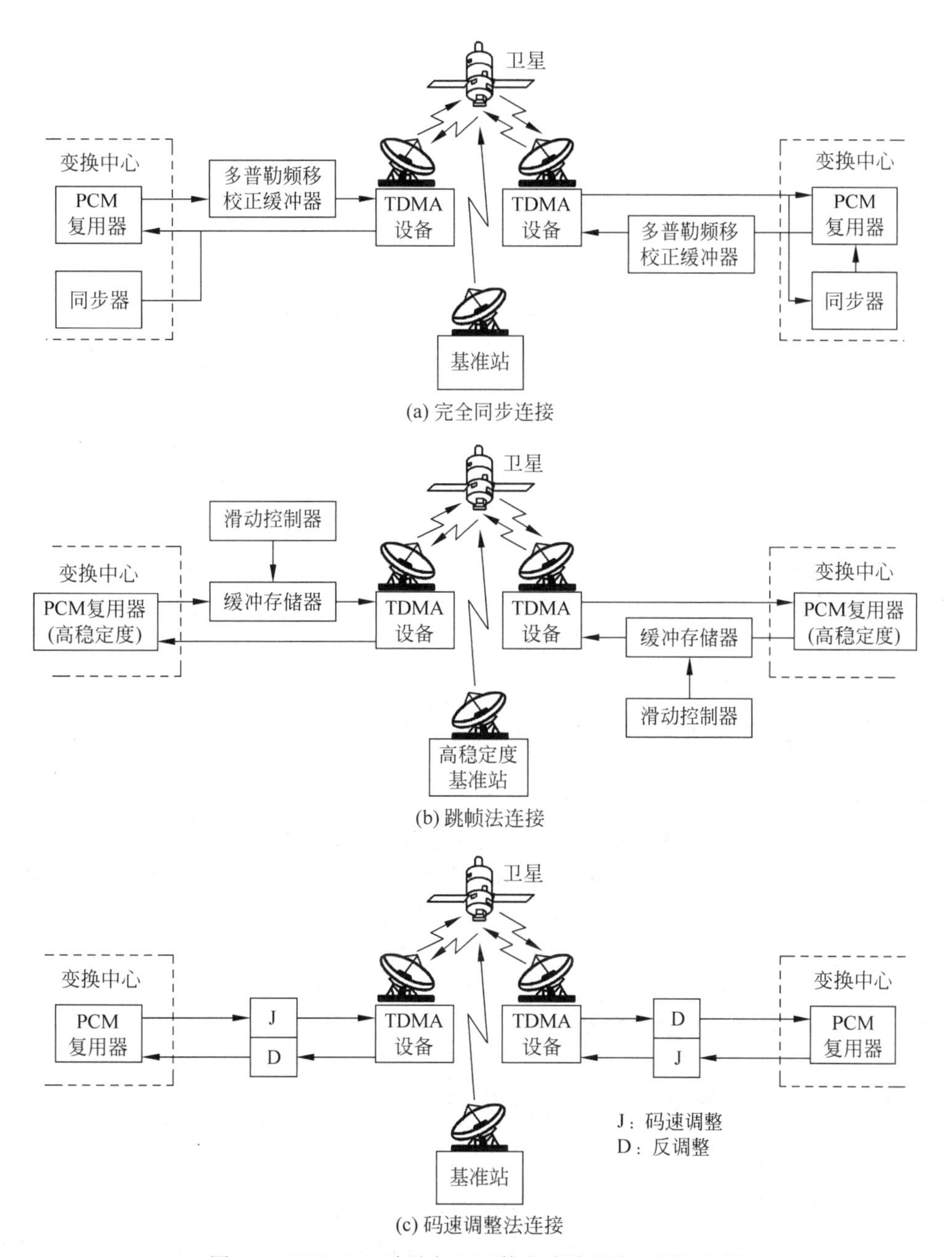

图 5-6 TDMA 地球站与地面数字线路连接的同步问题

的缓冲存储器来补偿这种帧周期的差值。这一缓冲存储器通常称为校正多普勒频移缓冲存储器，如图 5-6(a)所示。

采用完全同步连接方式时，由于系统内所有的地球站以及所组成的通信网的同步，都从属于基准站，因此，一旦基准站发生故障就会影响到整个网络的正常工作，这是它的主要缺点。

2）跳帧法连接

这种方法是中心局与 TDMA 系统各自保持独立的帧同步，但帧频的标称值是相等的，而且要求其有非常高的稳定性。采用这种方法连接的系统组成如图 5-6(b)所示,其中地球站的发射端设有缓冲存储器及其控制器。只要缓冲存储器两端的信号频率不同,即使差异极其微小,存储器的写入和读出都会产生微小的偏移。当这种偏移一旦超过某一规定数值时,便强制去掉一帧信息或重复插入一帧信息,这叫作跳帧。采用跳帧法连接,虽然损失了一帧信息,但不会破坏系统的帧同步。

因卫星漂移而引起的传播延迟变化的影响,还是通过缓冲存储器来加以补偿。

3) 码速调整法连接

这种方法使卫星系统的时钟频率比地面系统的时钟频率略高。在地球站的发送端,当写入和读出时差超过某一预定值时,读出就会暂停,并在卫星链路中插入不含有信息的脉冲。接收端接收到信号后再把不含有信息的脉冲去掉,同时将数据流进行匀滑,通常这种方法称为码速调整或脉冲填充。其优点是相互独立同步的两个数字线路或通信网之间,可以不丢失任何信息完成数字连接。这种连接方法的系统组成如图 5-6(c)所示。

上面分别介绍了几种典型的地球站与地面通信网连接时的地面中继方式。实际情况中,只用单一的地面中继方式的情况较少。因为 FDM、SCPC、TDMA 和 IDR 等多种方式同时使用,而且地面通信网中模拟与数字通信方式也还要并存一段时间,所以地面中继方式也往往不止一种。根据地球站和地面通信网的实际情况,可能由两种或多种连接方式组合使用。

5.2.3 电视信号传输中的地面中继

目前,通过卫星传送的电视信号还都是模拟信号,因此地球站与长途交换中心或电视广播中心之间的地面中继线路也都是模拟微波线路。当长途交换中心和电视广播中心相距较近时,可以采用同轴电缆;如果相距甚远,由于同轴电缆衰耗太大,最好采用微波或光缆线路连接。如果需要在某些场合利用卫星进行电视实况转播时,一般把电视信号从现场送到电视广播中心,再经长途交换中心送到地球站发向卫星。

5.3 VSAT 卫星通信网

5.3.1 VSAT 网的基本概念及特点

1. VSAT 基本概念

甚小口径天线终端(Very Small Aperture Terminal,VSAT)也称为卫星小数据站或个人地球站(Personal Earth Station,PES),它是指一类具有甚小口径天线的、非常廉价的智能化小型或微型地球站,可以方便地安装在用户处。

而 VSAT 卫星通信网是指利用大量小口径天线的小型地球站与一个大站协调工作构成的卫星通信网。通过它可以进行单向或双向数据、语音、图像及其他业务通信。VSAT 卫星通信网的产生是卫星通信采用一系列先进技术的结果,例如,大规模/超大规模集成电路,微波集成和固态功率放大技术,高增益、低旁瓣小型天线,高效多址连接技术,微机软件技术,数字信号处理,分组通信,扩频、纠错编码,高效、灵活的网络控制与管理技术,等等。

VSAT 的发展可以划分为三个阶段:第一代 VSAT 是以工作于 C 频段的广播型数据网为代表,其在高速数据广播、图像和综合业务传送以及移动数据通信中起着重要的作用;

第二代 VSAT 具有双向多端口通信能力，但系统的控制与运行还是以硬件实现为主；全部以软件定义的第三代 VSAT 以采用先进的计算机技术和网络技术为特征，系统规模大，有图形化面向用户的控制界面、有由信息处理器及相应的软件操控的多址方式，有与用户之间实现多协议、智能化的接续。

我国从 1984 年开始成为世界上少数几个能独立发射静止通信卫星的国家，卫星通信已被我国确定为重点发展的高技术电信产业。VSAT 专用网和公用网不断建成并投入使用。从我国的国情看，VSAT 卫星通信的需求量十分巨大，美、加、日和欧洲诸国的 VSAT 厂商早已把目光投向中国，争相进入中国市场，我国自己也在积极研制开发 VSAT 产品。现在，VSAT 在我国的大量应用方兴未艾，必将推动我国卫星通信事业迅速发展。

2. VSAT 通信网的特点与优点

与地面通信网相比，VSAT 卫星通信网具有以下特点：

(1) 覆盖范围大。通信成本与距离无关，可对所有地点提供相同的业务种类和服务质量。

(2) 灵活性好。多种业务可在一个网内并存，对一个站来说支持业务种类、分配的频带和服务质量等级可动态调整，可扩容性好，扩容成本低，开辟一个新的通信地点所需时间短。

(3) 点对多点通信能力强。独立性好，是用户拥有的专用网，不像地面网要受电信部门制约。

(4) 互操作性好。可使采用不同标准的用户跨越不同的地面网，在同一个 VSAT 卫星通信网内进行通信，通信质量好，有较低的误比特率和较短的网络响应时间。

与传统卫星通信网相比，VSAT 卫星通信网具有以下特点：

(1) 面向用户而不是面向网络。VSAT 与用户设备直接通信而不是如传统卫星通信网中那样中间经过地面电信网络后再与用户设备进行通信。

(2) 天线口径小。一般为 0.3～2.4m，发射机功率低，一般为 1～2W，安装方便，只需简单的安装工具和一般的地基，如普通水泥地面、楼顶、墙壁等。

(3) 智能化功能强，包括操作、接口、支持业务、信道管理等，可无人操作，集成化程度高，从外表看 VSAT 只分为天线、室内单元(IDU)和室外单元(ODU)三部分。

(4) VSAT 站很多，但各站的业务量较小，一般用作专用网，而不像传统卫星通信网那样主要用作公用通信网。

综合起来，VSAT 通信网具有以下优点：

(1) 地球站设备简单，体积小，重量轻，造价低，安装与操作简便。它可以直接安装在用户的楼顶上、庭院内或汽车上等，还可以直接与用户终端接口，不需要地面链路作引接设备。

(2) 组网灵活方便。由于网络部件的模块化，便于调整网络结构，易于适应用户业务量的变化。

(3) 通信质量好，可靠性高，适于多种业务和数据率，且易于向 ISDN(综合业务数字网)过渡。

(4) 直接面向用户，特别适合于用户分散、稀路由和业务量小的专用通信网。

3. VSAT 的分类

国际上已有许多公司相继推出了多种系列的 VSAT 系统。按照其业务类型和网络结构等，VSAT 系统可以如下分类：

(1) 按业务类型可分为三类：以语音业务为主的 VSAT 系统，如美国休斯网络系统(HNS)公司的 VSAT 产品小型卫星电话地球小站(Telephony Earth Station，TES)；以数据业务为主的 VSAT 系统，如小型卫星数据地球小站(Personal Earth Station，PES)；以综合业务为主的 VSAT 系统，如美国军方转型卫星通信系统(Transformational Satellite Communication System，TSAT)，日本 NEC 公司的 NEXTAR(明日之星)系统。

(2) 按业务性质可分为两种：固定业务的 VSAT 系统和移动业务的 VSAT 系统。

(3) 按网络结构可分为三类：星状结构的 VSAT 系统，如 PES；网状结构的 VSAT 系统，如 TES；星状和网状混合结构的 VSAT 系统。

特别是这种混合网络，由于此结构中允许两种网络结构并存，则可采用两种完全不同的多址方式，如星状结构时采用 TDM/TDMA 方式，而网状结构时采用 SCPC 方式等。

目前，VSAT 产品多种多样，VSAT 小站按其性质、用途或其他某些特征可以如下分类：

(1) 根据安装方式可分为固定式、墙挂式、可搬移式、背负式、手提式、车载式、机载式和船载式等。

(2) 按业务类型可分为小数据站、小通信站和小型电视单收站等。不过，目前许多公司推出的产品都是兼有多种功能，例如美国休斯公司的 PES 系统以数据为主，兼传 16kb/s 声码话音，而 TES 系统则以 32kb/s ADPCM 话音为主，兼传数据和图像。

(3) 按天线口面尺寸可分为 0.3m、0.6m、1.2m、1.5m、1.8m 和 2.4m 等。

(4) 按收发方式可分为单收站和双向站。

(5) 根据调制方式、传输速率、天线口径以及应用等综合特点，又可以分为非扩频 VSAT、扩频 VSAT、USAT(0.25～0.3m 的特小口径终端)、TSAT(数据传输速率高达 1.544/2.048Mb/s 载波小口径终端)和 TVSAT(广播电视终端)。为了便于了解和比较，在表 5-1 中列出了这 5 种 VSAT 的主要特点。

表 5-1　VSAT 的主要特点

类　型	VSAT	VSAT(扩频)	USAT	TSAT	TVSAT
天线直径/m	1.2～1.8	0.6～1.2	0.3～0.5	1.2～1.5	1.8～2.4
频段	Ku	C	Ku	Ku/C	Ku/C
外向信息率/(kb/s)	56～512	9.6～32	56	56～1544	—
内向信息率/(kb/s)	16～128	1.2～9.6	2.4	56～1544	—
多址(内向)	ALOHA， S-ALOHA， R-ALOH， DA-TDMA	CDMA	CDMA	TDMA/FDMA	—
多址(外向)	TDM (PSK/QPSK)	DS-CDMA	FH/ DS-CDMA	TDMA/FDMA (QPSK)	PA (FM)
连接方式	无主站/有主站	有主站	有主站	无主站	有主站
通信规程	SDLC，X.25 ASYNC，BSC	SDLC， X.25	专用		

此外，还有一些其他特点的 VSAT 网，如 LCET、SO/SAT 网等。

5.3.2 VSAT网的组成及工作原理

1. VSAT网的组成

VSAT网是由主站(HUB)、卫星和许多远端小站(VSAT)三部分组成的,通常采用星状网络结构,如图5-7所示。

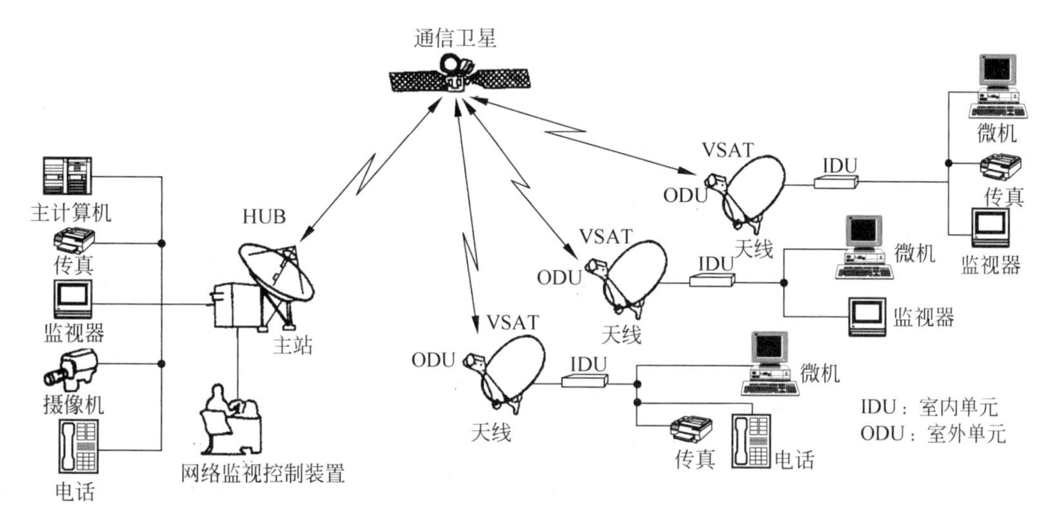

图5-7　VSAT网构成示意图

1）主站

主站(中心站)又称中央站或枢纽站(HUB),它是VSAT网的核心。它与普通地球站一样,使用大型天线,其天线直径一般为3.5～8m(Ku波段)或7～13m(C波段),并配有高功率放大器(HPA)、低噪声放大器(LNA)、上/下变频器、调制解调器及数据接口设备等。主站通常与主计算机放在一起或通过其他(地面或卫星)线路与主计算机连接。

主站高功率放大器的功率要求与许多因素有关,例如通信体制、工作频段、数据速率、发射载波数目、卫星特性以及远端接收站的大小及位置等。其额定功率一般为数百瓦(最小1W,最大达数千瓦)。当额定功率为1～10W时,一般采用固态砷化镓场效应管(GaAsFET)放大器;当额定功率为10～250W时,一般采用行波管放大器(TWTA);而当它为500～2000W时,一般采用速调管放大器。例如,采用6～10个发射载波的C波段11m地球站,HPA的功率约为300W。

在以数据业务为主的VSAT卫星通信网中,主站既是业务中心也是控制中心。主站通常与计算机放在一起或通过其他(地面或卫星)线路与主计算机连接,作为业务中心(网络的中心节点);同时在主站内还有一个网络控制中心(NCC)负责对全网进行监测、管理、控制和维护,如实时监测、诊断各小站及主站本身的工作情况、测试信道质量、负责信道分配、统计、计费等。

由于主站涉及整个VSAT卫星通信网的运行,其故障会影响全网正常工作,故其设备皆有备份。为了便于重新组合,主站一般采用模块化结构,设备之间采用高速局域网的方式互连。

2）小站

小站由小口径天线、室外单元(ODU)和室内单元(IDU)组成。VSAT天线口径通常为1～2.4m(C频段的不超过3.5m,单收站的可小于1m),发射功率1～10W。VSAT天线有正馈和偏馈两种形式,正馈天线尺寸较大,而偏馈天线尺寸小、性能好(增益高、旁瓣小),且结构上不易积冰雪,因此常被采用。室外单元主要包括GaAsFET固态功率放大器、低噪声FET放大器、上/下变频器及其监测电路等,整个室外单元可以集成在一起,安装在天线支架上。室内单元主要包括调制解调器、编译码器和数据/话音接口设备等。在小站接口设备中,将完成输入信号和协议的转换。比如,在话音接口中将标准的公用电话网协议转换为VSAT网络协议,而在数据接口中将协议(如TCP/IP)转换为VSAT协议。原有话音、数据相应的协议和地址在VSAT主站的接收端恢复。

室内外两单元之间以同轴电缆连接,传送中频信号和提供电源。整套设备结构紧凑、造价低廉、全固态化、安装方便、适应环境范围广,可直接与数据终端(微计算机、数据通信设备、传真机、电传机、交换机等)相连,不需要中继线路。

3）卫星转发器

卫星转发器亦称空间段,目前主要使用C频段或Ku频段转发器。它的组成及工作原理与一般卫星转发器基本一样,只是具体参数有所不同而已。

由于转发器造价很高,空间部分设备的经济性是VSAT网必须考虑的一个重要问题,因此可以只租用转发器的一部分,地面终端网可以根据所租用卫星转发器的能力来进行设计。

2. 工作频段

目前,VSAT卫星通信网使用的工作频段为C频段和Ku频段。

如果使用C频段,电波传播条件好,特别是降雨影响小,路径可靠性较高,还可以利用地面微波通信的成熟技术,使之开发容易、系统造价低。但由于与地面微波通信使用的频段相同,需要考虑这两种系统间的相互干扰问题,功率通量密度不能太大。因此限制了天线尺寸进一步小型化,而且在干扰功率密度较强的大城市选址比较困难。为此,当使用C波段时,通常采用扩频技术以降低功率谱密度,减小天线尺寸。但采用扩频技术限制了数据传输速率的提高。相反地,如果使用Ku频段,则具有以下一些优点：

(1) 不存在与地面微波通信线路的相互干扰,架设时不必考虑地面微波线路,可随地安装;

(2) 允许的功率通量密度较高,天线尺寸可以更小。若天线尺寸相同,比C频段天线增益高6～10dBi;

(3) 可以传输更高的数据速率。

虽然Ku频段的传播损耗,特别是降雨影响大,但实际线路设计时都有一定的余量,线路可用性很高。

在多雨和卫星覆盖边缘地区,使用稍大口径的天线即可获得必要的性能余量。因此,目前多数VSAT卫星通信网在使用Ku频段。在我国,由于受空间段资源的限制,使用的VSAT网基本上还是工作在C频段。另外,美国赤道公司(Equatorial)采用直序扩频技术的微型地球站(Micro Earth Station),主要工作在C频段,当其他非扩频系统工作在C频段时,则需要较大的天线和较大的功率放大器,并占用卫星转发器较多的功率。

3. VSAT网的网络结构

VSAT网络的小站天线口径通常为0.3～2.4m，由于要考虑邻近卫星系统干扰，使天线的尺寸受到限制。虽然通信经常是双向的，但是VSAT网络在很多情况下仍是单向的。用在VSAT网络中的主要结构有星状结构、网状结构、星状和网状混合结构、卫星单跳结构及作为远地终端，如图5-8所示。

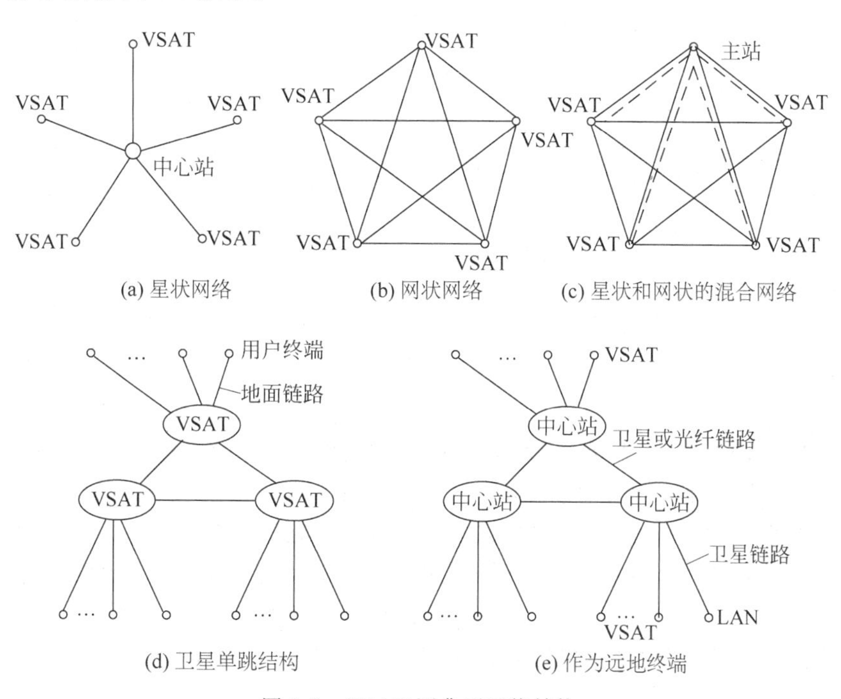

图5-8　VSAT网典型网络结构

(1) 星状网结构：这种结构是最通用的VSAT结构方式，如图5-8(a)所示。VSAT站之间的业务，通过中心站(Hub station)进行转接。Hub站控制着网络中的业务流量，两个VSAT站之间不能直接连接。从Hub送到端站的载波，支持高比特率数据流；而从端站发出的载波，支持中比特率数据流。一个大的Hub站意味着要求端站的规模较小，从而使得总的网络造价较低。Hub站的规模决定于系统参数和预期网络的增长情况。广播网络是星状拓扑的一种特殊形式，因为信息总是由中心Hub向端站传输，但是端站向中心站方向没有传输。因此，这种结构只适用于网络从Hub到VSAT站的单向业务路由。在VSAT网中，由主站通过卫星向远端小站发送的数据，称为外向(outbound)传输。由小站通过卫星向主站发送的数据，称为内向(inbound)传输。

(2) 网状(或总节点)网连接：网状网连接如图5-8(b)所示，这种结构使得VSAT可与其他任一端站通信，因而使端站的设备复杂得多。网状VSAT结构支持小站之间相互连接，虽然它可以含有涉及呼叫建立和网络监控的网络控制中心，但它并不使用互作用网络形成的控制中心。

(3) 星状和网状网的混合结构连接：图5-8(c)为星状和网状网的混合结构，在传输语音或点对点通信时采用网状网结构(如实线所示)，传输数据或点对多点通信时采用星状结构。应当指出，在语音VSAT网中，网络的道信分配、监控由网络中心负责，即控制信道是用星状网(如虚线所示)实现的。

(4) 卫星单跳结构：卫星单跳结构如图 5-8(d)所示，其中 VSAT 端站是作为低速数据的终端或语音业务的网关(Gateway)，用户终端可以是个人计算机或某商业系统的分支机构。

(5) 远地终端：VSAT 作为远地终端，用来向一组远地用户终端或局域网(LAN)收集或分配数据。在这种应用中，VSAT 站与一个特定的中心站(一般是大、中型站)连接，如图 5-8(e)所示。

4. VSAT 网的工作原理

现在以星状结构为例说明 VSAT 网的工作原理。由于主站发射 EIRP 高，且接收系统的 G/T 值大，所以网内所有的小站可以直接与主站通信，但若需要小站之间进行通信时，则因小站天线口径小，发射的 EIRP 低和接收 G/T 值小，必须首先将信号发送给主站，然后由主站转发给另一个小站。即必须通过小站—卫星—主站—卫星—小站，以双跳方式完成。而对网状网络，各站可以直接进行业务互通，即只需经卫星单跳完成通信。

在星状 VSAT 网中进行多址连接时，有多种不同的多址协议，其工作原理也随之不同。现以随机接入时分多址(RA/TDMA)系统为例，简要介绍 VSAT 网的工作过程。网中任何 VSAT 小站的入网数据，一般都按分组方式进行传输和交换，数据分段后，加入同步码、地址码、控制码、起始标志及终止标志等，构成数据分组。任何进入网的数据，在网内发送之前首先进行格式化，即每份较长的数据报文分解成若干固定长度的“段”，每段报文再加上必要的地址和控制信息，按规定的格式进行排列作为一个信息传输单位，通常称之为“分组”(或包)。例如，每 1120b(140B)组成一个数据分组，在通信网中，以分组作为一个整体进行传输和交换到达接收点后，再把各分组按原来的顺序装配起来，恢复原来的长报文。

1) 外向传输

在 VSAT 网中，由主站通过卫星向远端小站的外向传输(或出境传输)，通常采用时分复用(TDM)或统计时分复用技术连续向外发送，即从主站向各远端小站发送的数据，先由主计算机进行分组格式化组成 TDM 帧，然后通过卫星以广播方式发向网中所有远端小站。为了各 VSAT 站的同步，每帧(约 1s)开头发射一个同步码。同步码特性应能保证各 VSAT 小站在未纠错误比特率为 10^{-3} 时仍能可靠地同步。该同步码还应向网中所有终端提供如 TDMA 帧起始信息(SOF)或 SCPC 频率等其他信息。TDM 帧的结构如图 5-9 所示。

在 TDM 帧中，每个报文分组包含一个地址字段，标明需要与主站通信的小站地址。所有小站接收 TDM 帧，从中选出该站所要接收的数据。利用适当的寻址方案，一个报文可以送给一个特定的小站，也可发给一群指定的小站或所有小站。当主站没有数据分组要发送时，它可以发送同步码组。

2) 内向传输

各远端小站通过卫星向主站传输的数据称作内向传输数据(或入境传输)。在 VSAT 网中，各个用户终端可以随机地产生信息。因此，内向数据一般采用随机方式发送突发性信号。通过采用信道共享协议，一个内向信道可以同时容纳许多小站，所能容纳的最大站数主要取决于小站的数据率和业务量。

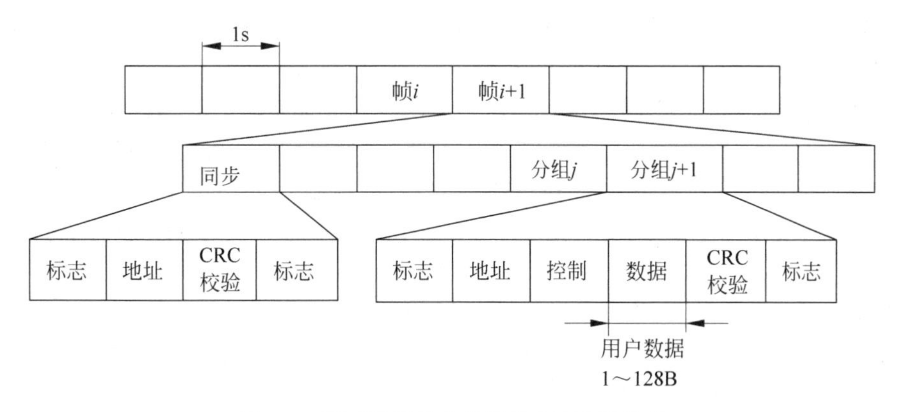

图 5-9 VSAT 网外向传输的 TDM 帧结构

许多分散的小站以分组的形式，通过具有延迟的 RA/TDMA 卫星信道向主站发送数据。由于 VSAT 小站受 EIRP 和 G/T 值的限制，一般接收不到经卫星转发的小站发射的信号，因而小站不能采用自发自收的方法监视本站发射信号的传输情况。因此，利用争用协议时需要采用肯定应答(ACK)方案，以防数据的丢失。即主站成功收到小站信号后，需要通过 TDMA 信道回传一个 ACK 信号，应答已成功收到数据分组。如果由于误码或分组碰撞造成传输失败，小站收不到 ACK 信号，则失败的分组需要重传。对一些网状网络，内向信道用来传输网络的信令及各种管理信息。对 TDMA 方式的 VSAT，其控制信道为控制时隙。

RA/TDMA 信道是一种争用信道，可以利用争用协议(例如 S-ALOHA)由许多小站共享 TDMA 信道。TDMA 信道分成一系列连续性的帧和时隙，每帧由 N 个时隙组成，TDMA 的帧结构如图 5-10 所示。各小站只能在时隙内发送分组，一个分组不能跨越时隙界限，即分组的大小可以改变，但其最大长度绝不能大于一个时隙的长度。各分组要在一个时隙的起始时刻开始传输，并在该时隙结束之前完成传输。在一帧中，时隙的大小和时隙的数量取决于应用情况，时隙周期可用软件来选择。

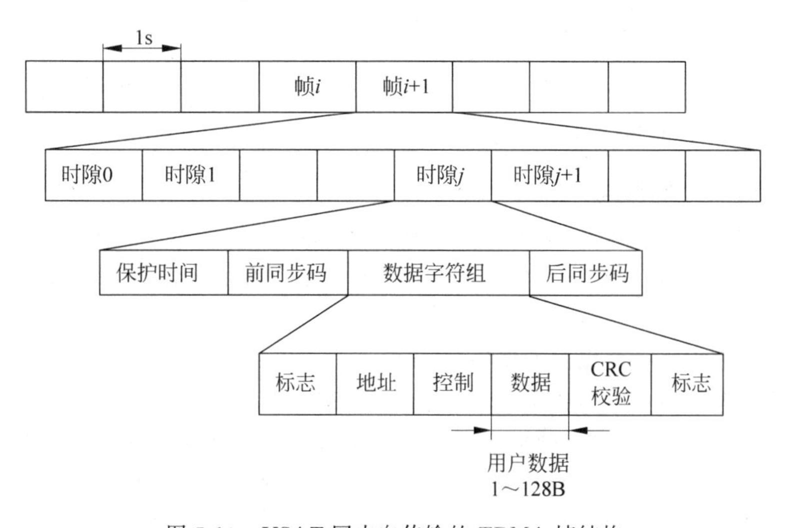

图 5-10 VSAT 网内向传输的 TDMA 帧结构

在VSAT网中，所有共享RA/TDMA信道的小站都必须与帧起始(SOF)时刻及时隙起始时刻保持同步，这种统一的定时是由主站在TDM信道上广播的SOF信息获得。TDMA数据分组包括前同步码、数据字符组、后同步码和保护时间。前同步码由比特定时、载波恢复、FEC、译码器同步和其他开销组成。数据字符组则包括起始标志、地址码、控制码、用户数据、循环冗余校验(CRC)和终止标志，其中控制码主要用于小站发送申请信息。后同步码可包括维特比译码器删除移位比特。小站可在控制字段发送申请信息。

综上所述可以看出，VSAT网与一般卫星网不同，是一个典型不对称网络。即链路两端的设备不同、执行的功能不同；内向和外向传输的业务量不对称，内向和外向传输的信号电平不对称；主站发射功率大得多，以便适应VSAT小天线的要求；VSAT发射功率小，主要利用主站高的接收性能来接收VSAT的低电平信号。

3) VSAT网中的交换

VSAT网的业务包括数据、话音、图像、传真等，可以采用不同的交换方式。交换功能由主站中的交换设备完成，其交换方式一般有分组交换和线路交换两种。分组交换主要用于各分站的分组数据、突发性数据、主计算机和地面网来的数据，按照各个分组数据的目的地址，转发给外向链路、主计算机和地面网，这样可以提高卫星信道的利用率和减轻用户小站的负担。对于要求实时性很强的话音业务，由于分组交换延迟和卫星信道的延迟太大，则应采用线路交换。所以对于要求同时传输数据和话音的综合业务网，主站应对这两种业务分别设置并提供各自的接口。这两种交换机之间也可能有信息交换，如图5-11所示。其中，线路交换机设有主站用户声码话接口，输入内向链路的声码话数据，输出外向链路的同步时分复用(STDM)声码话数据；分组交换机则设有主站用户数据接口，输入内向链路的数据，输出外向链路的异步时分复用(ATDM)数据。可以看出，VSAT网交换机的特点是数据传输速率低，一般为2.4Kb/s，而接入的线路数却可能达到数百条。所以，交换机的输入内向链路与输出外向链路在数目与速率方面也是不对称的。

综上，VSAT网是一个集线路交换和分组交换于一身的网络，根据业务性质可将其业务分别与地面程控(线路)交换机和分组交换机相连。对于实时性要求不强的数据(分组数据)，可以进行分组交换以提高网络的灵活性和利用率；而对于实时数据和话音则应采用线路交换。

5.3.3 VSAT数据通信网

1. VSAT数据网的特点

数据通信可用数字传输方式，也可用模拟传输方式。随着卫星通信的不断发展，利用卫星进行数据传输越来越广泛。利用卫星进行数据传输与话音传输具有许多不同的特点，概括起来有如下几点：

(1) 数据传输相交换可以是非实时的。

(2) 传输数据的时间是随机地、间断地使用信道。

(3) 当突发式传输数据时，数据传送率可以很高，达数千比特/秒。不传送数据时，数据传送率为零。因而峰值和平均传输速率相差很远，二者比值可高达数千。

(4) 数据业务种类繁多，如数据终端之间的通信、人机对话、文本检索和大容量的数据传输系统。因此要求通信网中能容纳低速(300b/s以下)，中速(600～4800b/s)和高速

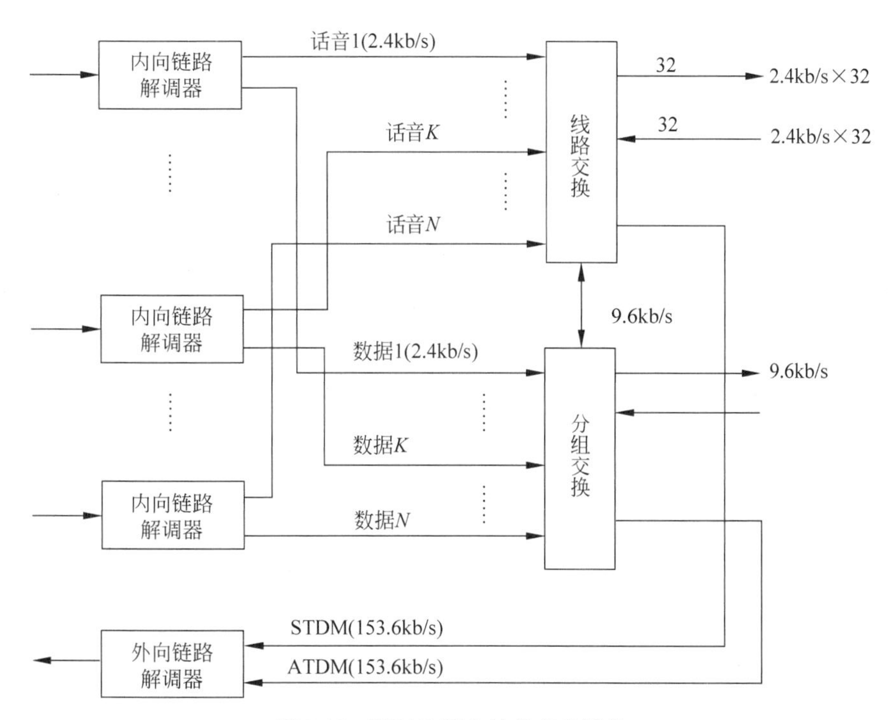

图 5-11　VSAT 网主站的交换设备

(9600b/s 以上)多种传送速率。

(5) 由于要传送的数据长短不同、各种数据又可以非实时传送,所以为了提高卫星信道利用率,可以采用分组传输方式。

(6) 利用卫星信道的广播性质进行数据传输的卫星通信网,一般拥有大量低成本的地球站。

(7) 数据传输必须高度准确和可靠。在电话、电报通信中,由于通信双方是人,信息在传输过程中如果受到干扰而造成差错,部分差错可以通过人的分析判断来发现并予以纠正;而数据通信的计算机一方没有人介入,所以数据通信要求保证信息的传输有极高的准确性和可靠性。为此,在数据通信中经常采用检错、纠错技术,一般要求报头差错率小于 10^{-9},数据段差错率小于 10^{-7}。

2. VSAT 网络体系结构

从信道共享的特点来看,VSAT 数据网比较接近本地网(LAN);从 VSAT 网的覆盖范围来看,又是一个广域网(WAN);而从 VSAT 单节点、无层次的网络结构来看,其网内路由选择功能比较简单,其网络层(第三层)协议功能比较简单;从星状网络结构来看,是一种不平衡链路结构,所有通信都是在一个主站与其他小站之间进行的,据此可得到 VSAT 网的协议结构如图 5-12 所示。

可见 VSAT 通信子网为数据终端设备相互连接提供通道。按照 OSI 参考模型,它只提供下三层服务。下三层的主要功能及典型通信协议如下。

(1) 物理层。对网络节点间通信线路的机电特性和连接标准方面的规定,以便在数据链路实体之间建立、维护和拆除物理连接。如目前广泛使用的接口标准:RS-232C 或 D,RS-449,X.21,X.24 等。

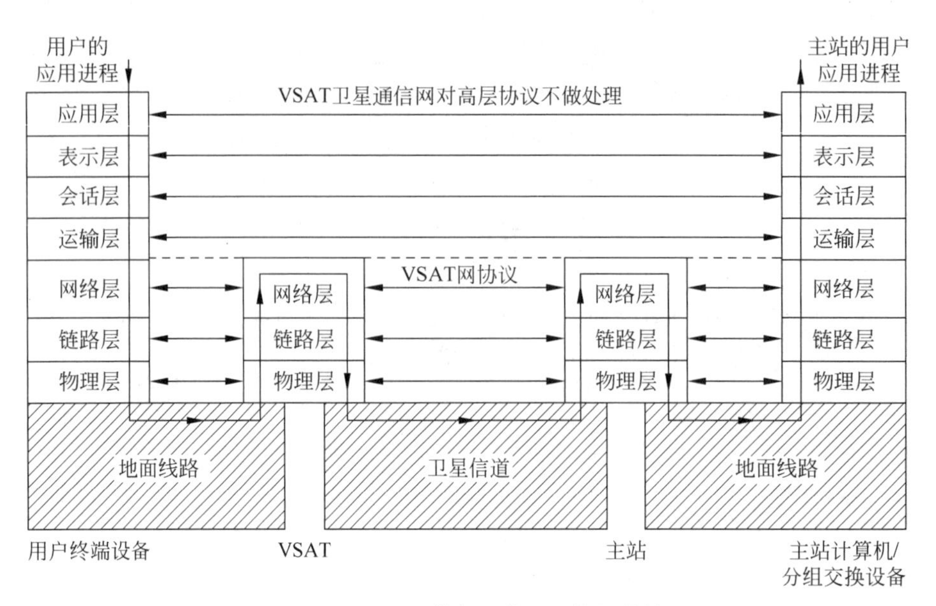

图 5-12　VSAT 数据通信网的协议结构

(2) 链路层。提供物理媒介上信息的可靠传输,传送数据帧的同时还传输同步、差错控制、流量控制的信息。其典型协议 HDLC,SDLC,BSC 等。

(3) 网络层。它是控制通信子网进行工作的,提供路由选择、流量控制、传输的确认、中断、差错及故障的恢复等功能,实现整个网络系统内连接,为传输层提供整个网络范围内两个终端用户之间的数据传输通路。其典型协议如 X.25 协议。

3. 多址协议的确定原则

对于 VSAT 网,其多址协议就是大量分散的远端小站通过共享卫星信道,进行可靠的多址通信的规则。卫星数据网多址协议是发展 VSAT 数据网的关键技术。传统的卫星通信多址协议,如 FDMA、TDMA 和 CDMA,主要是针对话音通信业务设计的,主要目的是追求信道容量和吞吐量达到最大,适合于大型地面站共享高速卫星信道。这种环境下,信道共享效率和不延迟是最重要的要求,而且可以用复杂的设备来实现。因为站少,每个地球站的成本对整个系统影响不大。这时主要的多址技术是 FDMA 和 TDMA,信道分配可以采用固定分配或利用某种控制算法的按需分配,FDMA 和 TDMA 对于话音和某些成批数据传输业务是有效的多址方案。但是对于数据通信网而言,由于数据传输业务的突发性,使得若在一般的数据传输中仍沿用电话业务中使用的 FDMA 或 TDMA 预分配方式,则其信道利用率会很低,即使是使用按需分配方式也不会有很大改善,因为如果发送数据的时间远小于申请分配信道的时间时,则按需分配也不是很有效的。

对于 VSAT 网来说,大量分散的小型 VSAT 站共享卫星信道与中心站沟通。由于这种方式有别于目前通用的卫星通信系统,因此选择有效、可靠且易于实现的多址协议是保证数据通信系统性能的重要问题。

确定多址协议时应考虑的原则主要如下:

(1) 要有较高的卫星信道共享效率,即信道通过效率(即吞吐量,在多址信道上传送有用业务的时间部分)要高。

(2) 有较短的延迟,其中包括平均延迟和峰值延迟。

(3) 在信道出现拥塞的情况下具有稳定性。

(4) 应有能承受信道误码和设备故障的能力。

(5) 建立和恢复时间短。

(6) 易于组网,且设备造价低。

目前,VSAT数据通信网采用的多址协议有很多,这些协议是根据系统对信道延时、系统容量、系统稳定性和复杂性、业务数据类型等方面的不同要求而提出的。根据远端站报文的入网方式,信道的共享协议可分为固定分配、争用、预约及混合型协议,按照是否将卫星共享信道划分成若干固定长度的时隙,将多址协议划分为时隙型和非时隙型两类。表5-2为多址协议的分类。

表5-2　卫星多址协议分类

报文入网类型	信道同步	
	非　时　隙	分　时　隙
固定分配协议	SCPC-FDMA CDMA	TDMA
争用(随机多址协议)	P-ALOHA C-AHOLA SREJ-ALOHA RA-CDMA	S-ALOHA CRA ARRA
预约(可控多址协议)	自同步预约	R-ALOHA TDMA-DAMA AA-TDMA

4. 固定分配多址方式

固定分配多址方式包括非时隙和分时隙这两种固定分配方式,其中非时隙固定分配方式主要用于SCPC/FDMA和CDMA卫星通信系统,分时隙固定分配方式主要用于TDMA卫星通信系统。

1) 非时隙固定分配方式

(1) SCPC/FDMA是最简单的卫星多址协议,它是将卫星转发器的频段划分成多个低速到中速的SCPC(单路单载波)链路。如前所述,对于突发性信号,使用SCPC一般效率很低。这是因为端站信号以单路单载波方式发向卫星,而所需要的突发速率和终端的平均数据速率之间基本上是不匹配的。具有突发性终端的SCPC系统的容量用归一化平均终端率(即平均终端速率/信道速率)来表示。如终端速率接近于信道速率,此时容量接近于1。

(2) CDMA是采用扩频技术将信号在比信息带宽大得多的带宽上进行扩展,在接收机中通过与已知扩频码的相关处理就可以恢复信号,因此抑制了同一频带内其他发射的干扰。固定分配CDMA的特点是带宽利用率低,主要用在对提高抗干扰性具有重要意义的场合。其容量(最大利用率)是通过归一化平均数据率除以扩频的带宽扩展因子来表示。若不用前向纠错时,可以达到的典型容量值约为0.1。当使用FEC纠错后,容量可以提高到0.2～0.3。

2) 分时隙固定分配方式

TDMA方式是这种多址协议的典型方式,它将信道时间分割成周期性的时帧,每个站分配一段时间供其发射突发信号，这种传输方式不是一种动态信道共享。在 VSAT 数据网中，TDMA 协议对地球站业务量较大、数据传输速率较高的系统比较适合。但对于像 VSAT 这样一种站数很多的系统单纯使用 TDMA 是不合理的，但 TDMA 是一种很有吸引力的多址方式，尤其是数字传输系统为 TDMA 的实现创造了有利的技术基础。在 VSAT 系统中，TDMA 是与 FDMA 及频率跳变(FH)结合在一起发挥其优点的。系统占用的带宽先按频率划分成各个载波，然后在每个独立载波的基础上采用 TDMA，每个站指定的载波在所分配的时隙内发射，时隙的长短可以按业务量改变，也可以在必要时跳变到另一个载波上指定的时隙内发射。这种多载波的 TDMA 方式避免使用较大的 TDMA 载波，降低了小站发射功率和成本，在 VSAT 系统中广泛应用。

5. 随机多址协议

随机多址协议的特点是网中各个用户可以随时选取信道，因此在同时使用信道时会发生"碰撞"，若对于遭受碰撞的报文采用某种适当的"碰撞分辨算法"，最终可以成功地重发。图 5-13 为一般随机多址系统的报文流程图，可以看出，随机多址规则主要表现为新报文入网和重发(碰撞分辨)算法的结合。

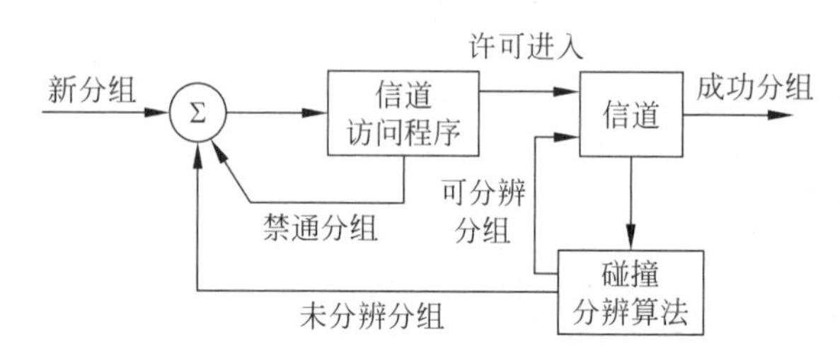

图 5-13 一般随机多址系统的报文流程图

随机多址协议也分为非时隙和分时隙两种方式，其中非时隙方式包括 P-ALOHA、SREJ-ALOHA、RA-CDMA(异步分组 CDMA)和 C-ALOHA 等协议，分时隙方式包括 S-ALOHA、CRA(冲突分解算法)和 ARRA(预告重传随机多址)等方式。

ALOHA 方式在第 4 章中做了具体描述，下面介绍 RA-CDMA、CRA 和 ARRA 方式。

对于 RA-CDMA 来说，CDMA 属于宽频带、低信噪比工作方式。信道的共享是利用伪随机正交码的相关性区分不同地址。当信号使用扩展系统和 ALOHA 相结合的多址协议后，分组的抗干扰性增强，系统容量有所提高，并可以提供较好的延迟特性，但增加了设备的复杂性，同时也存在业务量增大后系统稳定性差的问题。

对于 CRA 来说，其主要特点是系统采用载波和碰撞检测方法，这种协议适合于传输固定长度的报文。它是基于一种冲突分解算法，使碰撞的分组依次重发，或者说是基于有规则的重发程序和新报文入网规则。它与 S-ALOHA 不同，不是采用随机延迟和自由入网。如果碰撞分解程序收敛，则可保证信道能稳定的工作。采用这种冲突分解算法的容量一般可能达到 0.43～0.49。正是由于它有这样一些优点，且性能优于 S-ALOHA，所以这种多址协议也受到了人们的关注，并仍在进一步研究和发展。

对于 ARRA 来说，由于在随机多址系统中，重发实际上是伪随机的，是可以预测的，所以对未来试图进行重发时隙的预告，可以用来防止新发射分组与重发分组相互干扰，另外，通过预测重发分组之间的碰撞，可以中途停止所有不成功的重发。它的主要缺点是系统的复杂程度比 S-ALOHA 大。小站的价格因素会制约它的发展。

6. 预约多址方式

预约多址是指用户在发送数据报文前,先发送一申请信号,得到确认后才能发送报文。对传输信道而言,这是一种动态按需分配方式。它主要包括 R-ALOHA(预约-ALOHA)、非时隙自同步预约、TDMA-DAMA 和 AA-TDMA(自适应 TDMA)等方式。

R-ALOHA 方式可以实现长报文和短报文的通信,能很好地解决长、短报文的兼容问题,具有较高的信道利用率。但信道的稳定性问题仍未解决,其实现难度要大于 S-ALOHA。非时隙自同步预约的主要思想是对申请预约信息以非时隙模式(例如 ALOHA)方式提供初始入网,当收到规定数目的成功申请后,信道进入自同步预约报文传送模式。由于在协议中信道时间的分隔是动态划分的,因此与传统的 TDMA 方式相比具有更优良的延迟-吞吐量特性。

TDMA-DAMA 是时隙预约多址方式,它是可控的按需分配多址方案,预约信息的多址有固定分配的 TDMA 方式和 S-ALOHA 方式两种,让可能的碰撞发生在预约层上,信号在预约层上是以时隙模式传送的,一旦预约成功,系统将按用户的优先权和业务类型,将预约时隙分配给用户终端,使实际数据报文在预约的时隙上无碰撞传输,由于卫星链路传输延时长,预约申请过程的等待时间较长,对于可变长数据报文业务,TDMA-DAMA 是一种可行的卫星多址技术,并可以处理混合业务,例如交互型数据和文件传输共存的情况。

AA-TDMA,即自适应 TDMA,可以看成 TDMA 方式的改进型,其工作原理与 R-ALOHA 方式相似。所谓自适应协议,即在轻业务负载下按随机多址方式工作,当业务量增加时自动地变成预约协议。这种方式的适应性强,但实现起来比较复杂,系统的平均信通利用率在 P-ALOHA 和 TDMA 协议之间。

7. 多址协议的性能比较

上面描述了一些多址协议,若要评价它们在 VSAT 网中的性能,则必须结合 VSAT 网的业务性质和业务模型来分析。从业务性质方面来看,VSAT 网主要分为交互型事务处理、询问/应答型事务处理、叙述/记录事务处理和成批数据事务处理等类型。

(1) 交互型事务处理。这是小规模数据传输,这种业务的特点是所传的数据长度很短,具有突发性,响应时间短,只有 2～5s。譬如计算机间的数据交换、文档编辑等都属于这种业务。

(2) 询问/应答型事务处理。这种业务虽然也具有突发性,但数据长短可能有相当大的变化,而且询问与应答的数据规模往往也是不同的。一般询问信息很短,而应答信息较长,可能从几行到几页报告,或者是一个表格。根据应用场合的不同,所需响应时间也有很大差别,可能是几秒(如飞机订票)到几小时(如已归档的信息检索)。这类业务处理在商业管理信息系统、仓库管理和旅行预订客房、座位等场合均会用到。

(3) 叙述/记录事务处理。这是以文件字符格式进行的数据传输,例如电传、转报、文字处理等。这种处理格式很像普通信件,数据格式均含有源地址和目的地址、正文和传送结束等字段,所需时间可能从几秒到几分钟。

(4) 成批数据事务处理。它是以字符或二进制格式进行交换的大量数据用户间的通信,譬如传真、图像数据、计算机软件传递等等。而且图像数据和计算机数据性质上的差别还会影响到终端设备的收发方法。高速传真虽要求宽带设备,但可以不用精确的差错控制协议进行传送，而计算机数据则必须有精确的差错控制协议。所以成批数据传输的特点是数据量较大、传输时间较长。

为了比较和评价 VSAT 网和多址协议的性能，现结合交互型事务处理作一些介绍和讨论。

对于交互型事务处理业务，VSAT 站产生的报文一般是短的，可变长度的，且平均速率低于多址信道速率（内向传输速率）。通常，VSAT 站的业务模型大致可用如下两个参数表示：一个是新报文产生的平均数据速率（字符/秒），另一个是报文长度分布参数。对于上述 VSAT 网的几种常见的事务处理业务，图 5-14 给出了它们的平均数据速率与平均报文长度的大致范围。其中交互型事务处理业务在坐标原点附近，平均数据率较低，报文长度较短。不难理解，图中的长度分布参数是以平均值表示的。对于具体的特定应用，需确定精确的报文长度分布，才能给出精确的估算。而在一般情况下，都是假设报文长度分布是按具有一定平均长度和最大长度的截尾指数分布的。若采用指数分布近似，则可以给出最不利的结果。

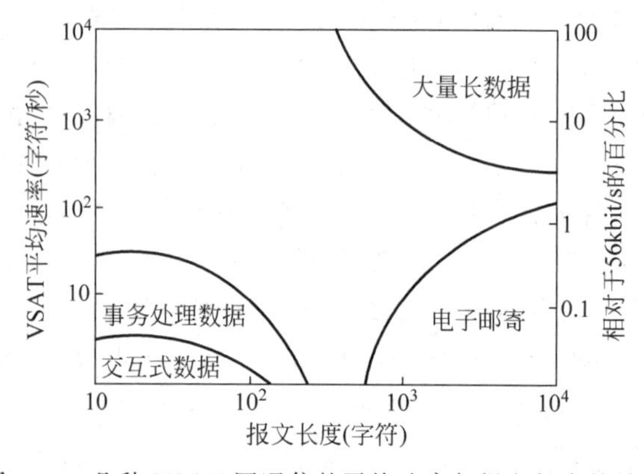

图 5-14 几种 VSAT 网通信的平均速率与报文长度的关系

进行网络设计时，要根据 VSAT 网的多址协议的性能来确定究竟选用哪一种协议。为此，了解其评价比较的指标是十分必要的。

(1) 延迟、吞吐量 S 及共享信道的 VSAT 站数目 N。从用户角度来看，VSAT 站入网多址协议的一个关键指标是延迟。它可用平均延迟和延迟分布来描述，延迟分布又可用峰值延迟来表示，即以延迟分布为 95% 时的数值来表示。从运行角度来看，用户关心的是共享信道的 VSAT 站数目 N。由于它和吞吐量有直接关系，所以一般多用平均延迟与吞吐量来表征多址协议的性能。

(2) 稳定性。采用争用协议的 VSAT 网，无论是用于传输数据报文，还是传输预约申请信息，都存在一个潜在的不稳定问题。例如 ALOHA 方式，当业务量较小时，吞吐量是随业务量的增加而加大的。由于碰撞的概率逐渐加大，当业务量大到一定程度后，再增加业务量，吞吐量反而下降。若信道长时间处于拥塞状态，以致无法正常通信，这就是所谓信道的“不稳定”。所以应该将“容量”理解为在稳定运行的条件下采用一定的多址协议可能达到的最大吞吐量。

(3) 信道总业务量 G。信道总业务量是在不同信道负载条件下所有业务量的归一化测度，其中包括碰撞和附加开销业务量。随机多址协议总业务量 G 与吞吐量 S 的差值，则表示因碰撞造成的重发业务量的大小。对于预约多址协议，这个差值则表示出因预约业务量的开销大小。

对于可变长度报文的情况，还需进一步讨论不同多址协议条件下，平均延迟与报文长度变化的关系。

关于多址协议性能比较的方法，可以用解释的方法，也可以用计算机模拟（仿真）的方法。图5-15给出了几种多址协议的部分特性曲线，由图可以了解各多址协议的相关性能。

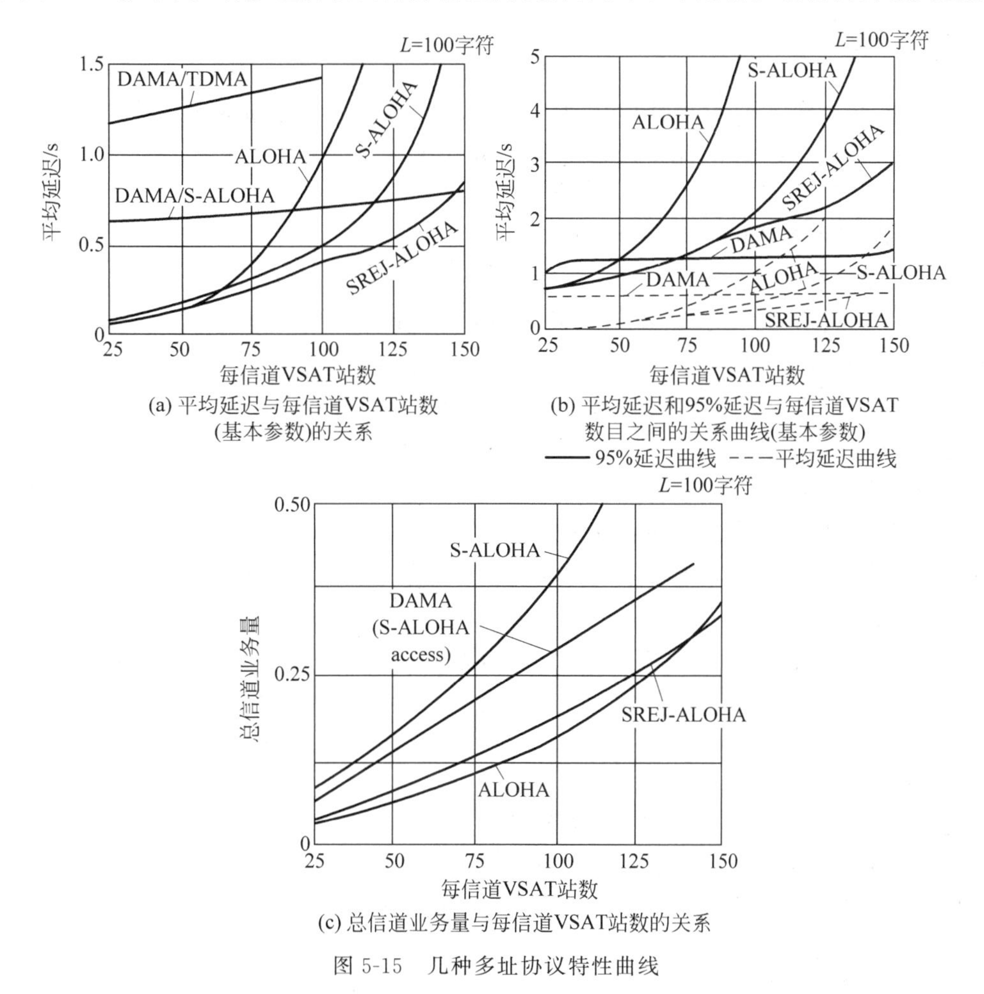

(a) 平均延迟与每信道VSAT站数（基本参数）的关系

(b) 平均延迟和95%延迟与每信道VSAT数目之间的关系曲线(基本参数)

(c) 总信道业务量与每信道VSAT站数的关系

图5-15　几种多址协议特性曲线

5.3.4　VSAT电话通信网

1. VSAT电话网的特点

就传送信息这一点来说，电话通信与数据通信并没有明显的区别，也就是说所有的通信，其目的都是互换信息，而且话音信号经过“数字化”处理，也可以用数码序列来表示，因此，也可以说它是数据的一种原始信息。但是，电话通信与数据通信仍有区别。主要有如下几点：

（1）通信对象不同。数据通信是人-机或机-机之间的通信。而在电话通信中，通信的双方都是人，即人-人之间的通信。因此是实时通信，对传输时延要求很严。

（2）通信内容不同。在数据通信中，传输的是“数据”，即一系列的字母、数字和符号等等。而在电话通信中，所传输信息的内容是连续的话音，是一种“流型”业务。

(3) 对传输差错的要求不同。数据通信的对象是计算机，它是依靠进来的“0”“1”码动作。若因传输差错而使原来的“0”变“1”或“1”变“0”，将会引起计算机的错误动作。因此，在数据通信中，误码率的要求比较严格。但电话通信双方都是人，所以信息在传输过程中造成的差错，人是容易理解、判断并加以纠正的。例如，两人打电话，若有一两个字听不清楚，可以要求对方再讲一次或者根据说话的内容加以推测，所以对差错的要求比较低。

(4) 组网要求不同。由于话音通信对传输实时性要求很强，而卫星通信传播时延较长，因此，用户的要求通常是希望网内任意两个 VSAT 小站能够直接通话而不是经过主站转发(双跳会使响应时间超过 1s，用户不易习惯)。这个要求决定了话音 VSAT 网应该采用网状拓扑结构。

2. VSAT 话务量分析

设计电话网所遇到的重要问题之一是提供足够的线路和交换设备，使电话用户得到适当合理的服务质量。同时，还要避免使用过多的设施而造成费用过高，要做到这一点，工程技术人员就需要知道网络上载送的话务量(或业务量)的某些性质。要使这项工作合乎科学，就有必要有某些客观的度量方法和某些适当规定的度量单位。

1) 话务量(业务量)

话务量又叫话务量强度，是度量用户使用电话设备频繁程度的一个重要量，是一个统计平均值。它可分成流入话务量和完成话务量。流入话务量(或呼叫话务量)是指每小时呼叫次数和每次呼叫平均占线时间的乘积。假定每小时呼叫 C 次，其中接通 C_c 次，平均占线时间为 t_0，则流入话务量为：

$$A = Ct_0 \tag{5-1}$$

而完成话务量则为：

$$A_c = C_c t_0 \tag{5-2}$$

其单位为欧兰(Erlang)，简记为 e。

可以看出，用 e 作单位的话务量 A，可理解为一个平均占用时长内，话源发生的平均呼叫数；还可理解为同时发生的呼叫次数，也即同时占用的信道数。

例如，某系统平均呼叫率为每小时 200 次，而系统平均通话的时间为 0.05h，则 $A = 200 \times 0.05\text{e} = 10\text{e}$。

2) 呼损率(阻塞率)

呼损率即呼叫不通的概率，它只考虑因系统不能提供服务而丢失的呼叫，不包括因被叫忙而不通的呼叫。在全部 C 次呼叫中，如果接通 C_c 次，显然，没有接通的次数为 $C - C_c$，则损失话务量为

$$A_L = C_L t_0 = (C - C_c) t_0 = A - A_C \tag{5-3}$$

它与所进行的呼叫话务量之比称为呼损率 B，即

$$B = \frac{A_L}{A} = \frac{C_L}{C} \tag{5-4}$$

例如，呼损率为 10%，即表示呼叫丢失概率为 10%，也即在该系统中平均 10 次呼叫会有 1 次因系统阻塞而丢失。阻塞率也称为系统的服务等级，阻塞率越小意味着服务等级越高。

显然，在一个通信系统中，提高信道效率与降低阻塞率是有矛盾的。对于一定的用户和一定的话务量而言，信道数越多，则阻塞率就越低，服务等级就越高，但信道效率却越低。

3）忙时

系统的实际话务量是随机变化的。所谓忙时，是指系统的业务最忙的一小时区间。实际上，各个电话用户在任何时间都可能使用他的电话，然而一天中有几个时间可能比其他时间用得更多一些；通过对大量用户的统计，就可能得到典型的一天平均呼叫的估计图形。电话用户的使用情况，在周末和周日与日常上班日的情况是不同的。在发生事故或天气突然变化等情况时，很可能发生标准图形所不能预测的局部变化。典型的24h的呼叫结构图如图5-16所示。高峰的幅度是相对的，垂直标度的单位取决于所考虑的用户抽样的规模。一个系统的用户并不都在忙时打电话，只有一部分业务量集中在忙时，忙时业务量和每天总业务量之比称为忙时集中系数。例如，每天1000次电话中若有300次是在忙时打的，则忙时集中系数为0.3。一个系统的服务等级要看它在忙时的阻塞率如何，忙时的服务令人满意，则其他时间就不成问题了。因此忙时业务量是重要的参数，而用24h来平均的每小时业务量是没有什么意义的。所以，设备的设置是以标准忙时统计为基本依据。至于，有时由于没有预料到的对电话业务的临时需要，电话网偶然的超负荷，致使服务质量下降也在所难免，也是可以接受的。

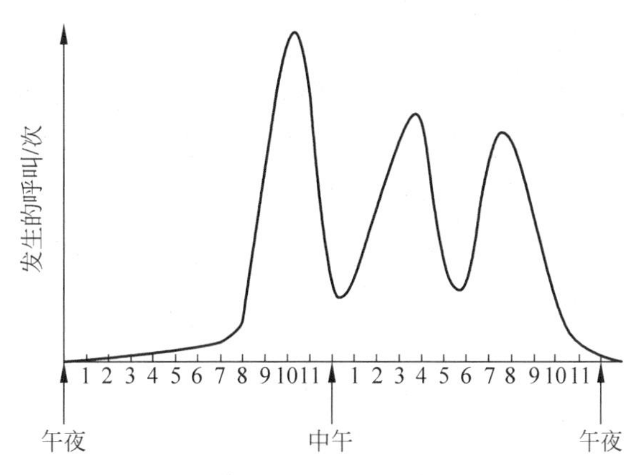

图5-16　典型的24h的呼叫特性曲线

4）欧兰 B 公式

这里讨论信道数 N、话务量 A 和阻塞率 B 之间的关系。在卫星通信系统中，电话业务的呼叫过程基本上都满足下列条件：

（1）话源数足够大，远大于信道数，因此可以认为单位时间内呼叫次数的平均值是一个常数。

（2）每一条输出信道都可被任一个输入的话源所使用。

（3）阻塞概率较小，故可以认为流入话务量和完成话务量近似相等。

（4）各个站的呼叫是随机发生的，呼叫的占用时长服从指数分布，各站之间的呼叫是相互独立的。

（5）采用回绝制的交换方法，即发生呼叫时，若输出信道已被占满，就直接回绝呼叫用户的要求，造成一次呼叫损失（即阻塞）。

由话务理论可知,满足上述条件时,信道被占用概率服从欧兰分布。具有 N 个信道的通信系统,若某一个用户呼叫时,恰好 N 个信道已被占用,这时就造成阻塞,其阻塞率 B 分布服从

$$B(N,A)=\frac{\dfrac{A^N}{N!}}{\sum\limits_{i=0}^{N}\dfrac{A^i}{i!}} \tag{5-5}$$

式(5-5)即欧兰 B 公式,因 B 是 N 和 A 的函数,故记为 $B(N,A)$。可以看出:

(1) 如果给定 N 个信道,要求传达话务量为 A,则阻塞率可由欧兰 B 公式算出。反之,给定信道数 N 和阻塞率 B,能传送的话务量可由上式的反函数算出;当给定阻塞率 B 及话务量 A,那么信道数 N 也就可以确定。

(2) 卫星通信系统的总体设计经常遇到的问题是:①给定各发射站、接收站和转发器所允许的阻塞率 B,然后根据所传送的话务量来确定系统所需提供的总信道数(即通信容量),进一步再确定所需的卫星功率、频带以及调制、解调方式;②若由于技术条件限制,只能提供一定数量的信道数 N,则根据 N 及所要求的阻塞率 B 来限制各站之间的话务量 A。

(3) 根据欧兰 B 公式列出的函数表,称为欧兰表。图 5-17 是根据欧兰表作出的 A、N、B 函数关系曲线族的一小部分。从中可看出:当阻塞率 B 一定时,话务量愈大,所需信道数 N 就愈多,信道效率 η 也就愈高。即若 $A_1<A_2<\cdots<A_i<\cdots$,则 $N_1<N_2<\cdots<N_i<\cdots$ 及 $\eta_1<\eta_2<\cdots<\eta_i<\cdots$。但当话务量超过某一数值后,$A\sim N$ 近似呈线性关系,此时,信道效率 $\eta=A/N$ 近似为一常数。当信道数 N 一定时,话务量 A 愈大,阻塞率 B 也就愈大。

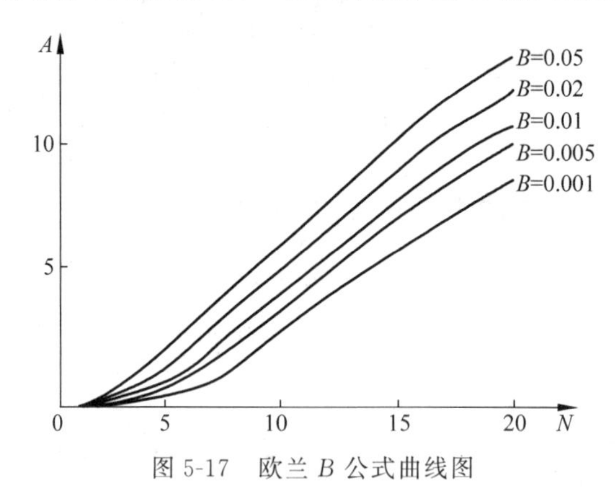

图 5-17 欧兰 B 公式曲线图

3. VSAT 电话网的网络结构

1) 话音 VSAT 网的组成

话音 VSAT 网通常由一个中心站、卫星和许多话音 VSAT 用户小站组成,如图 5-18 所示。

2) 网络结构

对于使用静止卫星的 VSAT 电话网而言,用户通常要求任意两个 VSAT 小站能够直接通话而不是经过中心站转发。这一要求决定了 VSAT 电话网应该是网状网。即话音 VSAT 网的业务子网是网状网,而控制子网是星状网。网控中心所在的站被称为中心站。网控中心负责处理话音 VSAT 网的交换功能,完成网络的监视、控制、管理、卫星信道频率

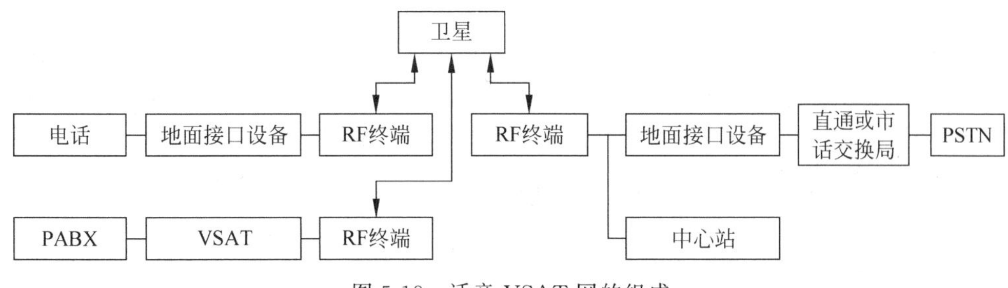

图 5-18 话音 VSAT 网的组成

分配和系统诊断等功能。

3) 卫星信道

话音 VSAT 网中,通常有两类卫星信道。

(1) 业务信道:话音 VSAT 网通常采用电路交换(即线路交换)方式,这是由电话业务的实时性决定的。话音 VSAT 网的业务子网中,业务信道(话音信道)较多采用简单易行的单路单载波按需分配的 SCPC/QPSK/DAMA 方式,有时也可采用时分多址按需分配的 TDMA/DAMA 方式。还有可变带宽的 TDMA 方式,以及多路单载波 MCPC 方式,至于模拟 CFM 方式也有应用,但已逐渐被数字系统所代替。除了按需分配信道资源方式之外,在少数大业务量站间也可分配一定数量的固定预分配(PAMA)信道或分时预分配信道。

(2) 控制信道:话音 VSAT 网的控制子网相当于一个数据网。在控制子网中有两种公用控制信道,中心站到远端小站采用 TDM 广播信道,小站到中心站采用 ALOHA、S-ALOHA 或其他改进型。这种方式技术简单,造价低廉,因此在实用系统中应用较多。

5.3.5 VSAT 网的总体方案设计

对于 VSAT 卫星通信网系统的设计,要根据用户的需要,有效地利用卫星资源,以较低的投资达到所要求的通信质量和网络性能,即价格性能比好。

VSAT 系统的设计主要包括:通信体制的确定、工作频段的选择、主站及 VSAT 规模的确定、典型链路的计算、造价评估等。建设 VSAT 网,首先要进行总体方案设计,要从使用、技术、工程及经济方面,优化系统网络构成。总体方案设计包括使用总体、技术总体、工程建设总体 3 个方面。

(1) 使用总体。主要研究论证使用要求,进行概念设计,提出比较合理的技术总体要求。

(2) 技术总体。包括空间段卫星的选择、地球站的体制论证、卫星链路计算、各种参数优化和网络设计等。

(3) 工程建设总体。主要制定建设规范,实施计划、方法、步骤,开通程序及经费预算。

1. 用户需求分析

"用户需求书"是 VSAT 网总体方案设计的依据。用户不一定了解通信技术,需求书只是从使用角度提出需求的内容、数量和质量等最基本的要求。总体方案设计首先应在用户的配合下,对"用户需求书"进行研究分析,制定合理的使用总体方案,并且确定技术总体的要求。

1）需求内容

VSAT网可传输数据、电话、传真、图像，并能召开电话会议、电视会议、开办远程电教等多种业务。要开通某种业务，就必须给地球站配置相应的硬件和软件设备。也就是说，业务种类越多，地球站就越复杂，体积就大，成本也就高。所以，要综合多方面因素，比较权衡，区别情况；哪些是主要的业务，哪些是次要的业务；哪些业务必须在VSAT网中解决，哪些业务可在公用网中去解决；这些都要周密调查研究，合理安排。还有，用户需要建立什么样结构的网络，就要搞清网中各业务点之间的距离和业务往来关系，从而决定网络的拓扑结构。

VSAT网最基本的网络结构是星状数据网和网状电话网。20世纪90年代又有了数话兼容、星状网与网状网合一的VSAT系统。先进的网络管理可以通过改变网络管理软件来改变网络结构。所以，VSAT组网非常灵活，可以满足各种用户的需求。

2）需求数量

（1）建设规模。建设规模即建站数量多少，取决于分散各地业务部门的数量及其地理分布状况。考虑地理分布状况是因为有些业务部门相距很近，之间又有通信线路连接，这种情况可共建一个VSAT站；有些部门地处通信发达地区，公用网的线路可以利用，可采用公用网线路与VSAT联网方式，不必建VSAT小站。总之，要把一切可利用的因素考虑进去，既要满足使用要求，又要尽量减小建设规模、提高经济效益。

（2）业务量。所谓业务量，这里指的是话务量和数据量的大小及分布。第一是话务量分析，话务量分析主要在于研究话务量与阻塞率、信道数及其分配的动态匹配关系。第二是数据量分析，在数据传输中，数据量常用传输速率表示，有码元传输速率R、位传输速率R_b和消息传输速率R_m三种表示方法。

在VSAT网中，信道传输的数据量一般以消息传输速率表示。例如，我们从“用户需求书”中的统计数据得知，某金融VSAT网的各站之间每日传结账务数据合计840万笔。根据报文长短、编码格式等情况，采用每笔账200字节，每字节8位，按每天工作6h计，则$R_m=840\times10^4\times200\times8/(3600\times6)=622\text{Kb/s}$。

3）需求质量

通信质量包括传输信号的质量和可靠性。

（1）传输信号的质量。第一，数字电路的通信质量与采用的语音编码数码率、调制制度以及传输误码率有关。一般语音编码的数码率越高，语音质量越好。调制制度不同，信号噪声比也不同，影响通话质量。语音编码的数码率和调制制度是通信技术体制选择的问题。在通信技术体制确定之后，通信质量主要由传输误码率P_e决定，一般增量调制（ΔM）要求$P_e\leqslant10^{-3}$，PCM要求$P_e\leqslant10^{-4}$。用户对话音质量的要求往往是希望尽可能好，这意味着语音编码的数码率的提高，设备复杂，占用信道带宽增加，信道费用也就增加。因此，设计者应协助用户分析实际需要，提出合理的要求。第二，卫星数据通信的质量好坏，主要取决于差错率，包括码元差错率、比特差错率和码组差错率。

（2）可靠性。VSAT系统的可靠性包括卫星、信号传输和地球站三个方面。卫星可靠性一般都很高，可以满足用户的要求。传统的卫星传输信道有“恒参信道”之称，信号传输稳定可靠。而VSAT终端在许多情况下不易选址，且天线口径较小，波瓣较宽，难以避免所处环境中遇到的电磁干扰。因此，地球站（含网络管理设备）的可靠性是建立VSAT网所重点考虑的部分,地球站的各个分系统都采用某种备用方式,以提高它的可靠性。一般情况下,硬件的可靠性是表明它在设计条件下和规定的时间内,正常运行不出故障的概率。使用最为广泛的衡量可靠性的参数是平均故障时间(Mean Time Between Failure,MTBF,平均发生故障的时间间隔)和平均维护时间(Mean Time To Restoration,MTTR,包括确认失效发生所必需的时间,以及维护所需要的时间)。地球站的可用平均概率,不仅决定于它的平均故障时间,还决定于分系统出故障后在多长时间内能够修理好或置换好。用 $MTBF_1$ 和 $MTTR_1$ 分别表示发送端的平均故障时间和平均维护时间,$MTBF_2$ 和 $MTTR_2$ 分别表示接收端的平均故障时间和平均维护时间,那么地球站的可用平均概率 P_A 为:

$$P_A = P_{A1} P_{A2} \tag{5-6}$$

其中,$P_{A1} = \dfrac{MTBF_1}{MTBF_1 + MTTR_1}$,$P_{A2} = \dfrac{MTBF_2}{MTBF_2 + MTTR_2}$

在设计大型地球站时,要求的可靠性很高,即可以正常使用的平均概率为99.9%~99.98%。

2. 确定使用的卫星

空间通信卫星资源是建立卫星通信系统的前提条件。空间卫星一般有专门的卫星公司来经营。建网部门可购买卫星转发器或租用卫星转发器或信道,组成自己的卫星通信网络。如何选择使用的卫星,主要考虑这几点:卫星的轨道位置、卫星天线的覆盖区域、工作频段、卫星EIRP值、卫星工作寿命、价格以及服务。

1) 卫量轨道位置及天线的覆盖区域

为了确保我国国内各地球站都能有效的利用卫星进行通信,卫星的轨道位置必须在各地球站的有效可视弧段内,该弧段为:

(1) C频段,地球站天线仰角≥5°时,有效可视弧段为65.22°E~147.25°E。

(2) Ku频段,地球站天线仰角≥10°时,有效可视弧段为72.9°E~140.75°E。

另外,各地球站必须在卫星天线波束覆盖区内。一般要求覆盖区的边缘卫星EIRP值比中心小3dBW。

2) 工作频段

目前,固定卫星业务普遍使用C频段(4/6GHz)和Ku频段(11/14GHz),并正向Ka频段(20/30GHz)发展。VSAT系统以采用Ku频段比较合适。

3) 卫星EIRP值

卫星EIRP受到卫星的能源、功率器件、地面通量密度要求,以及要覆盖我国大面积国土等限制,不可能太大,但我们希望尽可能大些,这样不仅可以增加转发器的容量(转发器容量大体上是由转发器的EIRP和地球站的G/T值的组合来决定的),而且地球站可更简单,天线口径可小,LNA要求也低,地球站的成本就会下降。

目前卫星EIRP值一般有:

(1) C频段,国际通信卫星20~30dBW;我国国内通信卫星30~40dBW。

(2) Ku频段,国际通信卫星(点波束)44~47dBW;我国国内通信卫星40~50dBW。

以上覆盖我国国内通信卫星Ku频段比C频段EIRP值高,这并非频率高低所致,而是转发器的功率有适当提高。

4）卫星的费用与服务

技术的发展进步，使得购买卫星转发器或租用卫星转发器及电路的费用逐年下降。由于空间各卫星的技术状况不一样，经营者的管理、服务的差异、卫星的费用也不同。用户自然要选择那些技术状况适合自己使用，价格便宜、服务周到、可靠性好的卫星，而且对卫星的寿命及接续等空间保障体系应予重视。

5）我国可利用的通信卫星

目前我国正在使用或可能使用的卫星有“东星”“亚洲卫星”“亚太卫星”“鑫诺卫星”“中卫星”以及太平洋、印度洋上空的“国际通信卫星”等。此外还有其他一些卫星组织和卫星集团的通信卫星。

3. 通信体制的选择

卫星通信的技术体制主要指基带信号处理方式、调制解调方式、多址连接方式、信道分配与交换方式。VSAT 系统一般为全数字通信系统。

在基带信号处理过程中，数据通信由于计算机提供的信号是二进制编码信号，只需进行接口处理。而电话通信提供的是模拟信号，要进行模数变换处理（信源编码与译码）。ITU 提出的，符合进入长途电话网络的标准有 64Kb/s PCM（脉码调制）、32Kb/s ADPCM（自适应差分脉码调制）、16Kb/s LD-CELP（低延迟码激励线性预测编码）。另外用得较多的还有 32Kb/s CVSD（连续可变斜率增量调制）。它的电路相当简单（已集成化），在误比特率为 10^{-3} 时仍能保持良好性能，甚至在 10^{-2} 时仍能被接受。还有一些曾公布的编码标准，如欧共体（GSM）13 个国家公布的泛欧数字移动通信系统语音编码标准 13Kb/s RPE/LT（长时预测规则码激励线性预测编译码器），美国蜂窝通信工业协会（CTIA）宣布的北美 8Kb/sCELP 数字移动通信语音编码标准，美国国家安全局（NSA）公布的 4.8Kb/s CELP 新的声码器标准，以及美军原用的 2.4Kb/s LPC 声码器等。

上述语音编码方式，应根据处理迟延、误码容限、级连编码容限（音频转接次数）、非话信号通过能力和语音再生质量等合理选择。

调制方式对数字通信，特别是 VSAT 系统，一般是卫星功率受限，通常都采用功率利用率高的 BPSK 或 QPSK。多址连接及信道分配、交换方式，常用的多址方式有 FDMA、TDMA、CDMA、SDMA；信道分配方式有固定预分配（PAMA）、按需分配（DAMA）。它们各自适应于不同的使用场合。对于小容量稀路由的 VSAT 电话网，一般采用 FDMA 派生的单路单载波（SCPC）、按需分配（DAMA）为宜。对于数据网，鉴于它占用信道的随机突发性，峰值传送率与平均传送率之比很大，业务种类繁多，各站的速率可能不同，实时、非实时以及要求无差错传输等特点，传统的以通道为基础的多址体制不能达到好的效率，而采用以分组为基础的卫星分组交换方式为宜。例如，各种 ALOHA 方式。具体选择时应考虑信道通过效率要高，延时短，建立和恢复时间短，使用方便、灵活，实现简单，价格合理等因素。

4. 链路预算

卫星链路预算的目的，在于通过计算和比较来权衡安排系统中的各种参数，使之满足使用及传输质量要求，并能充分利用卫星转发器的频带、功率资源，提高使用效率。

由于目前 VSAT 的技术已发展成熟，在通信体制的确定、工作频段的选择和主站及 VSAT 规模等方面的设计已基本定型，下面仅对网络规模与业务、中继线数量与无线信道数等方面的计算作简单介绍。

1）网络规模与业务分析

VSAT 通信网由一个主控站和若干个远端站组成。远端站包括固定远端站和移动远端站两种类型，其中，固定站能以中继方式与本地公用电话交换网相连接，成为地面公用电话交换网的一个节点（简称汇接站），也可作为终端用户，通过汇接站与公用电话交换网相连。移动远端站（又称为远端用户站）用户只能作为终端用户，通过汇接站与公用电话交换网相连接。网络结构为混合网，采用单路单载波/频分多址（SCPC/FDMA）连接，按需分配多址（DAMA）信道分配方式。主控站与一个汇接站合设一处，共用一套射频系统，保证对全网的控制管理及监控，如图 5-19 所示。

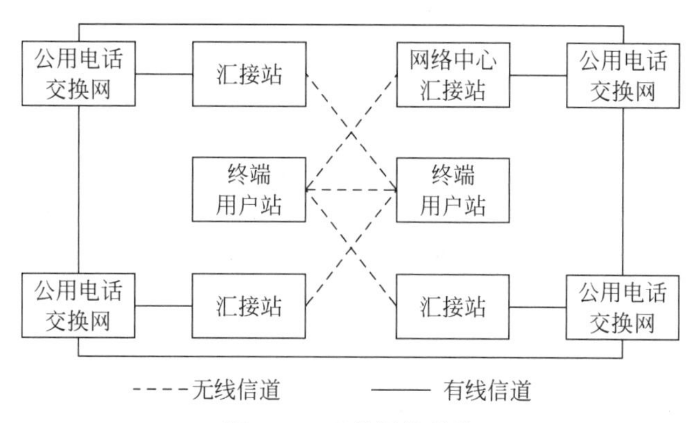

图 5-19 系统网络结构

VSTA 卫星通信网络可根据用户需要进行配置，以话音业务某专网工程为例，全网共有 4 个汇接站以中继线方式与公用电话交换网相连，150 个终端用户站通过 4 个汇接站出入公用电话交换网。每个终端用户站容量为 2 路，每路话务量 $A_{终}$ 为 0.3e，其中，网内终端用户之间呼叫占 10%，网内用户与公用电话交换网之间相互呼叫占 90%，汇接站之间不提供无线信道的话务流向。因此，整个系统的总话务量：$A=A_{终}\times2\times150=90\text{e}$。

2）中继线数量及无线信道数

（1）中继线数量：汇接站与公用电话交换网相连接的中继线数量决定于全网内的话务量，根据前面所设定的话务数据可知出入地面中继线话务量：$A_{地}=A\times90\%=81\text{e}$。

地面中继线呼损率按 0.005 考虑，通过查欧兰表可得到中继线数量为 101 条，即 4 个 2Mb/s 口，每个汇接站与公用电话交换网各接一个 2Mb/s 口，合计 120 条中继线。

（2）无线信道数：无线信道数量包括控制信道及业务信道。业务信道数决定于全网的话务量及信道的分配方式（DAMA 系统可视为全可变按需分配方式）。根据前面计算的全网话务量 90e，按卫星链路阻塞率为 1%，查欧兰表得到系统的业务信道数为 107；DAMA 的控制信道包括 1 条外向控制信道和至少 2 条内向控制信道，根据设备的特点，本网设置 1 条外向控制信道和 3 条内向控制信道。

3）调制方式、传输速率及纠错方式

卫星转发器的资源包括带宽和功率两部分，在确定调制方式、传输速率及纠错方式时，应充分考虑各种方式下所占用的转发器带宽和卫星功率，以便提高卫星的利用率，节省投资，获得较好的价格性能比。

5. 网络设计

1）电话网

（1）网络结构。VSAT 系统的网络结构有星状数据网、网状电话网以及星状数据网和网状电话网合一的 VSAT 系统，例如美国凌康(LINKCOM)公司生产的 VSAT/LCS-3000，网络拓扑结构如图 5-20 所示。

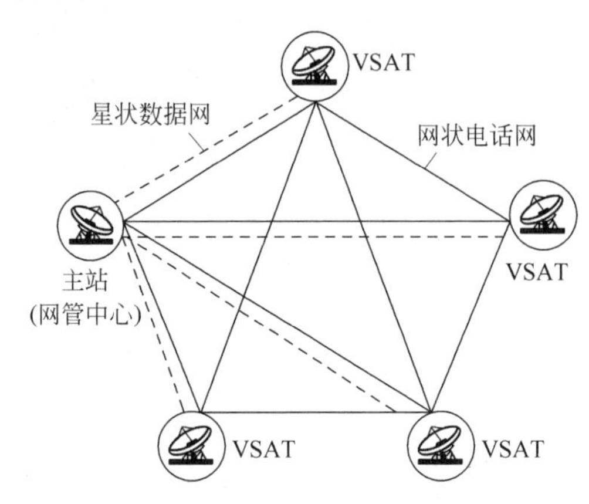

图 5-20　VSAT/LCS-3000 网络结构示意图

（2）技术体制(全数字制)。语音编码方式一般选用 CCITT 推荐的 32Kb/s ADPCM 或 16Kb/s LD-CELP，在通话的话音质量要求不高的情况下，也可选用 13Kb/s RPE/LT 或 8Kb/sCELP；调制方式为 BPSK 或 QPSK，1/2 或 3/4 或 7/8FEC；多址及信道分配方式为 SCPC/DAMA 或 PAMA。

（3）信道终端配置。假设某 VSAT 的话务量为 0.5e，每次通话平均占用信道的时间为 0.05h/次，要求全网呼损率 0.03，各站呼损率 0.01。由欧兰表可查得信道数为 3～4 路，即该站需配置 3～4 路信道终端单元。

又假设全网每个 VSAT 站均配置 2～4 个话路，每个话路端口平均每天(8h 计)呼叫 10 次，每次平均占用时间 3min，话务量为 0.0625e。由欧兰表及简单运算，全网可设置电话端口数或 VSAT 站数列于表 5-3。

表 5-3　全网可设置电话端口或 VSAT 站数计算结果

电话端口数 \ 呼损率 / 信道数	0.01	0.03	0.05
20	192(96～48)	224(112～56)	244(122～61)
60	751(375～187)	824(412～206)	872(436～218)
100	1344(672～336)	1452(725～362)	1523(761～380)

（4）用户入网接口方式。要根据各 VSAT 地球站用户的使用情况选用：①与用户电话机直接接口适用于 SCPC 信道单元数较少，用户电话机数目等于或少于 SCPC 信道单元数的 VSAT 站，例如，地质野外勘探队、救灾、边防、海岛等特殊任务的 VSAT 小站。②与自动电话小交换机接口适用于电话机数目多于 VSAT 站的 SCPC 信道单元数目，并配备有自动电话小交换机的场合。自动电话小交换机通常采用出、入中继电路合并使用方式，它与

SCPC 信道单元接口电路之间的中继线为二线。这是半自动接续方式，A 站的用户可以通过拨号(中继引示号码+B 站的站号码)，自动接续卫星电路，并与 B 站相连接的交换机话务员通信联络。然后，通过话务员呼叫本站用户进行通话。③与市话局接口，如果 VSAT 站位于城市内或近郊，需要使若干业务量很小的单位共同使用一个 VSAT 站，就可以把 VSAT 站的 SCPC 信道单元通过中继线路直接与市话局的交换设备相接。④与长话局接口是把 VSAT 站看作是长话网中一个特殊的转接局或终端局。例如，西藏与北京建设的电缆、光缆，其维护、管理复杂，费用相当高，而在两地建设卫星地球站，可使西藏用户通过卫星链路进入全国地面长途网。

2) 数据网

数据网一般是指若干独立的计算机和数据终端，通过网络彼此互相进行通信，并共享硬件或软件资源。

(1) 网络结构：选用星状网，主站与各 VSAT 站构成直达通信，VSAT 站之间由主站自动转接构成通信，其网络拓扑结构如图 5-20 所示，其中虚线为星状数据网。

(2) 传输体制：主站至 VSAT 站的外向载波(outbound)，采用时分多路(TDM)方式。VSAT 站至主站的内向载波(inbound)，采用 ALOHA 方式及其改进型。

ALOHA 有多种改进方式，例如 VSAT/LCS-3000 系统采用的是改进非同步分组随机突发和自适应排队方式，这种方式的数据吞吐量在不计再分组开销时与 S-ALOHA 相当，即为 0.368。考虑再分组开销，有效吞吐量在 0.2～0.3 之间。由于 ALOHA 能很好地适应可变长业务的需要，又保留了非同步系统便于加密，设备可靠简单、操作方便等优点，所以实际工作性能通常优于 S-ALOHA。在大业务量的情况下，这种方式会自动进入自适应排队传输，吞吐量可达 0.6 以上。

(3) 信道配置：VSAT/LCS-3000 典型数据信道配置如图 5-21 所示。主站可发 1～30 个 64Kb/s(64～2048Kb/s 任选)TDM 外向载波；VSAT 站可共发 1～60 个 ALOHA 内向载波。1 个外向载波可对应 2 个内向载波工作。每个内向载波可连接 1～255 个 VSAT 站(由业务量大小而定)，全系统理论上可容纳 15300 个 VSAT 站工作。用户可根据建网的规模大小，选择外向、内向载波的配置数目。

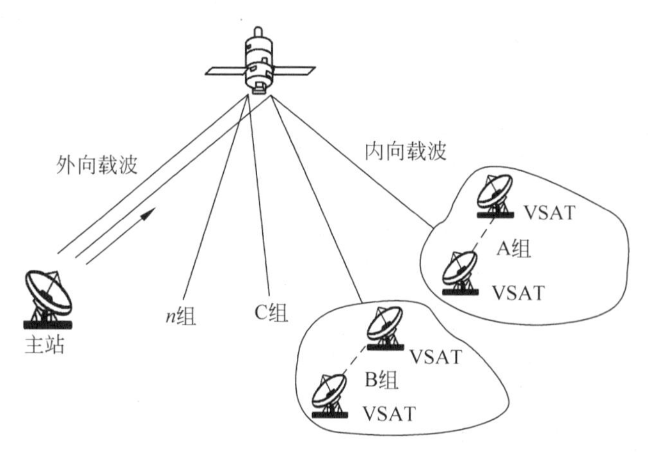

图 5-21　VSAT/LCS-3000 典型数据信道配置示意图

例如，VSAT 数据网总业务量 DAD＝622Kb/s，则外向载波业务量 $D_{AO}=D_{AD}=622$Kb/s，若 TDM 信道利用率为 $\eta=75\%$（一般是 70%～80%），信道速率 $R_b=64$Kb/s。则 TDM 外向载波信道数：$N_o=D_{AO}/(\eta\cdot R_b)=622/(0.75\times64)=12.96$（取整 $N_o=13$）；

核算外向载波的信道利用率：$\eta=D_{AO}/(\eta\cdot R_b)=622/(13\times64)=74.8\%$。

另外，内向载波的业务量 $D_{AI}=D_{AD}=622$Kb/s，若 ALOHA 信道利用率取 $\eta_I=25\%$，信道速率 $R_{bI}=64$Kb/s。则

ALOHA 内向载波信道数：$N_I=D_{AI}/(\eta_I\cdot R_{bI})=622/(0.25\times64)=38.9$（取整 $N_I=39$）。

核算内向载波的信道利用率：$\eta_I=D_{AI}/(N_I\cdot R_{bI})=622/(39\times64)=24.9\%$。

3）建网方式

建设 VSAT 网一般有自建网管和共用网管两种基本方式。

（1）自建网管方式：自己建设主站及网络管理中心，租用一定数量卫星信道，并自建大量 VSAT 小站，构成完全独立管理的专用网络。这种方式虽完全自主，比较方便，但投资大，建设周期长，管理复杂，用户不仅要对全网的业务运行进行管理，而且要花很大精力对全网的技术状态，包括空间信道的安排、协调等进行管理。

（2）共用网管方式：租用主站及网络管理中心，自己只要建设 VSAT 小站，构成独立的通信业务网络。这种方式避免了自建网管方式的缺点，是通常建设 VSAT 网的好方式，如图 5-22 所示。

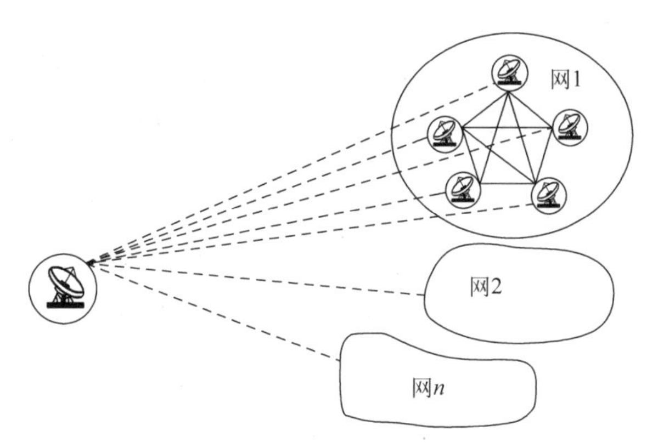

图 5-22 共用网管中心建网方式示意图

5.4 典型卫星通信网络系统

卫星通信主要包括卫星固定通信、卫星移动通信和卫星直接广播等领域。本节主要针对卫星固定通信和卫星直接广播这两个领域中的一些典型通信网络系统（如 IDR/IBS 系统、卫星电视、卫星 IP 网络等）进行介绍。

5.4.1 IDR/IBS 系统

IDR 和 IBS 都是国际卫星组织（Intelsat）提供的一类数字卫星通信系统，只是服务的对象不同而已，它们均属卫星固定通信范畴。

1. IDR 系统

中等数据速率(Intermediate Data Rate,IDR)的数据速率在 64Kb/s～44.736Mb/s 之间,可以认为是 FDM/FM/FDMA 的数字化或者是 SCPC 的扩展。由于当时提出 IDR 是为了填补 Intelsat 的预分配 SCPC 系统(最大速率 56Kb/s)和 TDMA 系统(120Mb/s)之间的空白,故取名“中等”一词。

所谓 IDR 业务,是指数据速率在 64Kb/s～44.763Mb/s 范围内的数字话音和数据业务。用得最多的是 2Mb/s 的数字载波,其次是 6.312Mb/s 和 8.448Mb/s,并逐步由单址 IDR 发展为多址 IDR。

1) 工作方式

IDR 系统采用 DSI＋ADPCM 信源编码、3/4 率 FEC 信道编码、TDM 多路复用方式、相干 QPSK 载波调制和 FDMA 方式,即 ADPCM/TDM/QPSK/FDMA 工作方式,其先进性体现在:

(1) 采用 QPSK 限带调制技术,其频谱利用率比 BPSK 高一倍。

(2) 采用 3/4 前向纠错卷积编码和维特比软判决解码,纠错增益提高。

(3) 采用符合国际卫星通信组织 IDR IESS-308 规范的成形滤波器,限带后占用卫星带宽为传输速率的 0.6 倍,消除了码间干扰。

(4) 采用扰码技术,使数据时钟中断时载波仍能符合 IESS-308 的规范,即能提取时钟,因此 IDR 系统全网定时统一相对容易。

(5) 集成化、智能化程度高,测试调整简单,操作直观方便。

(6) 使用 DCME(数字电路倍增设备)技术,能够实现用户扩容,提高信道的利用率。

IDR 系统技术比较成熟,设备规范比较完善,比 TDMA 系统简单,成本低,在当前或今后一个时期内,中小容量用户需求比较突出,特别适合于我国在内的发展中国家组成 IDR 卫星通信系统。目前我国许多省会城市都建立了 IDR 卫星通信系统的地球站。

2) 系统组成

采用 DCME 技术的 IDR 扩容系统如图 5-23 所示。其中 DCME 由低速编码(LRE)和数字话音内插(DSI)技术组合而成,LRE 采用 ADPCM,可将每路的信息速率由 64Kb/s 压缩到 32Kb/s,从而获得 2 倍的增益;DSI 增益可达 2.5 倍,话路越多,倍增效应越好。这两种技术的组合可使总电路倍增增益达 5 以上。因此,IDR 通过 DCME 信道复用,复用度可达 1∶5 和 1∶7,甚至达到 1∶10 以上,所以这是一种新的、经济而有效的卫星通信方式。

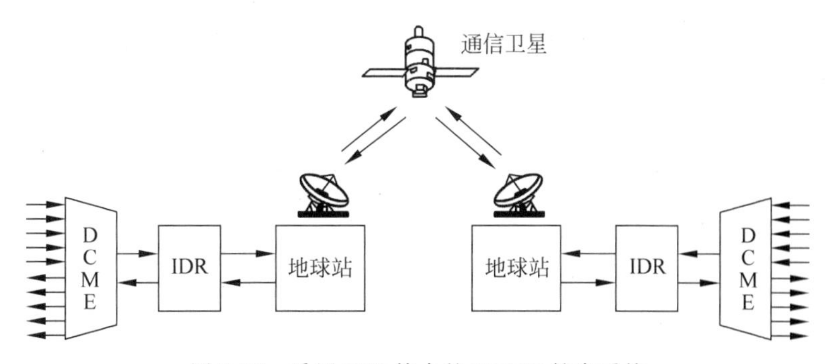

图 5-23 采用 IDR 技术的 DCME 扩容系统

DCME 技术广泛应用于国际、国内通信容量不是很大的地球站，如图 5-24 所示。采用这种技术可以灵活实现多种容量的卫星通信系统。如发端可将 8×2.048Mb/s 数字信号压缩成 1×2.048Mb/s 数字信号在卫星链路上传输，收端再扩展回原来的 8×2.048Mb/s；可实现将发端 10×1.544Mb/s 数字信号压缩成 1×2.048Mb/s 数字信号在卫星链路上传输，收端扩展为 8×2.048Mb/s 或 10×1.544Mb/s 数字信号；可实现将发端 8×2.048Kb/s 数字信号压缩成 1×1.544Mb/s 数字信号经卫星链路传输后，收端扩展为 8×2.048Mb/s 或 10×1.544Mb/s 数字信号。除此之外还可以进行多种编组运行。

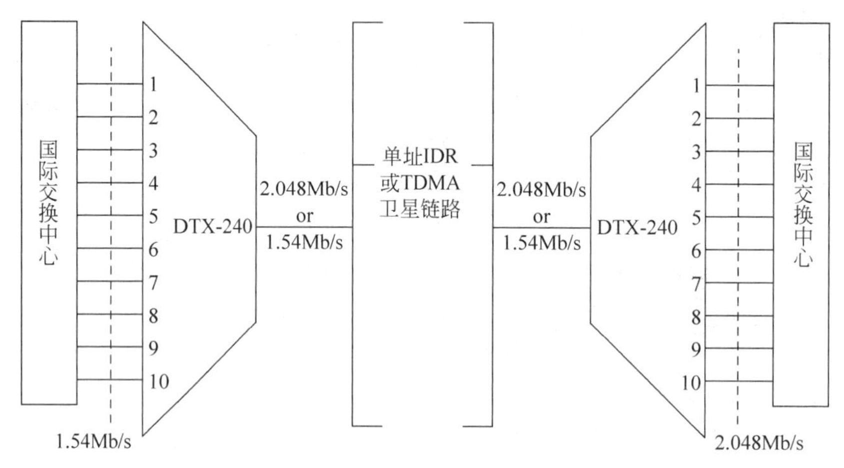

图 5-24 数字卫星链路上的 DCME 设备应用

2. IBS 系统

国际商用业务(International Business Service，IBS)是为专用网设计的中速率数字系统，能够提供多种业务，通信方式灵活多样，设备安装方便，是目前应用较广泛的系统。

IBS 系统数据速率范围为 64Kb/s～8.448Mb/s，各档数据速率比 IDR 分得更细一些，信道编码采用 1/2 率 FEC，也可以采用 3/4 率 FEC，其余特征与 IDR 的基本一致，它们都属于同一种通信体制的系统。

下面将简单介绍该系统的地球站标准、传输参数和服务质量方面的相关数据和要求。

1) 地球站标准

IBS 系统的普通地球站有 C 频段的 A、B 型和 Ku 频段的 C 型，作为普通地球站的补充，还引入了 F 标准站(C 频段)和 E 标准站(Ku 频段)。表 5-4 列出了这些标准站的天线尺寸和 G/T 值。IBS 系统允许利用非标准地球站使用 IBS 空间转发器容量，但必须先得到主管部门的批准。

表 5-4 IBS 地球站技术特性

地球站标准		天线尺寸/m	G/T 值(dB/K)
Ku 频段	E1	3.5	25.0
	E2	5.5	29.0
	E3	8.0	34.0
	C	13.0	37.0

续表

地球站标准		天线尺寸/m	G/T 值(dB/K)
C 频段	F1	4.5	22.7
	F2	8.0	27.0
	F3	10.0	29.0
	B	12.0	31.7
	A	18.0	35.0

作为国家级的信关站，应采用大型地球站(如 C 频段的 16～18m 站；Ku 频段的 11～13m 站)，并应有一个网控中心。作为城市信关站或地区卫星通信港(Teleport)，一般采用中型地球站(如 C 频段的 9～11m 站，Ku 频段的 5.5～9m 站)。小型站(如 C 频段的 5～7m 站，Ku 频段的 3.5～5.5m 站)可用作专用网或小用户群的信关站。

2) 传输参数

从 IBS 系统的网络协议和体系结构来划分，有封闭型和开放型两类网络。前者的用户在一组特定的参数方面保持一致，以便于网内用户选择所需的数字系统，满足其特殊要求。后者是为支持一组普遍认向的技术参数而设计的，以便于与其他网络接口，并为此对公共终端性能做出了一系列规定。

封闭网支持的信息速率为 64Kb/s，…，1544Kb/s，2048Kb/s，…，8448Kb/s，开放网支持的信息速率为 64Kb/s，…，1544Kb/s，2048Kb/s。两种网络都采用 QPSK 调制，1/2FEC 编码(但封闭网的报头为 10%，开放网为 6.7%)。表 5-5 列出了一些数据速率下的 IBS 传输参数，表中所列的“分配带宽”包括保护间隔，实际信号占用的带宽要小(表中未列出)，如信息速率为 64Kb/s 和 2048Kb/s(传输速率分别为 141Kb/s 和 4500Kb/s)的信号，实际占用带宽 85kHz 和 2700kHz，基带成形滤波器滚降系数为 0.2，“分配带宽”分别为 112.5kHz 和 3173kHz。

表 5-5 IBS 传输参数($E_b/N_0=4.6$dB 时)

信息速率/(Kb/s)	封闭网(报头 10%)				开放网(报头 6.7%)				C/N/dB
	传输速率/(Kb/s)	分配带宽/kHz	C/T/(dBW/K)	C/N_0/(dB·Hz)	传输速率/(Kb/s)	分配带宽/kHz	C/T/(dBW/K)	C/N_0/(dB·Hz)	
64	141	112.5	−172.4	56.2	137	112.5	−172.5	56.1	6.8
384	846	607.5	−164.7	63.9	819	607.5	−164.8	63.8	6.8
1544	3400	2408	−158.7	69.9	3277	2318	−158.7	69.9	6.8
2048	4500	3173	−157.4	71.2	4369	3082	−157.5	71.2	6.8
8488	18600	13028	−151.3	77.3					6.8

3) IBS 业务类型和业务质量

IBS 业务在用户要求的比特率基础上，可以是全时租用业务、部分时间租用(在每天的特定时段租用)业务、短期全时租用(租期 1～3 个月)业务和临时租用(0.5h 起，之后以 15min 为增量计费)业务。对于全时租用业务，以 9MHz 的带宽增量来分配部分或全部转发器。

所提供业务的质量有两个等级：基本 IBS 业务和超级 IBS(Super IBS)业务。

(1) 基本 IBS 业务。C 频段可提供符合 ISDN 标准的服务质量，晴天条件下 BER≤10^{-8}；恶劣天气条件下，每年 99.96%的时间保证 BER≤10^{-3}。Ku 频段，晴天条件下 BER≤10^{-8}；恶劣天气条件下，每年 99%的时间可保证 BER≤10^{-6}。

(2) 超级 IBS 业务。C 频段与基本 IBS 业务相同。Ku 频段提供符合 ISDN 标准的服务质量，晴天条件下 BER≤10^{-8}；恶劣天气条件下，每年 99.96%的时间保证 BER≤10^{-3}。表 5-6 列出了 IBS 开放网的服务质量和系统余量。

表 5-6 IBS 开放网的服务质量和系统余量

性能指标	C 频段(6/4GHz)	Ku 频段(14/11/12GHz)	
业务	基本	基本	超级
不可用性/(%每年)	0.04	1.0	0.04
晴天 BER	10^{-8}(C/N=6.8dB)	10^{-8}(C/N=8.2dB)	10^{-8}(C/N=10.8dB)
门限 BER	10^{-3}(C/N=3.8dB)	10^{-6}(C/N=5.7dB)	10^{-3}(C/N=3.8dB)
系统余量/dB	3.0	2.5	7.0

5.4.2 卫星电视

卫星电视从广义上讲属于卫星通信范畴，目前得到了迅猛发展，特别是卫星电视直播业务已成为卫星通信业发展的主流。为此，下面对卫星电视广播系统加以介绍。

1. 卫星电视广播系统的组成

卫星电视广播是指利用 GEO 卫星转发电视信号，直接实现个体接收和集体接收的电视广播。卫星电视广播系统包括 GEO 卫星、地面主发控站和测控站以及地面接收网三大部分，如图 5-25 所示。卫星接收并转发由地面主发控站发射的电视信号，供地面接收网站接收。主发控站一方面把电视节目中心的电视信号发送给卫星，另一方面还和测控站一起，担负着对卫星的轨道位置、姿态、各部分的工作状态等参数的测量、遥控、发出指令等任务。地面移动站是为适应临时性电视实况节目向卫星直接传送或进行各种数据测试而设置的。地面接收网分为两种类型：一种是供地方电视台、收转站以及专门接收数据等而使用的专业接收站；另一种是供个体或集体接收电视信号的简易接收站。主发控站、静止卫星、移动站之间是一种双向点对点的通信系统；静止卫星和简易接收站、专业接收站之间则是一种单向的点对面的广播系统。

2. 卫星电视基带信号

由电视原理知道，电视分为黑白电视和彩色电视。黑白电视的全电视信号包括图像信号、行消隐信号、行同步信号、场消隐信号、场同步信号以及前、后均衡脉冲。其中图像信号是单极性的，只能取正值和负值。而彩色电视是在黑白电视的基础上发展起来的，其彩色电视信号除包括图像信号、复合消隐信号和复合同步信号外，还包括色度信号。

目前彩色电视与黑白电视大部分采用兼容制，国际上已采用的彩色电视制式有 3 种。

(1) 正交平衡调幅(NTSC)制包括了正交调制和平衡调制两种，它是美国在 1953 年 12 月首先研制成功的，并以美国国家电视系统委员会(National Television System Committee)的缩写命名。其特点是解决了彩色电视和黑白电视广播相互兼容的问题，但也

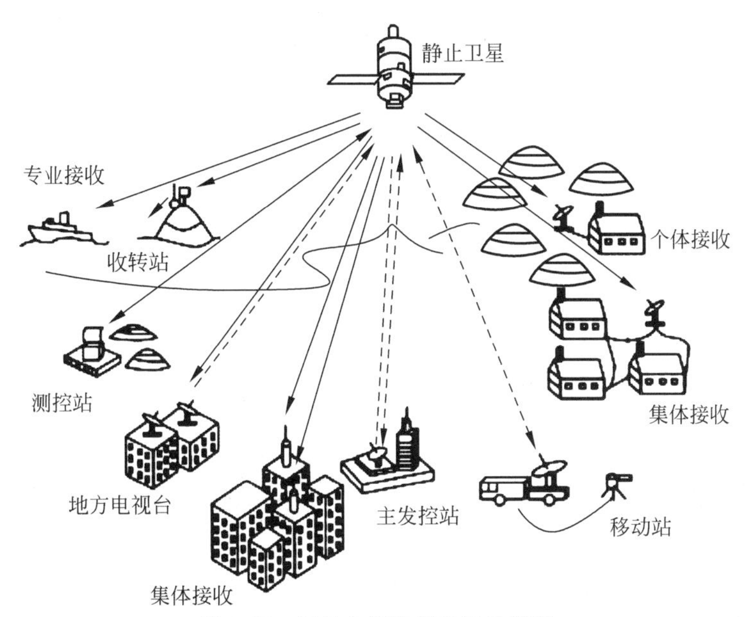

图 5-25 卫星电视广播系统示意图

存在相位容易失真、色彩不太稳定的缺点。美国、日本、加拿大等国采用这种制式。

(2) 逐行倒相(Phase Alteration Line，PAL)制，即对同时传送的两个色差信号中的一个色差信号采用逐行倒相，另一个色差信号进行正交调制的方式。它是由联邦德国在综合NTSC制的技术成就基础上于1962年研制出来的一种改进型，其优点是对相位失真不敏感，图像彩色误差较小，与黑白电视的兼容好；缺点是编码器和译码器复杂，信号处理比较麻烦，接收机造价高。中国、德国、英国、荷兰、瑞士、泰国、新加坡、澳大利亚等国家采用这种制式。

(3) 调频顺序转换(SECAM)制，法文意思为"按顺序传送彩色与存储"，即亮度信号每行都传送，而两个色差信号则是逐行依次传送的方式。它是由法国于1966年研制成功的，与NTSC制和PAL制的调幅制不同，其优点是不怕干扰，彩色效果好，缺点是兼容性较差。法国、苏联、埃及等国家采用这种制式。

我国从卫星上可收到的其他国家的卫星电视节目制式分别有M/NTSC(美、日)、K/SECAM(苏联)，为此，可以把这两种制式与我国使用的D、K/PAL制式作一对比，如表5-7所示。这3种制式可相互转换。

表 5-7 电视三种制式参数比较表

参　　数	D、K/PAL制	M/NTSC制	K/SECAM制
每幅画面行数/行	625	525	625
帧频/场频/Hz	25/50	30/60	25/50
标称视频宽带/MHz	6.5(5.5)	4.5(4.18)	6
伴音与图像载频之距/MHz	6.5	4.5	6.5
色副载频 f_s(或 f_{SR})与行频 f_h 关系	$f_s=\left(\frac{1136}{4}-\frac{1}{625}\right)f_h$ $f_s=\left(284-\frac{1}{4}\right)f_h+25\text{Hz}$	$f_s=\frac{455}{2}f_h$	$f_{SR}=262f_h$ $f_{SR}=272f_h$

续表

参　　数	D、K/PAL 制	M/NTSC 制	K/SECAM 制
色副载波频率及允许偏差	4.43361875MHz±5Hz	3.5795545MHz±10Hz	f_{SR}=4.40625MHz±2000Hz f_{SR}=4.2500MHz±2000Hz
色差信号	$U=0.493(B'-Y')$ $U=0.877(R'-Y')$	$I=0.74(R'-Y')-0.27(B'-Y')$ $Q=0.48(R'-Y')+0.41(B'-Y')$	$D_R=1.9(R'-Y')$ $D_B=1.5(B'-Y')$

3. 卫星电视广播信号的传播

1979 年国际无线电管理委员会将卫星广播的频率分为 6 个频段，有 L、C、Ku、K、Q、E。亚洲地区主要使用 C 频段(3.7～4.2GHz)和 Ku 频段(11.7～12.2GHz、12.2～12.7GHz)。

卫星电视广播的电磁波穿越大气层直接进入卫星接收天线，属于视线接收，因而避免了重影现象。卫星电视信号工作频率高，在 C、Ku、K 等频段内的工业干扰、汽车火花等干扰小，因此，图像信号信噪比高，图像质量好。

在卫星电视传输中，一般都把图像和伴音分开传输，有的是把图像经数字压缩为数字信号后再传送。这种处理均把伴音分开，进行伴音与图像时分传输，并把行同步脉冲和色同步信号所占的时间都缩短，向前搬移，仍在扩展了的后沿上安排伴音编码信号。使之在不同的时间上出现同步、伴音、图像信号，即时分复合信号，并对载波进行调制。比如，目前卫星电视系统中正在使用一种时分复用模拟分量方式(MAC)，它是彩色电视信号的一种新的基带传输方法，可将行正程的亮度信号分量(Y)与轮行传输的一个色差信号(R-Y 或 B-Y)，分别在时域进行压缩后，再顺序地在行正程期间以模拟分量时分复用方式在一个通道中传输。MAC 有 A-MAC、B-MAC、C-MAC、D-MAC 和 D_2-MAC 等类型。

依据现在数字视频广播(KVB)标准，卫星数字电视广播(KVBS)正进入一个更加广泛的实施和发展阶段。DVB 标准的核心内容是在信源编码、视音频压缩和复用部分采用了 MPEG 标准，而在信道编码和调制部分制订了一系列标准。活动图像专家组(Moving Picture Expert Group，MPEG)主要包括 MPEG-1 和 MPEG-2 两种标准，目前，普遍使用 MPEG-2 视频压缩标准及 MUSICAM 音频压缩方法。DVB-S 的信道编码主要使用卷积码、RS 码等方式，调制方式为 QPSK 调制，输出 70MHz，最后变频到卫星频道，其转播仍为电磁波。

4. 卫星电视广播方式

卫星电视广播按照传播性质可分为转播和直播两种基本方式。

所谓转播，是指用固定卫星业务(FSS)转发电视信号，再经地面接收站传送到有线电视前端，然后由有线电视台转换成模拟电视送到用户。

所谓直播，是指通过大功率卫星直接向用户发送电视信号，一般使用 Ku 频段。

直播卫星(DBS)是指通过大功率信号辐射地面某一区域，传送电视、多媒体数据等信息的点对面的广播，直接供广大用户接收，属于广播卫星业务(BSS)，采用 Ku、Ka(有待开发)频段。

卫星直播是指使用 Ku 频段的固定卫星业务，提供卫星直接到户(Direct To Home，DTH)的一项服务。比如，鑫诺 1 号卫星 Ku 频段的“村村通”工程，就是 DTH 服务，而鑫诺

2号则是一颗 DBS 直播卫星。

与传统通信卫星相比，直播卫星主要有4个特点：第一，转发器的功率较大，而且地面场强分布均匀，电波利用率高，家庭可用0.5m以下口径的天线接收；第二，按照需求设计，以成形多波束覆盖全国，以提高频率利用率；第三，不受地面频率分配的限制（通信C频段受微波干扰），可开展多种类型的电视服务以及高速因特网下载等数字信息服务；第四，覆盖范围受国际公约保护，在覆盖区内不受其他卫星的溢出电波干扰。

1）卫星转播电视

所谓卫星转播电视，是指由卫星转发电视信号，供一般用户收看的电视系统。转播是进行点对点的节目传播，其特点是转发器功率较小，一般在100W以下，接收需要较大的天线。一般用于有线电视台接收，目前我国各省级卫视频道均采用此方式传输。

由于电视信号包括图像信号和伴音信号，当利用通信卫星转发电视时，可以有两种方案，一种是采用图像与伴音分传的方案，另一种是采用伴音副载波的方案。当采用第一种方案时，电视信号被发送到地球站电视终端设备，先将其图像与伴音信号分开，图像信号经过基带处理后调制到一个载波上，而伴音信号则被插入到多路电话系统，经复用后调制到另一载波上。

2）卫星直播电视

所谓卫星直播电视，是指由卫星直接发送电视信号，供一般用户直接收看的电视系统。其特点是转发器功率较大，一般在100～300W之间，可用较小的天线接收，适应于集体和个人接收，可提供卫星直接到户的用户授权和加密管理。

利用这种方式转播电视信号时，由全国电视中心控制和调度的几十套以上的电视节目，以至国际转播的电视节目都可经过电视直播卫星向全国各地播送。由于卫星转播系统具有地址通信的优点，因此包括那些不方便设置电视台的地方都可直接收看到电视广播的节目，而不必经过电视台转播。与此同时，还可将其中一部分频道用作电视教学和科学研究等。

卫星直播电视的优点是功率利用率高，它可以用较小的功率服务于广大地区，而不像地面广播电视那样，一部上千瓦的发射机服务半径也只有几十到一百千米；来自卫星的电波，受高大建筑物和山峰阻挡的影响小；由于电波通过大气层的行程与它所经过的整个路径相比较短，有助于改善接收质量；由于卫星直播电视的转播环节少，接收质量高。

当然，电视直播卫星的发射功率比一般通信要大得多，例如日本 BS-2 卫星的一个转发器的功率约为100W。若要覆盖我国全部版图的话，卫星的发射功率要达到千瓦以上，才能保证全国各地用户的正常接收。

根据有关国际会议决定，卫星直播电视系统的频段规定为620～790MHz、2.5～2.69GHz、11.7～12.2GHz、22.5～23GHz等。

卫星直播电视所用的调制方式，对于图像转播在目前仍主要是采用调频方式；对于伴音信号的传输，多采用伴音副载波方案，可以是单路伴音，也可以是多路伴音，且调制方式也各不相同。正是由于伴音路数和伴音信号对副载波调制方式的不同，伴音系统的组成会有很大差异。多路伴音是由多民族国家为了解决同时传送多种语言而提出的，显然对我国来说同样是非常重要的问题。

5. 卫星直播电视系统终端设备

在只有一个电视发射主站（一般是单向的）卫星直播电视系统中，一般实行面覆盖。此站主要由一般地面站发送设备组成，它只向卫星发射卫星电视信号，其卫星基带信号是电视图像信号和数字伴音信号，调制和高功放与一般通信地面站基本相同。

卫星电视接收站一般只是单向接收，故称为单收站。其结构如同 VSAT 小站结构，采用前馈式抛物面天线的种类较多，分为户外单元和户内单元两部分。卫星电视接收站与 VSAT 端站的区别是基带信号为图像和伴音信号。

卫星电视的信号很弱，虽然直播电视卫星转发器的功率一般都在 100W 以上，但由于传播距离太远，致使到达地面的场强仅为 10～100μV/m，而一般电视机的灵敏度为 50μV/m(VHF)和 300μV/m(UHF)，因此，为了正常收看卫星直播电视，须采用强方向性的天线和高灵敏度的接收机。

6. Spaceway 系统

Spaceway(太空大道)系统是休斯网络系统公司于 1994 年 7 月 26 日向美国 FCC 申请备案的一种以区域服务为中心连接全球的卫星通信网络。它利用 GEO 轨道以较成熟的 HS601 卫星平台为基础，改进星上处理与交换能力，是第 2 代 VSAT 系统。

1) 系统结构及特点

Spaceway 系统有两种结构。第一种叫作 Spaceway EXP(SE)，它是一个由 8 颗在地球同步轨道运行的卫星组成的系统，可以提供高数据率传送业务。由于 SE 将"按需提供"宽带，因此避免了专用频道的需求，从而降低了用户的业务费用。第二种叫作 Spaceway NGSO(S-NGSO)，它是一个由 20 颗在非地球同步轨道运行的卫星组成的系统，S-NGSO 卫星群分布在离地面高度为 10352km 的 4 个圆形轨道平面上，每个平面上有 5 颗卫星，它可以处理交互式宽带多媒体通信业务。

Spaceway 系统使用 Ka 频段在 20～30GHz 频率间运作，用于太空至地球的传送的频段为 18.8～19.3GHz，用于地球至太空的传送频段为 28.6～29.1GHz。

Spaceway 系统的显著特点是使用多点波束来提供到达被称作超小孔径终端(Ultra Small Aperture Terminal，USAT)的交互式语音、数据以及视频服务业务。它可提供高达 6Mb/s 的上行速率，超小孔径终端的直径约为 66cm，用 60GHz 频率在卫星间链路传送卫星之间的信息流。在卫星上处理与切换的播出信号将依靠一个虚拟格式网络，这一网络连接 VSAT 与 USAT，而不需要地面中心。通过点波束技术和双重可重复使用 Ka 频段 20～30GHz 这段频谱达 20 次。用户使用 USAT 就能够与私营和公共网络相连，无论这些网络是内部网、广域网、局域网，还是 ATM 主干网或 PSTN。对于小用户终端，天线即使小到直径为 32cm，也可以提供高达 2Mb/s 的数据率；对于天线直径为 52cm 的大终端，将可提供高达 10Mb/s 的数据率；当终端天线达到 2m 时，将可提供高达 155Mb/s 的双向数据率。

2) 系统实现与应用范围

2005 年首颗 Ka 频段高清电视直播卫星 Spaceway F1 发射成功，一个小时后，地面成功接到了来自该卫星发送的信号。Spaceway F2 卫星于 2005 年被成功发射，随后在 2007 年和 2008 年分别发射了 DirecTV 10 和 DirecTV 11 两颗卫星。这 4 颗卫星为全美国电视家庭用户提供 1500 个以上的本地高清电视频道、150 个国家高清电视频道以及其他先进的节目服务。

Spaceway可以完善现有的地面宽带方案，并通过本地接入宽带网络来按需提供带宽。其主要市场是中小型用户和处于不具有宽带连接地区的遥远分支机构，以及在家办公的工作人员。由于商业需求的变化，特别是随着因特网应用的增长，更多的信息量实际上都是多媒体的，因此一般还是铺设光纤链路比较合算。但对于那些偶尔需要使用宽带通路或急务客户来说，Spaceway的使用费用比地面接入网更低。Spaceway系统可以用于发展中地区的乡村电话、因特网访问、电话会议、远程教育、电子医疗以及其他交互式数据、图像和视频业务。

5.4.3 卫星IP网络

1. 卫星IP网络概述

传输控制/网际协议(Transmission Control Protocol/Internet Protocol，TCP/IP)是国际互联网络(Internet)的基础。TCP和IP是Internet的核心协议，且分别控制着数据在Internet上的传输和路由选择。从本质上说，IP是指导网络上的数据包从发端送达到收端，而TCP则负责确保数据在设备之间进行端到端的可靠交付。

利用TCP/IP进行数据传输已经成为网络应用的主流。Internet在全球的急剧膨胀导致传输带宽资源紧缺，这成为限制其发展的主要因素，业务应用一方面要求增大接入带宽，另一方面对移动Internet的需求越来越大。由于卫星通信的宽覆盖范围、良好的广播能力和不受各种地域条件限制等优点，使卫星通信在未来仍将发挥重要作用，卫星通信将是无线Internet的重要手段。因此利用卫星进行TCP/IP数据传输(卫星IP网络)已经引起人们的高度重视。

1) 卫星IP网络面临的主要问题

在卫星IP网络中，基于地面的网络通过互联单元(IWU)与卫星调制解调器相连。互联单元可以是协议网关，也可以是ATM卫星互联单元(ASIU)。这些互联单元(也很可能配置在卫星调制解调器中)完成广域网(WAN)协议(如IP、ATM)和卫星链路层协议间的转换。

卫星IP网络面临的各种问题源于卫星信道和卫星网络的各种固有特性，主要表现在如下几点。

(1) 信道差错率：卫星信道的比特差错率(BER)大约为10^{-6}数量级，这远远高于高速有线媒质(如光纤)。另外空间信道的各种随机因素(如雨衰等)使得信道出现突发错误。噪声相对高的卫星链路大大地降低了TCP的性能，因为TCP是一个使用分组丢失来控制传输行为的丢失敏感协议，它无法区分拥塞丢失和链路恶化丢失。虽然网络可能并没有拥塞，但较大的BER过早地触发了窗口减小机制。此外，ACK分组的丢失会使吞吐量进一步恶化。

(2) 传播延迟：影响卫星网络延迟的一个主要因素是轨道类型。多数情况下低轨系统单向传播延迟是20～25ms，中轨系统是110～130ms，静止轨道系统为250～280ms。系统延迟还受星间路由选择、星上处理以及缓存等因素的影响。一般而言，延迟对TCP的影响体现在：它降低了TCP对分组丢失的响应，特别是对于仅向临界发送超过缺省启动窗口大小(仅超过一个TCP数据段)的连接，此时用户必须在慢启动状态下，在第一个ACK分组收到前，等待一个完全的往返延迟；卫星延迟和不断增加的信道速度（10Mb/s 或更高）必须有效地缓存；增加的延迟偏差（Variance）反过来也会通过在估算中加入噪声而影响 TCP 定时器机制，这一偏差会过早产生超时或重传，出现不正常的窗口大小，使总的带宽效率降低。

（3）信道不对称：许多卫星系统在前向和反向数据信道间有较大的带宽不对称性，采用速度较慢的反向信道可使接收机设计更经济且节省了宝贵的卫星带宽。考虑到大量 TCP 传输的较大单方向性特性（如从 Web 服务器到远端主机），慢速反向信道在一定程度上是可以接受的。但非对称配置对 TCP 仍有显著的影响。例如，由于 ACK 分组会丢失或在较大数据分组后排队，较慢的反向信道会引起像 ACK 丢失和压缩（Compression）的有害影响，从而大大减小吞吐量。有资料显示，吞吐量随信道不对称性的增加呈指数减小。此外，前向和反向信道速率的较大不对称会由于线速率突发错误较大而明显加重前向缓存拥塞。

2）卫星 TCP/IP 传输的改进策略

TCP 是 TCP/IP 中的用于可靠数据传输的数据传输协议，TCP 要求反馈以确认数据接收成功，但是在协议形成之初没有考虑到传输速率非常高的链路或传播延迟较长的链路的情况，对于"高带宽延迟"链路，必须对协议进行适当的修改，以防止协议性能的恶化。卫星信道的一些固有特性（如较大延迟、较高比特差错率和带宽不对称等）对通过卫星链路进行 TCP/IP 传输有一定的负面影响，主要体现在过长的 TCP 超时和重传引起较大的带宽浪费，此外还要考虑卫星环境下的一些 TCP 特性，如窗口较小，往返定时器不精确，以及启动窗口等问题。研究人员对提高卫星网中的 TCP 性能提出了各种解决方案，主要有 4 类：链路层的增强协议、端到端的 TCP 增强协议、基于卫星网关站的解决方案和采用更有效的通信模式。其中，链路层的研究方向是寻找更强有力的前向纠错（FEC）方案和自动请求重传（ARQ）协议，研究不同的链路层协议对上层协议的影响，以降低高误码字对通信的影响；端到端的 TCP 增强协议研究主要包括对一些基本参数的调整及协议的扩展，改进定时机制，采用更先进的分组丢失恢复算法等，以及如何选择合适的协议以提供更高的吞吐率、更好的公平性是端到端 TCP 增强协议研究的内容；基于卫星网关站的方案提供了一个提高卫星环境下 TCP 性能的新途径，根据卫星特点对 TCP 协议本身进行改进；更有效的通信模式是根据卫星网络的路由特点，从提高卫星信道利用率出发提出的网络层新建议。

3）IP over 卫星和 IP over 卫星 ATM

IP over 卫星和 IP over 卫星 ATM 是两种类型的卫星 IP 网络，它们应用的通信卫星技术有所不同，且各具特点。

（1）IP over 卫星：现阶段使用的是 C 或 Ku 频段的 GEO 卫星，可用于地面网中继的大型卫星关口站或 VSAT 卫星通信网。这种方式主要是采用协议网关来实现。协议网关既可以是单独的设备，也可以将功能集成到卫星调制解调器中。它截取来自客户机的 TCP 连接，将数据转换成适合卫星传输的卫星协议（即根据卫星特点对 TCP 的改进），然后在卫星链路的另一端将数据还原成 TCP，以达成与服务器的通信。整个过程中，协议网关将端到端的 TCP 连接分成了三个独立的部分：客户机与网关间的远程 TCP 连接；两个网关间的卫星协议连接；服务器方网关与服务器间的 TCP 连接。

这一结构采取分解端到端连接的方式，既保持了对最终用户的全部透明，又改进了性能。客户机和服务器不需做任何改动，TCP避免拥塞装置可继续保留地面连接部分，以保持地面网段的稳定性。同时通过在两个网关间采用大窗口和改进的数据确认算法，减弱了窗口大小对吞吐量的限制，避免了将分组丢失引起的传输超时误认为是拥塞所致。

(2) IP over 卫星 ATM：为满足多媒体通信业务的需求，采用Ka频段、星上处理和ATM技术是宽带IP卫星网络的主要特点。IP over 卫星 ATM就是这类网络，能够使宽带卫星无缝传输Internet业务。其中，卫星能支持几千个地面终端，地面终端则通过星上交换机建立虚拟通道(Virtual Channel，VC)与另一地面终端之间传输ATM信元。由于星上交换机的能力有限，以及每个地面终端的VC数量有限，当路由选择IP业务进出ATM网时，这些地面终端则成为IP与ATM间的边缘设备(路由器)，必须将多个IP流聚集到单个VC中，并能提供在IP和ATM网间拥塞控制的方法。而星上ATM交换机必须在信元和VC级完成业务管理。此外，为了有效利用网络带宽，TCP主机可以实现各种TCP流量和拥塞控制机制等。

2. 现有宽带IP卫星通信系统

所谓宽带，目前还没有一个公认的定义，一般理解为能够满足人们感观所能感受到的各种媒体在网络上传输所需要的带宽。所谓宽带IP卫星通信，是指一种在卫星信道上传输Internet业务的通信，也就是将各种卫星业务都承载在TCP/IP协议栈之上。

由于宽带IP卫星系统是在卫星通信系统的基础上使用了IP技术，可见它既兼备卫星通信的特点，又具备TCP/IP的工作特点。主要表现为3个方面：

(1) 使用了三颗GEO卫星，具有极高的覆盖能力和广播特性，传输延迟相对较长；

(2) 网络中使用了TCP/IP，应用范围广，利于灵活组网；

(3) TCP(通信控制协议)提供了重发机制，数据传输性能可靠。

宽带IP卫星通信的关键技术，主要包括3个方面：

(1) 卫星通信的网络层和传输层协议及其性能；

(2) IP层协议用于卫星链路时，应如何完善高层协议以满足链路性能的要求；

(3) IP保密安全协议对卫星链路提出的要求等。

下面分别介绍通过两种技术来实现卫星IP业务：一种是基于现有的DVB(Digital Video Broadcasting)技术，另一种是基于UMTS的3GPP(第3代移动通信协议标准)技术。

1) 基于现有DVB技术的宽带卫星IP通信系统

现有的DVB技术规定了应用MPEG-2技术来实现数字卫星广播。第1代DVB系统是单向系统，用户的请求消息是通过地面链路发送的，可见其系统在操作性和通信质量等方面存在很大缺陷。目前所研制的第2代DVB系统具有用户访问信道(从用户终端到中心站)速度可变和支持话音通信的能力，并且具有话音通信功能。日本NTT无线实验室提出了基于第2代DVB系统的卫星IP组网方案，如图5-26所示。其中卫星系统包括一个中心地面站(CES)和若干便携式用户站(PUS)。中心地面站由网关(GW)、发射设备、接收设备和接入服务器组成。一台便携用户终端(PUT)至少应包括一副天线和一台PC。这种用户终端既可以接入卫星网，也可以接入地面有线网(如PSTN/ISDN)。表5-8是日本NIT无线实验室提出的各项无线子系统参数。

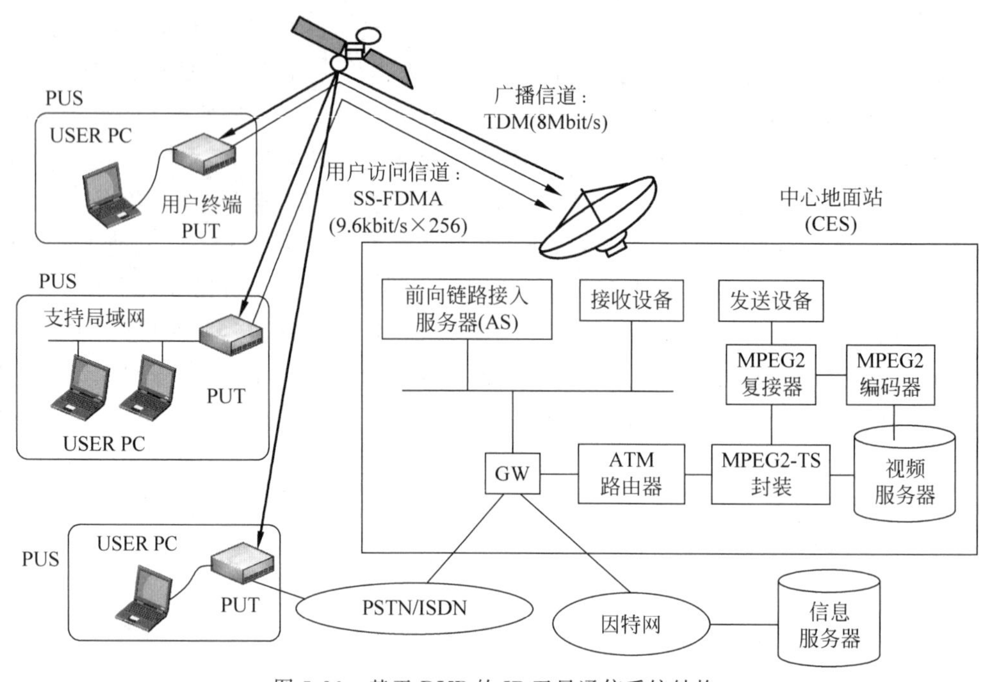

图 5-26 基于 DVB 的 IP 卫星通信系统结构

表 5-8 无线子系统参数

项　　目	参　　数	项　　目	参　　数
频段	Ku	内码	卷积码(R=1/2,K=7)
带宽	54MHz	调制	前向：QPSK；反向：QPSK
数据速率	反向：8Mb/s；前向：9.6Kb/s	多址方式	前向：TDM；反向：SS-FDMA
外码	RS 码(188/204)		

为了满足用户访问信道的 C/N 值，且满足便携用户终端的 EIRP 限制，该方案采用了 SS-FDMA(Spread Spectrum FDMA)方式，利用了扩频的抗干扰特性。计算表明，采用这种方式，一个 54MHz 的转发器可以容纳 256 个数据速率为 9.6Kb/s 的用户同时发送，而且干扰程度不超过 ITU-R Rec. S. 524 和 S. 728 中规定的门限。

由于信道的非对称性，因此在协议与帧结构上用户访问信道和广播信道有所不同。广播信道指 CES→PUT，该信道采用卫星链路 TDM 8Mb/s×1 个信道；用户访问信道指 PUT→CES，该信道采用卫星链路 SS-FDMA 9.6Kb/s×256 个信道或地面链路(PSTN、ISDN 等)。基于 DVB 的 IP 卫星通信系统协议堆栈如图 5-27 所示，其帧结构如图 5-28 所示。

在图 5-28(a)所示的广播信道中，当 CES 向 PUT 发送信息时，首先在 CES 中将 IP 包封装到 ATM 信元(装入 AAL5 中)，然后经过复接，再放入符合 MPEG-2-TS 标准的卫星帧中。此后再经复接，将沿前向链路传送至用户终端 PUT。当便携式用户终端接收到这个符合 MPEG-2-TS 标准的卫星帧时，PUS 从 ATM 信元中解出原 IP 包，并交由用户终端中的 PC 处理。

在图 5-28(b)所示的用户访问信道中，由于 ATM 的开销较大，因此没有采用 ATM 信元，而是在卫星帧中封装了一种基于 PPP(点到点)协议的扩展 PPP(S-PPP)分组。为了增

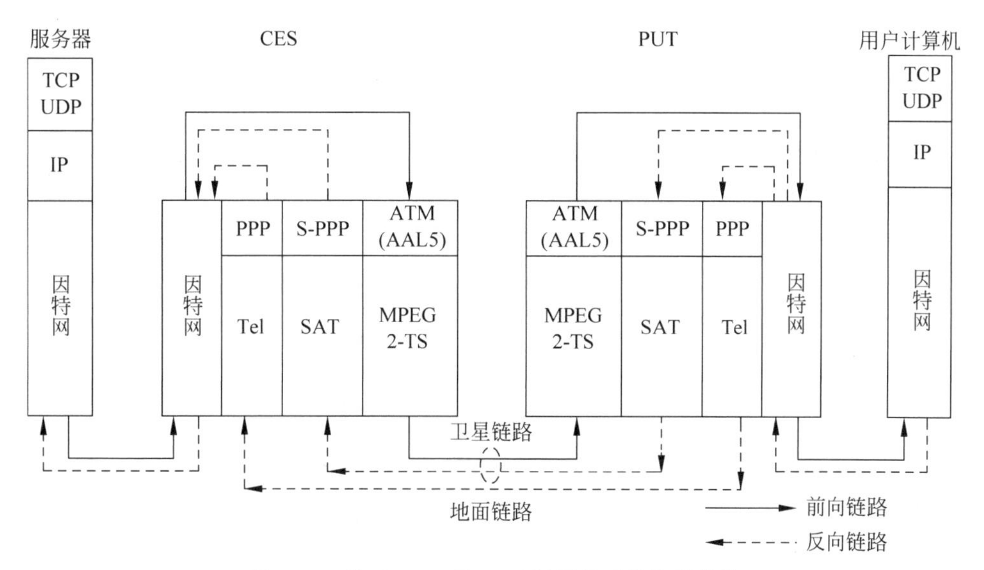

图 5-27 基于 DVB 的 IP 卫星通信系统协议堆栈

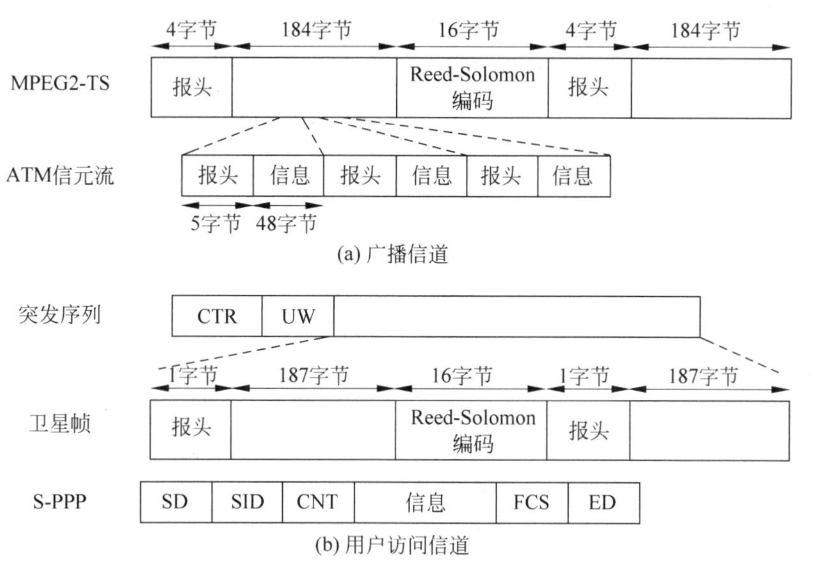

图 5-28 基于 DVB 的 IP 卫星通信系统帧结构

大 TCP 流通量，用户访问接入控制采用的是一种经过简单改进的 ALOHA 机制。

目前这种基于 DVB 构建 IP 卫星网的方式得到了广泛的关注。美国军方打算利用它构建 GBS(Global Broadcast Service)第二阶段系统，用于战场信息的直播和实现有限的交互，向便携终端用户提供各种因特网业务。基于 DVB 构建 IP 卫星网的方式基本上只能用于静止轨道卫星系统，而且对移动性的管理基本没有。若要支持移动终端，则可采用基于 S-UMTS 的移动 IP 系统。

2）基于 S-UMTS(Satellite-UMTS)的卫星移动 IP 系统

以欧洲为首的 3GPP 研究组织希望可以在卫星 UMTS(S-UMTS)上实现支持移动的

IP 业务,并开展了两个大的项目研究: ACTS-SECOMS(Advanced interactive multimedia satellite communications for a variety of compact terminals)和 SUMO(Satellite-UMTS Multimedia Service Trials Over Integrated Testbeds)。其中 SUMO 主要解决建立在 IP 基础上的卫星多媒体应用。基于 S-UMTS 的卫星移动 IP 技术有两个方面的难点:一是 IP 技术在卫星移动系统中如何应用;二是基于 IP 的 S-UMTS 业务如何与第 3 代移动通信系统的 IP 核心网互联。因此很多公司和大学的研究机构就这两个关键技术展开了研究。

法国 Alcatel Space Industries 建立了一个 SUMO 试验网,如图 5-29 所示。

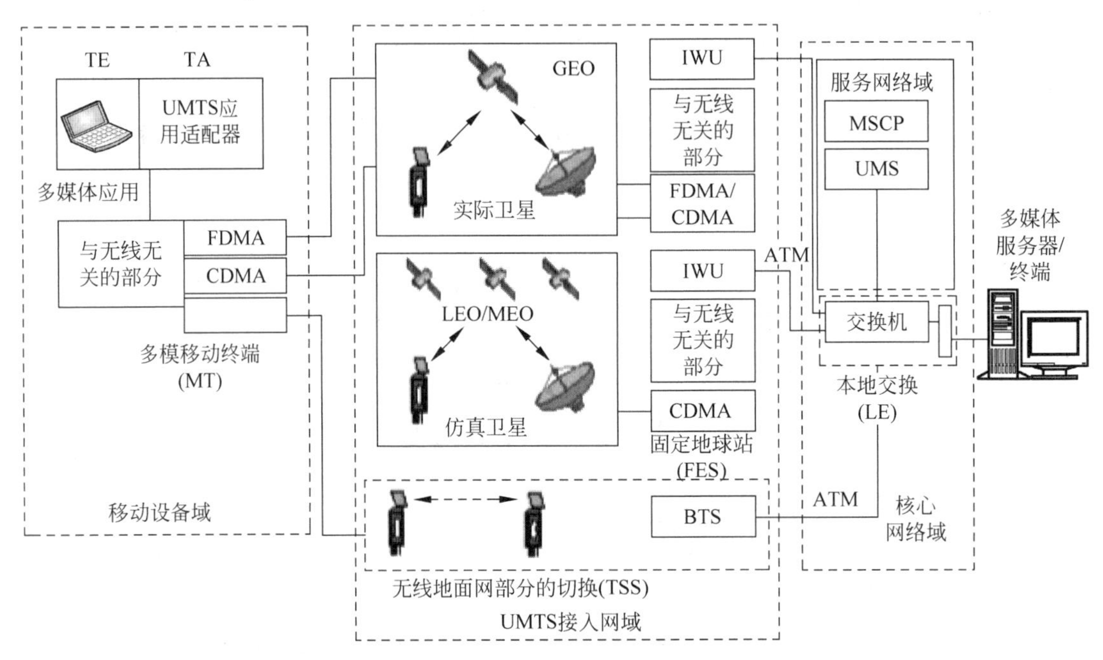

图 5-29 基于 UMTS 的卫星移动 IP 实验系统结构

由图 5-29 可以看出,多模终端可以通过不同星座(多颗卫星组成的卫星平台)来实现多媒体移动应用。其中 LEO 或 MEO 星座的卫星信道是用 140MHz 的中频硬件信道模拟器仿真的,信道模型包括城市、郊区和车载等多种类型,试验中的 GEO 卫星是真实卫星(如 Italsat 卫星)。在第 3 代移动通信系统的 IP 核心网中使用的是 ATM 交换机,而本地交换(LE)具有智能网(IN)功能,可以提供漫游和切换服务。试验结果表明基于 W-CDMA 的 S-UMTS 更适合于星座系统。因为,第一,星座系统的延迟小,适合高速的交互业务;第二,由于采用了 3GPP 的 FDD 模式,星座系统更容易采用信道分集技术;第三,多星非静止轨道系统使地面终端受遮蔽的概率大大减小;第四,W-CDMA 容易在波束之间或是星间实现软切换。

该系统可以实现 144Kb/s 的双向信道,码片(chip)速率为 4Mb/s,带宽为 4.8MHz。RAKE 接收可以很好的应用在星座系统的 S-UMTS 中。

此外,英国 Bradford 大学的卫星移动研究组提出了一个较为完整的基于 S-UMTS 的卫星移动 IP 系统的协议堆栈,如图 5-30 所示。

当移动用户欲与某固定网用户进行通话时,移动用户信息首先经过多媒体应用和适配设备进入 TCP,然后逐层封装,并将信号由物理层递交给移动终端的物理层,随后通过

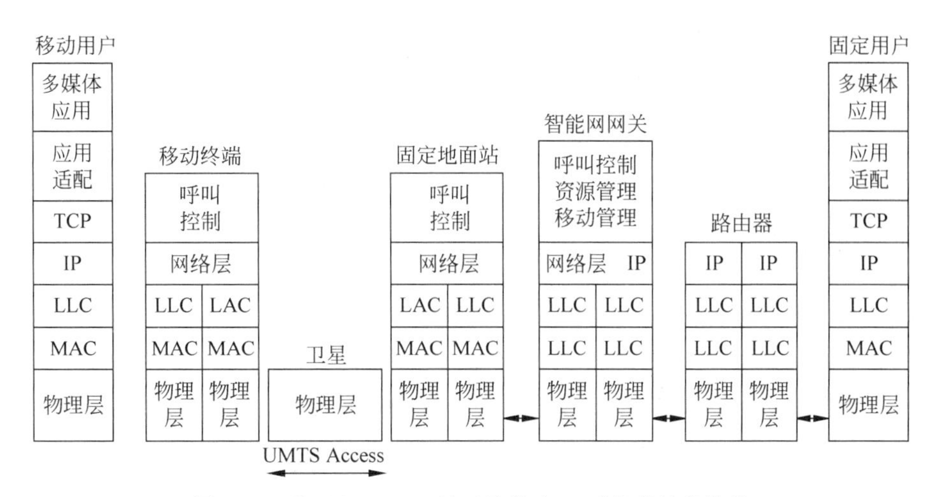

图 5-30 基于 S-UMTS 的卫星移动 IP 系统的协议堆栈

UMTS 卫星接入网与固定用户相连的固定地球站连接，再通过智能网网关及路由器，从而实现移动用户与固定用户的互通。其中，物理层和 MAC 层采用同步 CDMA 方式，工作在 Ka 频段的卫星具有星上再生功能。表 5-9 和表 5-10 中给出了一些主要参数。

表 5-9 上行链路参数

项　目	膝上终端 A	车载终端 B	车载终端 C	固定地面站	合　计
最大功率/W	3	4.9	16.5	61.5	—
平均功率/W	2.1	3.7	13.3	18.8	—
码长	16	8	8	8	—
载波带宽/MHz	2.78	4.45	17.81	17.81	—
每波束最多载波数	10	7	4	10	31
带宽/MHz	27.8	31.2	71.2	178.1	308.3
总载波数	113	93	55	100	361

表 5-10 下行链路参数

参　数	值	参　数	值
所需的[E_b/N_o]	4.9dB	卫星输出损耗	1.5dB
膝上终端 A 的[G/T]	9.4dB/K	卫星[C/T]$_I$	14dB
车载终端 B/C 的[G/T]	11.6dB/K	移动传播余量	2dB
固定地面站的[G/T]	29.2dB/K	极化损失	0.5dB
膝上终端 A 的指向损耗	0.3dB	解扩损失	0.5dB
车载终端、固定地面站的指向损耗	0.2dB	实现余量	1.7dB
R_x 损耗	0.2dB	功控差错余量	0.5dB
卫星输出补偿[BO]$_O$	2dB	链路余量	1.0dB

3. 宽带多媒体卫星通信网络

随着多媒体业务需求的不断增加，卫星网络将成为不可缺少的多媒体通信网络。许多卫星系统极化采用 Ka 频段以及 Ka 频段以上频段的 GEO 卫星、MEO 卫星和 LEO 卫星星座，而且将使用具有 ATM 或带 ATM 特点的星上处理与交换功能，从而为进出地球站提供全双向的包括话音业务、数据业务和 IP 业务在内的多种现有业务，以及在综合卫星——光纤网络上运行的移动业务、专用内部网和高速数据 Internet 接入等新业务。

图 5-31 中画出了宽带卫星网络结构，它由网关、用户终端、空间段、网络控制站和接口等组成。

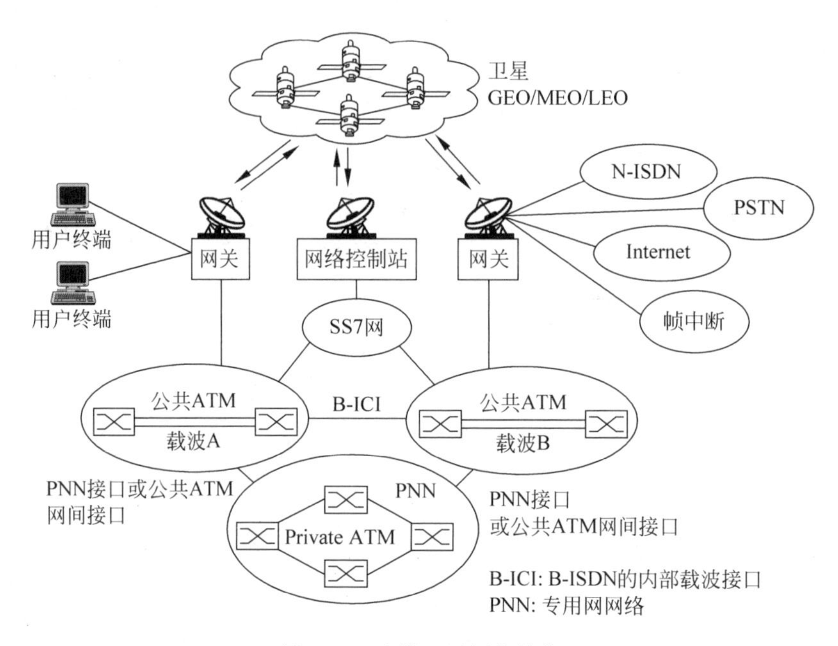

图 5-31　宽带卫星网络结构

(1) 网关要求同时支持几种标准网络协议，例如 ATM 网络接口协议(ATM-UNI)、帧中继用户接口协议(FR-UNI)、窄带综合业务数据网(N-ISDN)以及传输控制协议/网间互连协议(TCP/IP)。这样多种网络信息都能分别通过网关中的相关接口转换成多媒体宽带卫星网络中的 TCP/IP 业务进行传输。

(2) 用户终端设备通过其中的接口单元(TIU)与网关连接。TIU 提供包括信道编码、调制解调功能在内的物理层的多种协议功能，不同类型的终端支持从 16Kb/s、144Kb/s、384Kb/s 到 2.048Mb/s 的不同速率的业务。

(3) 网络控制站用于完成如配置管理、资源分配、性能管理和业务管理等各种控制和管理功能。在多媒体宽带网络中可以同时存在若干个网络控制站，具体数量与网络规模、覆盖范围及管理要求有关。

(4) 接口即与外部专用网络或公众网络的互连接口。若采用 ATM 卫星，则可采用基于 ITU-TQ.2931 信令。若采用其他网络，则可以使用公共信道信令协议(一般为 7 号信令 SS7)。而公共和专用 ATM 网络之间其他互连接口，则采用 ATM 网际接口(AI-NI)。公共用户网络接口(PUNI)或专用网络接口以及两个公共 ATM 网络之间的非标准接口(即 B-ISDN 内部载波接口(B-ICI))，其协议都应根据卫星链路的通信要求进行相应的修正。

目前多媒体宽带卫星网络中的许多协议和标准都处于开发阶段，预计今后会有性能更好的多媒体宽带卫星网出现。

本章小结

由多个地球站构成的卫星通信网络可以归纳为两种主要形式，即星状网络和网状网络。在卫星通信网络中，根据经过卫星转发器的次数，卫星通信网络又可分为单跳和双跳两种结构，将单跳与双跳结构相结合，可以得到一种混合网络。

VSAT 是指一类具有甚小口径天线的、非常廉价的智能化小型或微型地球站，可以方便地安装在用户处。

VSAT 网是由主站(HUB)、卫星和许多远端小站(VSAT)三部分组成的，通常采用星状网络结构。

主站(中心站)又称中央站或枢纽站(HUB)，它是 VSAT 网的核心，并配有高功率放大器(HPA)、低噪声放大器(LNA)、上/下变频器、调制解调器及数据接口设备等。主站通常与主计算机放在一起或通过其他(地面或卫星)线路与主计算机连接。小站由小口径天线、室外单元和室内单元组成。VSAT 的空间部分是 C 频段或 Ku 频段同步卫星转发器。

VSAT 网是一个典型的非对称网络，即链路两端设备不相同，执行的功能不相同，入站和出站业务量不对称，入站和出站信号强度不对称，主站发射功率大得多，以便适应 VSAT 小天线的要求。VSAT 发射功率小，主要利用主站高的接收性能来接收 VSAT 的低电平信号。在一个 VSAT 系统中可同时采用多种多址方式，以提高信道利用率。

在建设 VSAT 系统时，首先要进行总体设计，其任务是根据用户使用要求从使用、技术、工程和经济各方面优化系统构成。对系统组成的各个环节给予具体的内容，并进行全面的计算和论证，这样才能达到预定的质量要求和网络性能。

典型卫星通信网络系统中 IDR/IBS 都是国际卫星组织提供的一类数字卫星通信系统，只是服务的对象不同而已，它们均属卫星固定通信范畴。卫星电视目前得到了迅猛发展，特别是卫星电视直播业务已成为卫星通信业发展的主流。宽带 IP 卫星通信系统是在卫星通信系统的基础上使用了 IP 技术，可见它既兼备卫星通信的特点，又具备 TCP/IP 的工作特点。现有的宽带 IP 卫星通信系统主要有两种：一种是基于现有 DVB 技术的宽带卫星 IP 通信系统，另一种是基于 S-UMTS 的卫星移动 IP 系统。

习题

1. 卫星通信网络有哪些拓扑结构？各自具有什么特点？
2. 卫星通信地球站与地面数字电话通信网相互连接时应考虑哪些问题？为什么？
3. 卫星数据通信网与一般的卫星数字电话网有什么不同特点？为什么？
4. VSAT 的含义是什么？试述 VSAT 网的特点和优点。
5. 简述 VSAT 卫星通信网使用 C 频段、Ku 频段的优缺点。
6. 简述 VSAT 网的组成和网络结构。
7. 简述 VSAT 的主要业务类型及应用。
8. 在 VSAT 网中，确定多址协议的原则是什么？多址协议性能比较的指标有哪些？
9. 试参考有关资料比较以下适于 VSAT 网的多址协议的特点与性能：ALOHA，

S-ALOHA，SREJ-ALOHA，异步分组 CDMA，TDMA。

10. 从网络拓扑结构、信号传输路径、信息传输速率、多址方式、对小站的 EIRP 和 G/T 的要求等方面比较 VSAT 数据网和电话网。

11. 如何评价 VSAT 网的通信质量与网络性能？

12. 设计话务量 $A=10\mathrm{e}$，$B=0.005$，求信道数 N。

13. 试述 VSAT 网中的 DAMA 方式的信道接入策略。

14. 试述 VSAT 网总体方案设计的基本内容。

15. 简述 IDR/IBS 的组成、特点及应用。

16. 简述卫星电视系统的组成及工作原理。

17. 简述现有宽带卫星通信系统的主要技术。

18. 请画出基于现有 DVB 技术的 IP 卫星通信系统结构图。

第6章 卫星通信链路计算及设计

CHAPTER 6

设计一条卫星通信链路的主要目的是：尽量有效地在地球上两个通信点之间提供可靠而又高质量的连接手段。为此，发送站发出的信号到达接收站时，必须具有足够高的电平，而且不管对通信质量的总噪声影响如何，都要保证必需的业务质量。这就是说，接收到的射频载波功率必须远大于噪声功率。链路的载波和噪声功率比(C/N)用 dB 表示。链路所需的载噪比随不同的系统和其用途不同而异。目前，国际上对各种不同系统均已制定出了各自相应的建议值，但是这些规定有时会进行修订，所以在设计卫星通信系统时要查阅有关规定的最新文本。

众所周知，一条链路质量的优劣，对于模拟信号传输是以解调后的信噪比(S/N)来表示的，而对数字信号传输则用比特误码率(BER)表示。但不论 S/N 还是 BER 都取决于解调前的载波功率与等效噪声温度之比(C/T)、调制方式和设备的实际性能(如解调器和滤波器等)。因此，实际上 C/T 值的计算是链路估算的主要内容。

链路预算主要考虑两方面的问题：

(1) 已知通信卫星和地球站的电参数，计算通信链路的传输能力。

(2) 已知卫星的电参数，根据对传输容量和质量的要求，确定地球站的设备参数。

6.1 卫星通信链路载波功率的计算

1. 天线增益 G

在卫星通信中，一般使用定向天线，把电磁波能量聚集在某个方向上辐射。设天线开口面积为 A，天线效率为 η，波长为 λ，天线直径为 D，则天线增益为

$$G=\frac{4\pi A}{\lambda^{2}}\eta=\left(\frac{\pi D}{\lambda}\right)^{2}\eta \tag{6-1}$$

2. 有效全向辐射功率(EIRP)

通常把卫星和地球站发射天线在波束中心轴向上辐射的功率称为发送设备的有效全向辐射功率。它是天线发射功率 P_{T} 与天线增益 G_{T} 的乘积(单位 W)，即

$$\mathrm{EIRP}=P_{\mathrm{T}}G_{\mathrm{T}} \tag{6-2}$$

设发射机末级功放输出功率为 P_{o}，馈线损耗为 $L_{\mathrm{FT}}(L_{\mathrm{FT}}>1)$，则式(6-2)还可写为

$$\mathrm{EIRP}=\frac{P_{\mathrm{o}}G_{\mathrm{T}}}{L_{\mathrm{FT}}} \tag{6-3}$$

或用分贝(dBW)表示,即

$$[\mathrm{EIRP}]=[P_{\mathrm{o}}]+[G_{\mathrm{T}}]-[L_{\mathrm{FT}}] \tag{6-4}$$

其中,方括号表示取其 dB 值。

3. 载波接收功率

卫星或地球站接收机输入端的载波功率一般称为载波接收功率,记作 C,$[C]$以 dBW(以 1W 为零电平的分贝)为单位。

对于一个卫星通信系统,设发射机的有效全向辐射功率为 EIRP(单位为 dBW),接收天线增益为 G_{R}(单位为 dB),接收馈线损耗为 L_{FR}(单位为 dB),大气损耗为 L_{a}(单位为 dB),自由空间损耗为 L_{P}(单位为 dB),其他损耗为 L_{r}(单位为 dB),则接收机输入端的载波接收功率$[C]$(单位为 dBW)可以表示为

$$\begin{aligned}[C]&=[\mathrm{EIRP}]+[G_{\mathrm{R}}]-[L_{\mathrm{a}}]-[L_{\mathrm{P}}]-[L_{\mathrm{r}}]-[L_{\mathrm{FR}}]\\&=[P_{\mathrm{o}}]-[L_{\mathrm{FT}}]+[G_{\mathrm{T}}]+[G_{\mathrm{R}}]-[L_{\mathrm{a}}]-[L_{\mathrm{P}}]-[L_{\mathrm{r}}]-[L_{\mathrm{FR}}]\end{aligned} \tag{6-5}$$

例 6-1 已知 IS-Ⅳ号卫星作点波束 1872 路运用时,其有效全向辐射功率$[\mathrm{EIRP}]_{\mathrm{S}}=$ 34.2dBW,接收天线增益$[G_{\mathrm{RS}}]=16.7\mathrm{dB_i}$。又知某地球站有效全向辐射功率$[\mathrm{EIRP}]_{\mathrm{E}}=$ 98.6dBW,接收天线增益$[G_{\mathrm{RE}}]=60.0\mathrm{dB_i}$,接收馈线损耗$[L_{\mathrm{FRE}}]=0.05\mathrm{dB}$。试计算卫星接收机输入端的载波接收功率$[C_{\mathrm{s}}]$和地球站接收机输入端的载波接收功率$[C_{\mathrm{E}}]$。

解:若上行链路工作频率为 6GHz,下行链路工作频率为 4GHz,距离 $d=40000\mathrm{km}$,则利用式(1-16)可求得上行链路自由空间传输损耗 L_{PU} 为

$$[L_{\mathrm{PU}}]=92.44+20\lg 40000+20\lg 6=200.04(\mathrm{dB})$$

下行链路自由空间传输损耗 L_{PD} 为

$$[L_{\mathrm{PD}}]=92.44+20\lg 40000+20\lg 4=196.52(\mathrm{dB})$$

利用式(6-5)(忽略大气损耗$[L_{\mathrm{a}}]$、其他损耗$[L_{\mathrm{r}}]$和馈线损耗$[L_{\mathrm{FRS}}]$,求得卫星接收机输入端的载波接收功率$[C_{\mathrm{s}}]$为

$$\begin{aligned}[C_{\mathrm{s}}]&\approx[\mathrm{EIRP}]_{\mathrm{E}}+[G_{\mathrm{RS}}]-[L_{\mathrm{PU}}]\\&=98.6+16.7-200.04\\&=-84.74(\mathrm{dBW})\end{aligned}$$

地球站接收机输入端的载波接收功率$[C_{\mathrm{E}}]$(忽略大气损耗$[L_{\mathrm{a}}]$和其他损耗$[L_{\mathrm{r}}]$)为

$$\begin{aligned}[C_{\mathrm{E}}]&\approx[\mathrm{EIRP}]_{\mathrm{s}}+[G_{\mathrm{RE}}]-[L_{\mathrm{PD}}]-[L_{\mathrm{FRE}}]\\&=34.2+60-196.52-0.05\\&=-102.37(\mathrm{dBW})\end{aligned}$$

6.2 卫星通信链路噪声功率的计算

在卫星通信链路中,地球站接收到的信号是极其微弱的。同时,还有各种噪声进入接收系统。由于地球站使用了高增益天线和低噪声放大器,使接收机内部的噪声影响相对减弱,所以其他各种外部噪声就必须加以考虑了。

地球站接收系统的噪声来源如图 6-1 所示,可分为外部噪声和内部噪声两大类。

外部噪声主要有如下几种。

(1) 宇宙噪声。宇宙噪声主要包括银河系辐射噪声、太阳射电辐射噪声和月球、行星及

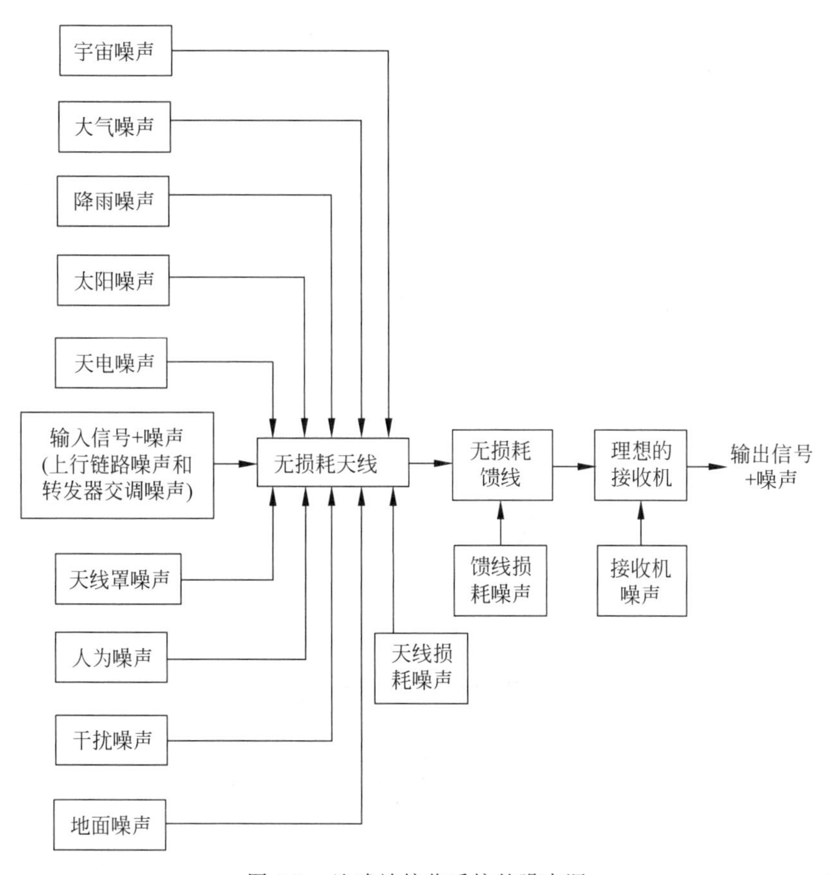

图 6-1 地球站接收系统的噪声源

射电点源的射电辐射噪声。卫星工作频率在 1GHz 以下时，银河系辐射噪声影响较大，故一般就将银河系噪声称为宇宙噪声。

(2) 大气噪声。大气除了产生吸收现象外，还同时产生噪声。通常天线波束内的大气，将在天线输出上产生随入射角而变化的大气噪声。这种影响在入射角小时，将急剧增加。

(3) 降雨噪声。降雨除了会引起无线电波的损耗外，同时也会产生噪声。实践证明，卫星工作频率在 4GHz 时，噪声温度的上升最大可达 100K。国际卫星通信组织设计 4GHz 接收系统时，为了避免暴雨的影响，考虑到天线口径通常都小于 10m，其降雨噪声余量通常取 1～2dB。

(4) 干扰噪声。这是来自其他地面通信系统的干扰电波引起的噪声。按 CCIR 的规定，任意 1h 内干扰噪声的平均值应该在 1000pW 以下。

(5) 地面噪声。在天线副瓣较大的情况下，会混进来一些直接由地面温度引起的噪声以及由地面反射的大气噪声，这些噪声叫作地面噪声。通过天线设计，可以把此噪声温度控制在 3～20K。

(6) 上行链路和转发器的交调噪声。上行链路噪声主要由转发器接收系统产生，其大小取决于卫星天线增益和接收机噪声温度。转发器交调噪声主要是由于行波管放大器同时放大多个载波，因非线性特性而产生的。这些噪声将随信号一起，经下行链路而进入接收系统。

此外,还有天电噪声、太阳噪声、天线罩噪声等。

接收系统内部的噪声,主要来自馈线、放大器和变频器等部分。由电子线路分析可知,如果接收系统输入端匹配,则各种外部噪声和天线损耗噪声综合在一起,进入接收系统的噪声功率应为:

$$N = kT_t B \tag{6-6}$$

其中,N 为进入接收系统的噪声功率;$k=1.38\times10^{-23}$J/K 为玻耳兹曼常数;T_t 为天线的等效噪声温度;B 为接收系统的等效噪声带宽。

若单边功率谱密度用 n_0 来表示,则 $n_0=kT$,因此噪声的大小也可以用等效噪声温度 T 间接来表示。

为了便于计算,通常把上述噪声都折算到地球站低噪声接收机的输入端,并分为三部分,即上行链路噪声、转发器互调噪声和下行链路噪声。因此,整个系统的噪声温度可表示为

$$T_t = T_U + T_I + T_D = (r+1)T_D \tag{6-7}$$

式中,T_U 为上行链路噪声;T_I 为转发器互调噪声温度;T_D 为下行链路噪声温度;$r=(T_U+T_I)/T_D$。

6.3 卫星通信链路载波功率与噪声功率比

6.3.1 上行链路载噪比与卫星接收机性能指数

图 6-2 是单向空间链路一般示意图,P_T 为地球站发射天线功率,G_T 和 G_R 分别为发射和接收天线的增益,卫星转发器接收天线增益为 G_{RS},发射天线增益为 G_{TS},卫星转发器功率增益为 P_S,L_U 为上行链路传播损耗,L_D 为下行链路传播损耗,T_U 为上行链路噪声温度,T_D 为下行链路噪声温度。在计算上行链路载噪比时,地球站为发射系统,卫星为接收系统。

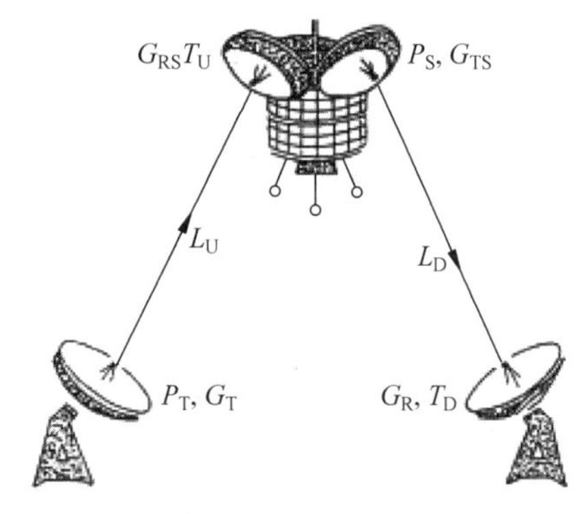

图 6-2 单向空间链路一般示意图

设地球站有效全向辐射功率为$[EIRP]_E$,卫星转发器接收系统馈线损耗为 L_{FRS},大气损耗为 L_a,则可求得卫星转发器接收机输入端的载噪比为

$$\left[\frac{C}{N}\right]_U = [EIRP]_E - [L_U] + [G_{RS}] - [L_{FRS}] - [L_a] - 10\lg(kT_S B_S) \tag{6-8}$$

其中,T_S 为卫星转发器输入端等效噪声温度;B_S 为卫星转发器接收机带宽。

如果将 L_{FRS} 计入 G_{RS} 之内,则称之为有效天线增益;将 L_a 计入 L_U 之内,则式(6-8)可写成

$$\left[\frac{C}{N}\right]_U = [EIRP]_E - [L_U] + [G_{RS}] - 10\lg(kT_S B_S) \tag{6-9}$$

由于载噪比 C/N 是带宽 B 的函数,因此这种表示方法缺乏一般性,对不同带宽的系统不便于比较。若将噪声改用每赫带宽的噪声功率(即单边噪声功率谱密度 n_0)表示,则

$$\frac{C}{n_0}=\frac{C}{kT} \tag{6-10}$$

或

$$\frac{C}{T}=\frac{C}{n_0}k \tag{6-11}$$

即

$$\left[\frac{C}{N}\right]=\left[\frac{C}{n_0}\right]-10\lg B=\left[\frac{C}{T}\right]-10\lg(kB) \tag{6-12}$$

将式(6-12)代入式(6-9)可得

$$\left[\frac{C}{n_0}\right]_{\mathrm{U}}=[\mathrm{EIRP}]_{\mathrm{E}}-[L_{\mathrm{U}}]-10\lg k+\left[\frac{G_{\mathrm{RS}}}{T_{\mathrm{S}}}\right] \tag{6-13}$$

$$\left[\frac{C}{T}\right]_{\mathrm{U}}=[\mathrm{EIRP}]_{\mathrm{E}}-[L_{\mathrm{U}}]+\left[\frac{G_{\mathrm{RS}}}{T_{\mathrm{S}}}\right] \tag{6-14}$$

由式(6-9)、式(6-13)和式(6-14)可以看出，$G_{\mathrm{RS}}/T_{\mathrm{S}}$ 值的大小直接关系到卫星接收性能的好坏，故把它称为卫星接收机性能指数，也称为卫星接收机的品质因数，通常简写为 G/T。G/T 值越大，C/N 越大，接收性能越好。

为了说明上行链路$[C/T]_{\mathrm{U}}$ 值与转发器输入信号功率的关系，引入转发器灵敏度的概念。当使卫星转发器达到最大饱和输出时，其输入端所需要的信号功率就是转发器灵敏度，通常用功率密度 W_{S} 表示，即以单位面积上的有效全向辐射功率表示，有

$$W_{\mathrm{S}}=\frac{(\mathrm{EIRP})_{\mathrm{ES}}}{4\pi d^2}=\frac{(\mathrm{EIPR})_{\mathrm{ES}}}{\left(\frac{4\pi d}{\lambda}\right)^2}\times\frac{4\pi}{\lambda^2}=\frac{(\mathrm{EIRP})_{\mathrm{ES}}}{L_{\mathrm{U}}}\times\frac{4\pi}{\lambda^2} \tag{6-15}$$

或

$$[W_{\mathrm{S}}]=(\mathrm{EIRP})_{\mathrm{ES}}-[L_{\mathrm{U}}]+10\lg\left(\frac{4\pi}{\lambda^2}\right) \tag{6-16}$$

以上是卫星转发器只放大一个载波的情况。但是在频分多址系统中，一个转发器要同时放大多个载波。为了抑制因互调干扰所引起的噪声，需要使总输入信号功率从饱和点减少一定数值，如图 6-3 所示。通常把行波管放大单个载波时的饱和输出电平与放大多个载波时工作点的总输出电平之差称为输出功率退回或输出补偿；而把放大单个载波达到饱和输出时的输入电平与放大多个载波时工作点的总输入电平之差称为输入功率退回或输入补偿。由于进行输入补偿，因此由各地球站所发射的 EIRP 总和，将比单波工作使转发器饱和时地球站所发射的 EIRP 要小一个输入补偿值。假设以$[\mathrm{EIRP}]_{\mathrm{ES}}$ 表示转发器在单波工作时地球站的有效全向辐射功率，那么多波工作时地球站的有效全向辐射功率的总和应为

$$[\mathrm{EIRP}]_{\mathrm{EM}}=[\mathrm{EIRP}]_{\mathrm{ES}}-[BO]_{\mathrm{I}} \tag{6-17}$$

其中，$[BO]_{\mathrm{I}}$ 为输入补偿值。

将式(6-16)代入式(6-17)，得

$$[\mathrm{EIRP}]_{\mathrm{EM}}=[W_{\mathrm{S}}]-[BO]_{\mathrm{I}}+[L_{\mathrm{U}}]-10\lg\left(\frac{4\pi}{\lambda^2}\right) \tag{6-18}$$

与之相应的$(C/T)_{\mathrm{U}}$ 值用$(C/T)_{\mathrm{UM}}$ 表示，即

$$\left[\frac{C}{T}\right]_{\mathrm{UM}}=[\mathrm{EIRP}]_{\mathrm{EM}}-[L_{\mathrm{U}}]+\left[\frac{G_{\mathrm{RS}}}{T_{\mathrm{S}}}\right]$$

$$=[W_S]-[BO]_I+\left[\frac{G_{RS}}{T_S}\right]-10\lg\left(\frac{4\pi}{\lambda^2}\right) \tag{6-19}$$

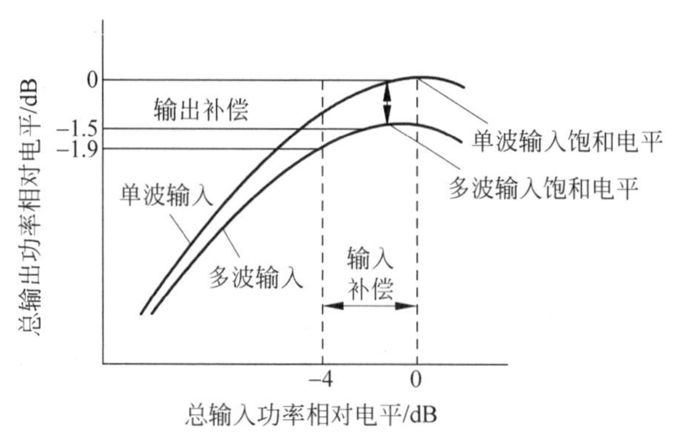

图 6-3　行波管输入与输出特性

显然，它是$[C/T]_{UM}$是$[W_S]$、$[BO]_I$和$[G_{RS}/T_S]$的函数。如果保持$[BO]_I$和$[G_{RS}/T_S]$不变，降低转发器的灵敏度，就意味着要使转发器达到同样大的输出，应该加大W_S，或加大地球站发射功率。当然，这时$[C/T]_{UM}$也要相应地提高。

因此，在卫星转发器(如 IS-Ⅳ和 IS-Ⅴ)上一般都装有可由地面控制的衰减器，以便可以调节它的输入，使$[C/T]_{UM}$与地球站的$[\text{EIRP}]_E$得到合理的数值。

应该强调指出，当卫星上的行波管进行多载波放大时，用$[C/T]_{UM}$表示与各载波的总功率相对应的C/T值，以区别于某一载波的$[C/T]_U$。

6.3.2　下行链路载噪比与地球站性能指数

在计算下行链路载噪比时卫星转发器为发射系统，地球站为接收系统。与上行链路类似，可得其基本关系式

$$\left[\frac{C}{N}\right]_D=[\text{EIRP}]_S-[L_D]+[G_{RE}]-10\lg(kT_EB_E) \tag{6-20}$$

其中，T_E为地球站接收机输入端等效噪声温度；B_E为地球站接收机的频带宽度；G_{RE}为地球站接收天线有效天线增益。同样，可以写成另外两种表达形式，即

$$\left[\frac{C}{n_0}\right]_D=[\text{EIRP}]_S-[L_D]+\left[\frac{G_{RE}}{T_E}\right]+228.6 \tag{6-21}$$

$$\left[\frac{C}{T}\right]_D=[\text{EIRP}]_S-[L_D]+\left[\frac{G_{RE}}{T_E}\right] \tag{6-22}$$

其中，$[G_{RE}/T_E]$称为地球站性能指数(品质因数)，常用$[G_R/T_D]$表示，其中T_D为下行链路噪声温度，它关系着地球站接收性能的好坏。因此，在国际卫星通信系统中，为了保证一定的通信质量并能有效地利用卫星功率，对标准地球站的性能指数有明确规定。

当考虑到卫星转发器要同时放大多个载波时，为了减小互调噪声，行波管放大器进行输入补偿的同时，输出功率也应有一定补偿值。因此，多载波工作时的有效全向辐射功率为

$$[\text{EIRP}]_{SM}=[\text{EIRP}]_{SS}-[BO]_O \tag{6-23}$$

其中，$[\text{EIRP}]_{SS}$为卫星转发器在单波饱和工作时的$[\text{EIRP}]$。将式(6-23)代入式(6-22)，得

$$\left[\frac{C}{T}\right]_{\mathrm{DM}}=[\mathrm{EIRP}]_{\mathrm{SS}}-[BO]_{\mathrm{O}}-[L_{\mathrm{D}}]+\left[\frac{G_{\mathrm{R}}}{T_{\mathrm{D}}}\right] \tag{6-24}$$

6.3.3 卫星转发器载波功率与互调噪声功率比

当卫星转发器同时放大多个信号载波时，由于行波管的幅度非线性和相位非线性的作用，会产生一系列互调产物。其中，落入信号频带内的那部分就称为互调噪声。

如果近似认为互调噪声是均匀分布的话，可采用和热噪声类似的处理办法，求得载波互调噪声比，也可用$[C/N]_{\mathrm{I}}$、$[C/n_0]_{\mathrm{I}}$或$[C/T]_{\mathrm{I}}$来表示，且

$$\left[\frac{C}{T}\right]_{\mathrm{I}}=\left[\frac{C}{N}\right]_{\mathrm{I}}-228.6+10\lg B \tag{6-25}$$

由于互调噪声的频率分布及功率大小与行波管的输入、输出特性、工作点、多信号载波的排列情况及各载波的功率大小、受调制的情况等许多因素有关，一般是用实验方法或计算机模拟方法求其载噪比。

一般规律是，越远离行波管饱和点(即输入补偿越大)，$[C/T]_{\mathrm{I}}$越大；越接近饱和点(即输入补偿越小)，$[C/T]_{\mathrm{I}}$越小。而$[C/T]_{\mathrm{U}}$和$[C/T]_{\mathrm{D}}$情况却相反。例如，当输入补偿越小时，$[\mathrm{EIRP}]_{\mathrm{S}}$要增大，这时可使$[C/T]_{\mathrm{D}}$得到相应的改善。但是$[C/T]_{\mathrm{I}}$会因行波管非线性而降低，如图 6-4 所示。因此，为了使卫星链路得到最佳的传输特性，必须适当选择补偿值。显然，选择最佳工作点的问题，在卫星通信系统设计中是个极其重要的问题。

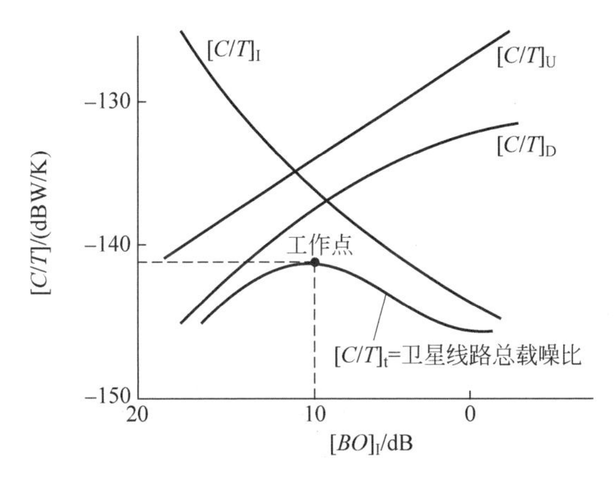

图 6-4 $[C/T]$与$[BO]_{\mathrm{I}}$的关系

6.3.4 卫星通信链路的总载噪比

前面研究的上行和下行链路载噪比都是单程链路的载噪比。所谓单程，就是指地球站到卫星或卫星到地球站。实际上，进行卫星通信是双程的，即由地球站→卫星→地球站。因此，接收地球站收到的总载噪比$[C/N]_{\mathrm{t}}$与下行链路的载噪比$[C/N]_{\mathrm{D}}$是有区别的。

整个卫星链路噪声由上行链路噪声、下行链路噪声和互调噪声三部分组成，如图 6-5 所示。虽然这三部分噪声到达接收站接收机输入端时，已混合在一起，但因各部分噪声之间彼此独立，所以计算噪声功率时，可以将三部分相加，即

$$N_{\mathrm{t}}=N_{\mathrm{U}}+N_{\mathrm{I}}+N_{\mathrm{D}}=k(T_{\mathrm{U}}+T_{\mathrm{I}}+T_{\mathrm{D}})B=kT_{\mathrm{t}}B \tag{6-26}$$

$$T_t = T_U + T_I + T_D \quad \left(r = \frac{T_I + T_U}{T_D}\right) \tag{6-27}$$

其中,N_U、N_I、N_D 和 T_U、T_I、T_D 分别代表上行链路、转发器、下行链路的噪声功率和噪声温度。于是可以写出整个卫星链路的总载噪比

$$\begin{aligned}\left[\frac{C}{N}\right]_t &= [\mathrm{EIRP}]_S - [L_D] + [G_R] - 10\lg(kT_tB) \\ &= [\mathrm{EIRP}]_S - [L_D] - [k] - [B] + \left[\frac{G_R}{(r+1)T_D}\right]\end{aligned} \tag{6-28}$$

$$\left[\frac{C}{T}\right]_t = [\mathrm{EIRP}]_S - [L_D] + \left[\frac{G_R}{(r+1)T_D}\right] \tag{6-29}$$

因此

$$\left(\frac{C}{T}\right)_t^{-1} = \left(\frac{C}{T}\right)_U^{-1} + \left(\frac{C}{T}\right)_I^{-1} + \left(\frac{C}{T}\right)_D^{-1} \tag{6-30}$$

或

$$\left[\frac{C}{T}\right]_t = -10\lg\left(10^{-\left[\frac{C}{T}\right]_U/10} + 10^{-\left[\frac{C}{T}\right]_I/10} + 10^{-\left[\frac{C}{T}\right]_D/10}\right) \tag{6-31}$$

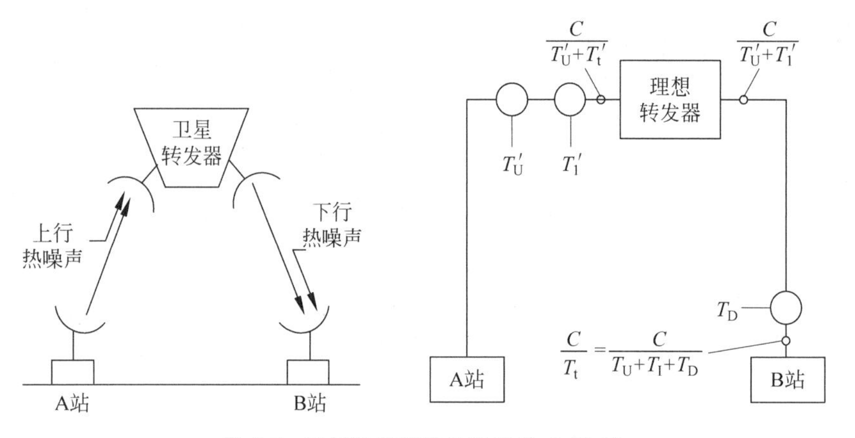

图 6-5　卫星通信链路的噪声及 C/T 值

6.3.5　门限余量和降雨余量

在 FM 中存在门限效应,即当鉴频器的输入信噪比 S_i/N_i 大于门限值$(S/N)_{th}$时,其输出信噪比会得到改善。反之,当 $S_i/N_i<(S/N)_{th}$ 时,其输出信噪比会急剧恶化。对于不同的调制指数 β_{FM},门限值大致在$(S/N)_{th}=8\sim11\mathrm{dB}$,且与调制信号类型几乎无关。因此,通常取$(S/N)_{th}=10\mathrm{dB}$。为了更一般化,如果对通信系统的传输质量提出了一定的要求,则可以规定满足该质量标准要求所容许的最小 S/N 或 C/T 值称为门限,设计系统时必须使 C/T 值大于$[C/T]_{th}$值。

但是,任何一条链路建立后,其参数不可能始终不变。而且会经常受到气象条件、转发器和地球站设备某些不稳定因素及天线指向误差等方面的影响。为了在这些因素变化后仍能使质量满足要求,必须留有一定的余量(储备量),这个余量叫"门限余量"。

在气象条件变化中,特别是雨雪引起的链路质量下降,在链路设计时必须留有一定的余

量，以保证降雨时仍能满足对链路质量的要求，这个余量叫“降雨余量”。

降雨主要对下行链路影响显著。

已知不降雨时

$$T_t = T_U + T_I + T_D = (1+r)T_D \quad \left(r = \frac{T_I + T_U}{T_D}\right)$$

此时有

$$\frac{C}{T_t} = \frac{C}{(1+r)T_D} \tag{6-32}$$

用分贝表示，有

$$\left[\frac{C}{T}\right] = \left[\frac{C}{T_D}\right] - 10\lg(1+r) \tag{6-33}$$

假设由于降雨影响，使下行链路噪声增加到原有噪声的 m 倍，地球站接收系统 (C/T) 值正好降到门限值，则

$$T'_t = T_U + T_I + mT_D = (1+r)T_D \tag{6-34}$$

$$\left[\frac{C}{T}\right]_{th} = \frac{C}{(r+m)T_D} \tag{6-35}$$

用分贝表示，有

$$\left[\frac{C}{T}\right]_{th} = \left[\frac{C}{T_D}\right] - 10\lg(r+m) = \left[\frac{C}{T_D}\right] - 10\lg(1+r) - 10\lg\frac{r+m}{1+r} \tag{6-36}$$

式(6-36)说明，降雨影响使总噪声比不降雨时降低 $10\lg\frac{r+m}{1+r}$(单位为 dB)。因此，为了保证通信可靠、质量符合要求，设计通信链路时，应留有门限余量 E。

$$E = 10\lg\frac{r+m}{1+r} = \left[\frac{C}{T}\right] - \left[\frac{C}{T}\right]_{th} \tag{6-37}$$

E 代表正常气候条件下$[C/T]$超过门限值的分贝数，m 为降雨余量。用分贝表示时，写为

$$M = 10\lg m\,(\mathrm{dB})$$

在卫星通信中，一般取 $M=4\sim 6\mathrm{dB}$。

6.4　数字卫星通信链路设计

6.4.1　SCPC 系统链路的计算

1. 链路计算的一般公式

首先介绍一下通信容量的基本概念，SCPC 系统的通信容量，是指每个转发器所能提供的信道数。它是卫星通信系统工程的一个重要问题。对每一条具体的卫星通信链路来说，它所能提供的容量取决于卫星通信系统的体制和参数，例如，对通信质量的要求，工作频段，卫星功率和天线尺寸，地球站设备的性能，传播的环境条件，调制制度，多址方式等。

对于给定的 SCPC 卫星通信系统，从转发器功率分配的角度出发，其通信容量可用下式估算：

$$n = \frac{(C/T)_{tM}}{(C/T)_{t1}} \tag{6-38}$$

式中，$(C/T)_{t1}$ 是按照 P_e 或 S/N 所要求的一个载波功率与链路总噪声温度之比；

$(C/T)_{tM}$ 则是在同一接收点将系统内所有载波功率相加而得到的总载波功率与同一链路总噪声温度之比。为区分这两个$(C/T)_t$ 中的载波功率 C，在脚标中增加“1”和“M”来加以注明，多载波工作时，$(C/T)_{tM}$ 为

$$\left(\frac{C}{T}\right)_{tM}=\frac{1}{\frac{1}{(C/T)_{DM}}+\frac{1}{(C/T)_{UM}}+\frac{1}{(C/T)_{IM}}} \tag{6-39}$$

其中，$(C/T)_{DM}$、$(C/T)_{UM}$、$(C/T)_{IM}$ 分别为下行、上行总载波功率对噪声温度比和总载波功率对互调等效噪声温度比(这里没有考虑邻道干扰等其他干扰)。其中，$(C/T)_{DM}$ 用分贝表示为

$$\left(\frac{C}{T}\right)_{DM}=[\mathrm{EIRP}]_{SM}+\left[\frac{G_R}{T_D}\right]-[L_D] \tag{6-40}$$

其中，$[\mathrm{EIRP}]_{SM}=[\mathrm{EIRP}]_{SS}-[BO]_O$。若$(C/T)_{UM}$ 用分贝表示，则有

$$\left(\frac{C}{T}\right)_{UM}=[W]_S-10\lg\frac{4\pi}{\lambda^2}-[BO]_I+\left[\frac{G_{RS}}{T_S}\right] \tag{6-41}$$

其中，$[W_S]-10\lg4\pi/\lambda^2=[\mathrm{EIRP}]_{SS}-[G_p]_s$，其中$[\mathrm{EIRP}]_{SS}$ 为卫星转发器单载波工作时输出饱和功率。

关于 SCPC 系统的$[C/T]_{I1}$(一个载波功率与互调噪声温度之比)，《CCIR 固定业务卫星手册(1985)》对于典型的 TWTA 给出

$$[BO]_O=0.82([BO]_I-4.5)\mathrm{dB} \tag{6-42}$$

$$\left[\frac{C}{T}\right]_{I1}=-150-10\lg n'+2[BO]_O\,\mathrm{dBW/K} \tag{6-43}$$

其中，n'为有效的载波数目，所以

$$\left[\frac{C}{T}\right]_{I}=-150+2[BO]_O \tag{6-44}$$

再看$(C/T)_{t1}$，在数字制情况下有

$$\left[\frac{C}{T}\right]_{I}=\left[\frac{E_b}{n_0}\right]_{th}+[R_b]+[k]+[E_e] \tag{6-45}$$

其中，$[E_b/n_0]_{th}$ 为比特能量噪声密度比门限值；R_b 为比特速率；k 为玻耳兹曼常数；$[E_e]$是设备的备余量。

在模拟制(FM)情况下有

$$\left[\frac{C}{T}\right]_{t1}=\left[\frac{S}{N_W}\right]_{CH}-20\lg\Delta f_r-153.2 \tag{6-46}$$

传输一路 SCPC 所占用的卫星功率和地球站的功率分别为

$$[\mathrm{EIRP}]_{S1}=[\mathrm{EIRP}]_{SM}-[n] \tag{6-47}$$

$$[\mathrm{EIRP}]_{E1}=\left[\frac{C}{T}\right]_{UM}+[L_U]-\left[\frac{G_{RS}}{T_S}\right]-[n] \tag{6-48}$$

应指出，在上述关于$[n]$、$[\mathrm{EIRP}]_{S1}$、$[\mathrm{EIRP}]_{E1}$ 的公式中，实际应用时，都应留下适当的余量。

2. PCM/PSK/SCPC 链路的计算

例 6-2 假定卫星与地球站的主要参数有：上行频率为 6GHz，下行频率为 4GHz；卫星行波管单载波饱和输出功率为 10W；卫星天线的收、发增益均为 26dB(含馈线损耗)；$[G_R/$

T_D]为-4.5dB/K；卫星转发器匹配条件下的功率增益$[G_P]_S$为105dB；转发器带宽为36MHz；地球站$[G/T]_E$为23dBW/K。系统设计指标给定为：误比特率P_e为10^{-4}；信道调制方式为QPSK；信道带宽为38kHz；数据速率R_b为64Kb/s。要求估算系统的通信容量及每载波需用卫星与地球站的[EIRP]。

解：(1) $[C/T]_{tM}$的计算。根据式(6-40)知

$$\left[\frac{C}{T}\right]_{DM}=[\mathrm{EIRP}]_{SM}+\left[\frac{G_R}{T_D}\right]-[L_D]$$

$$=[\mathrm{EIRP}]_{SS}-[BO]_O-[L_D]+\left[\frac{G_R}{T_D}\right]$$

一般地，选取若干个$[BO]_I$值来进行计算，最后以$[C/T]_{DM}$最大的$[BO]_I$作为工作点。为避免烦琐，这里仅代入一个$[BO]_I$值进行计算。取$[BO]_I=7.5$dB，由式(6-42)得到，$[BO]_O=2.5$dB，而$[L_D]=197$dB，则有

$$\left[\frac{C}{T}\right]_{DM}=[\mathrm{EIRP}]_{SS}+[G]_S-[BO]_O-[L_D]+\left[\frac{G_R}{T_D}\right]$$

$$=10+26-2.5-197+23=-140.5(\mathrm{dBW/K})$$

根据式(6-41)，则有

$$\left[\frac{C}{T}\right]_{UM}=[W_S]-10\lg\frac{4\pi}{\lambda^2}-[BO]_I+\left[\frac{G_{RS}}{T_D}\right]$$

$$=10-26-105-7.5-4.5=-133(\mathrm{dBW/K})$$

由式(6-43)并考虑信道滤波器对互调噪声有约0.6dB的改善，可得

$$\left[\frac{C}{T}\right]_{IM}=-150+2\times2.5+0.6=-144.4(\mathrm{dBW/K})$$

将以上求得的$\left[\frac{C}{T}\right]_{DM}$、$\left[\frac{C}{T}\right]_{UM}$、$\left[\frac{C}{T}\right]_{IM}$化为真值，代入式(6-39)得

$$\left(\frac{C}{T}\right)_{tM}=\frac{1}{\dfrac{1}{(C/T)_{DM}}+\dfrac{1}{(C/T)_{UM}}+\dfrac{1}{(C/T)_{IM}}}$$

$$=\frac{1}{10^{14.05}+10^{13.3}+10^{14.44}}=2.45\times10^{-15}(\mathrm{W/K})$$

化为分贝值，则有$\left(\frac{C}{T}\right)_{tM}=10\lg(2.45\times10^{-15})=-146.1(\mathrm{dBW/K})$

(2) $\left[\frac{C}{T}\right]_{t1}$的计算。取$[E_e]=2.6$dB，$[E_b/n_0]_{th}=8.4dB(P_e=10^{-4})$，而$R_b=64$Kb/s，故有$[R_b]=10\lg64\times10^3=48.1$dB，由式(6-45)可得

$$\left[\frac{C}{T}\right]_{t1}=\left[\frac{E_b}{n_0}\right]_{t1}+[k]+[R_b]+[E_e]$$

$$=8.4-228.6+48.1+2.6=-169.5(\mathrm{dBW/K})$$

应指出，这是一个功率受限系统，带宽是宽裕的，因而载波间隔较大，邻道干扰可以忽略，故上述计算对此未考虑。

(3) 通信容量的计算。在实际计算中,考虑到降雨的影响,要留有一定的门限余量[E];此外,由于使用了话音激活,在功率方面,可有 a 分贝的好处,故转发器通信容量用分贝表示时,由式(6-38)得

$$[n]=\left[\frac{C}{T}\right]_{\mathrm{tM}}-\left[\frac{C}{T}\right]_{\mathrm{t1}}-[E]+[a] \tag{6-49}$$

其中,取[a]为 4dB,[E]为 4dB,故有

$$[n]=-146.1+169.5-4+4=23.4\mathrm{dB} \quad (\text{即 } 218)$$

若按 36MHz 带宽计算,当信道间隔为 45kHz 时,有

$$n=\frac{36\times10^{6}}{45\times10^{3}}=800$$

可见,它是功率受限系统,其实际信道数不到转发器带宽所能提供的信道数的一半。

(4) 每信道所需的卫星及地球站的[EIRP]。在求每信道所需的$[\mathrm{EIRP}]_{\mathrm{S1}}$时,考虑功率分配给同时工作的话路的载波,故有

$$\begin{aligned}[\mathrm{EIRP}]_{\mathrm{S1}}&=[\mathrm{EIRP}]_{\mathrm{SM}}-([n]-[a])\\&=[\mathrm{EIRP}]_{\mathrm{SS}}-[BO]_{\mathrm{O}}-[n]+[a]\\&=36-2.5-23.4+4=14.1(\mathrm{dBW})\end{aligned}$$

每信道所需的地球站$[\mathrm{EIRP}]_{\mathrm{E1}}$为

$$[\mathrm{EIRP}]_{\mathrm{E1}}=[\mathrm{EIRP}]_{\mathrm{EM}}-[n]+[a]+[E_{\mathrm{T}}]$$

其中,$[E_{\mathrm{T}}]$为发射功率备余量,取$[E_{\mathrm{T}}]=3\mathrm{dB}$。又因为

$$[\mathrm{EIRP}]_{\mathrm{EM}}=\left[\frac{C}{T}\right]_{\mathrm{UM}}+[L_{\mathrm{U}}]-\left[\frac{G_{\mathrm{RS}}}{T_{\mathrm{S}}}\right]$$

在 6GHz 时,自由空间损耗为 200dB,考虑到极化误差损耗,天线指向损耗和大气损耗,共约 1.4dB,即

$$[L_{\mathrm{U}}]=(200+1.4)\mathrm{dB}=201.4\mathrm{dB}$$

故有

$$\begin{aligned}[\mathrm{EIRP}]_{\mathrm{E1}}&=\left[\frac{C}{T}\right]_{\mathrm{UM}}+[L_{\mathrm{U}}]-\left[\frac{G_{\mathrm{RS}}}{T_{\mathrm{S}}}\right]-[n]+[a]+[E_{\mathrm{T}}]\\&=(-133+201.4-(-4.5)-23.4+4+3)\mathrm{dBW}\\&=56.5\mathrm{dBW}\end{aligned}$$

例 6-3 已知工作频率为 6/4GHz,利用 IS-Ⅳ 号卫星,$[\mathrm{EIRP}]_{\mathrm{SS}}=22.5\mathrm{dBW}$,$[W_{\mathrm{S}}]=-68.5\mathrm{dBW/m^2}$,较标称值$-67\mathrm{dBW/m^2}$低 1.5dB。选取$[BO]_{\mathrm{I}}=11\mathrm{dB}$,$[BO]_{\mathrm{O}}=4.9\mathrm{dB}$,卫星$[G/T]_{\mathrm{S}}=-17.6\mathrm{dB/K}$。地球站品质因数$[G/T]_{\mathrm{E}}=40.7\mathrm{dB/K}$。上行链路损耗$[L_{\mathrm{U}}]=200.6\mathrm{dB}$,下行链路损耗$[L_{\mathrm{D}}]=196.7\mathrm{dB}$,对于大容量系统,话音激活因子为 0.4,对于 800 个单向通路的网络,同时通话路数 $n=0.4\times800=320$ 路。试计算 IS-Ⅳ 号卫星 PCM-PSK-SCPC 数字链路的主要通信参数。

解:(1) 确定上行链路载噪比。设转发器功率均分给每个载波,故每路上行链路的$[C/T]_{\mathrm{U}}$值为[参考式(6-19)]

$$\left[\frac{C}{T}\right]_{\mathrm{U}}=[W_{\mathrm{S}}]-[BO]_{\mathrm{I}}+\left[\frac{G}{T}\right]_{\mathrm{S}}-10\lg\left(\frac{4\pi}{\lambda^{2}}\right)-10\lg n$$

$$=(-68.5-11-17.6-37-25)\text{dBW/K}$$
$$=-159.1\text{dBW/K}$$

(2) 确定下行链路载噪比。根据式(6-24)，考虑到每路功率均分，故每路下行链路 $[C/T]_\text{D}$ 值为

$$\left[\frac{C}{T}\right]_\text{D}=[\text{FIRP}]_\text{SS}-[BO]_\text{O}-[L_\text{D}]+\left[\frac{G}{T}\right]_\text{E}-10\lg n$$
$$=(22.5-4.9-196.7-25)\text{dBW/K}$$
$$=-163.4\text{dBW/K}$$

(3) 确定载波功率对互调及邻道干扰比。对于 IS-Ⅳ号卫星转发器，实测输出补偿及载波互调干扰比与输入补偿的关系如图 6-6 所示。这是对 800 个间隔为 45kHz 的通路而言的。实际上，由于存在话音激活，经常同时工作的不过 320 路，这样有$[A]=10\lg(800/320)=4\text{dB}$的好处。由于有些互调分量落到带外，还存在$[F]=0.6\text{dB}$的好处。实际信道的等效噪声带宽为 38kHz，故实际载波功率与互调噪声温度比为

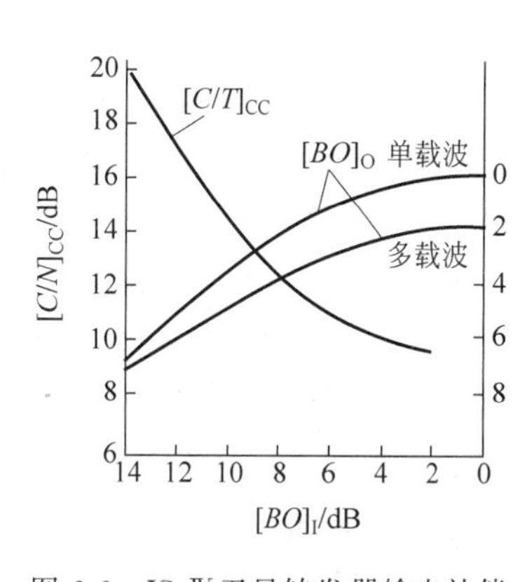

图 6-6　IS-Ⅳ卫星转发器输出补偿及载波互调干扰比与输入补偿的关系

$$\left[\frac{C}{T}\right]_\text{I}=\left[\frac{C}{N}\right]_\text{CC}+[A]+[F]+[B]+[k]$$
$$=(15.8+4+0.6+45.8-228.6)\text{dBW/K}$$
$$=-162.4\text{dBW/K}$$

此外，SCPC 系统还存在邻道干扰，它的设计指标是载波功率与邻道干扰功率比$[C/N]_\text{A}$不超过 26dB，于是

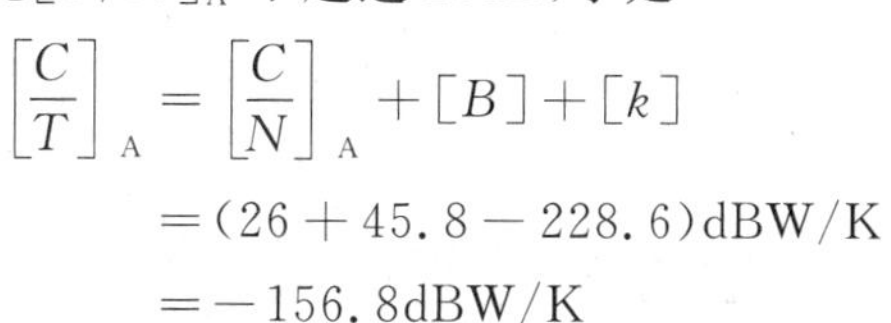

$$\left[\frac{C}{T}\right]_\text{A}=\left[\frac{C}{N}\right]_\text{A}+[B]+[k]$$
$$=(26+45.8-228.6)\text{dBW/K}$$
$$=-156.8\text{dBW/K}$$

(4) 确定总载噪比。根据式(6-30)，有

$$\left(\frac{C}{T}\right)_\text{t}^{-1}=\left(\frac{C}{T}\right)_\text{U}^{-1}+\left(\frac{C}{T}\right)_\text{D}^{-1}+\left(\frac{C}{T}\right)_\text{I}^{-1}+\left(\frac{C}{T}\right)_\text{A}^{-1}$$

于是得

$$\left[\frac{C}{T}\right]_\text{t}=-167.17\text{dBW/K}$$

(5) 确定满足传输速率要求和误码率要求所需的$[C/T]_\text{th}$值。PCM-SCPC 系统的传输速率为$R_\text{b}=64\text{Kb/s}$，当要求$P_\text{e}\leqslant10^{-4}$时，对于 BPSK 或 QPSK，$[E_\text{b}/n_0]\geqslant8.4\text{dB}$，设取$[E_\text{b}/n_0]=10.7\text{dB}$，则

$$\left[\frac{C}{T}\right]_\text{th}=\left[\frac{E_\text{b}}{n_0}\right]+10\lg k+10\lg R_\text{b}$$
$$=[10.7-228.6+10\lg(64\times10^3)]\text{dBW/K}$$
$$=-169.8\text{dBW/K}$$

(6) 门限余量为

$$[E]=\left[\frac{C}{T}\right]_{t}-\left[\frac{C}{T}\right]_{th}=-167.17+169.8=2.63\text{dB}$$

此 E 值合适。

(7) 确定地球站每路应发的有效全向辐射功率。

$$\begin{aligned}[\text{EIRP}]_{E}&=[W_{S}]-[BO]_{I}+[L_{U}]-10\lg\left(\frac{4\pi}{\lambda^{2}}\right)-10\lg n\\&=(-65.5-11+200.6-37-25)\text{dBW}\\&=62.1\text{dBW}\end{aligned}$$

此处的$[W_S]$较标称值−67dB 高 1.5dB,为的是考虑最坏情况。

从以上实例,可以推算到其他派生体制的性能。如 ΔM-SCPC 系统,只要将相应的等效噪声带宽和误码率要求加以改变即可。

3. DM/PSK/SCPC 链路的计算

例 6-4 假定卫星和地球站参数与例 6-2(PCM/PSK/SCPC)相同。系统设计指标为:误比特率 $P_e=10^{-3}$(门限值),信道调制方式为 QPSK;信道带宽为 19.2kHz(即 42.8dB);数据速率为 32Kb/s(即 45.05dB)。当 $P_e=10^{-3}$ 时,QPSK 的$[E_b/n_0]$为 6.8dB。要求估算系统的通信容量。

解:依照例 6-2,可求得

$$\left[\frac{C}{T}\right]_{t1}=-174.15\text{dBW/K}$$

当不考虑邻道干扰影响,利用上例所求得的$[BO]_O=2.5$dB 时,有

$$\left[\frac{C}{T}\right]_{tM}=-146.1\text{dBW/K}$$

最后求得 $[n]=28.05\text{dB}$ (即 638)

6.4.2 PSK 数字卫星通信链路的设计

在数字卫星通信中,目前大都采用相移键控(PSK)调制方式。通常采用 2PSK 调制方式或 4PSK(QPSK)调制方式。下面以 PSK 数字链路为例,来讨论数字卫星通信链路的一般设计方法和主要通信参数的确定。

1. 数字卫星通信链路标准参数

目前国际卫星通信组织暂定误码率 $P_e=10^{-4}$ 作为链路标准,这和 FM 模拟链路噪声为 50000pW 情况相对应。

2. 主要通信参数的确定

(1) 归一化信噪比 E_b/n_0。接收数字信号时,载波接收功率与噪声功率之比 C/N 可以写成

$$\left(\frac{C}{N}\right)_{t}=\frac{E_{b}R}{n_{0}B}=\frac{E_{s}R'}{n_{0}B}=\frac{(E_{b}\log_{2}M)R'}{n_{0}B}\tag{6-50}$$

其中,E_b 为每单位比特信息能量;E_s 为每个数字波形能量,对于 M 进制,则有 $E_s=E_b\log_2 M$;R'为码元传输速率(波特速率);R 为比特传输速率,且 $R=R'\log_2 M$;B 为接收

系统等效带宽；n_0 为单位频带噪声功率(单边噪声功率谱密度)。

(2) 误码率与归一化信噪比的关系(对于 2PSK 或 QPSK)：

$$P_e = \frac{1}{2}\left[1 - \text{erf}\sqrt{\frac{E_b}{n_0}}\right] \tag{6-51}$$

当 $P_e = 10^{-4}$ 时，得归一化理想门限信噪比为

$$\left[\frac{E_b}{n_0}\right]_{th} = 8.4\text{dB} \tag{6-52}$$

当取理想带宽($B = R'$)时，则由式(6-50)可求得 2PSK 时理想门限载波接收功率与噪声功率比$[C/N]_{th2}$ 为

$$\left[\frac{C}{N}\right]_{th2} = \left[\frac{E_b}{n_0}\right]_{th} + 10\lg\frac{R'}{B} = 8.4\text{dB}$$

而 QPSK 时，$[C/N]_{th4}$ 为

$$\left[\frac{C}{N}\right]_{th4} = \left[\frac{E_b}{n_0}\right]_{th} + 10\lg\frac{(\log_2 4)R'}{B} = 11.4\text{dB}$$

(3) 门限余量。当仅考虑热噪声影响时，为保证误码率 $P_e = 10^{-4}$，必需的理想门限归一化信噪比为 8.4dB，则门限余量 E 可由下式确定：

$$E = \left[\frac{C}{N}\right]_t - \left[\frac{C}{N}\right]_{th} = \left[\frac{E_b}{n_0}\right] - \left[\frac{E_b}{n_0}\right]_{th} = \left[\frac{E_b}{n_0}\right] - 8.4\text{dB} \tag{6-53}$$

门限余量是为了考虑 TDMA 地球站接收系统和卫星转发器等设备特性不完善所引起的恶化而采取的保证措施。

(4) 接收系统最佳频带宽度 B 的确定。接收系统的频带特性是根据误码率最小的原则确定的。根据奈奎斯特速率准则，在频带宽度为 B 的理想信道中，无码间串扰时，码字的极限传输速率为 $2B$ 波特。由于 PSK 信号具有对称的两个边带，其频带宽度为基带信号频带宽度的 2 倍，因此，为了实现对 PSK 信号的理想解调，系统理想带宽应等于波形传输速率(波特速率)R'。但从减小码间干扰的角度考虑，一般要求选取较大的频带宽度。因此，取最佳带宽为

$$B = (1.05 \sim 1.25)R' = \frac{(1.05 \sim 1.25)R}{\log_2 M} \tag{6-54}$$

(5) 地球站接收系统载波接收功率与系统总噪声温度比$(C/T)_t$ 的确定。将式(6-50)中$(C/N)_t$ 用$(C/T)_t$ 表示，则可写成

$$\left(\frac{C}{T}\right)_t = \left(\frac{C}{N}\right)_t kB = \frac{E_b}{n_0}kR \tag{6-55}$$

用分贝表示

$$\left(\frac{C}{T}\right)_t = \left(\frac{E_b}{n_0}\right) + 10\lg k + 10\lg R\ \text{dBW/K} \tag{6-56}$$

当采用 TDMA 方式时，接收系统总噪声为上行链路热噪声和下行链路热噪声之和。当采用 FDMA 方式时，则接收系统总噪声为上行链路热噪声、下行链路热噪声和卫星转发器互调噪声之和。下行链路本身的$(C/T)_D$ 可由式(6-22)决定，即

$$\left(\frac{C}{T}\right)_D = [\text{EIRP}]_S - [L_D] + \left(\frac{G_R}{T_D}\right)$$

$$=[\mathrm{EIRP}]_{\mathrm{S}}-[L_{\mathrm{D}}]+\left(\frac{G}{T}\right)_{\mathrm{D}}\mathrm{dBW/K} \tag{6-57}$$

因为由式(6-29)可得

$$\left(\frac{C}{T}\right)_{\mathrm{t}}=[\mathrm{EIRP}]_{\mathrm{S}}-[L_{\mathrm{D}}]-10\lg(1+r)+\left(\frac{G_{\mathrm{R}}}{T_{\mathrm{D}}}\right) \tag{6-58}$$

所以比较式(6-57)和式(6-58),可得

$$\left(\frac{C}{T}\right)_{\mathrm{D}}=\left[\frac{C}{T}\right]_{\mathrm{t}}+10\lg(1+r) \tag{6-59}$$

将式(6-56)代入式(6-59)得

$$\left(\frac{C}{T}\right)_{\mathrm{D}}=\left[\frac{E_{\mathrm{b}}}{n_0}\right]+10\lg k+10\lg R+10\lg(1+r) \tag{6-60}$$

其中,r 为决定噪声分配的量。采用 FDMA 时

$$r=\frac{N_{\mathrm{U}}+N_{\mathrm{I}}}{N_{\mathrm{D}}}$$

采用 TDMA 时

$$r=\frac{N_{\mathrm{U}}}{N_{\mathrm{D}}}$$

将式(6-53)代入式(6-60)得

$$\begin{aligned}\left[\frac{C}{T}\right]_{\mathrm{D}}&=E+8.4+10\lg k+10\lg R+10\lg(1+r)\\&=E+10\lg R+10\lg(1+r)-220.2\mathrm{dBW/K}\end{aligned} \tag{6-61}$$

(6) 卫星转发器有效全向辐射功率的确定。根据式(6-22)可求得

$$[\mathrm{EIRP}]_{\mathrm{S}}=\left[\frac{C}{T}\right]_{\mathrm{D}}+[L_{\mathrm{D}}]-\left[\frac{G_{\mathrm{R}}}{T_{\mathrm{D}}}\right] \tag{6-62}$$

将式(6-61)代入式(6-62),求得卫星转发器必需的有效全向辐射功率为

$$[\mathrm{EIRP}]_{\mathrm{S}}=E+10\lg R+10\lg(1+r)+[L_{\mathrm{D}}]-\left[\frac{G_{\mathrm{R}}}{T_{\mathrm{D}}}\right]-220.2\mathrm{dBW} \tag{6-63}$$

(7) 地球站有效全向辐射功率的确定。根据式(6-14),地球站有效全向辐射功率为

$$[\mathrm{EIRP}]_{\mathrm{E}}=\left[\frac{C}{T}\right]_{\mathrm{U}}+[L_{\mathrm{U}}]-\left[\frac{G_{\mathrm{RS}}}{T_{\mathrm{S}}}\right] \tag{6-64}$$

$$\begin{aligned}[\mathrm{EIRP}]_{\mathrm{E}}&=[C_{\mathrm{U}}]+[L_{\mathrm{U}}]-[G_{\mathrm{RS}}]\\&=[\mathrm{EIRP}]_{\mathrm{S}}-[g_{\mathrm{S}}]-[G_{\mathrm{TS}}]+[L_{\mathrm{U}}]-[G_{\mathrm{RS}}]\end{aligned} \tag{6-65}$$

其中,g_{S} 为卫星转发器功率增益(dB);$[G_{\mathrm{TS}}]$、$[G_{\mathrm{RS}}]$分别为卫星转发器发射和接收天线增益(dB)。

由式(6-63)求出$[\mathrm{EIRP}]_{\mathrm{S}}$ 代入式(6-65)就可计算出地球站的有效全向辐射功率$[\mathrm{EIRP}]_{\mathrm{E}}$。

当采用 TDMA 时,则有

$$\begin{aligned}\left[\frac{C}{T}\right]_{\mathrm{U}}&=\left[\frac{C}{T}\right]_{\mathrm{t}}+10\lg\left[\frac{T_{\mathrm{t}}}{T_{\mathrm{U}}}\right]=\left[\frac{C}{T}\right]_{\mathrm{t}}+10\lg\left(\frac{T_{\mathrm{D}}+T_{\mathrm{U}}}{T_{\mathrm{U}}}\right)\\&=\left[\frac{C}{T}\right]_{\mathrm{t}}+10\lg\left(1+\frac{1}{r}\right)\end{aligned} \tag{6-66}$$

将式(6-56)代入式(6-66)，得

$$\left[\frac{C}{T}\right]_{\mathrm{U}}=\left[\frac{E_{\mathrm{b}}}{n_0}\right]+10\lg k+10\lg R+10\lg\left(1+\frac{1}{r}\right) \tag{6-67}$$

将式(6-67)代入式(6-64)，得

$$[\mathrm{EIRP}]_{\mathrm{E}}=\left[\frac{E_{\mathrm{b}}}{n_0}\right]+10\lg k+10\lg R+10\lg\left(1+\frac{1}{r}\right)+[L_{\mathrm{U}}]-\left[\frac{G_{\mathrm{RS}}}{T_{\mathrm{S}}}\right] \tag{6-68}$$

将式(6-53)代入式(6-68)，得

$$\begin{aligned}[\mathrm{EIRP}]_{\mathrm{E}}&=E+8.4+10\lg k+10\lg R+10\lg\left(1+\frac{1}{r}\right)+[L_{\mathrm{U}}]-\left[\frac{G_{\mathrm{RS}}}{T_{\mathrm{S}}}\right]\\&=E+10\lg R+10\lg\left(1+\frac{1}{r}\right)+[L_{\mathrm{U}}]-\left[\frac{G_{\mathrm{RS}}}{T_{\mathrm{S}}}\right]-220.2\mathrm{dBW}\end{aligned} \tag{6-69}$$

因此，当已知卫星转发器 G/T 值，并且知道了链路噪声分配规律 r，就可以利用式(6-69)求出 TDMA 方式时地球站等效全向辐射功率$[\mathrm{EIRP}]_{\mathrm{E}}$。

3. 计算实例

例 6-5　已知工作频率为 6/4GHz，利用 IS-Ⅳ号卫星，卫星转发器$[C/T]_{\mathrm{S}}=-17.6\mathrm{dBW}$，链路标准取误码率 $P_{\mathrm{e}}=10^{-4}$，门限余量 $E=6\mathrm{dB}$，标准地球站$[G_{\mathrm{R}}/T_{\mathrm{D}}]=40.7\mathrm{dB}$，取 $d=40000\mathrm{km}$，信息传输速率 $R=60\mathrm{Mb/s}$ 的数字信号，试计算 IS-Ⅳ号卫星 QPSK-TDMA 数字链路的主要通信参数。

解：(1) 数字调制方式及门限归一化信噪比。当门限余量 E 为 6dB 时，根据式(6-52)，为保证误码率 $P_{\mathrm{e}}=10^{-4}$，门限归一化信噪比为

$$\left[\frac{E_{\mathrm{b}}}{n_0}\right]_{\mathrm{th}}=8.4\mathrm{dB}$$

(2) 门限余量及归一化信噪比。当 $E=6\mathrm{dB}$ 时，根据式(6-53)，可得

$$\left[\frac{E_{\mathrm{b}}}{n_0}\right]=E+8.4=(6+8.4)\mathrm{dB}=14.4\mathrm{dB}$$

(3) 接收系统最佳带宽 B。根据式(6-54)，得

$$\begin{aligned}B&=\frac{(1.05\sim1.25)R}{\log_2 M}=\frac{(1.05\sim1.25)\times60\times10^6}{2}\\&=(31.5\sim37.5)\mathrm{MHz}\end{aligned}$$

取 $B=35\mathrm{MHz}$。

(4) 地球站接收系统载波接收功率与系统总噪声温度比$[C/T]_{\mathrm{t}}$ 的确定。根据式(6-56)可得

$$\begin{aligned}\left[\frac{C}{T}\right]_{\mathrm{t}}&=\left[\frac{E_{\mathrm{b}}}{n_0}\right]+10\lg k+10\lg R\\&=[14.4-228.6+10\lg(60\times10^6)]\mathrm{dBW/K}\\&=-136.4\mathrm{dBW/K}\end{aligned}$$

(5) 下行链路$[C/T]_{\mathrm{D}}$ 的确定。根据式(6-59)可得

$$\left[\frac{C}{T}\right]_{\mathrm{D}}=\left[\frac{C}{T}\right]_{\mathrm{t}}+10\lg(1+r)$$

对于 TDMA，r 取决于上行链路与下行链路噪声之比，通常取 $r=0.4$，则有

$$\left[\frac{C}{T}\right]_{D}=(-136.4+1.5)\text{dBW/K}=-134.9\text{dBW/K}$$

(6) 上行链路$[C/T]_U$的确定。根据式(6-66)可得

$$\left[\frac{C}{T}\right]_{U}=\left[\frac{C}{T}\right]_{t}+10\lg\left(1+\frac{1}{r}\right)$$

$$=(-136.4+10\lg3.5)\text{dBW/K}=-131\text{dBW/K}$$

(7) 上行链路损耗：

$$[L_U]=200.04\text{dB}$$

(8) 下行链路损耗：

$$[L_D]=196.52\text{dB}$$

(9) 卫星转发器有效全向辐射功率$[\text{EIRP}]_S$的确定。根据式(6-62)可得

$$[\text{EIRP}]_S=\left[\frac{C}{T}\right]_{D}+[L_D]-\left[\frac{G_R}{T_D}\right]$$

$$=(-134.9+196.52-40.7)\text{dBW}=20.9\text{dBW}$$

(10) 地球站有效全向辐射功率$[\text{EIRP}]_E$的确定。由式(6-64)可得

$$[\text{EIRP}]_E=\left[\frac{C}{T}\right]_{U}+[L_D]-\left[\frac{G_{RS}}{T_S}\right]$$

$$=(-131+200.04+17.6)\text{dBW}=86.6\text{dBW}$$

例 6-6 已知工作频率为 6/4GHz 的 TDMA 系统中，其卫星转发器有效全向辐射功率$[\text{EIRP}]_{SS}=23.5\text{dB}$，接收系统的$[G_{RS}/T_{sat}]=-18.6\text{dB/K}$，转发器灵敏度$[W_S]=-72\text{dB/m}^2$。若系统中采取输入输出补偿技术，使输入补偿$[BO]_I=6\text{dB}$，输出补偿$[BO]_o=2\text{dB}$。另外已知地球站的$[G_R/T_D]=40.7\text{dB/K}$，当采用 QPSK 调制时，若欲使其工作于$P_e\leqslant10^{-4}$状态下，则要求$E_b/N_0\geqslant10.4\text{dB}$。设系统的信息传输速率为 60.032Mb/s，试计算该卫星链路的参数。

解：(1) 求接收系统的最佳带宽 B。

根据式(6-54)，可得 $B=\dfrac{(1.05\sim1.25)\times60}{2}=(31.5\sim37.5)\text{MHz}$

则取 $B=35\text{MHz}$。

(2) 确定满足传输速率和误码率要求所需的$[C/T]_{th}$值。

当要求$P_e\leqslant10^{-4}$时，有$[E_b/n_0]\geqslant8.4\text{dB}$。考虑到差分译码引起的误码，取$[E_b/n_0]=10.4\text{dB}$，由式(6-56)得

$$\left[\frac{C}{T}\right]_{th}=\left[\frac{E_b}{n_0}\right]+10\lg k+10\lg R_b=(10.4-228.6+77.8)\text{dBW/K}=-140.4\text{dBW/K}$$

(3) 计算卫星链路实际达到的 C/T 值。

① 求地球站和卫星有效全向辐射功率：

由式(6-18)和式(6-23)分别求得

$$[\text{EIRP}]_E=(-72-6+200.6-37)\text{dBW}=85.6\text{dBW}$$

$$[\text{EIRP}]_S=(23.5-2)\text{dBW}=21.5\text{dBW}$$

② 求 C/T 值：

利用式(6-14)和式(6-24)，得

$$[C/T]_{U}=(85.6-200.6-18.6)\text{dBW/K}=-133.6\text{dBW/K}$$

$$[C/T]_{D}=(21.5-196.7+40.7)\text{dBW/K}=-134.5\text{dBW/K}$$

因为 TDMA 方式不存在多载波工作产生的交调干扰，所以可利用式(6-30)得

$$\left[\frac{C}{T}\right]_{t}=-10\lg(10^{13.36}+10^{13.45})\text{dBW/K}=-137.1\text{dBW/K}$$

(4) 计算门限余量$[M]_{th}$。

$$[M]_{th}=\left[\frac{C}{T}\right]_{t}-\left[\frac{C}{T}\right]_{th}=[-137.1-(-140.4)]\text{dB}=3.3\text{dB}$$

6.5 卫星通信系统总体设计的一般程序

假定使用的通信卫星、工作频段、通信业务类别、容量及站址等已确定，卫星通信系统的设计程序为：

(1) 确定传送信号质量。

(2) 根据总通信量确定使用的多址方式。

(3) 决定地球站天线直径。天线直径大，地球站 G/T 值高，转发器利用率就高，频带宽，地球站的建设费用多。相反，天线直径小，地球站 G/T 值低，地球站成本也低。因此，对中央大站，或者通信量大、质量要求高的站，天线的尺寸相应要大。对于边远地区，通信量较小，从经济角度考虑，采用小型天线，能保证正常的通信即可。

(4) 根据电话、电视等业务的要求，确定系统配置，包括各类附属设备、专用设备以及地面传输系统设备等。在此基础上，向土建设计师提出相应的土建工艺要求。

(5) 按照相应规范要求，确定总体系统指标，并对各分系统提出分指标要求。

(6) 对各分系统设备进行设计。

作为地球站设计工程师，对于上行链路应特别注意确定发射机功率放大器位置，以尽量减小传输线上的损耗。同时，也要考虑功率放大器有较大的功率调整范围。下行链路设计对地球站有着十分重要的作用。低噪声接收机要尽量靠近馈源，提高 G/T 值，防止外部干扰信号进入，系统增益要合理分配，系统匹配要良好，以提高通信质量指标。从某种意义上来说，地球站实际上是围绕下行链路设计的。

本章小结

本章从天线增益、有效全向辐射功率、卫星通信链路载波功率和噪声功率的计算公式入手，对卫星通信链路载波功率与噪声功率比进行分析，最后对数字卫星通信链路设计和计算进行了阐述。

卫星通信的一个显著特点是电波传播的路径长，电波在传播过程中由于受到各种传输损耗，以及噪声和干扰的影响，将会受到极大的衰减，地球站接收到的信号是极其微弱的。而且，在接收信号的同时，还有各种噪声进入接收系统。地球站接收系统的外部噪声主要有

宇宙噪声、大气噪声、降雨噪声、干扰噪声、地面噪声以及上行链路和转发器的交调噪声等，接收系统内部的噪声主要来自馈线、放大器和变频器等部分。

衡量一条卫星通信链路传输质量的主要指标是接收系统输入端的载波功率与噪声功率之比，简称载噪比。对于模拟制卫星通信系统来说，载噪比决定了系统输出端的信号功率和噪声功率之比，即信噪比；对于数字制卫星通信系统来说，载噪比决定了系统输出端信号的误码率。载噪比的计算涉及发送端的发射功率与天线增益、传输过程中的各种损耗、传输过程中引入的各种噪声和干扰，以及接收系统的天线增益、噪声性能等因素。

卫星通信系统的基本任务是将信息按照用户的要求传送到目的地，为此需要对卫星通信链路进行预算与设计，以满足用户对服务质量的要求。卫星通信链路计算一般分为以下两类：

(1) 已知转发器及地球站的基本参数，计算地球站能得到的载噪比以及其应发射的[EIRP]。

(2) 已知转发器的基本参数以及根据接收机输出信噪比$[S/N]$或$[E_b/n_0]$所提出的对$[CN]_t$的要求(或是由门限$[CN]_{th}$及门限余量所提出对$[CN]_t$的要求)，确定地球站天线尺寸、接收机噪声性能、发射功率等。

一个单行卫星通信系统链路的设计可按以下几个步骤来完成，返回链路的设计也遵循相同的步骤。

(1) 确定系统必须运行的频段；

(2) 确定卫星通信的参数，估计所有未知的值；

(3) 确定传输和接收地球站的参数；

(4) 从传输地球站开始，建立一个上行链路的预算和一个应答器噪声功率预算来找出应答器的$[CN]_u$；

(5) 根据应答器的输出功率和应答器的增益和输出反馈来求出应答器的输出功率；

(6) 为接收地球站建立一个下行链路的功率和噪声预算，计算在覆盖带边缘处(最坏的情况)地球站的$[CN]_D$；

(7) 计算卫星通信链路总的$[C/N]$，求出链路的余量。

习题

1. 设某卫星$[\mathrm{EIRP}]_S=32\mathrm{dBW}$，下行频率为4GHz，$d=40000\mathrm{km}$，地球站接收天线直径$D=25\mathrm{m}$，效率为70%。试计算地球站接收信号的功率。

2. 有哪几种噪声在卫星通信中必须考虑？它们产生的原因是什么？

3. 工作频率为6GHz的卫星下行链路的发射功率为6W，抛物面天线的直径为3m，天线效率为0.55。试计算EIRP值(以dBW表示)。

4. 某地球站使用5m的天线，工作频率为12GHz，天线噪声温度为100K，接收机前端噪声温度为120K，天线与接收机之间的馈线损耗忽略，天线效率为0.55，试计算地球站的性能因数$[G/T]$值。

5. 地球站天线直径为30m，总效率为68%，接收信号的频率为4.15GHz。在此频率下，系统的噪声温度为88K，天线指向卫星的仰角为28°。试计算此时地球站的$[G/T]$值。

6. 卫星电视信号占用了卫星转发器的全部36MHz带宽，要求在地球站接收端提供的C/N值为35dB。给定总的传输损耗L_{PD}为200dB，接收地球站的$[G/T]$值为35dBW/K，计算所需要的卫星EIRP值(以dBW表示)。

7. 一颗卫星在4GHz时通过一副18dB增益的天线，发射25W功率。网络中一个地球站，用一副直径为12m的天线(天线效率为65%)来接收，试确定：

(1) 地球站的接收天线增益；

(2) 传播损耗；

(3) 在地球站天线输出处收到的功率。

8. C频段(6.1GHz)地球站发射天线增益为54dBi，发射机输出功率为100W。相距37500km的卫星接收天线增益为26dBi，转发器噪声温度为500K，带宽为36MHz，增益为110dB。试计算下列数值：

(1) 链路传输损耗(含2dB附加损耗)；

(2) 转发器输入噪声功率；

(3) 转发器输入载噪比；

(4) 转发器输出(信号)功率。

9. 某LEO卫星采用多波束天线，每波束(对覆盖中心的)增益为18dBi。卫星下行链路工作在2.5GHz的频率，发射功率为0.5W。地面终端位于波束的覆盖边缘(接收功率较中心区低3dB)，距卫星2000km。若地面终端天线增益为1dBi，试计算接收信号功率为多少？若地面终端的噪声温度为260K，信道带宽为20kHz，试计算接收端载噪比。

10. 已知某卫星链路上行载波噪声比为23dB，下行载波噪声比为20dB，卫星转发器上的载波交调噪声比为24dB。请问总的载波噪声比为多少？

11. 设某地球站发射机末级输出功率为2kW，天线直径为15m，发射频率为14GHz，天线效率为70%，馈线损耗为0.5dB。试计算[EIRP]值。

12. 设某地球站发射天线增益为63dBi，损耗为3dB，有效全向辐射功率为87.7dBW。试求发射机输出功率。

13. 设发射机输出功率为3kW，发射馈线损耗为0.5dB，发射天线直径为25m，天线效率为70%，上行频率为6GHz，$d=40000$km，卫星接收天线增益为5dBi，接收馈线损耗为1dB。若忽略大气损耗，试计算卫星接收机输入端信号功率为多少dBW。

14. 已知地球站$[\text{EIRP}]_E=33$dBW，天线增益为64dBi，工作频率为14GHz，接收系统$[G/T]=-5.3$dBW/K。若忽略其他损耗，试求卫星接收机输入端的载噪比$[C/N]$和$[C/T]$。

15. 设某地球站接收天线直径为30m，天线效率为70%，下行频率为4GHz，下行链路损耗为200dB，卫星的$[\text{EIRP}]_S=26$dBW，折算到地球站低噪声放大器输入端的系统噪声温度为50K，接收机的等效噪声带宽为329MHz。若不考虑接收馈线系统的损耗，试问低噪声放大器输入端的载噪比C/N为多少dB?

16. 设某地球站天线直径$D=30$m，效率为60%，频率为6GHz，天线馈线损耗为1.3dB，卫星$[G/T]_S=-17.6$dB/K，$[W_S]=-67\text{dBW/m}^2$，设$[BO]_1=5$dB。试计算$[\text{EIRP}]_{EM}$和$[C/T]_{UM}$。

17. 一个地球站发射机输出功率为2kW，上行链路频率为6GHz，天线直径$D=30$km，卫星的$[G/T]_S=-5.3\text{dBW}/K$。试计算当$R_b=60$Mb/s时卫星输入的E_b/n_0。

18. 若传输速率为 $R_b=90$Mb/s，接收机输入端的$[G/T]_S=-128.1$dBW/K，求接收地球站接收系统输入端的 E_b/n_0。

19. 已知某卫星通信系统$[G/T]_R=37.3$dB/K，$[G/T]_S=-5.3$dBW/K，链路标准取 $P_e\leqslant 10^{-4}$，门限余量为 6dB，上行频率为 14GHz，下行频率为 11.7GHz，比特率 $R_b=120$Mb/s，设 $r=0.4$，补偿值为 0dB，试计算满足传输速率和误码率要求所需要的$[C/T]$及$[\text{EIRP}]_S$ 和$[\text{EIRP}]_E$。

20. 设有一个 36MHz 带宽的转发器，用来传输 60Mb/s 的数据信号，使用 QPSK 调制载波。若要求 $P_e\leqslant 10^{-7}$，接收系统所需$[C/T]=$? 若要求 $P_e\leqslant 10^{-4}$，所需$[C/T]$又为多少?

21. PCM/PSK/SCPC 体制的卫星通信系统，已知卫星与地球站的参数为：上行频率 6GHz，下行频率为 4GHz；转发器行波管饱和输出功率为 12W；卫星天线增益$[G]_S$ 收、发均为 28dB(含馈线损耗)；$[G_R/T_D]$为-4.5dB/K；卫星转发器匹配条件下功率增益$[G_P]_S$ 为 104dB；转发器带宽为 36MHz；$[BO]_I=6.5$dB，$[BO]_O=2.8$dB；地球站品质因数$[G/T]_E$ 为 24dBW/K。系统性能指标中误比特率 P_e 为 10^{-4}，通道调制方式为 QPSK，数据速率 R_b 为 64Kb/s。计算系统容量是多少?

22. 在 IS-Ⅴ系统中，设工作频率为 6/4GHz，在一个带宽为 36MHz 的转发器内，共安排了 800 个载波传输电话信号(采用语音激活)。转发器饱和输入功率密度$[W_S]=-72$dBW/m^2，上行传播衰减为 200.6dB，下行传播衰减为 196.7dB，转发器的性能因数$[G_{RS}/T_S]=-11.6$dB/K，天线口径为 8m，地球站的性能因数$[G_{RE}/T_D]=30$dB/K，卫星发射功率为 29dBW。为了减小交调分量的影响，行波管的输入、输出补偿分别为$[BO]_I=10$dB 和$[BO]_O=4$dB($[C/N]_I$ 按 16dB 计算)。若计入邻道干扰的影响，取$[C/N]_{IA}=26$dB。试计算卫星链路的 C/T 值和门限值$[C/T]_{th}$ 以及地球站的有效全向辐射功率$[\text{EIRP}]_{EI}$ 和传输带宽 B。

23. 已知工作频率为 6/4GHz，利用 IS-Ⅳ卫星，卫星转发器$[G/T]_S=-11.6$dB/K，$[W_S]=-72$dBW/m^2，$[\text{EIRP}]_{SS}=29.0$dBW，地球站$[G_{RE}/T_D]=40.7$dB/K，取链路误码率 Pe$\leqslant 10^{-6}$，取 $d=40000$km，$R_b=120$Mb/s，$[BO]_I=2.0$dB，$[BO]_O=0.3$dB。试计算 QPSK-TDMA 数字链路的参数。

24. 设某地球站工作频率为 4GHz，接收天线直径 $D=30$m，效率为 70%，天线噪声温度(仰角 5°时)$T_A=47$K，馈线损耗$[L_{FR}]=1$dB，冷参放大器噪声温度为 20K，卫星的$[\text{EIRP}]_{SS}=13.9$dBW。试求$[C/T]_{DM}$($d=40000$km)。

25. 已知 IS-Ⅳ卫星系统，其工作频率为 6/4GHz，$[\text{EIRP}]_S=23.5$dBW，$[G/T]_S=-17.6$dB/K，$[W_S]=-67$dBW/m^2。设取$[BO]_I=7$dB，$[BO]_O=2$dB，$[G/T]_E=40.7$dB/K，要求 $P_e\leqslant 10^{-4}$，$d=40000$km，$R_b=60$Mb/s。试计算 QPSK-TDMA 数字链路参数。

26. 在某 QPSK/TDMA 系统中$[\text{EIRP}]_{SS}=40$dBW，工作频率为 6/4GHz，$[L_D]=196.7$dB($f=4$GHz)，$[E_b/n_0]=11.4$dB，收端地球站性能因数$[G_{RE}/T_D]=35$dB/K，其他衰减$[L_r]=2$dB。试计算卫星链路的信息传输速率。

27. 已知某 TDMA 系统卫星链路的信息速率为 60Mb/s，采用 ADPCM 编码后，每话路的比特率为 32Kb/s，共有 20 个站，帧周期为 750μs，每个分帧内报头所含的比特数为 150。

试计算其系统容量(单向话路数)。

28. 已知某SCPC/FDMA卫星通信系统工作频段为6/4GHz,卫星行波管单波饱和输出功率为10W,卫星天线增益为26dB;(含馈线损耗),$[G_{RS}/T_S]=-4.5$dB/K,$[BO]_I=7.5$dB和$[BO]_O=2.5$dB,$[L_u]=201.4$dB,$[L_P]=197$dB,转发器在匹配条件下功率增益为105dB,转发器带宽为36MHz,$[G_{RE}/T_D]=23$dB/K,链路标准取$P_e\leqslant10^{-4}$,采用QPSK调制,信道带宽为38kHz,数据传输速率$R_b=64$Kb/s,$[M]_{th}=4$dB。试计算:

(1) $[C/T]_{tM}$和每载波的$[C/T]_{t1}$;

(2) 不计邻道干扰条件下的信道容量n;

(3) 每通路所需卫星和地球站的$[\mathrm{EIRP}]_{S1}$和$[\mathrm{EIRP}]_{E1}$。

29. 已知工作频率为6/4GHz的FDM/FM/FDMA系统中,其卫星转发器有效全向辐射功率$[\mathrm{EIRP}]_{SS}=22.5$dB,接收系统的$[G_{RS}/T_S]=-17.6$dB/K,转发器灵敏度$[W_S]=-67$dB/m^2,输入补偿$[BO]_I=11$dB,输出补偿$[BO]_O=4.9$dB,标准地球站性能因数$[G_{RE}/T_D]=40.7$dB/K,调制信号传输带宽$B=1240$kHz。试计算卫星链路的实际到达的$C/T$值。

30. 已知一个工作频率为6/4GHz的TDMA系统,其$[\mathrm{EIRP}]_S=22.5$dB,$[L_{PD}]=197.2$dB,当采用QPSK调制时,$[E_b/n_0]=8.4$dB,收端地球站性能因数$[G_{RE}/T_D]=40.7$dB/K,其他衰减$[L_r]=0.5$dB,转发器的带宽$B_{sat}=36$MHz,$k_{WB}=1.2$,试计算该系统的信息传输速率。(设系统余量=8dB)

第7章 卫星移动通信系统

CHAPTER 7

7.1 卫星移动通信系统概述

卫星移动通信是指利用卫星转接实现移动用户间或移动用户与固定用户间的相互通信。卫星移动通信系统以VSAT和地面蜂窝移动通信为基础，结合空间卫星多波束技术、星载处理技术、计算机和微电子技术的综合运用，是更高级的智能化新型通信网，能将通信终端延伸到地球的每个角落，实现"世界漫游"，从而使电信业产生质的变化。因此，它可以看成是陆地移动通信系统的延伸和扩展。近年来卫星移动通信系统的研制和开发取得了很大的进展。

从"移动"角度来看，卫星移动通信有三种情形：第一种为卫星不动（同步轨道卫星），终端动；第二种为卫星动（非同步轨道卫星），终端不动；第三种为卫星动（非同步轨道卫星），终端也动。由于卫星移动通信充分发挥了卫星通信的优势和特点，它不仅可以向人口密集的城市和交通沿线提供移动通信，也可以向人口稀少的地区提供移动通信。尤其是对正在运动中的汽车、火车、飞机和轮船，以及个人进行通信更具有特殊意义。其业务范围包括单向和双向无线传信、话音、数据、定位等。

7.1.1 卫星移动通信系统的分类

卫星移动通信系统按用途可分为海事卫星移动系统（MMSS）、航空卫星移动系统（AMSS）和陆地卫星移动系统（LMSS）。MMSS主要用于改善海上救援工作，提高船舶使用的效率和管理水平，增强海上通信业务和无线定位能力；AMSS主要用于飞机和地面之间，为机组人员和乘客提供话音和数据通信；LMSS则主要是利用卫星为陆地上行驶的车辆和行人提供移动通信服务。

卫星移动通信系统按卫星运行轨道（椭圆轨道、圆轨道）和高度（高、中、低）大致可以分为：大椭圆轨道（HEO）、同步静止轨道（GEO）、中轨道（MEO）和低轨道（LEO）等四种通信系统。表7-1列出了不同轨道高度的卫星移动通信系统星座参数。表7-2比较了GEO、HEO、MEO和LEO卫星通信系统的优缺点。

表 7-1 不同轨道高度的卫星移动通信系统星座参数

类型	LEO	HEO	MEO	GEO
倾角/°	85～95(近极轨道) 45～60(倾斜轨道)	63.4	45～60	0
高度/km	500～2000 或 3000(多数在1500以下)	低：500～20000； 高：25000～40000	约2000或 3000～20000	约35786
周期/h	1.4～2.5	4～24	6～12	24
星座卫星数/颗	24到几百	4～8	8～16	3～4
覆盖区域	全球	大仰角覆盖北部高纬度国家	全球	全球(不包括两极)
单颗卫星覆盖地面/%	2.5～5		23～27	34
传播时延(ms)	5～35	150～250	50～100	270
过顶通信时间/h	1/6	4～8	1～2	24
传播损耗	比GEO低数十dB		比GEO低11dB	
典型系统	Iridium，Globalstar，Orbcomm，Teledesic	Molniya，Loopus，Archimedes	Odyssey，ICO	Inmarsat，MSAT，Mobilesat

表 7-2 LEO、MEO、HEO和GEO卫星通信系统的优缺点

优缺点	LEO/MEO	HEO	GEO
优点	① 可覆盖全球 ② 传播时延短 ③ 频率资源可多次再用 ④ 卫星和地面终端设备简单 ⑤ 要求有效全向辐射功率小 ⑥ 抗毁性能好 ⑦ 适合个人移动卫星通信 ⑧ 研制费用低及研制较容易	① 可覆盖高纬度地区 ② 地球站可工作在大仰角上，减少大气影响 ③ 可用简单的高增益非跟踪天线 ④ 发射成本较低 ⑤ 在业务时间内不会发生掩蔽现象	① 开发早，技术成熟 ② 多普勒频移小 ③ 发展星上多点波束技术，可简化地面设备 ④ 适用于低纬度地区
缺点	① 连续通信业务需要多颗卫星 ② 复杂的网络设计 ③ 要使用星上处理及星间通信等先进技术	① 连续通信业务需要2～3颗卫星 ② 当从一颗星向另一颗星切换时，需要电路中断保护措施 ③ 需要多普勒频移补偿功能 ④ 卫星天线必须有波束定位控制系统	① 高纬度地区通信效果差 ② 地面设备大、成本高、机动性差

续表

优缺点	LEO/MEO	HEO	GEO
缺点	④ 较大的多普勒频移，需要频率补偿功能 ⑤ 当从一颗星向另一颗星切换时，需要电路中断保护措施	⑤ 保持轨道不变需要相当多的能量 ⑥ 当近地点高度较低时，需要防辐射措施，因为卫星经过范伦带 ⑦ 全球覆盖需星间链路 ⑧ 地面设备较大，成本高	③ 需要星上处理技术和大功率发射管及大口径天线

GEO 系统技术成熟、成本相对较低，目前可提供业务的 GEO 系统有 Inmarsat 系统、北美卫星移动系统 MSAT、澳大利亚卫星移动通信系统 Mobilesat；LEO 系统具有传输延迟短、路径损耗小、易实现全球覆盖及避开了静止轨道的拥挤等优点，目前典型的系统有 Iridium、Globalstar、Teledesic 等；MEO 则兼有 GEO、LEO 两种系统的优缺点，典型的系统有 Odyssey、ICO、AMSC 等；而 HEO 采用大仰角，用于其他类型卫星难以胜任业务的高纬度地区，尤其对欧洲许多国家特别有用，典型的系统有 Molnyia、Loopus 等。另外，还有区域性的卫星移动系统，如亚洲的 AMPT、日本的 N-STAR、巴西的 ECO-8 等。

目前，LEO 和 MEO 系统在个人卫星通信业务方面具有极大潜力，并引起了人们的关注。为管理方便，美国联邦通信委员会(FCC)把 LEO 和 MEO 系统分为大 LEO 和小 LEO 两类，其他国家也按此分类。大 LEO 系统可处理语音传输，并使用高于 1GHz 的频率。小 LEO 系统只处理数据传输，且使用低于 1GHz 的频率，一般为 VHF 和 UHF。

7.1.2 卫星移动通信系统的特点

卫星移动通信系统由移动终端、卫星、地球站构成。其最大特点是利用卫星通信的多址传输方式，为全球用户提供大跨度、大范围、远距离的漫游和机动、灵活的移动通信服务，是陆地蜂窝移动通信系统的扩展和延伸，在偏远的地区、山区、海岛、灾区、远洋船只以及远航飞机等通信方面更具独特的优越性。

1. 卫星移动通信系统具有的技术特点

(1) 系统庞大，结构复杂，技术要求高，用户(站址)数量多。

(2) 卫星天线波束应能适应地面覆盖区域的变化并保持指向，用户移动终端的天线波束应能随用户的移动而保持对卫星的指向，或者是全方向性的天线波束。

(3) 移动终端的体积、重量、功耗均受限，天线尺寸外形受限于安装的载体，特别是对手持终端的要求更加苛刻。

(4) 因为移动终端的 EIRP 有限，对空间段的卫星转发器及星上天线需专门设计，并采用多点波束技术和大功率技术以满足系统的要求。

(5) 卫星移动通信系统中的用户链路，其工作频段受到一定的限制，一般在 200MHz～10GHz。

(6) 由于移动体的运动，当移动终端与卫星转发器间的链路受到阻挡时，会产生“阴影”效应，造成通信阻断。因此，卫星移动通信系统应使用户移动终端能够多星共视。

(7) 多颗卫星构成的卫星星座系统需要建立星间通信链路、星上处理和星上交换,或需要建立具有交换和处理能力的信关关口地球站,即网关(Gateway)。

2. 卫星移动通信系统的主要特点

(1) 卫星移动通信覆盖区域的大小与卫星的高度及卫星的数量有关。

(2) 为了实现全球的覆盖,需要采用多卫星系统。对于GEO轨道,利用三颗卫星可构成覆盖除地球南、北极区之外的卫星移动通信系统。若利用一颗GEO轨道卫星仅可能构成区域覆盖的卫星移动通信系统。若利用中、低轨道卫星星座则可构成全球覆盖的卫星移动系统。

(3) 采用中、低轨道带来的好处是传播延迟较小,服务质量较高;传播损耗小,使手持卫星终端易于实现。由于移动终端对卫星的仰角较大,一般在20°~56°,故天线波束不易遭受地面反射的影响,可避免多径深衰落。但是,中、低轨道必须是多星的星座系统,技术上较为复杂,造价昂贵,投资较大,用户资费高。

(4) 采用GEO轨道的好处是只用一颗卫星即可实现廉价的区域性卫星移动通信,但缺点有两个:一是传播延迟较大,两跳话音通信延迟将不能被用户所接受;二是传播损耗大,使手持卫星终端不易于实现。这两个缺点可通过采用星上交换和多点波束天线技术得到克服。

(5) 卫星移动通信保持了卫星通信固有的一些优点,与地面蜂窝系统相比,其优点是:覆盖范围大,路由选择比较简单;通信费用与通信距离无关。因此可利用卫星通信的多址传播方式提供大跨度、远距离和大覆盖面的漫游移动通信业务。另外,卫星移动通信可以提供多种服务,例如移动电话、调度通信、数据通信、无线定位以及寻呼等。

7.1.3 卫星移动通信系统的发展动力与发展趋势

1. 卫星移动通信系统的发展动力

(1) 海上通信。海上通信过去一般采用短波通信,但短波通信存在严重衰落现象,信号传播很不稳定,抗干扰能力差。随着海上事业的发展,对多种类的通信服务要求越来越迫切。卫星通信的问世为解决海上通信问题带来了希望。1976年卫星开始在海上通信中获得应用,建成了海事卫星通信系统,成为首先投入应用的一种卫星移动通信系统。

(2) 陆地移动通信。公共陆地移动通信的使用最早可追溯到20世纪20年代,但其蓬勃发展是从20世纪80年代初期蜂窝移动通信网建成开始的,20世纪90年代初期数字蜂窝移动通信系统的建成为公共陆地移动通信的发展注入了更大的活力。自20世纪80年代中期以来,全球的移动通信用户数以50%~60%的速率逐年增长。但不管怎样,地球上仍有许多地方是公共陆地移动通信系统覆盖不到的,空中和海上自不必说,即便在陆地上,许多人烟稀少的地方靠陆地系统或者是难以覆盖的,或者是非常不经济的。

因此,不得不依靠卫星来为这些地区提供通信业务。另外,由于世界上已经存在了许多不同种类的陆地通信系统,它们之间可能是不兼容的,这就给用户的使用带来了诸多的不便,而卫星系统可以跨越不同的地面网络,具有极强的互操作性,这也刺激了卫星移动通信系统的发展。

(3) 个人通信。所谓个人通信,是指任何人在任何时间和任何地点都可以通过通信网用任何信息媒体及时地与任何人进行通信。显然,实现个人通信的一个基本条件是要有一个在全球范围内无缝的通信网络，这离开卫星显然是无法实现的。因此，人们在探讨未来的个人通信系统时，无一例外地都考虑了全球个人卫星通信系统(S-PCS)。

(4) 市场。随着经济的全球化，每时每刻经济活动都不会停止。在一个普通的公司内，25%的工作人员有多达20%的时间在其办公室外工作，这样，全球约有5500万人有20%的时间不在其办公室内工作；其次，全球只有约5%的陆地面积能被地面蜂窝移动通信系统覆盖，并且这些蜂窝移动通信系统之间可能还互不兼容；另外，即使被蜂窝移动通信系统覆盖的区域，还可能存在着覆盖缝隙。这些都为卫星移动通信系统的发展提供了机遇，或者说提供了潜在的使用对象。

从电信市场看，1997年全球卫星移动通信业的总收入约为20亿美元，而到2005年，总收入达到了200亿美元。所有这些外在的因素，加上卫星通信本身具有的独特优点、良好的使用经历和技术基础，使得卫星移动通信取得了迅速的发展，并继续呈现出高速发展的态势和良好的发展前景。

2. 卫星移动通信系统的发展趋势

从目前的形势来看，卫星移动通信系统的发展趋势主要表现在如下几个方面：

(1) 在继续发展静止同步轨道卫星移动通信的同时，重点发展低轨道卫星移动通信系统。

(2) 发展能实现海事、航空、陆地综合卫星移动通信业务的综合卫星移动通信系统。

(3) 未来的卫星移动通信系统不仅具有话音、数据、图像通信功能，还具有导航、定位和遇险告警、协助救援等多种功能。

(4) 将卫星移动通信系统与地面有线通信网、蜂窝电话网、无绳电话网连接成个人通信网。

(5) 卫星移动通信系统大多是全球通信系统，要求与各个国家的通信网连接，所以必须制定统一的国际标准和建议，并解决与各个不同用户国、不同地面接口兼容的问题。

(6) 卫星移动通信系统面向全球，系统复杂，投资巨大，单凭公司或集团难以单独完成开发经营，需要在全球寻找用户和投资者。因此，开展国际间的合作开发和合作经营势在必行。

(7) 在卫星及其技术方面，主要趋向是采用低轨道小型卫星，发展高增益多波束天线和多波束扫描技术、星上处理技术，开发更大功率固态放大器和更高效的太阳能电池，开展星间通信技术研究等。

(8) 移动终端及其技术方面，重点开展与地面移动通信终端(手机)兼容和与地面网络接口技术的研究，开展终端小型化技术研究，包括小型高效天线的研究开发和采用单片微波集成电路，以减少终端的体积、重量和功耗，同时研究如何进一步减少系统的成本和降低移动终端的价格。

(9) 频率资源利用方面，将进一步开展卫星移动通信新频段和频谱有效利用技术的研究。

7.2 国际卫星移动通信系统

7.2.1 概述

最早的GEO卫星移动系统，是利用美国通信卫星公司(COMSAT)的Marisat卫星进行卫星通信的，它是一个军用卫星通信系统。20世纪70年代中期为了增强海上船只的安全保障，国际电信联盟决定将L频段中的1535～1542.5MHz和1636.3～1644MHz分配给海事卫星通信业务，这样Marisat中的部分能力就提供给远洋船只使用了。

1982年形成了以国际海事卫星组织管理的国际卫星移动通信系统(INMARSAT),开始提供全球海事卫星通信服务。1985年对公约作修改,决定把航空通信纳入业务之内,1989年再次把业务从海空扩展到了陆地,真正全方位地提供全球卫星移动通信服务,并于1990年开始提供海上、陆地、航空全球性的卫星移动通信服务。我国交通部的交通通信中心代表国家参加了该组织。表7-3给出了各类INMARSAT系统的主要业务和投入使用的时间。

表7-3　各类INMARSAT系统的主要业务和投入使用的时间

系统名称	投入使用时间/年	主要业务
INMARSAT-A	1982	早期的话音/数据业务
INMARSAT-Aero	1990	航空话音和数据
INMARSAT-C	1991	手提箱式业务
GMDSS	1992	各种求救、救援业务
INMARSAT-M	1993	手提箱式数字电话
INMARSAT-B	1993	数字低速全业务终端
全球呼叫	1994	袖珍寻呼机
导航业务	1995	各种专用业务
INMARSAT mini-M	1996	膝上数字电话、传真和数据
INMARSAT-E	1997	全球遇险告警业务
INMARSAT-D/D+	1998	CD机大小的单向/双向数据终端
INMARSAT-M4	1999	笔记本式高速全业务终端

7.2.2　INMARSAT系统的构成

1. 提供海事卫星移动业务的INMARSAT系统

提供海事卫星移动业务的INMARSAT系统主要由船站、岸站、网络协调站、卫星和网络控制中心等部分组成,如图7-1所示。其中卫星与船站之间的链路采用L频段,卫星与岸站之间是C或L双频段工作,传送话音信号时用C频段,L频段用于用户电报、数据和分配信道。

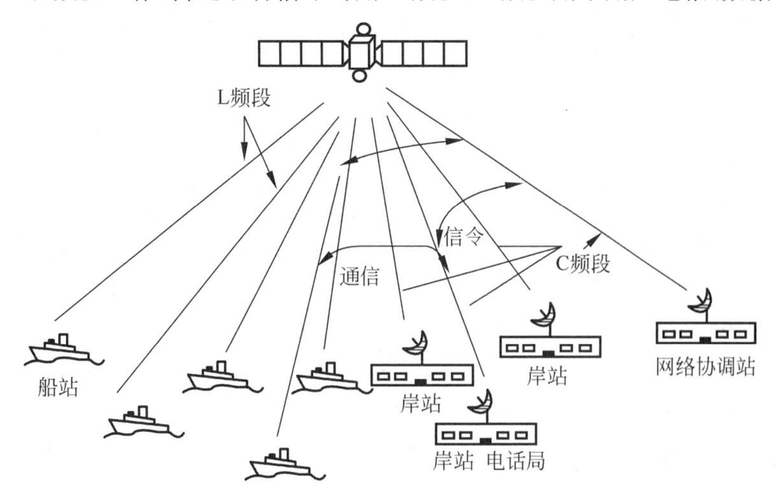

图7-1　提供海事卫星移动业务的INMARSAT系统组成

1）GEO 卫星

提供海事卫星移动业务的 INMARSAT 系统（第 3 代）的空间段由 4 颗 GEO 卫星构成，分别覆盖太平洋（定位于东经 178°）、印度洋（定位于东经 65°）、大西洋东区（定位于西经 16°）和大西洋西区（定位于西经 54°）。提供海事卫星移动业务的 INMARSAT 系统第 3 代卫星拥有 48dBW 的全向辐射功率，比第 2 代卫星高出 8 倍，同时第 3 代卫星有一个全球波束转发器和 5 个点波束转发器。由于点波束和双极化技术的引入，使得在第 3 代卫星上可以动态地进行功率和频带分配，从而大大提高了卫星信道资源的利用率。为了降低终端尺寸及发射电平，该系统通过卫星的点波束系统进行通信。除南北纬 75°以上的极地区域以外，4 颗卫星几乎可以覆盖全球所有的陆地区域。

目前广泛使用的 INMARSAT 第 4 代卫星，由 3 颗完全相同的 GEO 卫星组成（已发射了 2 颗），其容量和功率分别是第 3 代卫星的 16 倍和 60 倍，支持宽带全球区域网（Broadband Global Area Network，BGAN）无线宽带接入业务等，可满足日益增长的数据和视频通信的需求，尤其是宽带多媒体业务。

2）岸站（CES）

CES 是指设在海岸附近的地球站，归各国主管部门所有，并归其经营。CES 既是卫星系统与地面系统的接口，又是一个控制和接续中心。其主要功能如下：

（1）对从船舶或陆地来的呼叫进行分配并建立信道。

（2）信道状态（空闲、正在受理申请、占线等）的监视和排队的管理。

（3）船舶识别码的编排和核对。

（4）登记呼叫，产生计费信息。

（5）遇难信息监收。

（6）卫星转发器频率偏差补偿。

（7）通过卫星的自环测试。

（8）在多岸站运行时的网络控制功能。

（9）对船舶终端进行基本测试。

每一海域至少有一个岸站具备上述功能。典型的 CES 抛物面天线直径为 11～14m，收发机采用 C 和 L 双频段工作方式，C 频段（上行 6.417～6.4425GHz，下行 4.192～4.200GHz）用于语音，L 频段用于用户电报、数据和分配信道。

3）网络协调站（NCS）

NCS 是整个系统的一个重要组成部分。在每个洋区至少有一个地球站兼作网络协调站，并由它来完成该洋区内卫星通信网络必要的信道控制和分配工作。大西洋区的 NCS 设在美国的 Southbury，太平洋区的 NCS 设在日本的 Ibaraki，印度洋区的 NCS 设在日本的 Namaguchi。

4）网络控制中心（NOC）

设在伦敦国际卫星移动组织总部的 NOC，负责监测、协调和控制网络内所有卫星的运行，检查卫星工作是否正常，包括卫星相对于地球和太阳的方向性，控制卫星姿态、燃料的消耗情况、各种表面和设备的温度、卫星内设备的工作状态等。NOC 也对各地面站的运行情况进行监控。

5）船站（SES）

SES是设在船上的地球站。因此，SES的天线在跟踪卫星时，必须能够排除船身移位以及船身的侧滚、纵滚、偏航所产生的影响；同时在体积上SES必须设计得小而轻，使其不致影响船的稳定性，在收发机带宽方面又要设计得有足够带宽，能提供各种通信业务。为此，对SES采取了以下技术措施：

（1）选用L频段（上行1.636～1.643GHz，下行1.535～1.542GHz）。由于海面对L频段的电磁波是足够粗糙的，而船站天线仰角通常都大于10°，这样可以克服镜面反射分量的形成。

（2）采用SCPC/FDMA制式以及话路激活技术，以充分利用转发器带宽。

（3）卫星采用极子碗状阵列式天线，使全球波束的边缘地区亦有较强的场强。

（4）采用改善HPA（发送部分的高功放），来弥补因天线尺寸较小造成的天线增益不高的情况。

（5）L频段的各种波导分路和滤波设备，广泛采用表面声波器件（SAW）。

（6）采用四轴陀螺稳定系统来确保天线跟踪卫星。

每个SES都有自己专用的号码，通常SES由甲板上设备（ADE）和甲板下设备（BDE）两大部分组成。ADE包含天线、双工器和天线罩；BDE包含低噪声放大器、固体高功放等射频设备，以及天线控制设备和其他电子设备。射频部分也可装在ADE天线罩内。

SES有A型站、B型站、M型站和C型站标准等。1992—1993年投入应用的B、M型站采用了数字技术，它们最终将取代A型站和C型站。

2. 提供陆地卫星移动业务的INMARSAT系统

INMARSAT标准A、B、C、D、D/D+、M和mini-M系统都有可以提供陆地使用的移动地球站。

常规的标准A或B站可以安装在轻型车辆上，其天线可以加上一个防护罩以防机械损伤。对于不要求“动中通”的标准A或B站，即无须天线跟踪时，可以采用较简单的天线安装方法。为了便于搬移，可使用能拆卸的反射面天线，使整个移动站可放入一个手提箱内。

真正用于陆地可搬移的INMARSAT移动终端是标准M站，它采用电池供电，整个站的尺寸不大于一个公文包，天线安装在公文包的盖子上。与海事系统中移动站天线的设计不同，标准M站天线的极坐标方向图是水平对称的，通过调整可以适应不同的卫星仰角。M站天线方向图的主瓣在水平面上相当窄，而在垂直面上相当宽，用户还可以旋转公文包，以把天线主瓣指向卫星信号最强的方位角。对于固定、半固定的使用环境，标准M站还可以把天线与室内单元分离开来，把天线单独安装在室外视野开阔地带。

INMARSAT标准M系统由INMARSAT空间段、标准M移动站、陆地地球站和网络协调站组成，如图7-2所示，主要用于在固定用户和移动用户之间提供中等质量的话音业务及传真和全双工数据业务。

（1）INMARSAT空间段：主要是指卫星转发器及相应的LMSS频段。

（2）标准M移动站（MES）：利用L频段（1.5/1.6GHz）通过INMARSAT空间段与LES进行通信。

（3）陆地地球站（LES）：它与INMARSAT空间段在C频段（4/6GHz）和L频段进行接口，并作为MES与地面通信网之间进行通信的网关。

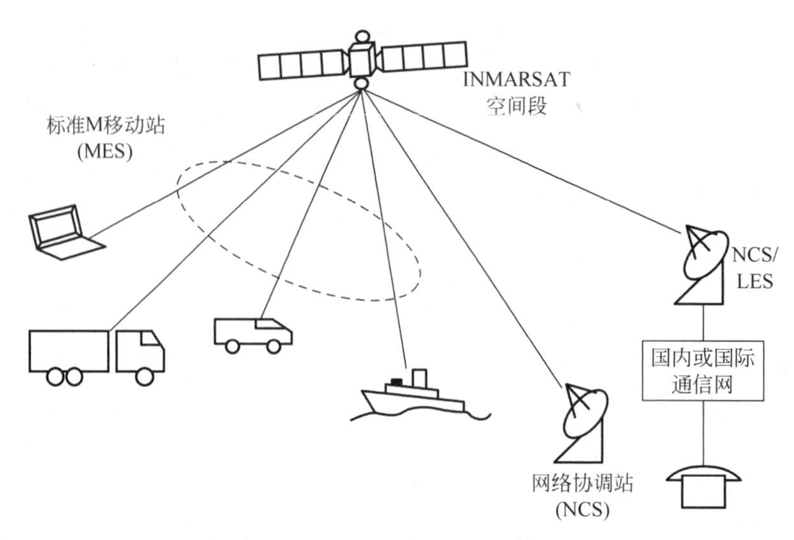

图 7-2　INMARSAT 标准 M 系统的组成

(4) 网络协调站(NCS)：负责整个系统的网络控制和管理，与 INMARSAT 空间段在 C 和 L 频段进行接口，以实现与 LES 和 MES 之间的信令交换。它通常安装在一个 LES 上。

3. 提供航空卫星移动业务的 INMARSAT 系统

INMARSAT 航空卫星通信系统主要提供飞机与地球站之间的地对空通信业务，该系统主要由卫星、航空地球站(航站)和机载站(机站 AES)三部分组成，如图 7-3 所示。

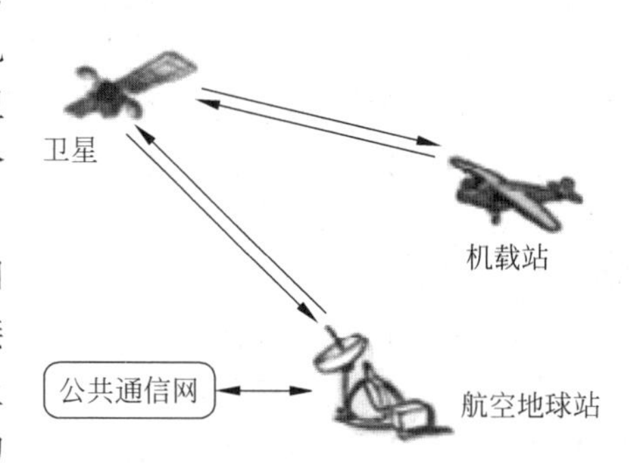

图 7-3　INMARSAT 航空卫星通信系统

卫星与航站之间采用 C 频段，卫星与机站之间采用 L 频段。航站是卫星与地面公众通信网的接口，它是陆地地球站的改装型。机站是设在飞机上的移动地球站。INMARSAT 航空卫星通信系统的信道分为 P、R、T 和 C 信道，P、R 和 T 信道主要用于数据传输，C 信道可传输话音、数据、传真等。

航空卫星移动通信系统与海事或陆地卫星移动通信系统有明显差异，比如飞机高速运动引起的多普勒效应比较严重，机载站高功率放大器的输出功率和天线的增益受限等。因此，在航空卫星移动通信系统设计中，采取了许多技术措施，如采用相控阵天线，使天线自动指向卫星；采用前向纠错编码、比特交织、频率校正和增大天线仰角，以改善多普勒频移的影响。

目前，支持 INMARSAT 航空卫星移动业务的系统主要有以下 5 个。

(1) Aero-L 系统：低速(600b/s)实时数据通信，主要用于航空控制、飞机操纵和管理。

(2) Aero-I 系统：利用第 3 代 INMARSAT 卫星的强大功能，并使用中继器，在点波束覆盖的范围内，飞行中的航空器可通过更小型、更廉价的终端获得多信道话音、传真和电路交换数据业务，并在全球覆盖波束范围内获得分组交换的数据业务。

(3) Aero-H 系统：支持多信道话音、传真和数据的高速(10.5Kb/s)通信系统，在全球覆盖波束范围内用于旅客、飞机操纵、管理和安全业务。

(4) Aero-H + 系统：是 Aero-H 系统的改进型，可在点波束范围内利用第 3 代 INMARSAT 卫星的强大容量，提供的业务与 H 系统基本一致。

(5) Aero-C 系统：它是 INMARSAT-C 航空版本，是一种低速数据系统，可为在世界各地飞行的飞机提供存储转发电文或数据包业务，但不包括航行安全通信。

如今，INMARSAT 的航空卫星通信系统已能为旅客、飞机操纵、管理和空中交通控制提供电话、传真和数据业务。从飞机上发出的呼叫，通过 INMARSAT 卫星送入航空地球站，然后通过该地球站转发给世界上任何地方的国际通信网络。

7.2.3 各类 INMARSAT 的终端

INMARSAT 采用几种不同的移动通信系统，通过一系列终端向用户提供不同的服务，其中包括 INMARSAT-A、C、B/M、Aero、Mini-M、D、E 以及 BGAN 等系统。与之相适应，INMARSAT 可在全球提供以下不同类型的移动终端。

1. INMARSAT-A

INMARSAT-A 属于模拟系统，其终端通过直径大约 1m 的抛物面天线提供话音(9.6Kb/s)、数据、电传、传真以及高速数据(56/64/384Kb/s)。船用终端天线放在屏蔽罩中，自动跟踪系统保证天线始终对准卫星，并可通过按键启动遇险告警，其中遇险告警在 INMARSAT 系统中处于最高级别。陆用移动终端是便携式的，可以装在手提箱里，并可在几分钟之内开始工作。典型的 INMARSAT-A 终端提供一个话音和一个电传信道，可连接电传机或小型交换机等外设。

2. INMARSAT-B

INMARSAT-B 是 INMARSAT-A 的数字式接替产品，它将先进的数字通信技术应用到卫星移动通信领域，提供所有与 INMARSAT-A 相同但有所增强的服务，比 INMARSAT-A 更能充分利用功率和频段。这就意味着空间段费用大大降低，终端体积和重量都较 A 系统减少许多。INMARSAT-B 可提供实时的直拨数字电话(16Kb/s)、传真和电传服务，还有增强数据通信业务(16Kb/s)和高速数据通信服务(64Kb/s)。INMARSAT-B 既可以工作于全球波束，也可工作于 INMARSAT 第 3 代卫星的点波束，在与 INMARSAT-A 并存一段时间以后，已完全接替 INMARSAT-A 而成为海事通信的主力。

3. INMARSAT-M

INMARSAT-M 是 INMARSAT-B 的简化型，以提供电话服务为主。它有海事和陆用两种类型，提供高质量数字式电话(4.8Kb/s)、低速传真和数据(2.4Kb/s)。其体积小(天线为 0.4m)，重量在 15kg 左右，价格相对便宜。

4. INMARSAT-C

INMARSAT-C 终端通过一个十几厘米高的全向天线，以存储转发方式提供电传和低速数据(600b/s)，用户终端小巧，陆用终端及天线可装在一个手提箱中，重仅 3kg 左右，价格经济，能耗低，可以使用电池、太阳能等，因而在边远地区尤为适用。INMARSAT-C 车载式的终端具有全向性天线，能在行进中进行通信；便携式或固定式的终端采用小型定向天线，可方便携带及减低能耗。INMARSAT-C 除提供普通的电传、数据、文字传真外，还有许多其他服务：增强群呼安全网，车、船管理网，数据报告，查询，一文多址，多文多址等。已有多种型号 INMARSAT-C 终端可与 GPS 综合在一起，作为定时位置报告手段。其轮询和数据报告功能很适合于遥测、控制和数据采集(SCADA)。INMARSAT-C 终端还可通过具有 X.25 或 X.400 协议的 LES 提供电子邮件服务。此外,INMARSAT-C 站作为满足全球海上遇险和安全系统(GMDSS)要求所必备,还广泛应用于发送级别优先的遇险报警信息。

5. INMARSAT-Aero

INMARSAT-Aero 为航行在世界各地的飞机提供双向话音和数据服务,包括高质量话音、数据包信息、传真和电路模式数据,不仅提供个人通信,更主要用于空中交管,对飞机的过境航行实现综合监控和管理。该系统由 Inmarsat 和航空工业界制定并形成统一的工业技术标准。系统定义与 AEEC 制定的 Arine 标准 741 兼容,与 ICAO 颁布的标准和建议相符,按这些标准设计和制造的设备在世界各地都可工作,没有地域限制(需得到国家无线电管理部门批准)。高增益的 INMARSAT-Aero-H、低增益的 INMARSAT-Aero-L 以及后来推出的 INMARSAT-Aero-I 终端正为航空界所推崇。

6. INMARSATMini-M

INMARSATMini-M 是 Inmarsat 于 1996 年底推向市场的全新概念卫星电话终端,体积小,重量轻,携带方便,使用灵活。由于 INMARSAT 第 3 代卫星采用点波束技术,使得其电话终端重量仅为 2kg,体积与便携式电脑的体积相当。INMARSATMini-M 拥有数字技术、清晰的通话质量、最短的接通时间、可以忽略的延迟和高度的保密性。携带一台 INMARSATMini-M 终端,就可以随时随地打电话(4.8Kb/s)、发传真、传输数据(2.4Kb/s)。INMARSATMini-M 终端是当时世界上唯一最小的、可以真正实现全天候、全球覆盖移动通信的电话终端。

7. INMARSAT-D

INMARSAT-D 是 Inmarsat 推出的全球卫星短信息服务系统,即卫星移动寻呼机,可支持中心办公室与偏远地区的使用者、无人监控设备、传感器之间的通信,传输多达 128 个字符的字母和数字混编短语信息,可双向通信,既可收到短信息,也可发送短数据报告和应答,亦为实现数据采集的极佳选择。INMARSAT-D 终端为袖珍型,只稍大于普通寻呼机。

8. INMARSAT-E

INMARSAT-E 即卫星无线电紧急示位标(EPIRB)。利用 INMARSAT 系统的卫星 EPIRB 功能,使用 L 频段频率提供遇险告警。船舶遇险时安装的 EPIRBs 将自动飘浮,并自动启动,将船舶的紧急信息、位置坐标、船舶等级、速度等不间断地送进卫星 EPIRB 处理器,以最快的速度(一般一分钟内)将遇险信息传给搜救中心,以便救援。卫星 EPIRB 接收处理器分布在三个地面站中,其服务覆盖整个四个洋区。该功能已纳入 GMDSS。

9. INMARSATBGAN

INMARSATBGAN 是具有宽带网络接入、移动实时视频直播、兼容 3G 等多种通信能力的新一代 INMARSAT 宽带全球区域网。它采用 INMARSAT-4 卫星系统,将对 85%的全球陆地面积提供无缝隙网络覆盖,由于工作在无线电频谱的 L 频段,设备可以通过电池驱动,使其终端远小于那些使用 Ku 频段和 Ka 频段的终端和天线。重量为 1~2.5kg 的终端设备承载最高达 492Kb/s 的高速互联网接入、话音、传真、ISDN、短信、语音信箱等多种业务应用模式。

7.2.4 INMARSATBGAN系统

INMARSATBGAN 系统可以分为空间段、地面段和用户段。空间段由 3 颗 GEO 卫星组成，地面段包括卫星测控中心、卫星接入站和其他地面网络等，用户段由各种用户终端组成。

1. 空间段

INMARSAT-4(I-4)卫星系统共有 3 颗完全相同的卫星，由欧洲 EADSAstium 公司研制。卫星主体尺寸为 7m×2.9m×2.3m，太阳能帆板翼展 45m，在轨重约为 3000kg，设计寿命为 10 年。每颗卫星具有 1 个全球波束，19 个宽点波束，200 个窄点波束，容量是上一代卫星的 16 倍，功率是上一代卫星的 60 倍，区域通信容量可调整。目前已发射两颗，分别是 INMARSAT-4F1 和 INMARSAT-4F2(I-4F1 和 I-4F2)。第一颗卫星定位于印度洋上空 64°E 轨道上，覆盖欧洲、非洲、中东、亚洲和印度洋；第二颗卫星定位于大西洋上空 53°W 的 GEO 轨道上，覆盖南美洲、北美洲的大部分、大西洋和太平洋的一部分；第三颗卫星计划定位于太平洋上空 178°E 的 GEO 轨道上，将网络覆盖扩展到南北美洲全部，并实现与各国电信运营网络的互联互通，网络几乎覆盖整个地球。

与 INMARSAT 的前几代卫星相比，INMARSAT-4 卫星显得更大、更成熟也更先进。INMARSAT-4 卫星的太阳能帆板更大，提供更高的 EIRP，从而提供更多的信道和更高的速率。

2. 地面段

INMARSAT 卫星由设在伦敦的 Inmarsat 总部的卫星控制中心(Satellite Control Center，SCC)控制，控制中心负责卫星在轨道上的位置保持和确保星上设备的正常运转。卫星的状态数据由 4 个遥感遥测控制(TT&C)中心负责传递给 SCC，这些站分别位于意大利的 Fucino、中国的北京、加拿大西部的 Lake Cowichan 和加拿大东部的 Ponnant Point，同时在挪威的 Eik 建有一个备用站。

在意大利的 Fucino 和荷兰的 Burum 各建有一个卫星接入站(SAS)，卫星接入站之间通过数据通信网(DCN)连接，管理全球网络中的宽带业务部分。Inmarsat 通过网络操作中心(NOC)负责整个网络的控制和管理。而卫星的控制则由卫星控制中心(SCC)来负责。这两大系统需要协调工作，根据网络流量和地理流量分布的函数来动态地给各个点波束重新配置和分配信道。图 7-4 给出了 INMARSATBGAN 系统的地面段组成和逻辑关系示意图。

卫星接入站从逻辑上可以分为两部分：网络交换子系统(NSS)和射频交换子系统(RSS)。网络交换子系统由标准的 GSM、GPRS(通用无线分组业务)和 UMTS(通用移动通信系统)组成。核心功能模块有服务 GPRS 支持节点(SGSN)和网关 GPRS 支持节点(GGSN)。SGSN 主要完成信号的处理、信息的承载等功能，而 GGSN 提供与各地面通信网间的接口。GPRS 的接口、系统和结构的设计都是为了使 NSS 保持标准性。RSS 系统与 UMTS 中的无线接入网(RAN)对应，主要为通过卫星的可靠通信提供空中接口，也为地球站提供无线电射频功能。为了在有效利用功率的同时获得高的频谱利用率，还使用了先进的调制和编码机制。

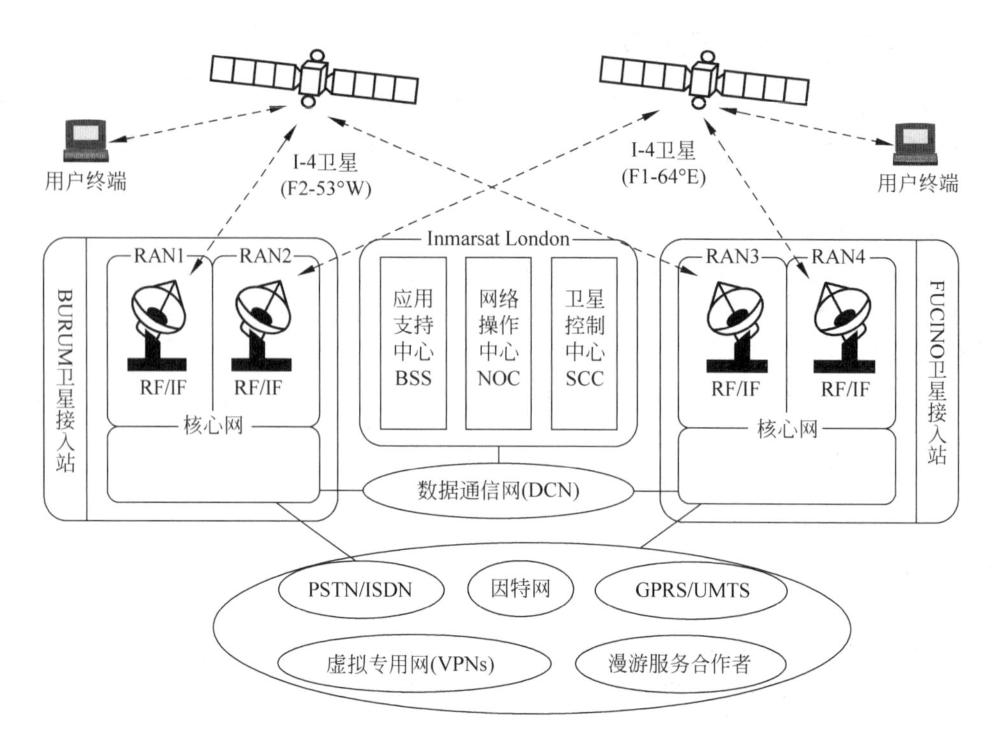

图 7-4　INMARSATBGAN 系统地面段示意图

3. 用户段

INMARSAT 从开始提供服务到现在，其设备终端也在不断发展和改进，已经涵盖了海事、航空和陆地通信的各个部分。为了保持兼容，INMARSAT-3 和 INMARSAT-4 的全球波束和宽点波束仍然支持先前已经存在的设备，而一些演进的设备通过双模的方式，既支持 INMARSAT-4 覆盖的增强服务，又支持 INMARSAT-3 的现有业务，因此实现了这些业务真正的全球覆盖。这些现有的和增强的业务由目前的地面网络提供，包括陆地地球站和业务提供商。新的 INMARSATBGAN 用户终端只能在 INMARSAT-4 的窄点波束覆盖范围内使用，兼容标准的 IT/PC 通信软件，并且综合了通过利用全球定位系统实现的定位功能，通过一张标准的 SIM 卡就可以实现和地面通信网之间的互相漫游。

INMARSATBGAN 终端都是基于卫星调制解调器概念设计的，一般包括天线单元、接口单元和用于话音通信的手持机，以及一套辅助用户准确指向卫星的软件等部分。接口单元在进行话音通信时可以采用有线或蓝牙方式和话机相连（取决于电话机），在进行数据通信时也可以选择多种方式和个人电脑或个人数字助理等相连接。不同终端提供的数据接口不完全相同，具体连接方式视终端类型和型号而定。

一个 INMARSATBGAN 终端可以同时支持两种业务，即在高速数据传输的同时进行话音通信，也可以由用户选择单独当作数据调制解调器或仅当作电话使用。数据通信时，数据分组经由 IP 路由器在网内以分组交换的方式传输。话音通信时，话音通过交换机以电路交换方式传输，即一个终端可以在两个网络进行通信，如图 7-5 所示。

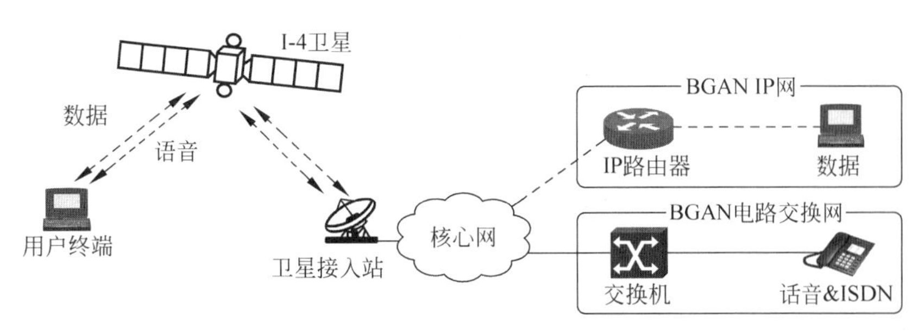

图 7-5 一个终端与两个网络

7.3 静止轨道区域卫星移动通信系统

区域性卫星移动通信业务主要由GEO移动通信卫星来承担。未来GEO移动通信卫星将采用12～16m口径天线，能生成200～300个点波束，使EIRP和G/T值大大提高，转发器采用矩阵功率放大器技术，广泛采用星上处理技术，从而实现手持式终端通信，话路达1600路左右。

GEO区域卫星移动通信系统只需一颗卫星(最多再需一颗备份星)。因此，无论从建网周期、发射费用，还是从整个系统造价上都比中、低轨道全球卫星移动通信系统小得多。

目前已经提供商用或拟议中的GEO区域卫星移动通信系统有MSAT、Mobilesat、PRODAT、(ACeS)和Thuraya等。

7.3.1 北美卫星移动通信系统

1. 系统组成

北美卫星移动通信系统(MSAT)是世界上第一个区域性卫星移动通信系统。1983年加拿大通信部(TMI)和美国移动卫星公司(AMSC)达成协议，联合开发北美地区的卫星业务，TMI和AMSC负责该系统实施和运营的两个卫星，TMI公司的为MSAT-1，AMSC公司的为MSAT-2。它们均采用美国休斯公司最先进的HS-601卫星平台和加拿大斯派尔公司的有效载荷，两星互为备份。

MAST系统由卫星、关口站、基站、中心控制站以及移动站组成，如图7-6所示。

1) MSAT系统的空间段

MSAT系统采用轨高36000km的同步卫星，两颗卫星均可覆盖加拿大和美国的几乎所有地区，并有覆盖墨西哥和加勒比群岛的能力。

1995年4月7日，美国MSAT-2率先由“宇宙神”火箭发射入轨。它重2910kg，卫星发射功率高达2880W，卫星通信天线覆盖地区的直径为5500km，有4000个信道，工作寿命为12年。

1996年4月21日，加拿大MSAT-1由欧空局阿里亚娜-42P火箭发射成功。至此，经过美国和加拿大两国科学家10年的努力，MSAT系统终于大功告成，它是世界上第一代商业性陆地卫星移动通信系统。MSAT-1与MSAT-2基本相同，只是重量为2855kg。美、加还将发射6颗卫星，以扩大通信范围和完善各项服务功能。

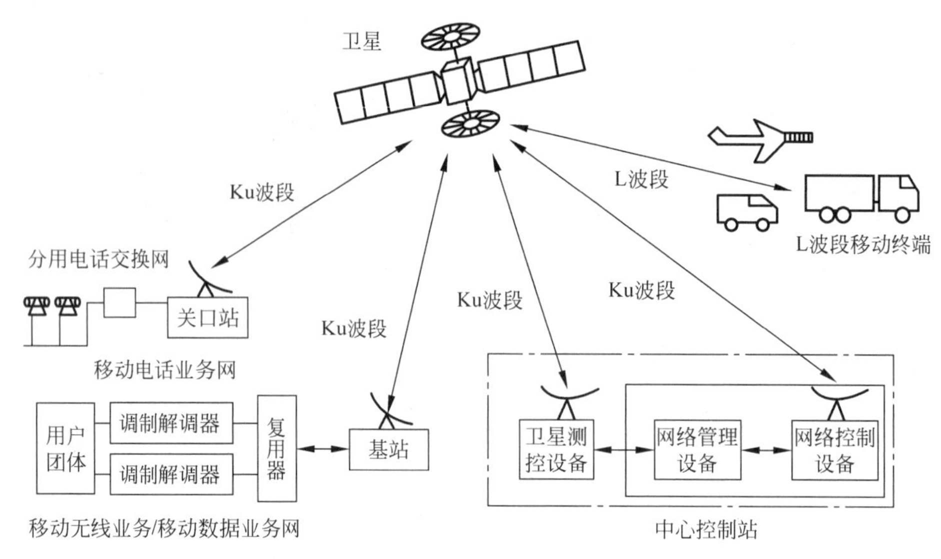

图 7-6　MSAT 系统组成

MSAT 卫星之所以采用强大的星载功率发射机和安装了两个 5m×6m 的可展开式椭圆形网状天线，是为了能向地面发射很强的信号，并能灵敏地接收来自地面移动终端的微弱信号，从而满足移动通信的要求。

MSAT-1、MSAT-2 分别定点在西经 101°和 106.5°的静止轨道上，可用来传送文件、电话、电报等。卫星和地面站之间采用 Ku 频段(14/12GHz)，卫星与移动站之间采用 L 频段。

2) MSAT 系统的地面段

中心控制站由两部分组成，即卫星控制部分和网络控制部分。卫星控制部分负责卫星的测控；网络控制部分则完成整个网络的运行和管理。关口站提供了与公众电话网的接口，使移动用户与固定用户之间可以相互通信。基站实际上是关口站的简化设备，是卫星通信与专用调度站(专用网)的接口，各调度中心通过基站进入卫星系统对车队等进行调度管理。

数据主站(可以是基站)相当于 VSAT 系统中的枢纽站(主站)，对移动数据终端起主控作用。

MSAT 卫星的有效载荷与众不同，它的转发器由独立的前向链路和回程反向链路转发器组成，即采用一个混合矩阵转发器组成。前向链路转发来自馈电链路地球站的 Ku 频段上行信号，然后以 L 频段频率转发给用户终端，回程链路转发器则接收地球移动终端的 L 频段上行信号，然后以 Ku 频段频率转发至馈电链路地球站。因此，MSAT 卫星能灵活适应各种调制类型和载波形式，保证使用 L 频段的用户终端和采用 Ku 频段的馈电链路地球站之间的大量模拟量或低数据率数字话路的单路单载波(SCPC)传输。

移动站有数据终端和电话终端，可分为如下几类：

(1) 固定位置可搬移终端，使用方向性天线，增益为 15～22dBi。

(2) 车辆移动终端，使用全向天线，仰角为 20°～60°，增益为 3～6dBi。折中天线成本低、简单，但增益低、容易受到多径传播的影响。

(3) 车辆终端，使用中等增益天线，可用机械操纵的平面天线阵。这种天线带有能决定卫星位置的探测器,也可采用电子操纵的相控阵天线。中等增益天线仰角为20°~60°,方位角为360°,增益为10~24dBi。

(4) 机载移动终端。

(5) 船载移动终端。

2. MSAT系统的应用

MSAT系统主要提供两大类业务:一类是面向公众通信网的电话业务;另一类是面向专用通信的专用移动无线业务。具体可以分为以下几种。

(1) 移动电话业务:把移动的车辆、船舶或飞机与公众电话交换网互连起来的语音通信。

(2) 移动无线电业务:用户移动终端与基站之间的双向话音调度业务。

(3) 移动数据业务:可与移动电话业务或移动无线电业务结合起来的双向数据通信。

(4) 航空及航海业务:为了安全或其他目的的话音和数据通信。

(5) 定位业务。

(6) 终端可搬移的业务:在人口稀少地区的固定位置上使用可搬移终端为用户提供电话和双向数据业务。

(7) 寻呼业务。

7.3.2 亚洲蜂窝系统——ACeS

1. 概述

GEO卫星蜂窝系统的目标通常有两个:为有限的区域提供服务和支持手持机通信。建立区域性卫星移动通信对于发展中国家具有特殊意义,不仅可为该地区提供移动通信业务,而且可以用低成本的固定终端来满足广大稀业务地区的基本通信需求。如果要在这些地区建立地面通信网,这样的基础设施所需要的投资大、周期长,而且由于业务密度低,在经济上也是不可取的。

LEO星座是全球星座或者覆盖低于某一纬度地区的星座,如Globalstar系统的LEO星座覆盖南、北纬70°之间的地区,因此利用LEO卫星不能设计出只覆盖特定区域的区域性星座。MEO星座虽然可以设计出区域星座,其卫星数目较全球星少,但MEO区域星座空间段资源(对地面的覆盖)仍有较大部分是在服务区之外而无法利用。因此,作为区域系统空间段的投资来说,LEO最大,MEO次之,GEO最少。

全球已有的GEO区域性卫星移动通信系统,如北美的MSAT和澳大利亚的Mobilesat都只能支持车载台(便携终端)或固定终端。目前,已推出若干个以支持手持机为目标的GEO区域性蜂窝系统,其中一些正在开发过程中,具有代表性的是东南亚的亚洲蜂窝卫星(Asian Cellular Satellite,ACeS)、亚洲卫星通信(Afro-Asian Satellite Communications,ASC)和美国的蜂窝卫星(Cellular Satellite,CELSAT)。

2. ACeS系统的组成

ACeS系统是一个由印度尼西亚等国建立起来的覆盖东亚、东南亚和南亚的区域卫星移动通信系统。它的覆盖面积超过了1100万平方英里(1平方英里≈2.59平方千米),覆盖区国家的总人口约为30亿,能够向亚洲地区的用户提供双模(卫星-GSM900)的话音、传真、低速数据、因特网服务以及全球漫游等业务。

ACeS 系统包括静止轨道卫星、卫星控制设备(SCF)、1 个网络控制中心(NCC)、3 个信关站和用户终端等部分。它采用了先进而成熟的关键技术,如提供高的卫星 EIRP 值,星上处理和交换功能,网络控制和管理等。

1) 空间段

ACeS 系统的空间段包括两颗 GEO 卫星 Garuda-1 和 Garuda-2,它们由美国的洛克希德·马丁公司制造。Garuda-1 卫星于 2000 年 2 月 12 日在哈萨克斯坦的拜克努尔由质子火箭发射升空定点在东经 123°的 GEO 位置上,初期运行在倾角为 3°的同步轨道上,三年多后重定位在赤道上空(倾角为 0°)的 GEO 位置上。Garuda-1 卫星采用 A2100XX 公用舱,发射时重量约为 4500kg,开始时功率为 14kW,设计寿命为 12 年,采用太阳能和电池两种供电方式。Garuda-2 发射后作为 Garuda-1 的备份并扩大覆盖范围。空间段可以同时处理 1.1 万路电话呼叫并能够支持 200 万用户。Garuda 卫星装有两副 12m 口径的 L 频段天线,每副天线包括 88 个馈源的平面馈源阵,用 2 个复杂的波束形成网络控制各个馈源辐射信号的幅度和相位,从而形成 140 个通信点波束和 8 个可控点波束。另外,还有 1 副 3m 口径的 C 频段天线用于信关站和 NCC 之间的通信。

2) 地面段

ACeS 系统的地面段由卫星控制设备、网络控制中心和 ACeS 信关站三部分组成,如图 7-7 所示。

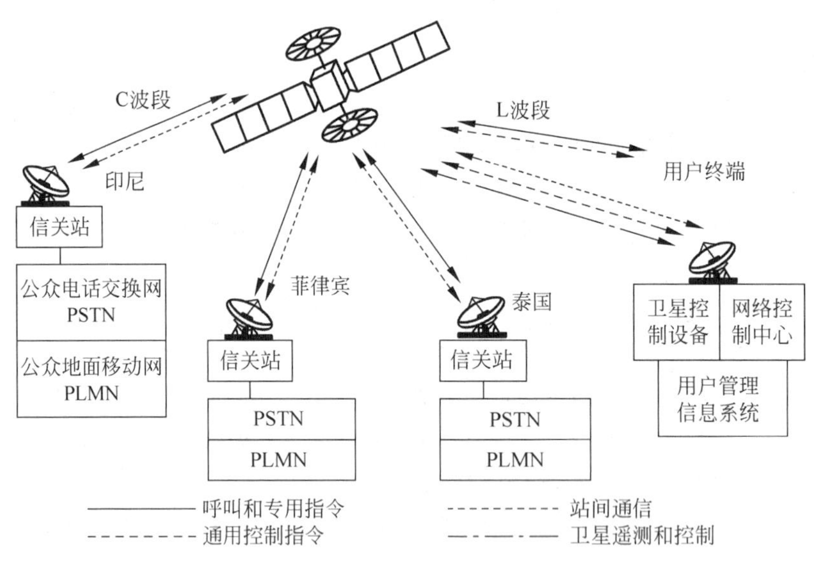

图 7-7 ACeS 系统地面段示意图

(1) 卫星控制设备(SCF):位于印度尼西亚的 Batam 岛,包括用于管理、控制和监视 Garuda 卫星的各种硬件、软件和其他设施。

(2) 网络控制中心(NCC):与卫星控制设备安置在一起,管理卫星有效载荷资源,管理和控制 ACeS 整个网络的运行。

(3) ACeS 信关站(GW):提供 ACeS 系统和 PSTN(公众电话交换网)、PLMN(公众地面移动通信网)网络之间的接口,使得其用户能够呼叫世界上其他地方的其他网络的用户。每一个信关站都提供独立的基于卫星和 GSM 网络的服务区,用户在本地信关站注册,外地用户可以从其他 ACeS 信关站或 GSM 网络漫游到该信关站。目前 ACeS 系统在印度尼西亚、菲律宾和泰国三个国家建有信关站，每一个信关站通过一个 21m 的天线与卫星建立链路。信关站实现的主要功能有：用户终端管理、编号管理、呼叫管理、客户服务咨询、流量监管、SIM 卡的生产与发放、计费、收费、账务结算和防止诈骗。

3）用户段

ACeS 系统主要提供两类终端：手持终端和固定终端。典型的手持终端是 ACeSR190，支持用户在运动中通信，可以在 ACeS 卫星模式和 GSM900 模式之间自由切换。固定终端有 ACeSFR-190，由主处理单元和室外的天线组成，可以在偏远地区提供方便的连接。

7.3.3 瑟拉亚系统——Thuraya

Thuraya 系统是一个由总部设在阿联酋阿布扎比的 Thuraya 卫星通信公司建立的区域性静止卫星移动通信系统。Thuraya 系统的卫星网络包括欧洲、北非、中非、南非大部、中东、中亚和南亚等 110 个国家和地区，约涵盖全球 1/3 的区域，可以为 23 亿人口提供卫星移动通信服务。Thuraya 系统终端整合了卫星、GSM、GPS 三种功能，向用户提供语音、短信、数据（上网）、传真、GPS 定位等业务。

1. 系统组成

Thuraya 系统由空间段、地面段和用户段三部分组成。

1）空间段

Thuraya 系统的空间段包括在太空的卫星和地面的卫星控制设备（SCF）两部分。2000 年和 2003 年发射了由波音公司制造的两颗相同的 GEO 卫星（Thuraya-1、Thuraya-2），分别定位于 44°E 和 28.5°E（倾角为 6.3°）。而 Thuraya-2 经过在轨测试后又重新定位而靠近了 Thuraya-1，从而代替了 Thuraya-1 的工作并扩大系统容量，而 Thuraya-1 用作备份。2007 年又发射了由波音公司制造的 Thuraya-3 卫星，将取代 Thuraya-1 覆盖亚太地区，包括中国全境或更多区域。

Thuraya 卫星是非常先进的大型商用通信卫星，采用双体稳定技术，设计寿命为 12 年，在轨尺寸为 34.5m×17m，在轨重量为 3200kg。

Thuraya 卫星包括卫星平台和有效载荷两部分。卫星平台分为指向控制、姿态维持、电源（太阳能：初期 13kW，末期 11kW；电池：250A/h）和热控等部分。有效载荷子系统包括星载天线、数字信号处理和交换单元等，具体如下：

（1）12.25m 口径卫星天线：可以产生 250～300 个波束，提供与 GSM 兼容的移动电话业务。

（2）星上数字信号处理：实现手持终端之间或终端和地面通信网之间呼叫的路由功能，便于公共馈电链路覆盖和点波束之间的互联，以高效利用馈电链路带宽，便于各个点波束之间的用户链路的互联。

（3）数字波束成形功能：能够重新配置波束覆盖，扩大波束或可以形成新的波束，可以实现热点区域的最优化覆盖，灵活地将总功率的 20%分配给任何一个点波束。

（4）高效利用频率：频率复用 30 次。

（5）系统能够同时提供 13750 条双工信道，包括信关站与用户、用户与用户之间的通信链路。

卫星的地面控制设备(SCF)包括命令和监视设备、通信设备、轨道分析和决策设备等3类。

(1) 命令和监视设备：负责监视卫星的工作状况，使卫星达到规定的姿态并完成姿态保持。它又包括卫星操作中心(SOC)和卫星有效载荷控制点(SPCP)，其中SOC负责控制和监视卫星的结构和健康，而SPCP负责控制和监视卫星的有效载荷。

(2) 通信设备：用于通过一条专用链路传输指令及接收空间状态和流量报告。

(3) 轨道分析和决策设备：主要功能是计算卫星在空间的位置，并指示星上驱动设备进行相应的操作，这主要是为了保持卫星与地球同步。

2) 地面段

Thuraya系统通过一个同时融合了GSM、GPS和大覆盖范围的卫星网络向用户提供通信服务，在覆盖范围内的移动用户之间可以实现单跳通信。地面段包括175万个预期用户、13750条卫星信道、一个主信关站和多个区域性信关站。主信关站建在阿联酋的阿布扎比。区域信关站基于主信关站设计，可以根据当地市场的具体需要建立和配置相应的功能，可独立运作并且通过卫星和其他区域信关站连接，提供了和PSTN/PLMN的多种接口。地面段按照实现功能的不同可以分为多个部分，表7-4列出了地面段的主要组成部分及其主要功能。

表7-4 地面段组成部分及其主要功能

组　成	主要功能
信关站子系统(GS)	通过卫星向地面通信网络和用户终端之间提供实时的连接和控制
先进的操作中心(AOC)	对网络资源进行集中控制并向各个信关站分配网络资源，提供网络的集中管理，对整个系统的功率进行控制
网络交换子系统/操作和维护系统(NSS/OMC-S)	提供与地面电话网的接口，呼叫处理功能和用户的移动性管理，记录呼叫过程并传输给计费子系统，OMS负责电话网的集中操作和维护控制
软件中心(测试床)	在非真实环境下进行软件和功能的测试，未来软件的开发和跟踪
客户服务和计费系统	向服务提供商提供服务，记录和处理呼叫的数据用于账单、计费和漫游合作方的结算
智能网系统	提供定制增值服务和使系统方便地扩展增值服务
短信服务中心和语音邮件系统	提供标准的短信息业务和语音邮件业务，包括传真和因特网之间的业务

3) 用户段

Thuraya系统的双模(GSM和卫星)手持终端，融合了陆地和卫星移动通信两种服务，用户可以在两种网络之间漫游而不会使通信中断。Thuraya系统的卫星移动终端包括手持、车载和固定终端等，提供商主要有休斯网络公司和Ascom公司。其中SO-2510和SG-2520是Thuraya卫星通信公司的第2代手持终端，是目前最轻和最小的卫星手机，具有GPS、高分辨率的彩色屏幕、大的存储空间、USB接口和支持多国语言等功能。

2. 主要技术指标和主要业务

Thuraya系统能够通过手持机提供GSM话质的移动话音通信以及低速数据通信，其主要技术指标如表7-5所示。

表 7-5 Thuraya 系统主要技术指标

项 目	参 数	项 目	参 数
静止卫星数	2 颗	信道数	13750
业务	话音、窄带数据、导航等	信道宽度	27.7kHz
下行用户链路	1525～1559MHz	调制方式	π/4-QPSK
上行用户链路	1626.5～1660.5MHz	多址方式	FDMA/TDMA
下行馈电链路	3400～3625MHz	信道比特速率	46.8Kb/s
上行馈电链路	6425～6725MHz	天线点波束	250～300
星际链路	不支持		

Thuraya 系统所提供的主要业务如下：

(1) 语音：卫星语音通话功能(GSM 音质，MOS 分高于 3.4)，语音留言信箱服务，WAP 服务。

(2) 传真：ITU-TG3 标准传真。

(3) 数据：作为调制解调器，连接 PC 进行数据传送，速率为 2.4/4.8/9.6Kb/s。

(4) 短信：增值的 GSM 短信息服务。

(5) 定位：内置 GPS，提供卫星定位导航、距离和方向服务，定位精度为 100m。

7.4 低轨道卫星移动通信系统

7.4.1 概述

LEO 卫星移动通信系统是 20 世纪 80 年代后期提出的，其基本思路是利用多个低轨道卫星构成卫星星座，组成全球(或区域)移动通信系统。它不同于 GEO 卫星通信系统，其卫星距地面的高度一般在 500～1500km，绕地球一周的时间大约是 100min，重量一般不超过 500kg。其主要特点如下：

(1) 低轨小型通信卫星体积小，重量轻，造价低，制造周期短，可批量生产，使用方便。

(2) 发射机动、迅速，卫星可用小型运载火箭通过铁路或公路机动发射或用飞机由空中发射。由于星体小，便于及时发射和采用一箭多星方式发射。

(3) 互为备份、损失较小。星群采用互为备份的工作方式，即使其中一颗或几颗因故障作废也无损星群，且可及时更换故障卫星，确保系统高质量和高可靠地工作。

(4) 地面终端设备简单，造价低廉，便于携带。这种系统的地球站采用先进的个人携带式终端(手持式终端)，也可采用现有的便携式及车载卫星通信终端。

(5) 高度低，可消除用同步卫星工作时存在的电话传输延迟问题。

多星(星座)系统，是构成全球覆盖卫星移动通信系统的基础。在多星系统中的一个星座，可以由十几颗、几十颗，甚至几百颗卫星组成。卫星的数目依轨道高度以及应用目的而定。一般来说，轨道越高，所需要的卫星数目越少。

LEO 卫星移动通信系统由卫星星座、关口地球站、系统控制中心、网络控制中心和用户单元等组成。在若干个轨道平面上布置多颗卫星，由通信链路将多个轨道平面上的卫星联结起来。整个星座如同结构上连成一体的大型平台，在地球表面形成蜂窝状服务小区，服务区内用户至少被一颗卫星覆盖,用户可以随时接入系统。

利用 LEO 卫星实现手持机个人通信的优点在于:一方面卫星的轨道高度低,使得传输延迟短,路径损耗小,多个卫星组成的星座可以实现真正的全球覆盖,频率复用更有效;另一方面蜂窝通信、多址、点波束、频率复用等技术也为 LEO 卫星移动通信提供了技术保障。因此,LEO 系统被认为是最新、最有前途的卫星移动通信系统。

目前提出 LEO 卫星方案的大公司有 8 家。其中最有代表性的 LEO 系统主要有铱(Iridium)系统、全球星(Globalstar)系统、白羊(Arics)系统、低轨卫星(Leo-Set)系统、柯斯卡(Coscon)系统、卫星通信网络(Teledesic)系统等。下面主要介绍铱系统和全球星系统。

7.4.2 铱系统

铱系统是由美国摩托罗拉公司(Motorola)于 1987 年提出的一种 LEO 卫星移动通信系统,它与现有通信网结合,可实现全球数字化个人通信。其设计思想与静止轨道卫星移动通信不同。后者采用成本昂贵的大型同步卫星,而铱系统则使用小型的(2.3m×1.2m)相对简单的智能化卫星,这种卫星可由多种商业化的运载装置进行发射。由于轨道很低(约为同步卫星高度的 1/47),必须用许多颗卫星来覆盖全球。因此铱系统的主体是由 77 颗小型卫星互联而成的网络。这些卫星组成星状星座在 780km 的地球上空围绕 7 个极地轨道运行。所有卫星都向同一方向运转,正向运转越过北极再运行到南极。由于 77 颗卫星围绕地球飞行,其形状类似铱原子的 77 个电子绕原子核运动,故该系统取名为铱系统。

该系统后来进行了改进,将星座改为 66 颗卫星围绕 6 个极地圆轨道运行,但仍用原名称。每个轨道平面分布 11 颗在轨运行卫星及 1 颗备用卫星,轨道倾角为 86.4°,轨道高度为 780km。另一个改进就是把原单颗卫星的 37 点波束增加到了 48 个波束,使系统能把通信容量集中在通信业务需求量大的地方,也可以根据用户对话音或寻呼业务的特殊需求重新分配信道。此外,新的波束图还能减少干扰。

铱系统卫星有星上处理器和星上交换,并且采用星际链路(星际链路是铱系统有别于其他卫星移动通信系统的一大特点),因而系统的性能极为先进,但同时也增加了系统的复杂性,提高了系统的投资费用。

铱系统市场主要定位于商务旅行者、海事用户、航空用户、紧急援助、边远地区。铱系统设计的漫游方案除了解决卫星网与地面蜂窝网的漫游外,还解决地面蜂窝网间的跨协议漫游,这是铱系统有别于其他卫星移动通信系统的又一特点。铱系统除了提供话音业务外,还提供传真、数据、定位、寻呼等业务。目前,美国国防部是其最大的用户。

1. 系统组成

铱系统主要由卫星星座、地面控制设施、关口站(提供与陆地公共电话网接口的地球站)、用户终端等部分组成,如图 7-8(a)所示。

(1) 铱系统空间段是由包括 66 颗低轨道智能小型卫星组成的星座。这 66 颗卫星联网组成可交换的数字通信系统。每颗卫星重量为 689km,可提供 48 个点波束,图 7-8(b)所示为 48 个点波束覆盖的结构,图 7-8(c)所示为铱星结构,其寿命为 5 年,采用三轴稳定。每颗卫星把星间交叉链路作为联网的手段,包括链接同一轨道平面内相邻两颗卫星的前视和后视链路,另外还有多达四条轨道平面之间的链路。星间链路使用 Ka 频段,频率为 23.18~23.38GHz。星间链路波束决不会射向地面。卫星与地球站之间的链路也采用 Ka 频段,上

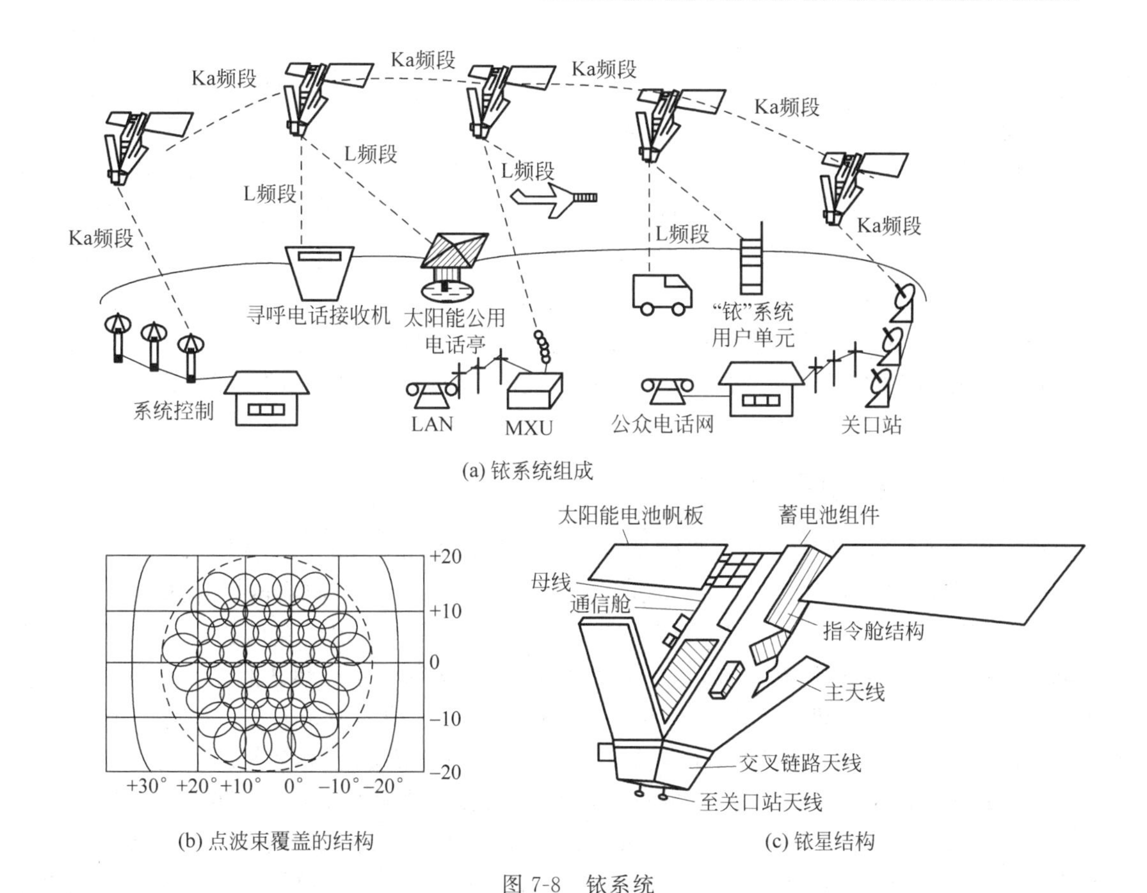

图 7-8　铱系统

行为 29.1～29.3GHz，下行为 19.4～19.6GHz。Ka 频段关口站可支持每颗卫星与多个关口站同时通信。卫星与用户终端的链路采用 L 频段，频率为 1616～1626.5MHz，发射和接收以 TDMA 方式分别在小区之间和发收之间进行。

(2) 铱系统用户段包括地面用户终端，能提供话音、低速数据、全球寻呼等业务。

(3) 铱系统地面段包括地面关口站、地面控制中心、网络控制中心。关口站负责与地面公共网或专网的接口；网络控制中心负责整个卫星网的网络管理等；控制中心包括遥控、遥测站，负责卫星的姿态控制、轨道控制等。

(4) 铱系统公共网段包括与各种地面网的关口站，完成铱系统用户与地面网用户的互联。

2. 基本工作原理

铱系统采用 FDMA/TDMA 混合多址结构，系统将 10.5MHz 的 L 频段按照 FDMA 方式分成 240 条信道，每个信道再利用 TDMA 方式支持 4 个用户连接。

铱系统利用每颗卫星的多点波束将地球的覆盖区分为若干个蜂窝小区，每颗铱星利用相控阵天线，产生 48 个点波束，因此每颗卫星的覆盖区为 48 个蜂窝小区。蜂窝的频率分配采用 12 小区复用方式，因此每个小区的可用频率数为 20 个。铱系统具有星间路由寻址功能，相当于将地面蜂窝系统的基站搬到天上。如果是铱系统内用户之间的通信，则可以完全通过铱系统而不与地面公共网有任何联系；如果是铱系统用户与地面网用户之间的通信，则要通过系统内的关口站进行通信。

铱系统允许用户在全球漫游，因此每个用户都有其归属的关口站(HLR)。该关口站除处理呼叫建立、呼叫定位和计费外，还必须维护用户资料，如用户当前位置等。

当用户漫游时，用户开机后先发送“Ready to Receive”信号，如果用户与关口站不在同一个小区中，信号通过卫星发给最近的关口站；如果该关口站与用户的归属关口站不同，则该关口站通过卫星星间链路与用户的 HLR 联系要求用户信息，当证明用户是合法用户时，该关口站将用户的位置等信息写入其 VLR(访问位置寄存器)中，同时 HLR 更新该用户的位置信息，并且该关口站开始为用户建立呼叫。当非铱星用户呼叫铱星用户时，呼叫先被路由选择到铱星用户的归属关口站，归属关口站检查铱星用户资料，并通过星间链路呼叫铱星用户，当铱星用户摘机，完成呼叫建立。

7.4.3 全球星系统

全球星(Globalstar)系统是由美国 Loral 宇航局和 Qualcomm 公司共同组建的 LQSS(Loral Qualcomm Satellite Service)股份公司于 1991 年 6 月 3 日向美国联邦通信委员会(FCC)提出的一种 LEO 卫星移动通信系统。Globalstar 系统采用的结构和技术与铱系统不同，它不是一个自成体系的系统，而是作为地面蜂窝移动通信系统和其他移动通信系统的延伸和补充。其设计思想是将地面基站“搬移”到卫星上，与地面系统兼容。即与多个独立的公共网或专用网可以同时运行，允许网间互通。其成本比铱系统低，该系统采用具有双向功率控制的扩频码分多址技术，没有星间链路和星上处理，技术难度也小一些。

Globalstar 系统于 1999 年 11 月 22 日完成了由 48 颗星组成的卫星星座，2000 年 1 月 6 日在美国正式开始提供卫星电话业务，2000 年 2 月 8 日又发射了 4 颗在轨备份星。如今美国用户可以使用其电话与 6 大洲的 100 余国家的用户通话。2002 年 7 月 17 日又建成了第二代星座。

1. 系统组成

Globalstar 系统由卫星星座，关口站(GW)，网络控制中心(NCC)，卫星运作控制中心(SOCC)，遥测、跟踪和指令站(TT&C)组成，如图 7-9 所示。

1) 空间段

Globalstar 系统的空间段由 48 颗卫星组成网状卫星星座，它们分布在 8 个轨道面，每个轨道有 6 颗卫星，卫星轨道高度为 1414km，倾角为 52°，轨道周期为 113min，每颗卫星与相邻轨道上最相近卫星有 7.5°的相移。每颗卫星重约 426kg，功率约为 1000W，有 16 个波束，可提供 2800 个信道，紧急情况下最大可有 2000 个信道集中在一个波束内。卫星的设计寿命为 7.5 年，采用三轴稳定，指向精度为±1°。该系统对北纬 70°至南纬 70°之间具有多重的覆盖，那里正是世界人口比较密集区域，可提供更多的通信容量。全球星系统在每一地区至少有两星覆盖，在某些地区还可能达到 3～4 颗星覆盖。这种设计既防止了因卫星故障而出现的“空洞”现象，又增加了链路的冗余度。用户可随时接入系统。每颗卫星与用户能保持 10～12min 通信，然后经软切换至另一颗星，使用户不感到有间隔，而前一颗星又转而为别的区域内的用户服务。

Globalstar 系统中，卫星与关口之间的链路，上行为 C 频段 5091～5250MHz，下行为 6875～7055MHz；卫星与用户单位之间，上行采用 L 频段 1610～1626.5MHz，下行采用 S

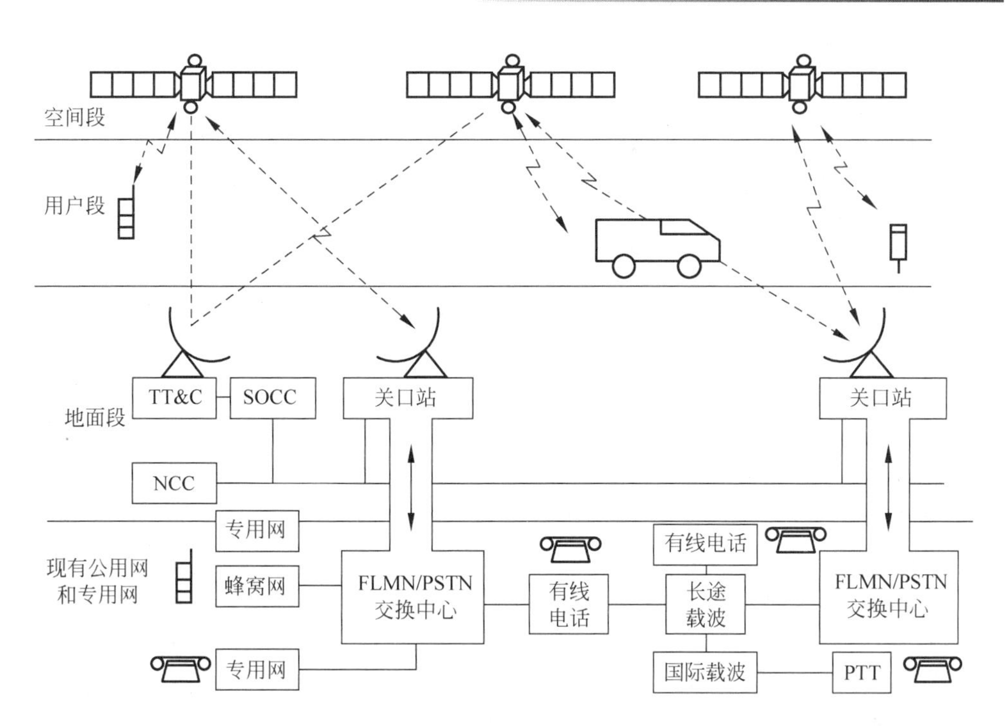

PLMN—公众地面移动通信网；PSTN—公众电话交换网；PTT—邮电管理部门

图 7-9 Globalstar 系统组成

频段 2483.3～2500MHz。

2）地面段

Globalstar 系统的地面段主要由关口站、网络控制中心、TT&C、卫星运作控制中心(SOCC)以及用户终端等组成。

(1) 关口站(GW)。关口地球站设备包括两副以上的天线、射频设备、一个调制解调器架、接口设备、一台计算机、数据库(供本地用户登记和外来用户登记用)以及分组网接口设备。关口站分别与网控中心及地面的 PSTN(公众电话交换网)/PLMN(公众地面移动通信网)互连，负责与地面系统的接口。任一移动用户可通过卫星与最靠近的关口站互连，并接入地面系统。每个关口站可与 3 颗卫星同时通信。在用户至卫星的链路及卫星至关口站的链路上采用 CDMA 技术。

(2) 网络控制中心(NCC)。网控中心用以提供管理 Globalstar 系统的通信网络能力。其主要功能包括注册、验证、计费、网络数据库分布、网络资源分布(信道、带宽、卫星等)及其他网络管理功能。

(3) 遥测、跟踪和指令站(TT&C)及卫星运作控制中心(SOCC)。TT&C 和 SOCC 用以完成星座的控制。TT&C 监视每颗卫星的运行情况，同时还要完成卫星的跟踪。SOCC 处理卫星的信息，以实现多种网络功能。经过处理的信息和数据库，通过网控中心分发给 Globalstar 系统的关口站，以便于跟踪并实现其他目的。卫星运作控制中心也要保证卫星运行在正确的轨道上。

(4) 用户单元。初期的用户单元将提供话音和无线电定位服务(RDSS)，类型有三种，即手持机、车载式和固定式，随后还将增加数据业务功能。Globalstar 系统的用户可以选用单模式和双模式的移动终端。单模式终端只能在 Globalstar 系统中使用，双模式终端既可以在 Globalstar 系统内使用，也可以在地面移动蜂窝系统或其他移动系统内使用。这些终端可以是用于语言和/或数据的手持机和车载台、寻呼和/或传信机、定位用的终端，当然也可有三合一的综合终端。预计将来双模式终端用得最多，在美国可能是 Globalstar 系统加蜂窝系统以实现广域漫游和覆盖农村，或 Globalstar 系统加个人通信(PCN)；在欧洲可能是 Globalstar 系统加 GSM 或 Globalstar 系统加英国式 PCN。开始时准备先推出两种用户终端，即容易装拆和操作的车载台和长寿命电池的手持机。由于 Globalstar 系统采用了 CDMA 技术，因此用户单位所需的发射功率很小，手持机的平均发射功率可低于 0.2W。

2. 基本工作原理

Globalstar 系统与各种各样的陆地蜂窝区系统兼容，可扩展蜂窝区电话的覆盖范围，使人口密度低的地区用上电话业务。该系统通过移动交换中心可与公用交换中心、公用电话网接口，并与分组交换移动定位网或任何其他网络共同运行。

Globalstar 系统的基本通信过程是：移动用户发出通信申请编码信息，通过卫星转发器送到 Globalstar 系统的关口站，首先由网控中心和星座控制设备进行处理，在完成同步检测、位置数据访问后，NCC 向选择的关口站发送有关使用资源的信息(编码、信道数、同步信息等)，然后，NCC 通过信令信道将分配的信息发送给移动用户，移动用户在同步之后即可发送要传送的信息，此信息经过卫星转发器送到关口站，并通过现有的地面网络送到目标用户。若是移动用户对移动用户的通信，则要通过两个移动用户各自相近的关口站完成，信号由公共电话网送到目标关口站，通过关口站和 NCC 之间的分组数据网进行信令交换，在确定用户能接收呼叫之后，将分配的情况发送给关口站，然后 NCC 通过卫星转发器使目标用户终端振铃，传输同步信息，移动用户得到分配的系统资源后开始通信。在整个通信过程中，卫星只起转发器的作用。

7.5 中轨道卫星移动通信系统

LEO 卫星移动通信系统易于实现手机通信。但由于卫星数目多、寿命短、运行期间要及时补充发射替代或备用卫星，使得系统投资较高。因此，有些公司提出了中轨道(MEO)卫星移动通信系统。有代表性的 MEO 卫星移动通信系统主要有 INMARSAT 提出的中等高度的圆轨道系统(Intermediate Circular Orbit，ICO)、美国 TRW 公司提出的 Odyssey 系统、美国移动通信股份有限公司(MCHI)提出的 Ellipso 系统和欧洲宇航局开发的 MAGSS-14 等。其中 ICO 和 Odyssey 两个系统除 Odyssey 多一条轨道面之外，它们的星座和地面设施极为相似，采用了相同的轨道高度与几乎相同的倾角和多波束天线等，而且具有相同的业务特点。然而由于各种原因及困难，迄今为止，还没有一个真正发射组网并进行运营的 MEO 卫星移动通信系统。

下面仅以 ICO 系统为例，介绍 MEO 卫星移动通信系统的基本技术。

7.5.1 概述

ICO 系统由 ICO 全球通信有限公司管理，该公司成立于 1995 年 1 月，它是一个由来自全世界六大洲 44 个国家的 57 个投资者共同认股的全球性电信公司，注册在开曼岛。我国的投资者是北京海事通信和导航公司。由于铱系统的影响，ICO 全球通信公司在 2000 年 2 月 18 日申请破产保护，5 月 3 日美国破产法庭批准 ICO 全球通信公司的重组计划，Craig Mc Caw 同意向新 ICO 全球通信公司注资 12 亿美元，5 月 17 日正式成立新 ICO 全球通信公司，继续 ICO 项目，并且把 ICO 全球通信公司和 Teledesic 合并成为一个 ICO-Teledesic 全球有限公司，将经营业务的重点放在无线因特网上。

2001 年 ICO 成功发射了第一颗卫星，2003 年 2 月公司收到 FCC 批准在美国地区使用 2GHz 的许可证，但至今还未组网和运营。新 ICO 计划提供的业务包括话音、数据、因特网连接、采用 GSM 标准的传真等。预计用户主要包括航海和运输业，政府和国际机构，边远地区的特殊通信和商业通信，石油和天然气钻探，大型施工现场，公共事业，采矿、建筑、农林等部门及其他一些组织和个人。

7.5.2　ICO 系统的组成

ICO 系统以处在中轨道上的卫星星座为基础，通过手持终端向移动用户提供全球个人移动通信业务。ICO 系统由空间段、地面段和用户段三大部分组成，如图 7-10 所示。

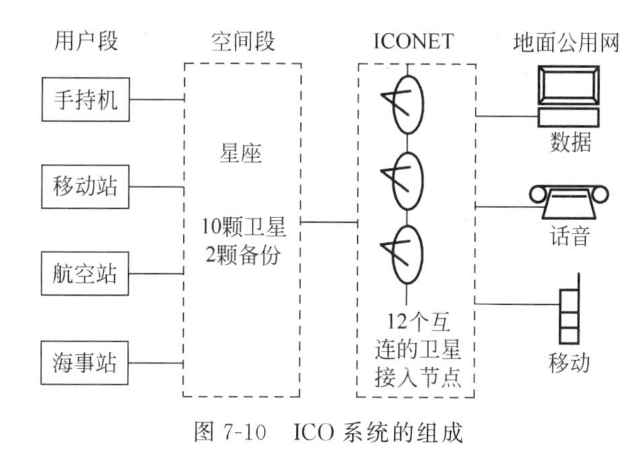

图 7-10　ICO 系统的组成

ICO 系统的用户可以通过卫星接入节点(Satellite Access Node，SAN)的中继与地面公用通信网用户进行通信。

ICO 系统不采用星上交换和星际链路，所有交换都由 SAN 负责，因此，它是一个星状通信网，每个 SAN 都是一个中央枢纽站。

ICO 系统的多址方式为 TDMA/FDMA/FDD。每颗 ICO 卫星上大约有 700 条 TDMA 载波，每条载波的速率为 36Kb/s，每载波中包含 6 条信道，每条信道的信息速率为 4.0Kb/s，编码后为 6Kb/s。每颗 ICO 卫星总共可有 4500 条独立信道。

馈电链路上行频率为 5GHz，下行频率为 7GHz。用户链路上行频率为 2170～2200MHz，下行频率为 1985～2015MHz。用户链路采用圆极化，最小链路余量为 8dB，平均超过 10dB。

由于 ICO 系统的一个主要特征是作为地面公共移动网(PLMN)的补充，并与其综合在一起。对于需要在地面 PLMN 不能覆盖区域内提供通信业务的 PLMN 用户来说，ICO 系统提供了一种补充的全球漫游业务。ICO 系统基于 GSM 标准，向移动用户提供全球漫游功能。HLR 与 VLR 协调，验证有关的用户信息和状态，并确定用户的位置。任何终端只要一开机，就通过卫星和 SAN 向该用户的 HLR 发送一个人信号，以验证用户的状态及是否允许它使用此系统，系统会将允许信号送给该用户漫游到的SAN，并登记在其VLR中。

1）空间段

空间段是指ICO卫星星座，由分布在2个相互垂直的中轨道面上的12颗卫星（各轨道有5颗主用卫星和1颗备份卫星）组成。系统采用倾斜圆轨道，轨道高度为10390km，两轨道倾角分别为45°和135°，每颗ICO卫星可覆盖地球表面30%。如果允许通信的最低仰角为10°，则ICO卫星星座能连续覆盖全球。在通常条件下，移动用户能看到2颗ICO卫星，有时会是3颗甚至4颗，平均通信仰角为40°～50°。

ICO卫星由美国休斯公司制造，卫星平台使用休斯HS601平台的改造型，卫星的发射重量为2600kg，设计寿命为12年。卫星使用了砷化镓太阳能电池，能在卫星寿命末期提供超过8700W的功率。每颗卫星可提供4500条信道。ICO卫星采用独立的用户链路收发天线，两副天线安装在ICO卫星星体上，其口径超过2m，并采用了数字波束形成技术。每副用户链路天线由127个辐射单元组成，用于产生163个收或发点波束，而每个ICO点波束将为用户链路提供最小8dB、平均超过10dB的链路余量。

每颗卫星将通过馈电链路同时与2～4个SAN进行通信。

ICO的卫星星座由卫星控制中心（SCC）管理，SCC通过跟踪卫星的运动来调整其轨道，达到维持星座结构的目的。它通过收集供电、温度、稳定性和其他有关卫星操作特性的数据来监视卫星的工作状态。当星座中某颗卫星发生偏移时，由SCC来调度卫星以维持星座结构。SCC也参与卫星的发射和展开工作。

SCC还控制馈电天线和用户天线之间的转发器链接，即在馈电链路波束内进行频率重配置，并在高和低业务量的点波束之间进行信道的优化组合。

2）地面段

地面段主要由ICONET和其他地面网组成。

ICO全球通信公司计划在全球建立12个卫星接入节点SAN和1个网络管理中心（NMC），相互之间通过地面线路互联，组成一个地面通信网，称为ICONET。ICONET由NMC负责管理，网络管理中心设在英国。12个SAN既是ICO系统的通信枢纽站，也是ICO系统与地面通信网络中心的主接口，它们与地面电信网相连，能保证在ICO终端和地面（固定和移动）用户之间相互通信。SAN主要由3个部分组成：

（1）五座天线及与多颗卫星进行通信所必需的相关设备；

（2）实现ICO网络内部和ICO与地面网（尤其是PSTN）之间进行业务交换的交换机；

（3）支持移动性管理的数据库（即访问位置寄存器VLR），它保存有当前注册到该SAN的所有用户终端的详细资料。

每个SAN会跟踪其视野内的卫星，把通信业务直接传递给选择的卫星，以确保具有一条可靠的链路，并且在需要时能切换到新到达的卫星，以保证通信不至中断。

另外，在其中6个SAN站上还配备了TT&C。

ICO地面段的SAN和NMC设备由爱立信公司、休斯网络系统（HNS）和NEC公司负责制造。

3）用户段

用户段包括手持机、移动站、航空站、海事站、半固定站和固定站等各种用户终端设备。手持机的尺寸为180～225cm^3，重为180～250g，通话时间为4～6h，待机时间为80h。手持机使用的平均发射功率不超过0.25W，这要小于地面蜂窝系统中平均发射功率为0.25～0.6W的水平。手持机采用四芯螺旋天线(Quadrifilar Helix)，它具有半球形的方向图，即覆盖仰角大于10°的所有区域。

ICO系统中采用双模手持机，其语音编码选择完全的和压缩的DVSI，并以Wavecom公司的标准作为ICO系统中手持机用户终端的技术参考标准。用户终端测试设备由Rhode和Schwartz制造，手持机由爱立信、三菱、松下、NEC和三星公司与ICO全球通信公司一起联合研制和生产。手持机还具有外部数据口和内部缓冲存储器，以支持数据通信、发报文、传真和使用SIM卡等其他功能选择。

7.6 卫星导航定位系统

全球导航卫星系统(Global Navigation Satellite System，GNSS)是所有在轨工作的卫星导航定位系统的总称。目前，GNSS主要包揽全球定位系统(GPS)、全球导航卫星系统(GLONASS)、北斗卫星导航系统、广域增强系统(WASS)、欧洲静地卫星导航重叠系统(EGNOS)、星载多普勒无线电定轨定位系统(DORIS)、精确距离及其变率测量系统(PRARE)、准天顶卫星系统(QZSS)、静地卫星增强系统(GAGANGPS)，以及正在建设的卫星导航定位系统(Galileo)、卫星导航定位系统(Compass)和印度区域导航卫星系统(IRNSS)。本节专门介绍美国的全球定位系统(GPS)。

7.6.1 概述

在卫星导航定位系统出现之前，远程导航与定位主要使用无线导航系统。最早人们采用的是长波信号，波长长达26km。因为长波信号可以轻易地被电离层反射，因此美国的Omega(奥米伽)系统用了8个发射器就把信号覆盖了全球。不过因为信号波长比较长，定位精度受到很大影响，其定位精度只有6km。为此，只有提高无线电信号频率，把波长减小到2.6km。Loran(罗兰)系统把定位精度提高到450m了，但全球只有10%的面积被信号覆盖。

最早的卫星导航定位系统是美国的子午仪系统(Transit)，又称为多普勒卫星导航定位系统，于1958年研制成功，1964年正式投入使用。它是根据美国科学家在对苏联1957年发射的第一颗人造地球卫星的跟踪研究中发现的多普勒频移现象，并利用这一原理而建成的，这在军事和民用方面取得了极大的成功，也是导航定位史上的一次飞跃。但由于卫星数目较少(5～6颗)，运行高度较低(平均1000km)，从地面站观测到卫星的时间间隔较长(平均1.5h)，因而它无法提供连续的实时三维导航，而且由于信号载波频率低，轨道精度难以提高，使得定位精度较低。

美国从1973年开始筹建全球定位系统，在经过了方案论证、系统试验阶段后，于1989年开始发射正式工作卫星，历时20年耗资200亿美元，于1994年全面建成GPS，并投入使用。该系统主要由空间部分(21颗卫星和3颗备份星，均匀分布在6轨道面，高度为20000km，周期为12h)、控制部分(1个主站、3个注入站和5个监测站)和用户部分组成，是具有在海、陆、空进行全方位实时三维导航与定位能力的新一代卫星导航定位系统。随着

GPS的不断改进，硬、软件的不断完善，应用领域正在不断地开拓，目前已遍及国民经济各种部门，并开始深入人们的日常生活。

GPS的实时导航定位精度很高。美国在1991年7月1日实行了所谓的SA政策，即降低广播星历中卫星位置的精度，降低星钟改正数的精度，对卫星基准频率加上高频的抖动（使伪距和相位的量测精度降低）。后又实行了A-S政策，将调制在两个载波上的伪随机噪声码P码（精码）改变为保密型的Y码，即对精密伪距测量进一步限制，而美国军方和特许用户不受这些政策的影响。但美国为了获得更大的商业利益，这些政策于2000年5月2日被取消。

GPS具有的主要特点是：第一，全球、全天候工作，能为用户提供连续实时的三维位置、三维速度和精密时间，且不受天气的影响；第二，定位精度高，单机定位精度优于10m，采用差分定位，精度可达厘米级和毫米级；第三，功能多、应用广，不仅在测量、导航、测速、测时等方面得到更广泛的应用，而且应用领域在不断扩大。

7.6.2 GPS定位方法

GPS定位的实质是根据GPS接收机与其所观测到的卫星之间的距离和观测卫星的空间位置来求取接收机的空间位置，而这些又是根据GPS卫星发出的导航电文计算出的包括位置、伪距、载波相位和星历等原始观测量，通过计算来完成的。根据计算GPS卫星到接收机距离的方法，大体可以分为伪距测量定位和载波相位测量定位两种基本定位方法。

1. 伪距测量定位

若测量到3颗卫星的"距离"，联立3个距离方程则可求得用户的三维位置。由于接收机的本机钟对星载原子钟存在偏差，因此"距离"不是卫星到接收机的真实距离，人们称之为伪距。为此，可以再测量一个到第4颗卫星的伪距，联立4个伪距离方程即可消除这个固定偏差求得用户的三维位置。

选取以地心为原点的直角坐标系，即WGS-84大地坐标系，根据高速运动的卫星瞬间位置作为已知的起算数据，采用空间距离后方交会的方法，确定待测点的位置。如图7-11所示，假设t时刻在地面待测点上安置GPS接收机，可以测定GPS信号到达接收机的时间Δt，再加上接收机所接收到的卫星星历等其他数据可以确定

$$\begin{cases}[(x_1-x)^2+(y_1-y)^2+(z_1-z)^2]^{1/2}+c(V_{t1}-V_{t0})=d_1\\ [(x_2-x)^2+(y_2-y)^2+(z_2-z)^2]^{1/2}+c(V_{t2}-V_{t0})=d_2\\ [(x_3-x)^2+(y_3-y)^2+(z_3-z)^2]^{1/2}+c(V_{t3}-V_{t0})=d_3\\ [(x_4-x)^2+(y_4-y)^2+(z_4-z)^2]^{1/2}+c(V_{t4}-V_{t0})=d_4\end{cases} \tag{7-1}$$

其中，x、y、z为待测点坐标的空间直角坐标，为未知参数；x_i、y_i、z_i($i=1$、2、3、4)为卫星在t时刻的空间直角坐标，可由卫星导航电文求得；V_{ti}($i=1$、2、3、4)为卫星的卫星钟的钟差，由卫星星历提供。V_{t0}为接收机的钟差，为未知参数；$d_i=c\Delta t_i$($i=1$、2、3、4)，d_i($i=1$、2、3、4)为卫星到接收机之间的距离，Δt_i($i=1$、2、3、4)为卫星的信号到达接收机所经历的时间；c为GPS信号的传播速度（即光速）。

由式(7-1)即可解算出待测点的坐标x、y、z和接收机的钟差V_{t0}。事实上，接收机往往可以锁住4颗以上的卫星，这时，接收机可按卫星的星座分布分成若干组，每组4颗，然后通过算法挑选出误差最小的一组用作定位，从而提高精度。这是伪距测量定位原理。

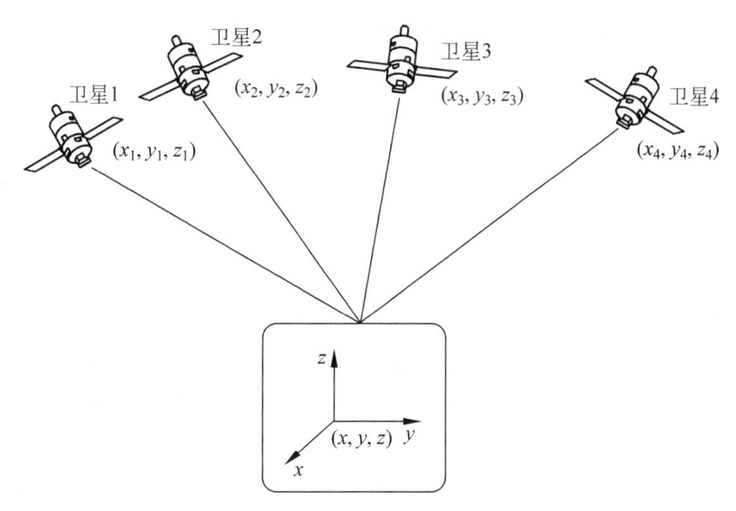

图 7-11　伪距测量定位示意图

2. 载波相位测量定位

载波相位测量是测定 GPS 载波信号在传播路程上的相位变化值，以确定信号传播的距离。

若卫星 S_j 发射一载波信号，在时刻 t 的相位为 $\varphi_j(t)$，该信号经下行传播到接收机 k 处，其相位为 φ_k，则可计算出卫星到接收机间的距离为

$$d = \lambda(\varphi_j - \varphi_k) = \lambda(N_0 - \Delta\varphi) \tag{7-2}$$

其中，N_0 为载波相位 $\varphi_j - \varphi_k$ 的(t 时刻)整周数部分；$\Delta\varphi$ 是不足一周的小数部分；λ 为载波波长。

式(7-2)在实际应用中是不能实现的，因为 φ_j 无法测定。为此采用比相的方法，即 GPS 接收机振荡器产生一个频率和初相均与卫星载波完全相同的基准信号，测定某一时刻的相位差，则接收机 k 于 T_i 时刻测得相位差值为

$$\Phi_{jk}(T_i) = \delta_{jk}(T_i) - \delta_k(T_i) \tag{7-3}$$

其中，$\delta_{jk}(T_i)$为 T_i 时刻接收机处 GPS 载波相位值；$\delta_k(T_i)$为 T_i 时刻接收机本机参考信号相位值。

由于接收机只能测得 δ_{jk} 和 δ_k 一周之内的相位差，因此式(7-3)还要加入 T_i 时刻的相位差整周数。

设开始测量 $i=1$ 时刻相位差的整周数为 $N(k,j,1)$。根据卫星和测点位置的近似计算，可以用 $i=1$ 时相位差的整周数估值 $N'(k,j,1)$，若估值的修正量为 $n(k,j,1)$，则有下列关系式：

$$N(k,j,1) = N'(k,j,1) + n(k,j,1) \tag{7-4}$$

由于相位差是连续测量和计数的，因此 T_i 时刻的相位整周数 $N(k,j,i)$可表示为

$$\begin{aligned} N(k,j,i) &= [N'(k,j,1) + n(k,j,1)] + [N'(k,j,i) - N'(k,j,1)] \\ &= N'(k,j,i) + n(k,j,1) \end{aligned} \tag{7-5}$$

式中，$N'(k,j,1) + n(k,j,1)$是 $i=1$ 时的相位整周数；$N'(k,j,i) - N'(k,j,1)$是从 1 到 i 时刻计数的增量。

由式(7-3)～式(7-5)，得到 T_i 时刻的载波相位观测量

$$\Phi_{jk}(\boldsymbol{T}_i)=\varphi_{jk}(\boldsymbol{T}_i)-\varphi_k(\boldsymbol{T}_i)+N'(k,j,i)+n(k,j,1) \tag{7-6}$$

由于载波相位差是卫星位置和观测点位置(未知)的函数，则需要求它们之间的函数关系，才能根据载波相位测量值解出观测点的位置。经推导得下式关系：

$$\begin{aligned}\Phi_{jk}=&\varphi_j(T_i)+f_j\delta_{jk}-\left\{\frac{f_j}{c}\rho_{jk}(T_i)+\frac{f_j}{c}\rho_{jk}^{*}(T_i)\cdot\left[\delta_{jk}-\frac{1}{c}\rho_{jk}(T_i)\right]\right\}\\&-\varphi_k(T_i)+N'(k,j,i)+n(k,j,1)\end{aligned} \tag{7-7}$$

其中，$\rho_{jk}(T_i)$和$\rho_{jk}^{*}(T_i)$分别为卫星与观测点在 T_i 时刻的距离和距离变化率；f_j 为j 卫星发射信号载频频率；δ_{jk} 为用户钟与 GPS 系统时的钟差；$\varphi_j(T_i)$为 T_i 时刻卫星播发的信号相位；f_jd_{jk} 为用户钟差形成的相位改变量；含 c(光速)各项是对应于传播时间的相位变化量。

式(7-7)就是相位测量的数学模型。式中 $\rho_{jk}(T_i)$和 $\rho_{jk}^{*}(T_i)$是卫星和用户位置的函数，这就是用载波相位测量来测定用户位置的原理。

理论上载波相位测量的精度是很高的，实际上由于卫星星历误差、修正后的电波传播剩余误差、卫星钟和用户钟的误差等产生的综合误差，远大于相位测量误差，因此不能用伪距测量的方法来处理载波相位测量问题，否则精度不可能高。

载波相位的测量一般在两地同时进行，采用两地观测值定位。设两地的观测点分别为 1 和 2，1 为未知点，2 为已知点，2 点的观测站又称为中心站。在 1、2 两点的接收机同步测量 GPS 卫星 S_j 信号相位，由此解算出未知点用户坐标。这种测量方法称单差测量，或称为基线测量。

设 1、2 两点在 T_i 时刻观测同一卫星 S_j 的相位测量值分别为$\Phi_{j1}(T_i)$、$\Phi_{j2}(T_i)$，则由式(7-7)得到相位差观测量

$$\begin{aligned}\Delta\Phi(j,i)&=\Phi_{j1}(T_i)-\Phi_{j2}(T_i)\\&=f_j(\delta_{i2}-\delta_{i1})-\left\{\frac{f_j}{c}\rho_{j2}(T_i)+\frac{f_j}{c}\rho_{j2}(T_i)\left[\delta_{i2}-\frac{1}{c}\rho_{j2}(T_i)\right]\right.\\&\quad\left.+\frac{f_j}{c}\rho_{j1}(T_i)\left[\delta_{i1}-\frac{1}{c}\rho_{j1}(T_i)\right]\right\}+N_{j1,2}\end{aligned} \tag{7-8}$$

其中，$N_{j1,2}=N_2'(k,j,i)+n_2(k,j,1)-N_1'(k,j,i)-n_1(k,j,1)$。

在式(7-8)中，站间钟差$(\delta_{i2}-\delta_{i1})$、用户位置、模糊度参数 $N_{j1,2}$ 为未知数。只要不间断地在 $T_i(i=1,2,\cdots)$时测量若干个卫星 $S_j(j=1,2,\cdots)$的信号，就可用最小二乘法求用户位置(x,y,z)。

由于卫星 S_j 到观测站的距离远大于两站间基线长度，因此两站在同一时刻观测同一卫星，星历、大气传播等引起的误差，在相位测量中绝大部分会相互抵消，从而可获得高的观测精度。

在相位差表达式(7-8)中，在观测中若把站间钟差项$(\delta_{i2}-\delta_{i1})$看成是常值，将带来计算的微量误差。若将同时观测的两卫星(S_1,S_2)的单差观测量相减，就可消除误差项$(\delta_{i2}-\delta_{i1})$，此种相位差测量方法称双差测量法。若将相邻两时刻的双差观测量相减，就得三差(二重相位差)观测量。在三差观测量的数学模型中消去了模糊参数，仅有用户位置为未知数，则用最小二乘法可解得用户位置。

3. GPS 定位方法分类

GPS 定位的方法是多种多样的，用户可以根据不同的用途采用不同的定位方法。GPS 定位方法可依据不同的分类标准，作如下划分。

1）根据定位所采用的观测值

（1）伪距定位：由于所测距离总含有一个固定的用户钟偏差，即为伪距，因此伪距法由此得来。伪距法所采用的观测值为 GPS 伪距观测值，既可以是 C/A 码伪距，也可以是 P 码伪距。伪距定位的优点是数据处理简单，对定位条件的要求低，不存在整周模糊度的问题，可以非常容易地实现实时定位，一般用于车船等的概略导航定位；其缺点是观测值精度低，一般情况下 P 码伪距测量精度为±0.2m，C/A 码伪距精度在±2m 左右。

（2）载波相位定位：所采用的观测值为 GPS 的载波相位观测值，即载波 L_1（1575.42MHz）、载波 L_2（1227.60MHz）或它们的某种线性组合。载波相位定位的优点是观测值的精度高，一般情况下可达±1mm 或±2mm；其缺点是数据处理过程复杂，存在整周模糊度的问题。

2）根据定位的模式

（1）绝对定位：又称为单点定位，这是一种采用一台接收机进行定位的模式，它所确定的是接收机天线的绝对坐标。这种定位模式的特点是作业方式简单，可以单机作业。绝对定位一般用于实时导航和精度要求不高的应用中。

（2）相对定位：又称为差分定位，这种定位模式采用两台以上的接收机，同时对一组相同的卫星进行观测，以确定接收机天线间的相互位置关系。它既可采用伪距观测量也可采用相位观测量，相位观测量常用于大地测量或工程测量等领域。

3）根据获取定位结果的时间

（1）实时定位：即根据接收机观测到的数据，实时地解算出接收机天线所在的位置。

（2）非实时定位：又称后处理定位，它是通过对接收机接收到的数据进行后处理以进行定位的方法。

4）根据定位时接收机的运动状态

（1）动态定位：在进行 GPS 定位时，若接收机的天线在整个观测过程中的位置是变化的，则在数据处理时，将接收机天线的位置作为一个随时间变化的变量。动态定位又分为 Kinematic 和 Dynamic 两类。

（2）静态定位：在进行 GPS 定位时，若接收机的天线在整个观测过程中的位置是保持不变的，则在数据处理时，将接收机天线的位置作为一个不随时间变化的量。在测量中，静态定位一般用于高精度的测量定位，其具体观测模式是多台接收机在不同的测站上进行静止同步观测，时间由几分钟、几小时到数十小时不等。

4. GPS 定位误差

在 GPS 定位过程中，主要存在着三部分误差。第一部分是对每一个用户接收机所公有的，例如卫星钟误差、星历误差、电离层误差、对流层误差等；第二部分是不能由用户测量或由校正模型来计算的传播延迟误差；第三部分是各用户接收机所固有的误差，例如内部噪声、通道延迟、多径效应等。

使用民用 GPS，由于卫星运行轨道、卫星时钟存在误差，大气对流层、电离层对信号的影响，因此其定位精度不高。若利用差分 GPS（DGPS）技术，将一台 GPS 接收机安置在基准站上进行观测，可根据基准站已知精密坐标，计算出基准站到卫星的距离改正数，并由基准站实时将这一数据发送出去。用户接收机在进行 GPS 观测的同时，也接收到基准站发出的改正数，并对其定位结果进行改正。这样，第一部分误差完全可以消除；第二部分误差大部分可以消除，其主要取决于基准接收机和用户接收机的距离；第三部分误差则无法消除。目前，伪距差分法应用最为广泛，如沿海广泛使用的信标差分，载波相位差分(Real Time Kinematic,RTK)技术现在大量应用于动态需要高精度位置的领域。在精度要求高、接收机间距离较远时(大气有明显差别)，采用双频接收机可以根据两个频率的观测量抵消大气中电离层误差的主要部分。

此外，提高精度的技术有联测定位技术、伪卫星技术、无码 GPS 技术、GPS 测角技术、精密星历使用技术、GPS/GLONASS 组合接收技术和 GPS 组合导航技术等。

7.6.3 GPS 的组成

GPS 系统包括三部分：空间部分、地面控制部分、用户设备部分。

1. 空间部分

1) GPS 卫星星座

GPS 由 21 颗工作卫星和 3 颗在轨备用卫星组成 GPS 卫星星座，记作(21+3)GPS 星座，如图 7-12 所示。24 颗卫星均匀分布在 6 个轨道平面内，轨道倾角为 55°，各个轨道平面之间相距 60°，即轨道的升交点赤经各相差 60°。每个轨道平面内各颗卫星之间的升交角距相差 90°，一轨道平面上的卫星比西边相邻轨道平面上的相应卫星超前 30°。

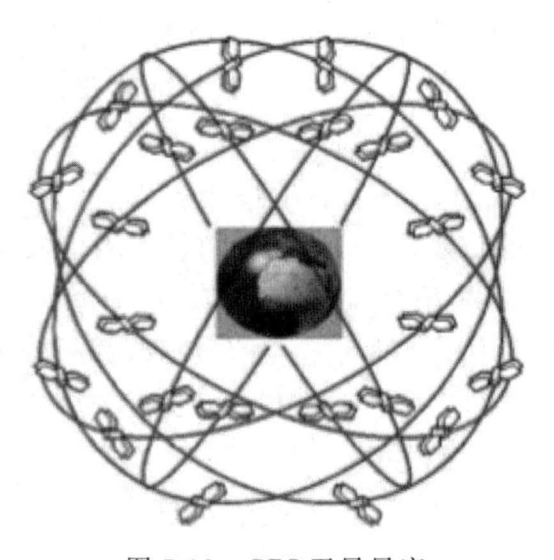

图 7-12　GPS 卫星星座

在约 20200km 高空的 GPS 卫星，当地球对恒星来说自转一周时，它们绕地球运行 2 周，即绕地球一周的时间为 12 恒星时。这样，对于地面观测者来说，每天将提前 4min 见到同一颗 GPS 卫星。位于地平线以上的卫星颗数随着时间和地点的不同而不同，最少可见到 4 颗，最多可见到 11 颗。在用 GPS 信号导航定位时，为了计算测站的三维坐标，必须观测 4 颗 GPS 卫星，称为定位星座。

2) GPS 卫星

GPS 卫星的作用：发送用于导航定位的信号，或用于其他特殊用途，如通信、监测核暴等。

GPS 卫星主要设备为原子钟(2 台铯钟、2 台铷钟)、信号生成与发射装置。

GPS 卫星是由洛克韦尔国际公司空间部研制的，有试验卫星(Block Ⅰ)和工作卫星(Block Ⅱ)两种类型。第 1 代卫星现已停止工作，目前使用的是第 2 代工作卫星。卫星重 774kg(包括 310kg 燃料)，采用铝蜂巢结构，主体呈柱形，直径为 1.5m。星体两侧装有两块双叶对日定向太阳能电池帆板，全长 5.33m，接收日光面积 7.2m²。对日定向系统控制两翼帆板旋转，使板面始终对准太阳，为卫星不断提供电力，并给三组 15Ah 的镉镍蓄电池充电，以保证卫星在星蚀时能正常工作。在星体底部装有多波束定向天线，这是一种由 12 个单元构成的成形波束螺旋天线阵，能发射 L1 和 L2 频段的信号，其波束方向图能覆盖约半个地球。在星体两端面上装有全向遥测遥控天线，用于与地面监控网通信。此外，卫星上还装有姿态控制系统和轨道控制系统。工作卫星的设计寿命为 7 年。从试验卫星的工作情况看，一般都能超过或远远超过设计寿命。

BlockⅡA 的功能比 BlockⅡ大大增强，表现在军事功能和数据存储容量上。BlockⅡ只能存储供 45 天用的导航电文，而 BlockⅡA 则能够存储供 180 天用的导航电文，以确保在特殊情况下使用 GPS 卫星。

第 3 代卫星尚在设计中，以取代第 2 代卫星，改善全球定位系统。其特点是：可进行自主导航；每颗卫星将使用星载处理器，计算导航参数的修正值，改善导航精度，增强自主能力和生存能力。据报道，该卫星在没有与地面联系的情况下可以工作 6 个月，而其精度可与有地面控制时的精度相当。

3）GPS 信号

用于导航定位的 GPS 信号由载波（L1 和 L2）、导航电文和测距码（C/A 码、P 码、Y 码）三部分组成。

GPS 卫星发射两种频率的载波信号，即频率为 1575.42MHz 的 L1 载波和频率为 1227.60MHz 的 L2 载波，它们的频率分别是基本频率 10.23MHz 的 154 倍和 120 倍，它们的波长分别为 19.03cm 和 24.42cm。在 L1 和 L2 上又分别调制着多种信号，这些信号主要有 C/A 码、P 码、Y 码和导航信息。

（1）C/A 码：又称为粗捕获码，它被调制在 L1 载波上，是 1.023MHz 的伪随机噪声码（PRN 码），其码长为 1023 位，序列持续时间为 1ms，码间距 1μs，相当于 300m。由于每颗卫星的 C/A 码都不一样，因此，我们经常用它们的 PRN 号来区分它们。C/A 码是普通用户用以测定测站到卫星间距离的一种主要信号。

（2）P 码：又称为精码，它被调制在 L1 和 L2 载波上，是 10.23MHz 的伪随机噪声码，其码间距为 0.1μs，相当于 30m。在实施 AS 时，P 码与 W 码进行模二相加生成保密的 Y 码，此时，一般用户无法利用 P 码来进行导航定位。

（3）Y 码：是 P 码的加密型。

（4）导航信息：被调制在 L1 载波上，其信号频率为 50Hz，包含有 GPS 卫星的轨道参数、卫星钟改正数和其他一些系统参数。用户一般需要利用此导航信息来计算某一时刻 GPS 卫星在地球轨道上的位置。导航信息也被称为广播星历（预报星历），它是一种卫星星历，另外还有一种精密星历（后处理星历）。

（5）导航电文：是用户用来定位和导航的数据基础。它包含卫星星历、工作状况、时钟改正、电离层延迟改正、大气折射改正以及 C/A 码、P 码等导航信息。其导航电文的格式是主帧、子帧、字码和页码，每主帧电文长度为 1500b，播送速率为 50b/s，发播一帧电文需要 30s；每帧导航电文包括 5 个子帧，每子帧长 6s，共含 300b；第 1、2、3 子帧各有 10 个字码，每个字码为 30b，这 3 个子帧的内容每 30s 重复一次，每小时更新一次；第 4、5 子帧各有 25 页，共有 15000b；一帧完整的电文共有 37500b，要 750s 才能传送完，用时长达 12.5min，其内容仅在卫星注入新的导航数据后才更新。导航电文中的内容主要有遥测码，转换码，第 1、2、3 数据块，其中最重要的为星历数据。

2. 地面控制部分

GPS 的地面控制部分(地面监测系统)的作用是监测和控制卫星运行,编算卫星星历,形成导航电文,保持系统时间,它由 1 个主控站、3 个注入站和 5 个跟踪站组成,如图 7-13 所示。

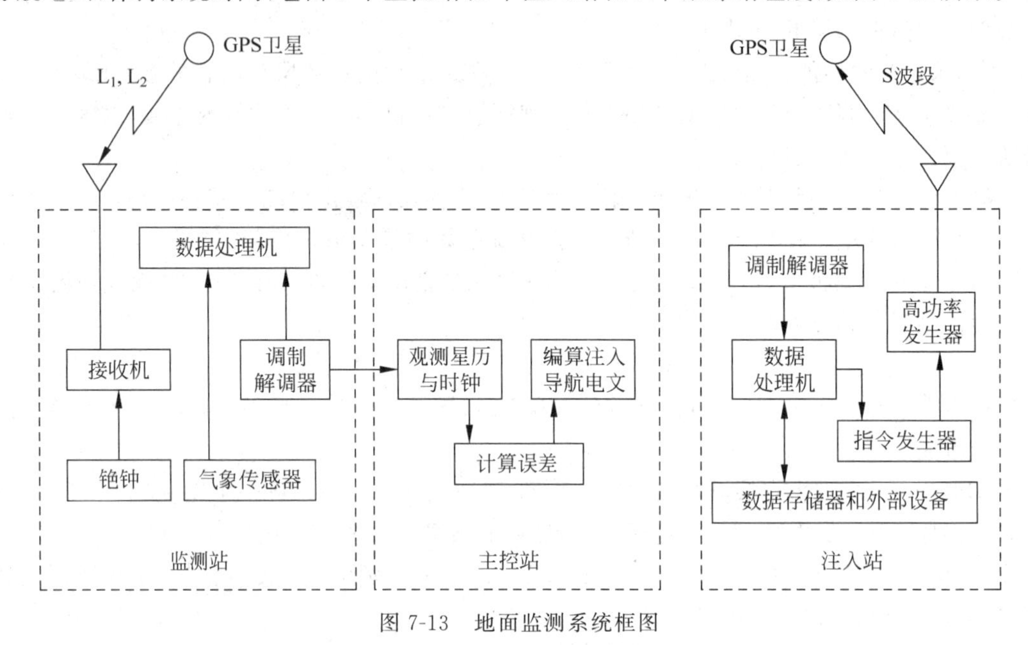

图 7-13　地面监测系统框图

1) 主控站(1 个)

作用:收集各检测站的数据,编制导航电文,监控卫星状态;通过注入站将卫星星历注入卫星,向卫星发送控制指令;卫星维护与异常情况的处理。

地点:美国科罗拉多州法尔孔空军基地。

主控站将编辑的卫星电文传送到位于三大洋的三个注入站,定时将这些信息注入各个卫星,然后由 GPS 卫星发送给广大用户,这就是所用的广播星历。另外,主控站也具有监控站的功能。

2) 注入站(3 个)

作用:将导航电文注入 GPS 卫星。

地点:阿松森群岛(大西洋)、迪戈加西亚(印度洋)和卡瓦加兰(太平洋)。

3) 跟踪站(5 个)

作用:接收卫星数据,采集气象信息,并将所收集到的数据传送给主控站。

地点:美国本土(科罗拉多州的主控站、夏威夷)和三大洋的美军基地上的三个注入站。

跟踪站又称监测站,每个监测站配有 GPS 接收机,对每颗卫星长年连续不断地进行观测,每 6s 进行一次伪距测量和积分多普勒观测,采集气象要素等数据。监测站是一种无人值守的数据采集中心,受主控站的控制,定时将观测数据送往主控站,保证了全球 GPS 定轨的精度要求。由这五个监测站提供的观测数据形成了 GPS 卫星实时发布的广播星历。

3. 用户设备部分

GPS 的用户设备部分由 GPS 信号接收机(包括硬件和机内软件)、GPS 非实时数据后处理软件及相应的用户设备,如计算机气象仪器等所组成。其作用是接收 GPS 卫星所发出的信号，利用这些信号进行导航定位工作。

GPS信号接收机的任务是：能够捕获到按一定卫星高度截止角所选择的待测卫星的信号，并跟踪这些卫星的运行，对所接收到的GPS信号进行变换、放大和处理，以便测量出GPS信号从卫星到接收机天线的传播时间，解译出GPS卫星所发送的导航电文，实时地计算出测站的三维位置，甚至三维速度和时间。

GPS接收机的结构分为天线单元和接收单元两大部分。对于测地型接收机来说，两个单元一般分成两个独立的部件，观测时将天线单元安置在测站上，接收单元置于测站附近的适当地方，用电缆线将两者连接成一个整机。也有的将天线单元和接收单元制作成一个整体，观测时将其安置在测站点，如图7-14所示。

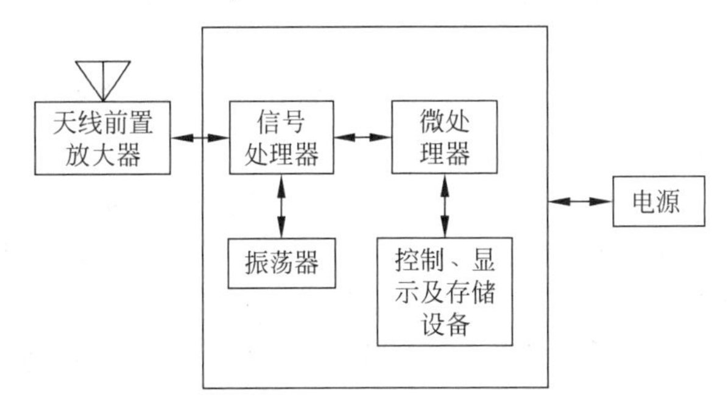

图7-14　GPS信号接收机框图

GPS系统的用户是非常隐蔽的，由于它是一种单程系统，用户只接收而不必发射信号，因此用户的数量也不受限制。虽然GPS系统一开始是为军事目的而建立的，但很快在民用方面得到了极大的发展，各类GPS接收机和处理软件纷纷涌现出来。目前，在中国市场上出现的接收机主要有NovAtel、ASHTECH、TRIMBLE、GARMIN和CMC等。能对两个频率进行观测的接收机称为双频接收机，只能对一个频率进行观测的接收机称为单频接收机，它们在精度和价格上均有较大区别。

综上所述，GPS导航定位的基本工作过程是：当GPS卫星正常工作时，会不断地用二进制码元1和0组成的伪随机码，即民用的C/A码和军用的P(Y)码发射导航电文。当用户接收到导航电文时，提取出卫星时间并将其与自己的时钟作对比，便可得知卫星与用户的距离，再利用导航电文中的卫星星历数据推算出卫星发射电文时所处位置，用户便可得知在GPS系统WGS-84大地坐标系中所处的位置、速度等信息。对于运动载体来说，通过GPS卫星信号接收机不仅可以实现运动载体位置的高精度定位，还可以实现地图显示、漫游、地理位置查询、最佳行程路线选择、语音及图形方式导航。

目前用于GPS导航定位的常用观测值有L1载波相位观测值、L2载波相位观测值(半波或全波)、调制在L1上的C/A码伪距和P码伪距、调制在L2上的P码伪距、L1上的多普勒频移、L2上的多普勒频移。

GPS系统针对不同用户提供两种不同类型的服务，一种是标准定位服务(Standard Positioning Service，SPS)，另一种是精密定位服务(Precision Positioning Service，PPS)。这两种不同类型的服务分别由两种不同的子系统提供，SPS由标准定位子系统(Standard Positioning System，SPS)提供，PPS则由精密定位子系统(Precision Positioning System，PPS)提供。SPS主要面向全世界的民用用户。PPS主要面向美国及其盟国的军事部门以及民用的特许用户。

7.6.4 GPS现代化

1. GPS应用领域

GPS的应用非常广泛，几乎涉及国民经济和社会发展的各个领域，尤其是近几年来向消费市场发展的强劲势头表明，以GPS为代表的卫星导航应用产品，由于它能很容易地提供位置、速度和时间信息，因此会很快成为现代信息社会重要信息来源，成为信息时代的国家基础设施之一。

GPS的民用领域大体分为4类：高精度应用，航空和空间的专门应用，陆地运输和海用，消费应用。其中陆地运输是当前GPS最大的应用领域，特别是在车辆导航和跟踪应用方面。除了传统的导航定位等应用外，近几年GPS还应用在电离层监测、对流层监测、作为卫星测高仪的应用以及卫星-卫星追踪技术方面。

在军事方面，GPS已成为高技术战争的重要支持系统。它极大地提高了军队的指挥控制、多军兵种协同作战和快速反应能力，大幅度地提高了武器装备的打击精度和效能。具体说来，GPS在军事上的应用主要有以下几个方面：全时域的自主导航，各种作战平台的指挥监控，精确制导和打击效果评估，未来单兵作战系统保障，军用数字通信网络授时。

2. GPS现代化的目标

由于现有的GPS系统是30年前设计的，因此，该系统目前显然已不能适应技术发展以及军民各界用户的需要。美国提出了GPS现代化计划，从卫星星座、信号体制、星上抗干扰、军民信号分离等角度，对现有GPS系统进行改进。其目标有二：一是加强GPS对美军现代化战争的保障作用；二是保持GPS在全球民用导航领域中的主导地位。

1）GPS现代化的军用考虑

自2003年伊战以来，美军方在认真研究了军事用户对GPS的需求基础上拟采取以下4项技术措施：

（1）增加GPS卫星发射的信号强度，以增强抗电子干扰能力。

（2）在GPS信号频道上增加新的军用码（M码），要与民用码分开。M码要有更好的抗破译的保密和安全性能。

（3）军事用户的接收设备要比民用的有更好的保护装置，特别是抗干扰能力和快速初始化功能。

（4）创造新技术，以阻止或阻挠敌方使用GPS。

2）GPS现代化的民用考虑

在欧洲伽利略计划启动后，美国已认识到GPS在民用领域存在着巨大挑战。因此，对民用GPS现代化采取了以下3项技术措施：

（1）取消SA政策，使民用实时定位和导航的精度提高3～5倍。这已在2000年5月1日零点开始实行。这里要说明一点，美国军方已经掌握了GPS施加SA的技术，即GPS可以在局部区域内增加SA信号强度，使敌对方利用GPS时严重降低定位精度，无法用于军事行动。

（2）在L2（1227.60MHz）频道上增加第二民用码，即C/A码。以前民用GPS用户限于使用一个 GPS 信号，即在 L1 频道(1575.42MHz)的 C/A 码。C/A 即粗略追踪，发射的是低功率信号，不能用于精确导航。与之相比，L2 频道上的 C/A 码增加了精度，而接收机增加了编码的双频率电离层的校正，其信号结构更加完善，增加了为快速有效跟踪而设的数据自由元件。这样，用户就可以有更好的多余观测，以提高定位精度。

(3) 增加第三民用信号频道 L5(1176.45MHz)。为增强性能，对 L5 上的信号结构进行了改进，其信号功率比 L1 通道高了 6dB，用大于已完全注册过的 24MHz 频段外的频率来发射信号，其中为航空无线电导航部门(ARNS)分配的幅度为 960～1215MHz。这样有利于提高民用实时定位的精度和导航的安全性。

3. GPS 现代化计划步骤与进展

1) GPS 现代化计划步骤

(1) GPS 现代化第一阶段，发射 12 颗改进型的 GPS Block Ⅱ R 型卫星。它们具有一些新的功能：能发射第二民用码，即在 L2 上加载 CA 码；在 L1 和 L2 上播发 P(Y)码的同时，在这两个频率上还试验性的同时加载新的军码(M 码)；Ⅱ R 型的信号发射功率，不论在民用通道还是军用通道上都有很大提高。

(2) GPS 现代化第二阶段，发射 6 颗 GPS Block Ⅱ F。GPS Block Ⅱ F 型卫星除了有上面提到的 GPS Block Ⅱ R 型卫星的功能外，还进一步强化发射 M 码的功率和增加发射第三民用频率，即 L5 频道。2006 年已开始 L5 频道的加载试验，计划到 2010 年 GPS 星座中至少有 18 颗 GPS Block Ⅱ F 型卫星，以保证 M 码的全球覆盖。计划到 2020 年 GPS 卫星系统应全部以 GPS Block Ⅱ F 卫星运行，共计 24＋3 颗。

(3) GPS 现代化计划的第三阶段，发射 GPS Block Ⅲ 型卫星。已经完成代号为 GPS Ⅲ 的设计工作，目前正在研究未来 CPS 卫星导航的需求，讨论制定 GPS Block Ⅲ 型卫星系统结构，系统安全性、可靠程度和各种可能的风险。计划 2010 年发射 GPS Block Ⅲ 的第一颗试验卫星，并用近 20 年时间用 GPS Block Ⅲ 完全取代目前的 GPS Ⅱ。

2) GPS 现代化进展

2004 年 12 月，美国总统批准了新的天基定位、导航与授时(PNT)系统政策，用于取代 1996 年 3 月发布的 GPS 系统政策。新政策用于确保美国的天基 PNT 服务、增强系统、后备支持及服务的拒绝与阻断等能力，从而实现以下目标：

(1) 提供不间断的 PNT 服务的可用性。

(2) 满足国家、国土和经济的安全要求及民用、科学与商业增长的需求。

(3) 保持卓越的军用天基 PNT 服务。

(4) 连续地提供优于国外民用天基 PNT 服务及其增强系统，或与其相比有竞争力的民用服务。

(5) 保持其国际公认的 PNT 服务的基础性地位。

(6) 提高美国在天基 PNT 服务应用领域的技术领先优势。

美国 GPS 现代化的计划也正体现上述目标，以及由于其他因素的变化，GPS 现代化计划随之做了相应的调整。比如美国空军已经调整了 GPS 卫星的采购计划，其中 GPS Block Ⅱ RM 卫星的采购数量为 8 颗(已经发射 3 颗)，GPS Block Ⅱ F 卫星的采购数量减少到 16 颗，新增加的 L2C 民用信号和 M 码军用信号可能要在 2012—2013 年投入使用。

有关 GPS 现代化的具体进展，主要表现如下：

(1) 已经发射3颗GPS Block Ⅱ RM卫星。GPS Block Ⅱ RM卫星是在GPS Block Ⅱ R卫星的基础上进行了现代化的改进，第1颗卫星于2005年9月25日从卡纳维拉尔角发射升空，标志着GPS现代化的计划迈出了重要的一步，进入了新阶段。第2、3颗卫星分别于2006年9月25日和11月14日发射升空。与GPS Block Ⅱ R卫星相比，GPS Block Ⅱ RM卫星的主要改进包括：增加了3个导航信号和对有效载荷硬件进行了升级。GPS Block Ⅱ RM卫星在L1和L2频段增加了2个新的军用M码信号，同时在L2频段增加了新的L2C民用信号，使GPS的导航信号增加至6个，并且提高了信号的发射功率，使其可在不同的信号间进行重新分配。

(2) 在GPS Block Ⅱ F研制方面，与GPS Block Ⅱ RM卫星相比，GPS Block Ⅱ F卫星将增加L5频段的L5C民用信号，采用更先进的星载原子钟。GPS Block Ⅱ F卫星的星钟系统由4台铯钟和铷钟组成，并采用美国海军研究实验室开发的数字化星钟技术，使其系统误差达到8ns。为满足增加信号及其功率的要求，GPS Block Ⅱ F卫星采用ABLE公司开发的新型太阳电池阵，其质量为54.9kg，在轨设计寿命为12年，并可在地面上储存8年，即使在寿命末期，该电池阵的功率仍超过2610W。

(3) 在GPS Block Ⅲ卫星的研究方面，2006年年底和2007年年初，洛克希德·马丁公司与波音公司分别完成了GPS Block Ⅲ卫星的需求定义研究，并通过了美国空军的审查，使GPS Block Ⅲ卫星的发展向前迈出了重要的一步。同时，美国空军分别与这两家公司签署了近5000万美元的合同，用于开展GPS Block Ⅲ卫星的风险降低和卫星初样设计工作。

总之，随着GPS技术的现代化，GPS应用必将进一步向更广和更深的方向发展。

本章小结

卫星移动通信是指利用卫星转接实现移动用户间或移动用户与固定用户间的相互通信，它可以看成是陆地移动通信系统的延伸和扩展。卫星移动通信系统按用途可分为海事卫星移动系统(MMSS)、航空卫星移动系统(AMSS)和陆地卫星移动系统(LMSS)。

比较典型的对地静止卫星应用实例有：提供全球覆盖的国际卫星移动通信系统(INMARSAT)，提供区域性业务静止轨道(GEO)的卫星移动通信系统，如北美卫星移动通信系统(MSAT)、亚洲蜂窝系统(ACeS)、瑟拉亚系统(Thuraya)等。利用低轨道移动卫星系统(LEO)来提供各种业务也取得了飞速发展，如最有代表性的铱(Iridium)系统、全球星(Globalstar)系统等。LEO卫星移动通信系统易于实现手机通信。由于LEO卫星移动通信系统投资较高，有些公司提出了中轨道(MEO)移动卫星通信系统。有代表性的MEO卫星移动通信系统主要有INMARSAT提出的中等高度的圆轨道系统(Intermediate Circular Orbit，ICO)、美国TRW公司提出的Odyssey系统等。

全球导航卫星系统GNSS(Global Navigation Satellite System)是所有在轨工作的卫星导航定位系统的总称。目前，GNSS主要包揽全球定位系统(GPS)、全球导航卫星系统(GLONASS)、北斗卫星导航系统等。

习题

1. 简述卫星移动通信的概念，以及卫星移动通信系统的分类与特点。
2. 简述 LEO、MEO、GEO 卫星移动通信的优缺点。
3. 简述提供海事卫星移动业务的 INMARSAT 系统的组成及工作方式。
4. 简述提供陆地卫星移动业务的 INMARSAT 标准 M 系统的网络组成。
5. 支持 INMARSAT 航空业务的系统有哪些？各有什么特点？
6. 简述 INMARSATBGAN 系统的特点。
7. 简述北美卫星移动通信系统(MSAT)的组成与特点。
8. 简述亚洲蜂窝系统(ACeS)的组成与特点。
9. 简述瑟拉亚系统(Thuraya)的组成及主要技术指标。
10. 为什么说铱系统是真正的全球卫星移动通信系统？简述其基本工作原理。
11. 简述 Globalstar 系统的基本工作原理。
12. 简述 ICO 系统的组成。
13. 简述伪距测量定位原理。
14. GPS 信号包括哪些成分？GPS 的导航电文中包括哪些内容？
15. GPS 由哪几部分组成？各部分的功能是什么？
16. 简述 GPS 导航定位的基本工作过程。

参考文献

[1] 刘国梁,荣昆璧. 卫星通信[M]. 西安: 西安电子科技大学出版社,1994.

[2] 郑林华,韩方景,聂皞. 卫星移动通信原理与应用[M]. 北京: 国防工业出版社, 2008.

[3] 孙学康,张政. 微波与卫星通信[M]. 北京: 人民邮电出版社, 2003.

[4] 王秉钧,王少勇. 卫星通信系统[M]. 北京: 机械工业出版社, 2004.

[5] 李白萍,姚军. 微波与卫星通信[M]. 西安: 西安电子科技大学出版社, 2006.

[6] 王丽娜,王兵,周贤伟,黄旗明. 卫星通信系统[M]. 北京: 国防工业出版社, 2006.

[7] 夏克文,池越,张志伟,等. 卫星通信[M]. 西安: 西安电子科技大学出版社, 2008.

[8] Simon H. Communication Systems[M]. 4 版. 北京: 电子工业出版社,2011.

[9] 樊昌信,曹丽娜. 通信原理[M]. 7 版. 北京: 国防工业出版社,2014.

[10] Beasley J S,Miller G M. 现代电子通信[M]. 吴利民,王振华,秦江敏,等译. 9 版. 北京: 清华大学出版社,2009.

图书资源支持

感谢您一直以来对清华大学出版社图书的支持和爱护。为了配合本书的使用，本书提供配套的资源，有需求的读者请扫描下方的“书圈”微信公众号二维码，在图书专区下载，也可以拨打电话或发送电子邮件咨询。

如果您在使用本书的过程中遇到了什么问题，或者有相关图书出版计划，也请您发邮件告诉我们，以便我们更好地为您服务。

我们的联系方式：

地　　址：北京市海淀区双清路学研大厦 A 座 701

邮　　编：100084

电　　话：010-83470236　010-83470237

资源下载：http://www.tup.com.cn

客服邮箱：tupjsj@vip.163.com

QQ：2301891038（请写明您的单位和姓名）

科技传播・新书资讯

电子电气科技荟

资料下载・样书申请

书圈

用微信扫一扫右边的二维码，即可关注清华大学出版社公众号。